何　刚 主编

# 高*k*栅介质材料与器件集成

清華大學出版社
北　京

## 内 容 简 介

本书旨在向材料及微电子集成相关专业的高年级本科生、研究生及从事材料与器件集成行业的科研人员介绍栅介质材料制备与相关器件集成的专业技术。本书共10章，包括了集成电路的发展趋势及后摩尔时代的器件挑战，栅介质材料的基本概念及物理知识储备，栅介质材料的基本制备技术及表征方法；着重介绍了栅介质材料在不同器件中的集成应用，如高 $\kappa$ 与金属栅、场效应晶体管器件、薄膜晶体管器件、存储器件及神经形态器件等。本书包含栅介质材料的基本制备技术，同时突出了栅介质材料在器件应用中的先进性和前沿性，反映了后摩尔时代器件集成的最新研究进展，是理论与实践应用的有机结合。

本书可以作为高等院校材料科学与工程、集成电路、微电子及物理等专业的高年级本科生、研究生的教材和参考书，也可供从事微电子及半导体集成科研人员和工程技术人员参考。



图书在版编目(CIP)数据

高 $\kappa$ 栅介质材料与器件集成/何刚主编. —北京：清华大学出版社，2023.6
ISBN 978-7-302-63914-5

Ⅰ. ①高… Ⅱ. ①何… Ⅲ. ①栅介质—介质材料 Ⅳ. ①TN303

中国国家版本馆CIP数据核字(2023)第114661号

责任编辑：鲁永芳
封面设计：常雪影
责任校对：赵丽敏
责任印制：沈　露

出版发行：清华大学出版社
网　　址：http://www.tup.com.cn，http://www.wqbook.com
地　　址：北京清华大学学研大厦A座　　邮　　编：100084
社 总 机：010-83470000　　邮　　购：010-62786544
投稿与读者服务：010-62776969，c-service@tup.tsinghua.edu.cn
质量反馈：010-62772015，zhiliang@tup.tsinghua.edu.cn
印 装 者：三河市人民印务有限公司
经　　销：全国新华书店
开　　本：185mm×260mm　　印　　张：17.75　　字　　数：428千字
版　　次：2023年8月第1版　　印　　次：2023年8月第1次印刷
定　　价：79.00元

产品编号：100450-01

# 序言

在微电子技术领域，摩尔定律主导的主流器件技术是以硅基为代表的微电子器件。在过去60多年的漫长时期，全球范围的技术创新基本是围绕器件物理尺寸的缩微化来进行的，其特征关键词为体材料、可缩微性差、低能效、低异质集成能力等。然而，后摩尔时代的核心器件基本是以新材料体系、新器件原理所驱动的新一轮创新，特征关键词为新材料、极限可缩微性、高能效、易于异质集成等。正是由于摩尔定律的终止以及新兴材料的快速崛起，使得基于新器件技术的新一轮芯片革命成为全球聚焦点。后摩尔器件将通过非传统物理尺寸缩微的新技术路径，延续摩尔定律的精神，即性能/算力提升、能耗降低以及成本降低，并将集成电路芯片技术带向新的发展阶段。作为人类科技史上最成功的技术创新历程之一，由摩尔定律引导的微电子芯片革命已接近终止，而随之而来的后摩尔时代将由新材料、新器件、新计算范式等创新力量所驱动，并将以全新的技术路径来继续承载摩尔定律的精神。在新的时代，人们将看到以新一代核心器件驱动的创新所带来的多材料异质集成、多功能异构集成、存储-计算融合、传输-计算融合、类脑计算等发展方向，为信息技术的升级换代提供新动力。

当前，信息化已成为当代人类社会生产力发展的主要动力之一，是体现国际竞争力的重要因素。信息技术和产业作为信息化建设的基础，其核心领域主要包括以半导体、导体及介电材料为基础的集成电路、存储器件和显示技术等。在我国，信息技术和产业也已上升至国家战略高度。国务院政府工作报告指出，集成电路是支撑国民经济和社会发展的战略性、基础性和先导性产业，并把推动集成电路产业发展放在实体经济发展的首位强调。2020年，国务院发文强调，集成电路产业和软件产业是信息产业的核心，是引领新一轮科技革命和产业变革的关键力量。栅介质材料是集成电路最基本元器件——场效应晶体管的关键组成部分，开展栅介质材料相关基础研究与器件集成工作，对我国信息技术赶超世界先进水平、实现跨越式发展具有深远意义。目前功能材料的研究热点主要包括三类：逻辑器件材料（包括栅介质材料、衬底材料、源漏和局域互联材料）、存储器件材料、互联材料。其中，逻辑器件材料最受广泛关注。随着工艺尺寸微缩，晶体管沟道长度越来越小，工艺制造越复杂，成本也就越高。无论是逻辑器件还是存储器工艺，在最有共性特征的栅介质材料发展方面，都体现出一些共性要求和发展难点，具体表现在：①为保证器件性能，器件尺寸需按比例缩小，栅氧化层厚度不断减薄；②为了增强栅控能力，减小了栅漏电流，工艺上采用了高$\kappa$栅介质材料。但实际上，高$\kappa$材料在CMOS工艺中存在界面态问题，22nm以下的工艺难以克服这一难题，需要寻找新的解决方式，主要是采用新的器件结构。新的器件结构工艺，如FinFET工艺，虽然能继续缩微器件尺寸，但工艺涨落问题更加突出。总之，提高器件性能和成品率，确保工艺继续向前推进，离不开新材料的发现与使用。因此栅介质材料的高品质合成与器件集成已经成为当前材料科学与工程及微电子集成电路领域的重要任务。它不仅是材料、物理、化学、力学、电子信息等多学科、多领域的交叉与融合，而且是基本原理与工程实践并重的一门课程。

目前国内大学某些专业课程设置相对落后，教材建设跟不上学科发展速度。特别是面向高年级本科生和研究生的栅介质材料制备及器件集成相关领域的教材严重匮乏，已经不能适应现代材料与微电子集成交叉学科的发展。本教材首先介绍了集成电路的发展趋势及后摩尔时代的器件挑战，栅介质材料的基本概念及物理知识储备，栅介质材料的基本制备技术及表征方法；着重介绍了栅介质材料在不同器件中的集成应用，如高$\kappa$与金属栅、场效应晶体管器件、薄膜晶体管器件、存储器件及神经形态器件等。本书包含栅介质材料的基本制备技术，同时突出了栅介质材料在器件应用中的先进性和前沿性，反映了后摩尔时代器件集成的最新研究进展，是理论与实践应用的有机结合。本书主要面向高年级本科生、研究生和研发人员，所以在内容上不追求面面俱到，而是特色鲜明，强调与作者的研究领域和已有的研究工作相结合。与国内外已经出版的材料合成与器件集成相关的教材相比，本书更加注重栅介质材料在器件领域的最新应用。本书既有基本原理的相关介绍，又突出了栅介质材料的先进性和器件应用的前沿性，很多工作都是最新研究成果的总结，是理论与实际应用的有机结合。

本书由何刚教授主编和统稿。第1章由安徽大学何刚教授主持编写；第2章由安徽大学姜珊珊副教授主持编写；第3章由安徽职业技术学院杨兵副教授主持编写；第4章由有研稀土新材料股份有限公司李栓高级工程师、徐明磊和董瑞锋两位助理工程师共同主持编写；第5章由潍坊学院韩锴教授和中国科学院微电子研究所王晓磊研究员共同主持编写；第6章由安徽理工大学高娟教授主持编写；第7章由安徽滁州学院张永春副教授主持编写；第8章由安徽农业大学杨辉煌副教授和汪秀梅副教授共同主持编写；第9章由合肥长鑫存储技术有限公司高级工程师肖东奇博士主持编写；第10章由新加坡南洋理工大学何勇礼博士主持编写。

在此，向以上各章节的编写负责人和所有的编写参与者致以崇高的敬意，对其不懈努力、辛勤工作、付出宝贵时间和做出贡献表示深深的感谢，也向大力支持所有编写者完成本书编写工作的家人、单位领导和同事表示感谢。此外，本书主编也向参与本书进度管理的姜珊珊副教授和支持本书编写的所有相关人士表示诚挚的感谢。

由于编者能力所限，书中难免存在欠缺之处，恳请广大读者和专家批评指正，以便不断完善。

何　刚

2023年初夏于安徽大学磬苑

# 目录

# 第1章

# 绪 论

## 1.1 引言

随着信息技术的迅速发展与进步，集成电路已成为现代产业及未来人工智能技术发展的基础及主要方向。作为科学技术发展的产物，集成电路已渗透到人们的日常生活中，并发挥着不可替代的作用。集成电路的发展也代表着人类的进步，使人们在生活起居、衣食住行等方面更方便快捷，被美国技术界评为20世纪最伟大的工程技术之一。

所谓集成电路(integrated circuit，IC)，就是采用特殊的工艺将电阻、电容、晶体管、电感等分立元件制作在半导体晶片或介质基片上，形成具有一定功能的微型器件。集成电路大大简化了电路设计、调试和安装，因此具有体积小、功耗小、成本低、高性能指标和高可靠性等特点。1947年，第一只晶体管在美国贝尔实验室诞生，人类社会步入飞速发展的电子时代。1960年，世界第一块硅集成电路诞生，从此进入了集成电路时代。1963年，互补金属氧化物半导体场效应晶体管(CMOS)具备低功耗、高密度等优点而成为集成电路的主流技术。1965年，英特尔(Intel)公司创始人之一戈登·摩尔便提出了著名的摩尔定律：集成电路集成度每隔18～24个月增加一倍，器件特征尺寸缩小1/3，电路规模提高4倍，而单位功能成本呈指数下降，这一趋势也被称为“缩小律”(Law of scaling down)。正是由于器件尺寸不断按比例缩小，使得集成电路在规模和性能成倍提高的同时，能够保持成本的稳定，从而使得集成电路产品的更新能够迅速地为市场所接受，这直接导致了全球半导体市场规模的急速扩张。

在随后的50多年里，集成电路仍然遵循或者追求摩尔定律而不断发展。1966年，第一块公认的大规模集成电路制造成功。1988年，16MB动态随机存储器(DRAM)面世，人类社会进入超大规模集成电路发展阶段，晶体管数量不断翻倍，芯片制造工艺每2～3年更新一代。从1989—2003年，器件工艺从亚微米进入纳米时代。从2004—2015年，芯片制程工艺发展经历了90nm、65nm、45nm、32nm、22nm、14nm，且2015年成为芯片制程发展的一个分水岭，中国台湾联华电子公司止步于此。图1.1.1为芯片制造工艺50年发展史。2017年，工艺发展进入10nm，而曾经独步天下的英特尔公司的芯片制程却无法应用到高端型号机器上，且至今未能突破7nm领域。2018年，工艺步入7nm，代工厂却只剩下韩国三星公司和中国台湾积体电路制造股份有限公司(简称台积电)。2020年，工艺进入5nm量产，台积电成为全球唯一有能力量产 5nm 的代工厂，且规划 2022 年 3nm 导入量产。可见 5nm 以下尺寸的制造技术研发成为当前微电子领域最为引人注目的热点。制造技术水平向 1nm 逼近，标志着人类加工能力即将进入一个空前的高度，整个微电子领域的前沿热点，从制造技术、器件物理、工艺物理到材料技术等各方面随之全面进入 1nm 以下的亚纳米领域。

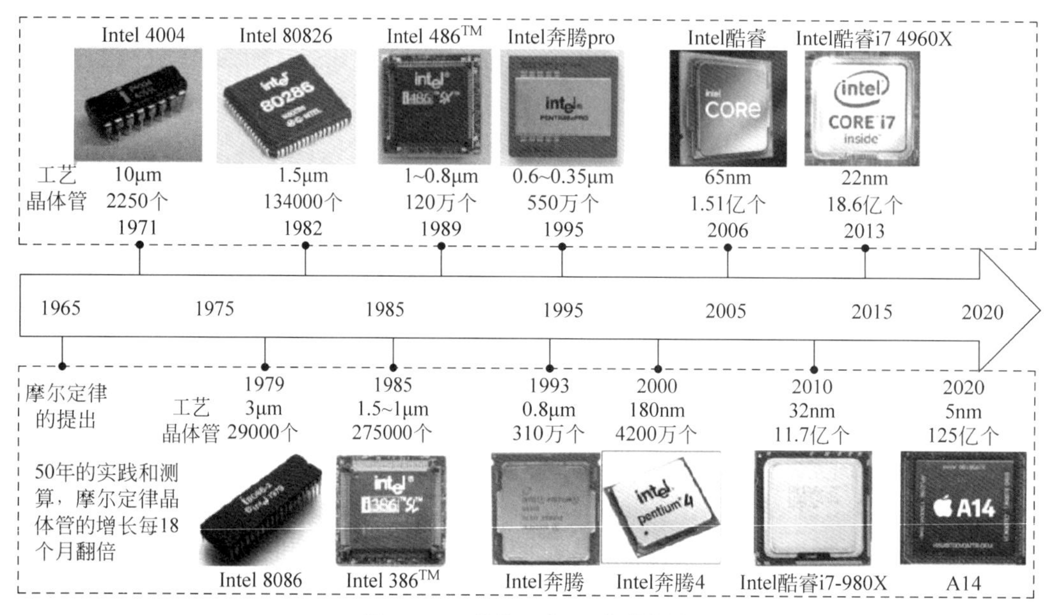


图 1.1.1　芯片工艺 50 年发展史

随着器件尺寸进入亚纳米尺寸以下，器件结构的微观特征日益显现，量子效应日渐突出，现有器件将遇到经典器件结构和物理方面的诸多限制。因为从技术上讲，细线条的光刻受到光波长的限制，而电子束曝光只适宜于制作掩模而不能用于生产。从物理上讲，当金属氧化物半导体场效应晶体管（MOSFET）的沟道长度（栅极线宽）小于电子的平均自由程后，电子的弹道发射将取代以散射为基础的运输过程，当沟道长度小于电子的德布罗意波长时，电子的波动性和位相将显得十分重要，因而经典的 MOSFET 器件工作原理将不再适用。此外，在 MOSFET 的栅极氧化层减薄之后，热电子效应也将变得很严重。在材料体系上，传统 $SiO_2$ 栅介质材料、多晶硅/硅化物栅电极等传统材料由于受到材料特性的制约，已无法满足亚纳米器件及电路的需求；同时传统器件结构也已无法满足亚纳米器件的要求，必须发展新型的器件结构和微细加工、互连、集成等关键工艺技术。具体的需要创新和重点发展的领域包括：新型器件结构，高 $\kappa$ 栅介质材料和新型栅结构，电子束步进光刻、极紫外（EUV）光刻，绝缘体上硅（SOI），CMOS，量子点浮栅 Flash 结构，动态阈值等新型电路，低 $\kappa$ 介质和 Cu 互连，以及量子器件和纳米电子器件的制备和集成技术等。

与全球集成电路行业相比，我国集成电路行业起步较晚。我国第一块硅基数字集成电路在 1965 年面世，从此翻开历史的一页并迎来了集成电路产业的创业期。1972 年，中国第一块 pMOS 型大规模逻辑电路研制成功。1982 年，中国制定集成电路发展规划，中国集成电路产业进入前进期。1985 年，中国第一块 64KB DRAM 试制成功。1990—2000 年，中国集成电路产业进入重点建设期，在此期间我国逐渐建成投产了 5in、6in、8in（1in＝2.54cm）生产线并研制成功第一块 256KB DRAM。2000—2011 年，中国集成电路进入发展加速期，中芯国际集成电路制造有限公司(简称中芯国际)在上海成立,台积电落户上海,中国第一条12in生产线也在北京投入生产。2012年至今,中国集成电路产业迎来了高质量发展期,大基金(国家集成电路产业投资基金)的成立也使集成电路产业链得以完整布局。2019年,全球首款5G芯片在上海发布,并采用了全球先进的7nm工艺。经过几十年的飞速发展,在我国政策倾斜和人才培养等多重因素的推动下,我国集成电路从无到有,从弱到强,已经在全球市场扮演了举足轻重的角色。参考中国半导体行业协会的数据,2015—2020年我国集成电路市场规模呈逐年增加趋势。2020年,我国集成电路市场规模为8848亿元人民币,较2019年增加17%。2021年上半年,我国集成电路产业销售额达到4102.9亿元人民币,同比增长15.9%。在我国政策的促进下,我国集成电路行业主要代表企业不断突破技术壁垒。其中,中芯国际在2019年实现了14nm鳍式场效应晶体管(FinFET)制造工艺的大规模生产,且正在努力开发下一个关键节点,称为"$N+1$"技术。该技术不是7nm技术,但具有与竞争性7nm工艺技术相当的某些功能,在短时间内也能解决我国集成电路芯片短缺的问题。相信在政府政策支持以及科研经费和研发力度的大力投入下,我国集成电路的发展会越来越好。纵观全球芯片的发展历程,集成电路已成为支撑社会和经济发展并保障国家安全的先导性产业,作为集成电路的制造和消费大国,中国在全球集成电路发展中也始终占据一席之地。

## 1.2 集成电路发展及趋势

随着信息技术的不断发展,集成电路产业也得到了空前的发展。基于目前全球集成电路的发展现状来看,集成电路是国家信息产业发展的基本保障,在竞争越发激烈的经济市场,集成电路的产生与发展对社会发展与进步等有着十分重要的影响。

### 1.2.1 集成电路的介绍

#### 1. 集成电路简介

所谓的集成电路,指的是利用半导体的制作工艺,使元件与电路系统相互结合的一种微型的电子器件。采用一定的工艺,把一个电路中所需的晶体管、电阻、电容和电感等元件及布线互连一起,制作在一小块或几小块半导体晶片或介质基片上,然后封装在一个管壳内,成为具有所需电路功能的微型结构;其中所有元件在结构上已组成一个整体,使电子元件向着微小型化、低功耗、智能化和高可靠性方面迈进了一大步。集成电路通常在电路中用IC表示,类型品种众多,涵括了各种功能。集成电路的包装形式有圆壳也有扁壳,在电子用品中通常用软封装,在各种较为精密的仪器中通常情况下用贴片封装。集成电路自从问世以来发展十分迅速,相继出现了专用集成电路(ASIC)等,除此之外,集成电路也已经成为当前全球现代信息工程的核心。

#### 2. 集成电路的工艺指标

集成电路的工艺指标包含内容十分丰富,例如特征尺寸、光刻技术等。在这之中,集成电路的集中度主要是以集成电路芯片所包含元件的多少来衡量的。在集成电路中,集成度的提高在一定程度上呈现的是其特征尺寸的减少。随着光刻技术的不断发展,集成电路的尺寸减小程度很大。所谓的光刻技术是指集成电路制造中利用光学、化学反应原理及化学、物理刻蚀方法,将电路图形传递到单晶表面或介质层上,形成有效图形窗口和功能图形的工艺技术。

### 3. 集成电路的分类

**1)按照功能、结构分类**

集成电路按其功能、结构的不同,可以分为模拟集成电路、数字集成电路和数/模混合集成电路三大类。

**2)按照制作工艺分类**

按照制作工艺,集成电路可分为半导体集成电路和膜集成电路。膜集成电路又分为厚膜集成电路和薄膜集成电路。

**3)按照集成度高低分类**

按照集成度高低分可分为:小规模集成电路(small scale integrated circuits,SSI),中规模集成电路(medium scale integrated circuits,MSI),大规模集成电路(large scale integrated circuits,LSI),超大规模集成电路(very large scale integrated circuits,VLSI),特大规模集成电路(ultra large scale integrated circuits,ULSI),巨大规模集成电路,也称作极大规模集成电路或超特大规模集成电路(giga scale integration,GSI)。

**4)按照导电类型分类**

集成电路按导电类型可分为双极型集成电路和单极型集成电路,其都是数字集成电路。

**5)按应用领域分类**

集成电路按应用领域可分为标准通用集成电路和专用集成电路。

### 4. 集成电路的特点

集成电路的优点特别多,它同时具有质量轻、体积小以及频率快等特点,基于此,集成电路被各行各业所应用,其应用前景十分广泛。集成电路是器件信息化及智能化的基础,在未来的信息化社会中扮演着举足轻重的作用。

## 1.2.2 集成电路的现状

随着经济市场的不断变化,集成电路也在不断调整自身的产业结构,以适应当前社会的发展需求,只有这样,集成电路才能拥有更好的发展前景,获得更广阔的市场。在集成电路中,单片系统的集成芯片尺寸在不断减少,但是芯片的集成度在不断增加,由于工作电压在逐渐降低,集成电路的优势逐渐显现,集中体现在低耗高频等方面。与此同时,集成电路的工艺技术也在不断发展中,其中的超微细曝光技术更是在各行各业中得到了十分广泛的应用。在设计集成电路的过程中,最重要的部分便是集成电路的软硬件协调能力以及符合当下社会需求的先进设计语言等,除此之外,还要保证集成电路的可靠性与低耗能特性。从当前集成电路的发展趋势看,集成电路的发展具有深远的影响。首先,它不仅能够促进全球市场经济的发展，更是为全球电子产品的发展提供了保障，满足了当下人们对电子产品的需求。其次，集成电路的发展也促进了通信的发展，使人们的生活受到了很大的影响，发生了较大的改变，具体表现在：集成电路的发展使得人们的工作生活效率不断提高，学习内容不断丰富。除此之外集成电路的发展满足了当下企业发展的需求，使得企业的综合能力不断提升，进而使得企业在竞争激烈的经济市场中能够保持良好的竞争力，可以长久安稳地发展。

### 1.2.3 集成电路的发展趋势

集成电路发展的最终目标是实现低能耗、高频、高速等特点，其外形越来越小型化，兼容性越来越高等，主要发展趋势为以下几个方面。

#### 1. 集成电路件特征尺寸微型化

在集成电路中，其特征尺寸一直依据摩尔定律在不断发展。根据我国当前集成电路的发展趋势来看，其更新时间普遍为两年，依照当前的发展趋势，集成电路的器件最终会迈入纳米时代，在新技术的发展带动下，集成电路的芯片集成度越来越高，其特征尺寸在不断缩小。在当前竞争越来越激烈的市场中，只有不断提升集成电路的性价比，才能使集成电路的综合优势不断增加。因此，其芯片的高集成度以及越来越小的特征尺寸使得其性价比得到提高，促进集成电路的持续发展。根据当前的技术成果，集成电路的特征尺寸已经达到了其物理极限，但是随着我国科技的不断提升与市场竞争压力的不断升高，集成电路的技术发展前景广阔，并且呈现出超级微缩的发展趋势。

#### 2. 集成电路的材料、结构以及器件更新加速

集成电路在不断发展的过程中，其器件与材料等在不断完善和更新。例如，集成电路以其高速、低耗能、抗辐射等优点，在我国各行各业中的应用前景十分广阔，在这其中，集成电路的 Si 异质结构器件具有高速等优点，并且由于其较高的性价比，使其应用领域十分广泛。

#### 3. 集成学科交叉促进技术新发展

当前，集成电路在不断发展过程中，与多种学科相互结合，形成了一系列新型的产业与专业，这种融合改变了以往的传统格局，使得集成电路的发展越来越复杂。在此基础上，集成电路在片上系统(SoC)中的发展也越来越复杂。我国片上系统的不断发展引起了人们广泛的关注，其发展对于移动通信以及网络等方面都产生了较为深远的影响。

#### 4. 系统集成芯片

由于现代信息技术的高速发展，使得集成电路的发展十分快速，集成电路技术可以将电子系统全部集中在一个微小的芯片之中，随后对芯片进行信息的加工以及处理。片上系统从本质上属于系统性的集成电路，将数字电路以及存储器等内容全部集中在一个芯片上，最终形成一个完整的系统。

#### 5. 半导体异质集成电路

半导体异质集成电路是将不同工艺节点的化合物半导体高性能器件或芯片、硅基低成

本高集成器件组成芯片与无源元件或天线，通过异质键合或外延生长等方式集成而实现的集成电路或系统。异质集成特色很突出：①可以融合不同的半导体材料、工艺、结构和元器件或芯片的优点；②采用系统设计理念；③应用先进技术。正因为这些特色，所以异质集成的优点很突出：①可实现强大的复杂功能、优异的综合性能，突破单一半导体工艺的性能极限；②灵活性大，可靠性高，研发周期短，成本低；③三维集成可以实现小型化、轻质化；④对半导体设备要求相对较低，不受极紫外光刻机限制，因此是"超越摩尔定律"的重要路线之一。

#### 6. 毫米波异质集成电路

在半导体异质集成电路中有种特殊的集成电路：毫米波异质集成电路。毫米波是30～300GHz的波段，带宽很宽，而且器件小型化，所以也是国际上半导体异质集成电路发展的重点方向。现在对异质集成电路需求迫切，主要有3个原因。①从5G、6G到航天导航、无人驾驶、智能装备、物联网等都需要毫米波技术。②毫米波系统包括数字电路、模拟电路、射频微波电路，所以对异质集成的需求更加迫切。③毫米波异质所面临的挑战和问题更为严峻和复杂：因为频率高，具有分布式参数，从"路"向场演变，设计更加困难；波长短，模块之间的间距只有微米量级，集成度高，对工艺要求更加精细；有电磁寄生效应，耦合紧密，测试更加复杂。研究半导体异质集成的科学意义也是很显著的。可以通过集成电路从目前单一同质工艺向多种异质工艺集成方向发展，从目前二维平面集成向三维立体集成方向发展，从自顶向下到自底向上发展。它的意义与价值是可以实现高性能的复杂系统。这首先是电子系统集成技术发展的新途径，其次是后摩尔时代集成电路发展新方向。

### 1.2.4 我国集成电路产业前景展望

#### 1. 我国集成电路产业发展的现状

**1）从产业链条分析**

集成电路产业链条由设计端、材料端、设备端、制造端、封测端组成。设计端：整体上与国际先进水平差距较大，仅少数公司在部分领域取得了突破，如华为技术有限公司旗下深圳市海思半导体有限公司（简称华为海思）的麒麟芯片、深圳市汇顶科技股份有限公司（简称汇顶）的指纹识别芯片等。材料端：高端产品市场技术壁垒较高，日美企业占据领先地位，国内企业长期研发投入和积累不足。设备端：包括刻蚀、薄膜沉积、光刻、清洗四大主要设备，刻蚀设备价值量最高，国产设备在成熟工艺取得突破；薄膜沉积设备在特殊工艺领域与国际巨头差距较小；光刻设备技术壁垒较高，国内仍需不断积累。制造端：晶圆代工领域台积电一家独大，中芯国际在14nm取得突破，处于积极追赶态势。封测端：国内企业最早以此为切入点进入集成电路产业，近年来，国内封测企业通过外延式扩张获得了良好的产业竞争力，技术实力和销售规模已进入世界第一梯队。

**2）从产业优劣势分析**

（1）政策扶持优势

作为国家发展的重要战略之一，集成电路行业已经受到各级政府和资本市场的高度关注。国务院、各部委和地方政府相继出台政策对集成电路产业进行扶持，一级市场投资火热，二级市场对集成电路企业认可度高，大量资金涌入集成电路行业。

(2) 产业规模优势

我国集成电路市场规模及全球占比持续提升，但集成电路产品进口量依然较大。根据中国半导体行业协会(CISA)数据：我国集成电路行业销售收入从2010年的1424亿元增长至2020年的8848亿元，累计增长6倍多，高于全球增速。我国集成电路市场规模在全球占比从2010年的8.60%提升至2020年的37.54%。从2020年集成电路行业细分市场销售收入看，设计业3778亿元，占比42.7%；制造业2560亿元，占比28.9%；封测业2509亿元，占比28.4%。

(3) 整体水平有差距

我国集成电路行业的支撑产业发展也与世界存在差距。在整个集成电路产业链中，我国除了起步较早的封测技术较为领先，芯片设计、制造行业的整体水平与领先国家还有较大的差距。其中，在芯片设计领域，我国移动处理器设计水平与世界差距较小，其他细分领域均较为落后，中高端芯片几乎被境外厂商垄断，缺乏高端芯片设计话语权。提升高端芯片国产化率，实现高端芯片设计制造的国产化替代，将是中国集成电路产业下阶段的重要奋斗目标。在制造环节，先进制程工艺最为“卡脖子”。目前中国内地最先进的成熟芯片的制程是中芯国际，2019年第四季度进入量产的14nm FinFET技术；2021年4月台积电的3nm工艺已经进入试产，远远领先于中国内地水平。

### 2. 我国集成电路产业前景展望

(1) 集成电路产业销售规模将保持高速增长

根据国家统计局数据显示，2020年全年中国集成电路累计产量达到2614.7亿块，较2019年增长29.6%；根据海关总署披露的数据，2020年我国进口集成电路5435亿块，同比增长22.1%；进口金额3500.4亿美元，同比增长14.6%。可见我国集成电路还有2820亿块缺口，还需进口来保障需求。根据三个行业增长的趋势可以看出，我国制造、设计行业在政策鼓励和资金支持的双重作用下已经出现两位数的增长。基于自动驾驶汽车、工业互联网、云计算在未来几年的增长前景判断，我国集成电路产业销售规模在未来几年将保持两位数的高速增长。

(2) 技术将取得一定突破，实现整体飞跃发展

目前我国中高端逻辑芯片、中低端存储芯片、中低端模拟芯片的制造能力是具备的。制造技术上持续研发，已经突破19nm制程，基本能够进行中端DRAM芯片的制造。在模拟芯片制造领域，华润微电子有限公司、杭州士兰微电子股份有限公司、上海华虹(集团)有限公司等企业已经拥有设计、生产、封装流程经验，随着相关企业扩产步伐的加快，在模拟芯片制造产能方面未来将出现不小的提升。科研机构、国企和民营资本将投入先进工艺制程的研发，尽快突破“卡脖子”的制程瓶颈，摆脱产能和制造的束缚，实现整体飞跃式发展。5G技术的应用也助推了芯片需求的增长，如手机的5G基带芯片，大量的芯片需求来自于5G基站的建设。截至2021年年底，我国累计开通142.5万个5G基站，占全球60%以上。

(3) 封测产业将发力，突破高密度芯片技术弥补技术短板

国内封测业起步早，产业规模大，龙头企业发展态势也很稳健。目前我国封测业龙头企

业江苏长电科技股份有限公司(简称长电科技)市场占有率稳居世界前四,通富微电子股份有限公司与天水华天科技股份有限公司市场占有率稳定在世界前十。在技术层面,长电科技与世界龙头日月光、安靠(Amkor)的技术水平不相上下,都能够实现系统级封装(system in package,SIP)、硅通孔技术(through silicon via,TSV)等先进封测技术。我国封测产业将在高密度芯片封测技术上实现突破,弥补技术短板。

## 1.3 后摩尔时代新材料、新技术及新挑战

随着大数据、人工智能、5G等新型信息技术的兴起,如何以更快速度、更高能效的方式处理海量复杂数据的新型计算成为信息技术发展的关键,是国际集成电路技术发展的趋势。但是随着信息处理量的增加,支撑信息技术发展的两大技术基础都将面临巨大的技术挑战与发展瓶颈。其一是传统计算机依赖的冯·诺依曼(von Neumann)体系架构,由于计算与存储单元分离,从而在快速处理信息的情形下,大量的能量和时间消耗在数据总线上的数据传递方面,导致所谓的"冯·诺依曼瓶颈"问题的出现。其二是长期指导微电子集成电路技术发展的摩尔定律,其依赖于器件尺寸缩小与集成度提高的技术途径,同时实现电路与系统性能提升与成本下降的目标,摩尔定律由于器件尺寸缩小逐渐趋于其物理极限而面临终结,微电子集成电路技术将进入后摩尔时代。针对信息技术发展新趋势,特别是后摩尔时代微电子集成电路技术发展的新趋势,研究探索超越摩尔定律的新规律,提出具有原创性、颠覆性的微电子集成电路技术发展新途径,成为微电子技术领域研究的核心问题之一。在后摩尔时代,集成电路将以终端应用需求为导向,以系统性设计理念和新型集成技术为手段,重点发展三维异质集成技术,将不同工艺实现的电路、存储器、传感器等在三维方向实现系统集成,同时通过技术创新,强化各组成单元的功能、性能,实现类似摩尔时代集成电路需要的低成本、小面积和高性能。为了满足这些新技术应用的需求,微电子集成电路技术需要从芯片设计、制造技术等方面,提供以更快速度、更高能效与智能化的方式处理海量复杂数据的能力与技术发展的基础。不同技术领域的创新相互影响、相互交融,共同推动着集成电路整个生态的发展,甚至进一步支撑着信息技术的前进。为此,需要研发新的器件与电路、新的算法与架构,以满足高速、低功耗、智能化处理海量复杂信息的能力。而新器件的研发,通常需要得到新功能材料的支持,而且新功能材料需要与主流CMOS工艺兼容,满足高密度、大规模集成的需求。后摩尔时代新器件将成为各国在集成电路领域竞相追逐的战略制高点,可能对产业格局产生颠覆性影响,性能、功耗、成本等多方面因素将综合决定最终的技术节点。我国需要从基础研究出发,重点研发新材料、新结构和新原理的存储、逻辑、存算一体等器件,如果最终能够实现从器件单元到系统层面的技术突破,将有希望"破局"目前的困境。

### 1.3.1 工艺新材料

集成电路通过沉积、光刻、离子注入等方式来实现,按照预定要求在衬底材料上生长与互连。集成电路制造方式复杂,多达数百道工序。每一道工序都离不开各种工艺材料的支持。新的集成电路离不开新材料的引入,新功能材料的发现和应用对微电子技术的进步影

响重大。当前,极紫外 FinFET 工艺材料更加复杂。新材料的引入对工艺进步发挥了巨大作用。例如,180nm 工艺中,使用硅化物材料 $CoSi_2$ 代替 $TiSi_2$;130nm 工艺中,采用 Cu 布线代替 Al 布线,满足更低延时需求;90nm 工艺中,引入应变硅沟道技术,更多地采用 NiSi,提高沟道性能;45nm 工艺中,引入高 $\kappa$ 栅介质,降低了沟道漏电。这些均得益于新材料的使用。结合 CMOS 集成电路的制造工艺及器件结构,目前功能材料的研究热点主要包括三类:逻辑器件材料(包括栅介质材料、衬底材料、源漏和局域互连材料)、存储器件材料、互连材料。其中,逻辑器件材料关注最广泛。随着工艺尺寸微缩,晶体管沟道长度越来越小,工艺制造越复杂,成本也就越高。无论是逻辑还是存储器工艺,在最有共性特征的栅介质材料发展方面,都体现出一些共性要求和发展难点,具体表现在:①为保证器件性能,器件尺寸需按比例缩小,栅氧化层厚度不断减薄;②为了增强栅控能力,减小栅漏电流,工艺上采用了高 $\kappa$ 栅介质材料。理想的高 $\kappa$ 栅介质材料需要具有高 $\kappa$ 值和热稳定性,能与 Si 沟道形成良好的界面,与 Si 的能带匹配好、缺陷少等优点。但实际上,高 $\kappa$ 材料在 CMOS 工艺中存在界面态问题,22nm 以下的工艺难以克服这一缺点,需要寻找新的解决方式,主要是采用新的器件结构。新的器件结构工艺,如 FinFET 工艺,虽然能继续缩微器件尺寸,但工艺涨落问题更加突出。总之,提高器件性能和成品率、确保工艺继续向前推进,离不开新材料的发现与使用。

### 1.3.2 新器件结构

为了维持 MOS 器件栅控能力,栅氧化层厚度已减薄至逼近其物理极限。即使采用高 $\kappa$ 介质材料,在 22nm 以下节点也无能为力,只能放弃平面 MOS 器件结构,以维持器件的栅控能力。目前在 22nm 及以下节点,广泛采用 FinFET 器件结构。FinFET 器件采用鳍形栅,提高了栅控能力,可解决亚阈值斜率退化的问题。FinFET 器件还会带来更高集成度、更好的器件特性等优势。但缺点也较为明显,量化的晶体管尺寸、nMOS 和 pMOS 驱动能力接近、发热更严重、工艺扰动大,更重要的是工艺复杂、成本高。随着特征尺寸向 7nm 以下节点发展,为提高栅控能力,提出环栅结构,但工艺更加复杂。从维持栅控能力的角度来说,MOS 器件未来可能朝着 SOI-FinFET、环绕式闸极纳米线晶体管(GAA)方向发展。相比于 FinFET 器件,围栅纳米线器件可从各个方向控制沟道能电势,具有更强的短沟道效应控制能力,从而实现极小的漏电流。围栅纳米线器件的沟道被栅电极完全包围,由于电场分布的对称性,载流子在垂直栅介质界面方向的散射大大降低,形成了准一维的弹道输运,有利于提高器件的驱动能力。另外,源/漏扩展区的有限掺杂浓度在零栅压条件下自然形成耗尽区,电学栅长等效增加,减少了短沟道导致的阈值降低。虽然围栅纳米线器件在短沟道抑制能力方面优于 FinFET,但是受限于其有效栅宽,驱动电流能力依赖于增加叠层的纳米线数目来增加,需要在电路设计方面进一步研究。此外,纳米线的边缘粗糙度、直径涨落、寄生效应等因素也对器件特性有一定影响,需要通过器件电路的协同设计对围栅纳米线器件电路进行优化。根据国际半导体器件与系统技术路线图,FinFET 将在 5nm 以下节点时面临较大的挑战,而围栅纳米线器件则有可能在 3nm 节点时成为 FinFET 的替代结构。从低功耗的发展趋势来说,低功耗需要低电压,由于亚阈值斜率的限制,MOS 器件无法适应超低电压的要求,隧穿场效应管(TFET)有望成为未来超低功耗电路器件的一种选择。

### 1.3.3 工艺新技术

微纳工艺的进步离不开光刻技术的支持，微细加工精度高于纳米级，工艺尺寸的进一步缩小造成制造成本的急剧提高。过去，光刻技术的进步依赖于光学光刻分辨率的提高。采用更短波长的光源、移相掩模技术、可制造性(design for manafacturing，DFM)技术、浸润式光刻技术等均能提高光学光刻分辨率。ArF准分子激光是目前广泛使用的光源。若想进一步缩小波长，一方面受到激光器没有足够功率和稳定性的限制，另一方面受光线大气吸收的限制。采用浸润式和多重曝光的方式，部分解决了光刻分辨率问题，成为32nm及以下工艺图形光刻中广泛采用的技术，但不足以满足10nm及以下光刻分辨率要求。进一步提高分辨率的途径是采用极紫外(EUV)光刻技术。为了克服大气吸收的影响，EUV光刻机处于全真空环境，工艺复杂，成本急剧上升。正因如此，在2018年下半年，世界排名第三和第四的集成电路制造商先后宣布放弃7nm节点突破，转向节点工艺差异化竞争，这也间接印证了后摩尔时代技术特点。在集成电路特征尺寸减小过程中，除了光刻工艺造成成本急剧提升，芯片工艺涨落波动已成为影响集成电路性能的关键因素之一。特征尺寸越小，工艺涨落影响越显著。FinFET涉及新器件及新工艺，涨落机制更复杂，例如图像边缘粗糙、掺杂起伏、栅功函数起伏等，使得器件涨落影响更突出，这也是英特尔公司曾推迟14nm FinFET工艺量产的重要原因。这些不利因素在集成电路设计中应尽量克服或减小，这对制造商能力提出了很高的要求。

### 1.3.4 后摩尔时代集成电路展望与挑战

经过60年的发展，传统集成电路取得前所未有的成就。当前，微电子发展正处于理论技术变革迅猛的重要时期，延续摩尔定律(more Moore)和超越摩尔定律(more than Moore)是其发展的两个重要方面。为了延续摩尔定律，解决纳米尺度器件面临的短沟道效应、高漏电流和60mV/dec的亚阈值摆幅限制等问题，以FinFET技术为标志的后摩尔时代新器件技术已经到来。CMOS器件从平面进入三维FinFET时代是解决功耗问题的必然选择，而FinFET从发明到实用历时14年，到2025年，传统CMOS微缩可能面临终结，新原理、新结构或新材料的器件必将登上历史舞台。当今最高集成度的单芯片能实现几千亿晶体管的集成。但是，在以硅为主导的集成电路领域，摩尔定律不再适用，器件尺寸达到原子量级，量子效应显现。这也迫使人们寻求新器件、新材料的突破，实现集成电路工艺的持续发展。除了传统CMOS集成电路，新型器件广泛关注。在后摩尔时代中，晶体管器件的进一步发展需要在“材料、制程、结构”三个维度同步推进。相对于传统的硅(Si)、砷化镓(GaAs)等体相半导体材料，原子尺度的一维或二维半导体材料中载流子传输具有明显的量子限域效应，部分材料呈现出高迁移率、能带可调等优异的物理特性，展现出在新型逻辑器件方面巨大的应用潜力。碳纳米管(CNT)、黑磷(BP)和过渡族金属硫属化合物(TMDC)等新型低维半导体材料，已经被用于半导体晶体管器件的沟道材料并构造了多种新型纳电子器件。集成电路的工艺制程微缩仍然会继续，但同时短沟道效应带来的功耗升高等问题将严重影响器件的性能，这就需要对传统平面器件的架构进行整合设计改良并开发基于新原理的器件。例如，围栅纳米线/片晶体管GAA-FET、负电容场效应晶体管(NC-FET)和隧穿场效应晶体管等，近年来层出不穷。“材料、制程、结构”三者的有机整合可以有效推进后摩尔时代晶体管器件的开发，进而满足业界对更小、更快、更便宜、能耗更低的集成电路器件的发展需求。

集成电路过去一直遵循摩尔定律向前发展，驱动力单一，通过工艺等比缩微带来的红利，芯片集成度和性能稳步提高，满足了固定个人计算机计算的能力需求。目前处于人工智能、物联网、移动计算、5G 时代，传统的冯·诺依曼体系架构已无法满足高效能计算需要，需要在集成电路架构体系、集成方式、理论创新方式等方面实现新的突破。可以确定的是，集成电路领域的发展一定不会因为摩尔定律的失效而衰落，相反可以看到更多集成电路生态系统的繁荣发展，成为信息技术的基础和助推剂，服务于各行业的信息化、智能化。

## 课后习题

1.1 集成电路的基本概念？摩尔定律的基本定义？

答：集成电路是采用特殊的工艺将电阻、电容、晶体管、电感等分立元件制作在半导体晶片或介质基片上，形成具有一定功能的微型器件。

摩尔定律：集成电路集成度每隔 18～24 个月增加一倍，器件特征尺寸缩小 1/3，电路规模提高 4 倍，而单位功能成本呈指数下降，这一趋势也被称为“缩小律”。

1.2 集成电路的基本分类及其特点。

答：集成电路的基本分类：

(1) 按照功能结构分类

集成电路按其功能结构的不同，可以分为模拟集成电路、数字集成电路和数/模混合集成电路三大类。

(2) 按照制作工艺分类

按照制作工艺，集成电路可分为半导体集成电路和膜集成电路。膜集成电路又分为厚膜集成电路和薄膜集成电路。

(3) 按照集成度高低分类

按照集成度高低分可分为：小规模集成电路、中规模集成电路、大规模集成电路、超大规模集成电路、特大规模集成电路、巨大规模集成电路也被称作极大规模集成电路或超特大规模集成电路。

(4) 按照导电类型分类

集成电路按导电类型可分为双极型集成电路和单极型集成电路，它们都是数字集成电路。

(5) 按应用领域分类

集成电路按应用领域可分为标准通用集成电路和专用集成电路。

集成电路的特点体积小、质量轻、功能全；可靠性高、寿命长、安装方便；频率特性好、速度快；专用性强；集成电路需要一些辅助原件才能正常工作。

1.3 简述我国集成电路面临的现状及未来的挑战。

答：1. 我国集成电路产业发展的现状

(1) 从产业链条分析。集成电路产业链条由设计端、材料端、设备端、制造端、封测端组成。设计端：整体上与国际先进水平差距较大，仅少数公司在部分领域取得了突破，如华为海思的麒麟芯片、汇顶的指纹识别芯片等。材料端：高端产品市场技术壁垒较高，日美企业占据领先地位，国内企业长期研发投入和积累不足。设备端：包括刻蚀、薄膜沉积、光刻、清洗四大主要设备，刻蚀设备价值量最高，国产设备在成熟工艺取得突破；薄膜沉积设备在特殊工艺领域与国际巨头差距较小；光刻设备技术壁垒较高，国内仍需不断积累；国产清洗设备率先取得突破。制造端：晶圆代工领域台积电一家独大，中芯国际在14nm取得突破，处于积极追赶态势。封测端：国内企业最早以此为切入点进入集成电路产业，近年来，国内封测企业通过外延式扩张获得了良好的产业竞争力，技术实力和销售规模已进入世界第一梯度。

（2）从产业优劣势分析。①政策扶持优势。作为国家发展的重要战略之一，集成电路行业已经受到各级政府和资本市场的高度关注。国务院、各部委和地方政府相继出台政策对集成电路产业进行扶持，一级市场投资火热，二级市场对集成电路企业认可度高，大量资金涌入集成电路行业。②产业规模优势。我国集成电路市场规模及全球占比持续提升，但集成电路产品进口量依然较大。③整体水平有差距。我国集成电路行业的支撑产业发展也与世界存在差距。在整个集成电路产业链中，我国除了起步较早的封测技术较为领先外，芯片设计、制造行业的整体水平与领先国家还有较大的差距。其中，在芯片设计领域，我国移动处理器设计水平与世界差距较小，其他细分领域均较为落后，中高端芯片几乎被海外厂商垄断，缺乏高端芯片设计话语权。提升高端芯片国产化率，实现高端芯片设计制造的国产化替代，将是中国集成电路产业下阶段的重要奋斗目标。

2. 我国集成电路未来的挑战

（1）集成电路产业销售规模将保持高速增长；

（2）技术将取得一定突破，实现整体飞跃发展；

（3）封测产业将发力，突破高密度芯片技术弥补技术短板。

1.4 简述后摩尔时代代表性器件及发展趋势。

答：MOS器件未来可能朝着SOI-FinFET、环绕式闸极纳米线晶体管(GAA)、隧穿场效应管(TFET)等方向发展。相比于FinFET器件，围栅纳米线器件可从各个方向控制沟道能电势，具有更强的短沟道效应控制能力，从而实现极小的漏电流。围栅纳米线器件的沟道被栅电极完全包围，由于电场分布的对称性，载流子在垂直栅介质界面方向的散射大大降低，形成了准一维的弹道输运，有利于提高器件的驱动能力。另外，源/漏扩展区的有限掺杂浓度在零栅压条件下自然形成耗尽区，电学栅长等效增加，减少了短沟道导致的阈值降低。虽然围栅纳米线器件在短沟道抑制能力方面优于FinFET，但是受限于其有效栅宽，驱动电流能力依赖于增加叠层的纳米线数目来增加，需要在电路设计方面进一步研究。此外，纳米线的边缘粗糙度、直径涨落、寄生效应等因素也对器件特性有一定影响，需要通过器件电路的协同设计对围栅纳米线器件电路进行优化。

在后摩尔时代中，晶体管器件的进一步发展需要在“材料、制程、结构”三个维度同步推进。相对于传统的硅(Si)、砷化镓(GaAs)等体相半导体材料，原子尺度的一维或二维半导体材料中载流子传输具有明显的量子限域效应，部分材料呈现出高迁移率、能带可调等优异的物理特性，展现出在新型逻辑器件方面巨大的应用潜力。碳纳米管(CNTs)、黑磷(B-P)和过渡族金属硫属化合物(TMDCs)等新型低维半导体材料，已经被用于半导体晶体管器件的沟道材料并构造了多种新型纳电子器件。集成电路过去一直遵循摩尔定律向前发展，驱动力单一，通过工艺等比缩微带来的红利，芯片集成度和性能稳步提高，满足了固定PC计算的能力需求。目前处于人工智能、物联网、移动计算、5G时代，传统的冯·诺依曼体系架构已无法满足高效能计算需要，需要在集成电路架构体系、集成方式、理论创新方式等方面实现新的突破。可以确定的是，集成电路领域的发展一定不会因为摩尔定律的失效而衰落，相反可以看到更多集成电路生态系统的繁荣发展，成为信息技术的基础和助推剂，服务于各行业的信息化、智能化。

## 参考文献

[1] 郝琳. 高 $\kappa$ 栅介质/锑化镓 MOS 器件结构设计、界面失稳调控及性能优化[D]. 合肥：安徽大学，2021.

[2] 乔乐生. 磷化铟基 MOS 器件界面调控及稳定性探索[D]. 合肥：安徽大学，2022.

[3] MOORE G E. Progress in digital integrated electronics[C]. New York：Proceedings of International Electron Devices Meeting，1975：11-13.

[4] 高娟. 铪基高 $\kappa$ 栅介质堆栈结构设计、界面调控及 MOS 器件性能研究[D]. 合肥：安徽大学，2018.

[5] 施敏. 半导体器件物理与工艺[M]. 苏州：苏州大学出版社，2002.

[6] 陈小强. 铪基栅介质薄膜的 PEALD 制备及界面调控研究[D]. 北京：北京有色金属研究总院，2017.

[7] 余涛，吴雪梅，诸葛兰剑，等. 高 $\kappa$ 栅介质材料的研究现状与前景[J]. 材料导报，2010，4(21)：25-29.

[8] 王蝶. MOS 器件堆栈栅结构设计、界面及电学性能优化[D]. 合肥：安徽大学，2020.

[9] 黎明，黄如. 后摩尔时代大规模集成电路器件与集成技术[J]. 中国科学：信息科学，2018，48(8)：963-977.

[10] 秦敬凯，甄良，徐成彦. 后摩尔时代晶体管：新兴材料与尺寸极限[J]. 自然杂志，2020，42(3)：221-230.

[11] 朱进宇，闫峥，苑乔，等. 集成电路技术领域最新进展及新技术展望[J]. 微电子学，2020，50(2)：219-226.

[12] 彭练矛，梁学磊，陈清，等. 后摩尔时代的基于一维纳米材料的 CMOS 技术[J]. 中国科学 G 辑：物理学 力学 天文学，2008，38(11)：1488-1495.

[13] 刘一凡，张志勇. 后摩尔时代的碳基电子技术：进展、应用与挑战[J]. 物理学报，2022，71(6)：068503.

[14] 孙玲，黎明，吴华强，等. 后摩尔时代的微电子研究前沿与发展趋势[J]. 中国科学基金，2020，34(5)：652-659.

[15] 康劲，吴汉明，汪涵. 后摩尔时代集成电路制造发展趋势以及我国集成电路产业现状[J]. 微纳电子与智能制造，2019，1(1)：57-64.

[16] 王龙兴. 集成电路的过去、现在和将来世界集成电路的发展历史[J]. 集成电路应用，2014(1)：36-40.

[17] 王小强，邓传锦，范剑峰. 集成电路发展历程、现状和建议[J]. 电子产品可靠性与环境试验，2021，39(S1)：106-111.

[18] 李鹏飞. 改革开放 40 年集成电路产业发展历程和未来的机遇及挑战[J]. 发展研究，2019(1)：23-28.

[19] 滕冉. 中国集成电路制造业发展前景展望[J]. 信息化建设，2020(8)：46-47.

[20] 柴焕欣. 物联网时代中国大陆集成电路产业制造技术发展方向观察[J]. 集成电路应用，2015(7)：25-27.

[21] 金成吉，张苗苗，李开轩，等. 后摩尔时代先进 CMOS 技术[J]. 微纳电子与智能制造，2021，3(1)：32-40.

# 第2章

# 高 $\kappa$ 栅介质的物理基础

当前，信息化已成为当代人类社会生产力发展的主要动力之一，是体现国际竞争力的重要因素。信息技术和产业作为信息化建设的基础，其核心领域主要包括以半导体、导体及介电材料为基础的集成电路、存储器件和显示技术等。在我国，信息技术和产业也已上升至国家战略。2018 年国务院政府工作报告指出，集成电路是支撑国民经济和社会发展的战略性、基础性和先导性产业，并把推动集成电路产业发展放在实体经济发展的首位强调。2020 年国务院发文强调，集成电路产业和软件产业是信息产业的核心，是引领新一轮科技革命和产业变革的关键力量。通过第 1 章绪论部分的学习，我们已经对当前集成电路的发展状况和场效应晶体管有了初步了解。栅介质层是集成电路最基本元器件——场效应晶体管的关键组成部分，故而开展栅介质材料相关基础研究，对我国信息技术赶超世界先进水平、实现跨越式发展具有深远意义。本章围绕高 $\kappa$ 栅介质展开，聚焦高 $\kappa$ 栅介质的基本概念及优势、结构调控及理论机制、选择要求、分类和特点，以及其面临的问题和挑战。

## 2.1 高 $\kappa$ 栅介质的基本概念及优势

### 2.1.1 高 $\kappa$ 栅介质的引入

在学习高 $\kappa$ 栅介质之前，我们先来学习两个概念：介电材料和介电常数。

固态物质按照其对外电场作用响应的方式可分为两种：一种是以载流子（电子、空穴、离子传导）的定向运动传递外电场的作用和影响，称为导电材料；另一种是以感应化方式沿电场方向产生电偶极矩或引起固体中固有电偶极矩转向的方式传递外电场的作用和影响，称为介电材料或电介质材料。也就是说，介电材料是通过感应而非传导的方式传递、存储或记录电场的作用和影响。

电介质材料是以电极化现象为特征的材料。电介质中的带电粒子是被紧密束缚着的，被称为束缚电荷，其只能在微观范围内移动。无外电场时，电介质中由于等量异种电荷相互中和而整体呈现电中性。将电介质置于外电场中，由于电介质中的正、负电荷重心不重合而沿着电场方向产生感应电偶极矩，并且所有电偶极子的电偶极矩矢量之和不为零，因而在电介质表面和内部感应生出一定的电荷，这种现象称为电极化现象。电极化现象主要包括以下三个基本过程：①原子核外电子云的畸变极化，称为电子极化；②分子中正、负离子的相对位移过程，称为离子极化；③分子固有电矩的转向极化，称为偶极子极化。

介电常数是表征电介质材料的最基本参数，介电常数随分子偶极矩和可极化性的增大而增大。如果将电介质材料放在平板电容器中增加电容，则介电常数是描述某种材料放入电容器中增加电容器存储电荷能力的物理量，是相对介电常数与真空中绝对介电常数的乘积。

在集成电路系统中，电介质材料被引入场效应晶体管中增加栅极电容，因而我们也称之为栅介质材料。如图2.1.1所示，金属氧化物半导体场效应晶体管（metal-oxide-semiconductor field-effect transistor，MOSFET）是集成电路的核心元器件，图为n型MOSFET纵截面的示意图，n型即电子是多数载流子。MOSFET由两个pn结和一个MOS电容组成。栅极下方区域是一个金属氧化物半导体（metal-oxide-semiconductor，MOS）电容结构，其中栅介质（gate dielectric）被包裹在MOS叠层结构中。MOS晶体管的伏安（$I$-$V$）特性由该电容结构决定，电容结构是MOS晶体管的核心。20世纪60年代使用$SiO_2$作为栅绝缘层的MOS晶体管问世后，由于其具有理想的Si-$SiO_2$界面，使得MOS晶体管及集成电路飞速发展，并且一直采用$SiO_2$作为栅介质。

对于MOSFET而言，驱动电流的控制能力表示这个器件开关能力的好坏。要想使器件的开关速度变快，就必须增大开启后的源漏电流，减小器件闭合后的源漏电流。对场效应晶体管来说，其源漏电流$I_{DS}$可以用下式表示：

$$I_{DS}=\mu C_{ox}\times\frac{W}{L}\left[(V_{GS}-V_{TH})V_{DS}-\frac{V_{DS}^2}{2}\right] \tag{2.1.1}$$

式中，$\mu$表示载流子的迁移率；$C_{ox}$表示栅氧化层的电容值；$W$和$L$分别表示器件的栅极宽度和长度；$V_{GS}$和$V_{DS}$分别为栅极与源极之间的电压和漏极与源极之间的电压；$V_{TH}$表示器件的阈值电压。

从式(2.1.1)可以看出，源漏电流$I_{DS}$与$\mu$、$W$、$L$和$C_{ox}$都成正比。因此如果想要使器件的栅控能力增强，则增大栅氧化层的电容值$C_{ox}$是一个非常有效的途径。如图2.1.2所示，在不考虑量子化、多晶硅耗尽等效应的前提下，栅氧化层电容是指器件衬底与栅极和栅介质共同构成的MOS结构，这种结构相当于在平行金属板中间夹上一层栅介质薄膜。其电容值可以用下式来表示：

$$C=\frac{\kappa\varepsilon_0 A}{t} \tag{2.1.2}$$

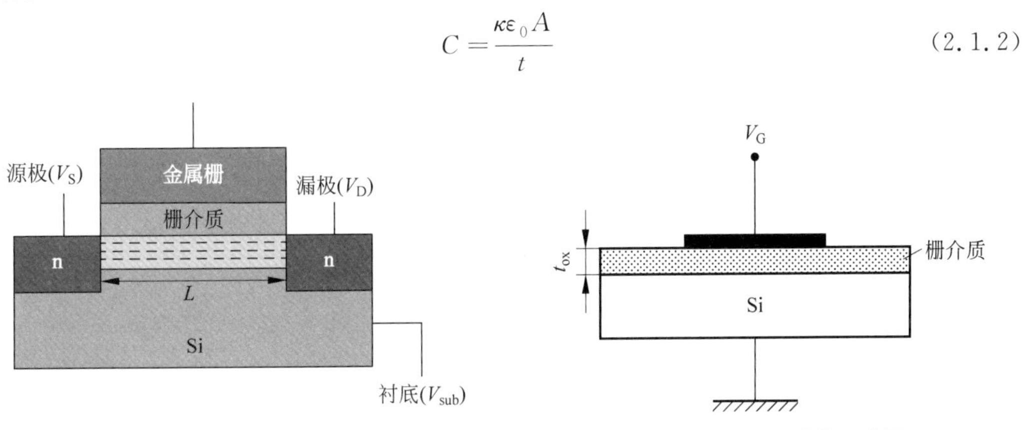


图2.1.1　MOSFET结构示意图　　图2.1.2　MOS结构示意图

式中，$\kappa$ 为相对介电常数；$\varepsilon_0$ 是真空介电常数，数值为 $8.854\times10^{-12}$F/m；$A$ 为栅电极面积；$t$ 为高 $\kappa$ 栅介质层物理厚度；$C$ 为栅电容。

由式(2.1.2)可知，提高栅电容 $C$ 有两种途径：一是减小栅介质层厚度 $t$；二是提高 $\kappa$ 值，即选用高 $\kappa$ 栅介质材料。这里，增大电容面积会增大功耗，从而增加晶体管制作成本，因此不予考虑。

近 50 年来，硅基 CMOS 集成芯片计算性能的不断提高，主要依赖于其基本元器件场效应晶体管尺寸的不断缩小，摩尔定律很好地引领了半导体制程工艺节点的推进。然而，近年集成电路的工艺节点推进明显放缓。因为一个原子的直径在 0.1nm 左右，则器件的长、宽和栅介质厚度等物理尺寸不是可以无限缩小的，场效应晶体管尺寸必然存在物理极限。持续缩小器件尺寸，特别是当 $SiO_2$ 栅介质层厚度减薄至其物理极限时(0.7nm)，量子隧穿效应将导致纵向栅极漏电流呈指数增加，器件静态功耗显著增加，从而降低由工艺尺寸缩小带来的性能提升。对微电子元器件来说，通过栅氧化层的漏电流应尽可能小，通常在台式机或手提计算机的应用中，漏电流的上限分别为 $1.0A/cm^2$ 和 $1.0\times10^{-3}A/cm^2$。图 2.1.3(a)是栅极漏电流随着栅介质厚度的减小而显著增加的例子。从图中可以看出，当栅压为 2V 时，栅极漏电流密度将从栅介质厚度为 3.5nm 时的 $1\times10^{-7}A/cm^2$ 陡增到 1.5nm 时的 $100A/cm^2$，即当栅极氧化层的厚度减小大约一半时，漏电流增大了 9 个数量级。栅极漏电流的增大造成了晶体管关态(off)功耗的增加，对晶体管的集成、散热以及寿命都造成了严重的影响。MOS 器件漏电流的可能传导机制包括 Fowler-Nordheim 隧穿、Poole-Frenkel 隧穿、陷阱辅助隧穿和直接隧穿，如图 2.1.3(b)所示。其中，直接隧穿与栅介质的厚度关系最密切，其电流可计算为

$$J_{DT}=J_0\left(1-\frac{V_{ox}}{\varphi_B}\right)\exp\left\{-\frac{3}{4}\frac{\sqrt{2m^*q}}{\hbar}\frac{T_{ox}-\varphi_B^{3/2}}{V_{ox}}\left[1-\left(1-\frac{V_{ox}}{\varphi_B}\right)^{3/2}\right]\right\} \tag{2.1.3}$$

其中，$J_0$ 是常数；$V_{ox}$ 是栅介质的压降；$\varphi_B$ 是势垒高度；$m^*$ 是栅介质中的电子有效质量；$\hbar$是约化普朗克常量；$T_{ox}$ 是栅介质厚度。显然，直接隧穿电流随着 $T_{ox}$ 的降低而呈指数增

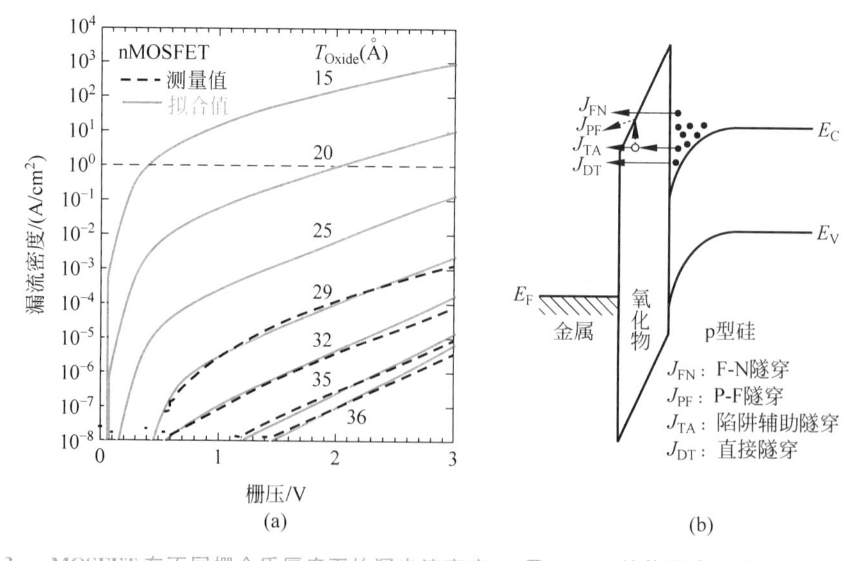


图 2.1.3 nMOSFET 在不同栅介质厚度下的漏电流密度(a)及 nMOS 结构漏电流传导机制能带图(b)

加。因此，集成电路要继续向前发展，就必须解决栅极氧化层介质（$SiO_2$）厚度无法再持续减小的问题。研究者们开始采用第二种方法，即用具有更高介电常数（$\kappa$）的替代材料来代替 $SiO_2$ 以维持 MOSFET 器件尺寸的缩减，这样在保持电容不变的同时，高 $\kappa$ 介电材料更厚的物理厚度可避免隧穿电流的产生。

### 2.1.2 高 κ 栅介质的优势

高 $\kappa$ 栅介质材料中的“$\kappa$”指的是材料相对于真空的介电常数，代表了栅介质的极化能力，下文简称为“介电常数”。高 $\kappa$ 栅介质材料即介电常数更高的栅介质材料，$\kappa$ 值越大代表越容易被极化，放入电容器中增加电容器存储电荷能力越强。一般认为，大于 $SiO_2$ 的相对介电常数（3.9）的介质材料为高 $\kappa$ 栅介质材料。

高 $\kappa$ 栅介质材料的使用也引入了一个新的概念，等效氧化物厚度（equivalent oxide thickness，EOT），即将栅介质的实际厚度 $t$ 等效使用 EOT 来表征，是为了与通用的 $SiO_2$ 的厚度作比较。EOT 定义为：将任意栅介质薄膜层厚度换算为相同单位面积电容的 $SiO_2$ 层厚度，即

$$\mathrm{EOT}=\frac{3.9t}{\kappa} \tag{2.1.4}$$

式中，3.9 为 $SiO_2$ 的相对介电常数；$\kappa$ 为高 $\kappa$ 栅介质的介电常数；$t$ 为高 $\kappa$ 栅介质的厚度。

由式（2.1.4）可知，保持 EOT 不变，栅介质材料的介电常数越大，则栅介质层的物理厚度越厚，从而能有效地降低由栅氧化层过薄而引起的隧穿漏流。这个参数可以形象地表示出高 $\kappa$ 栅介质材料对栅电容的改善作用，并且被广泛地应用到高 $\kappa$ 栅介质材料的研究和生产中，是业界内通用的概念。图 2.1.4 为硅基的高 $\kappa$ 栅介质器件与传统 $SiO_2$ 栅介质器件的对比示意图。

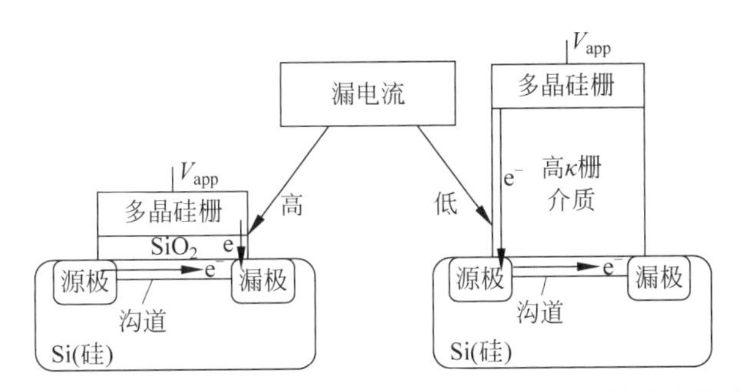


图 2.1.4 高 $\kappa$ 栅介质的硅基器件与传统 $SiO_2$ 栅介质的硅基器件的对比示意图

2007 年 11 月，英特尔公司发布了其第一款基于 45nm 工艺的处理器，首次采用了铪（Hf）基高 $\kappa$ 材料作为栅介质层，标志着高 $\kappa$ 技术的市场化。高 $\kappa$ 材料的引入有效地解决了传统 $SiO_2$ 介质层所面临的漏电流过大等问题，此后使集成电路产业能够继续沿着摩尔定律发展（图 2.1.5）。此后，研究者们对 Hf 基高 $\kappa$ 栅介质进行了广泛的改性研究。摩尔定律提出者 Gordon E. Moore 评价说：“采用高 $\kappa$ 栅介质和金属栅极是自 20 世纪 60 年代推出多晶硅栅极氧化物半导体晶体管以来，晶体管技术领域里最重大的突破。”

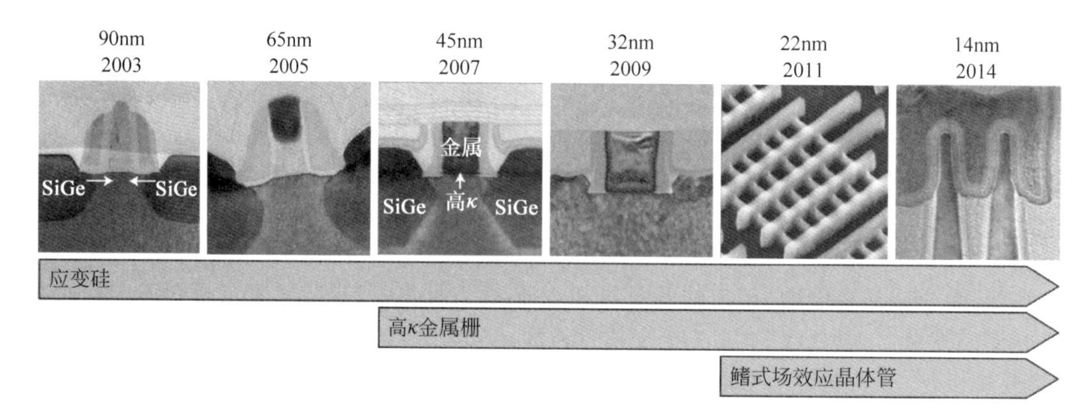


图 2.1.5 英特尔公司用于持续缩减的六代晶体管创新技术

## 2.2 高 κ 栅介质的结构调控及理论机制

### 2.2.1 高 κ 栅介质的 MOS 电容结构

高 κ 栅介质的 MOS 结构实际上就是一个电容，当施加外电压后，金属和半导体相对的两个面上就要被充电。理想的 MOS 结构中，高 κ 栅介质层绝对绝缘且其中不存在任何电荷，氧化层和半导体界面处无界面态，金属和半导体无功函数差。当在 MOS 结构上加电压 $V_G$ 后，一部分电压 $V_{ox}$ 降落在高 κ 绝缘层上，一部分电压 $V_S$ 降在半导体表面层中。对应的理想 MOS 结构电容 $C$ 是绝缘层电容 $C_{ox}$ 和半导体表面空间电荷层电容 $C_S$ 的串联，其等效电路如图 2.2.1 所示。

以 n 型半导体为例，低频情况下(10～100Hz)如下所述。

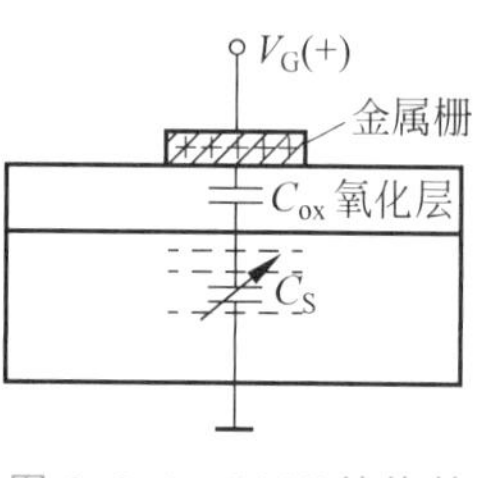


图 2.2.1 MOS 结构的等效电路

(1) $V_G>0$，积累区，$C\approx C_{ox}$。当所加栅压 $V_G$ 大于零时，半导体表面势 $V_S$ 大于零，半导体表面能带向下弯曲(图 2.2.2(a))。对 n 型半导体来说半导体表面导带与费米能级的能量差缩小，表面电子浓度升高，半导体表面处于多子积累状态。$C_S=\dfrac{dQ_S}{dV_S}\propto\exp(qV_S/2kT)$，在 $V_S$ 较正的情况下随表面势的增加而呈指数形式增加，将远大于 $C_{ox}$，因此 $C\approx C_{ox}$。而 $C_{ox}=\varepsilon_{ox}/d_{ox}$，$\varepsilon_{ox}$ 和 $d_{ox}$ 分别是氧化层的介电常数和厚度，是定值。反映在电容-电压($C$-$V$)曲线里，当所加电压为正电压时，MOS 结构的电容是一个恒定值。如图 2.2.3 中 $AB$ 段所示。

(2) $V_G=0$，平带状态，$C=C_{fb}=\dfrac{C_{ox}}{1+\dfrac{\varepsilon_{ox}}{\varepsilon_S d_{ox}}\sqrt{\dfrac{k_B T\varepsilon_0\varepsilon_S}{q^2N_A}}}$。当所加栅压逐渐降低时，$C_S$ 呈现降低的趋势，因而总电容 $C$ 也随电压降低而降低，直至栅压将为零时，半导体表面能带处于平带状态(图 2.2.2(b))，总电容为平带电容 $C_{fb}$。由于平带状态下的 $C_S=\dfrac{\sqrt{2}\varepsilon_S}{L_D}$，代入串联电容公式计算可得平带电容值，如图 2.2.3 中 $C$ 点所示。

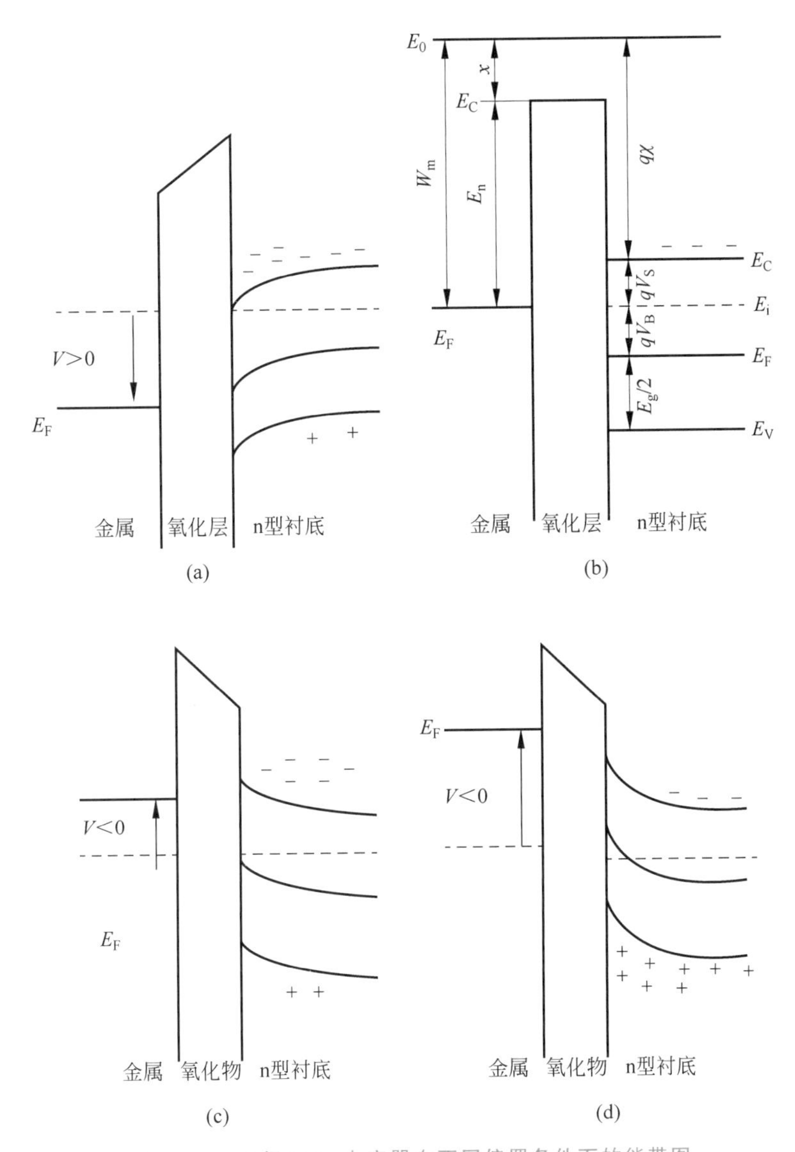


图 2.2.2　理想 MOS 电容器在不同偏置条件下的能带图

(a) 积累；(b) 平带；(c) 耗尽；(d) 反型

(3) $V_G<0$，耗尽区，当栅压小于零时，对应的表面势也小于零，半导体表面能带向上弯曲(图 2.2.2(c))，半导体表面价带和费米能级之间距离增大，电子浓度降低，半导体表面处于耗尽状态。根据耗尽层近似，耗尽层上承担的压降越大，耗尽层厚度就越大，由于对应电容等效成平行板电容，则对应耗尽层的电容 $C_S$ 降低，从而总电容降低，如图 2.2.3 中 $CD$ 段所示。

(4) $V_G<0$，弱反型，$|V_G|$ 逐渐升高时，半导体表面能带逐渐向上弯曲(图 2.2.2(d))，通过增大耗尽层宽度来终止所加负电压的电力线。当能带继续向上弯曲直至弱反型状态的出现时，半导体表面空穴浓度开始增加，占据主导地位，此时电容过渡到以反型层空穴贡献的电容为主，此时电容随 $|V_S|$ 的升高呈现指数形式的升高，如图 2.2.3 中 $DE$ 段所示。

(5) $V_G<0$,强反型,$C\approx C_{ox}$。当$|V_G|$继续升高时,半导体表面进入强反型,处于空穴积累状态,和$V_G>0$时的电子积累情况类似,$C\approx C_{ox}$,如图2.2.3中$EF$段所示。

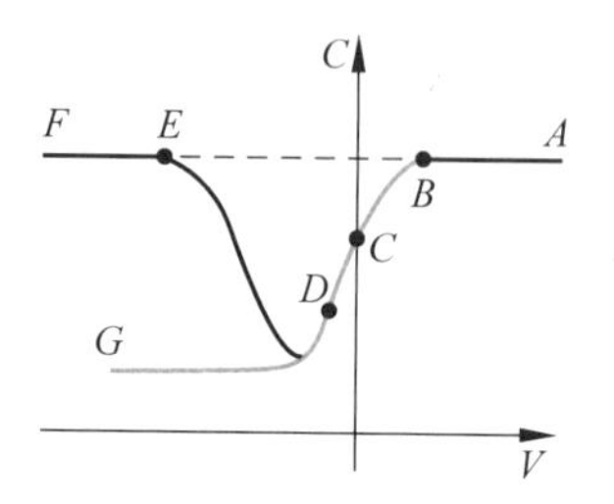


图2.2.3 n型理想MOS结构的电容电压($C$-$V$)曲线

然而在高频情况下($10^4\sim10^6$ Hz),反型层电子对空穴的产生和复合跟不上高频信号的变化,即反型层中电子的数量不能随高频信号而变。此时,反型层电子对电容没有贡献。因此当$V_G<0$后,半导体表面一直处于耗尽状态,耗尽层电容随耗尽层宽度的增大而减小,直至耗尽层宽度不能再减小,耗尽层电容也将保持不变。因此总电容$C$也是随$|V_G|$的升高而不断降低,直至保持不变,如图2.2.3中$DG$段所示。

## 2.2.2 高κ栅介质的理论机制

高频$C$-$V$曲线是用来研究半导体表面和界面的一种重要手段,对MOS晶体管等表面器件具有重要参考意义。图2.2.3中的$ABCDG$段是n型理想MOS结构的高频$C$-$V$曲线。从$C$-$V$特性曲线中可提取出高κ栅介质薄膜的关键性能参数,包括等效氧化层厚度(EOT)、高κ薄膜的介电常数κ、平带电容$C_{fb}$、平带电压$V_{fb}$、迟滞电压$\Delta V_{fb}$、氧化电荷密度$Q_{ox}$和边界陷阱电荷密度$N_{bt}$,计算公式分别如下所述:

$$\mathrm{EOT}=\frac{K_{\mathrm{SiO_2}}\times\varepsilon_0}{C_{ox}/A}\tag{2.2.1}$$

$$K_{高\kappa}=\frac{K_{\mathrm{SiO_2}}\times t_{高\kappa}}{\mathrm{EOT}}\tag{2.2.2}$$

式中,$K_{\mathrm{SiO_2}}=3.9$;$\varepsilon_0$为真空介电常数;$A$为金属Al圆电极面积;$C_{ox}$为积累区电容;$K_{高\kappa}$为高κ栅介质薄膜的介电常数;$t_{高\kappa}$为高κ薄膜的厚度。

高κ栅介质薄膜的平带电容在上述分析过程中已得出,计算公式如下:

$$C_{fb}=\frac{C_{ox}}{1+\dfrac{\varepsilon_{高\kappa}}{\varepsilon_S d_{ox}}\sqrt{\dfrac{k_B T\varepsilon_0\varepsilon_S}{q^2 N_A}}}\tag{2.2.3}$$

式中,$C_{fb}$为平带电容;$\varepsilon_{高\kappa}$为高κ栅介质薄膜的介电常数,即$k_{高\kappa}$;$\varepsilon_S$为半导体衬底的介电常数(硅为11.9,GaAs为13.2);$d_{ox}$为高κ栅介质薄膜的厚度;$k_B$为玻尔兹曼常量;$T$为热力学温度;$q$为电子的电荷量;$N_A$是半导体衬底的掺杂浓度。计算出平带电容后,在$C$-$V$曲线中找出对应电压值,即平带电压$V_{fb}$。

$Q_{ox}$的计算公式为$Q_{ox}=-C_{ox}(V_{fb}-\varphi_{ms})/qA$,式中,$\varphi_{ms}$为金属电极和半导体衬底的功函数差。

$N_{bt}$的计算公式为$N_{bt}=-(C_{ox}\times\Delta V_{fb})/qA$,式中,$\Delta V_{fb}$为双扫$C$-$V$曲线在平带电容处的电压差。

此外,MOS电容器在制备过程中不可避免地会在高κ栅介质/半导体接触界面处引出界面态$D_{it}$(界面陷阱电荷),这主要归因于栅介质沉积过程中诱导的半导体表面不稳定氧化物的产生或者是由晶格不匹配产生的结构缺陷(悬挂键)。测量界面态密度的方法有多种,包括电容法、电导法和 Terman 法等。其中电导法是最重要、最可靠的一种方法,本书主要采用电导法计算界面态密度。电导法 1967 年由 Nicollian 和 Goetzgergen 提出,测量精度和灵敏度很高,测量精度可达到 $10^9 cm^2/eV$ 甚至更低。电导法以载流子发射的损耗机制和界面陷阱俘获作为理论依据,通过测量等效平行电导 $G_p$(其与外加电压和频率相关),得到界面态密度。采用电导法计算界面态密度时需要对电容和电导进行修正:

$$D_{it} \approx \frac{2}{Aq} \cdot \frac{\omega C_{ox}^2 G_c}{G_c^2 + \omega^2 (C_{ox} - C_c)^2} \tag{2.2.4}$$

式中,$q$ 是电子电量;$A$ 是电极面积;$\omega$ 是交流信号频率;$C_{ox}$ 是 $C$-$V$ 曲线中积累区电容;$G_c$ 是修正后的电导;$C_c$ 是修正后的电容。$C_c$ 和 $G_c$ 可以通过下面的公式得到:

$$R_S = \frac{G_{m,a}}{G_{m,a}^2 + w^2 C_{m,a}^2} \tag{2.2.5}$$

$$C_c = \frac{(G_m^2 + w^2 C_m^2) C_m}{[G_m - (G_m^2 + w^2 C_m^2) R_S]^2 + w^2 C_m^2} \tag{2.2.6}$$

$$G_c = \frac{(G_m^2 + w^2 C_m^2)[G_m - (G_m^2 + w^2 C_m^2) R_S]}{[G_m - (G_m^2 + w^2 C_m^2) R_S]^2 + w^2 C_m^2} \tag{2.2.7}$$

式中,$G_m$ 是实际测量所得电导;$C_m$ 是实际测量所得电容;$G_{m,a}$ 是测量所得 $G$-$V$ 曲线中最大值;$C_{m,a}$ 是测量所得 $C$-$V$ 曲线中最大值。

高 $\kappa$ 栅介质的关键性能参数——漏电流密度 $J$ 可以通过 $J$-$V$ 表征来获取。栅极漏电流传输机制有多种,它们的产生方式各不相同,但漏电流过大超出元器件允许范围,会导致器件性能急剧下降。一般允许最大栅极漏电流密度为 $1A/cm^2$。漏电流传输机制主要有直接隧穿(direct tunneling)、肖特基发射(Schottky emission,SE)、F-N 隧穿(Fowler-Nordheim tunneling)、Poole-Frenkel(P-F)发射和空间电荷限制电流(spacecharge limited current)等传输机制。

肖特基发射又称为热电子发射(thermionic emission)。半导体中吸收了光子、外电场等能量而处于激发态的电子称为热电子。热电子从半导体出发穿越势垒进入金属,形成热电子发射电流。热电子发射电流大小主要由势垒高度决定,与势垒宽度关系不大。能量高于势垒的热载流子数目随着高于导带边的能量呈指数下降,满足下面的公式:

$$J_{SE} = A^* T^2 \exp\left[\frac{-q(\varphi_B - \sqrt{qE/4\pi\varepsilon_0\varepsilon_r})}{k_B T}\right] \tag{2.2.8}$$

式中,$\varphi_B$ 是肖特基发射势垒高度;$\varepsilon_r$ 是光学介电常数($\varepsilon_r = n^2$,其中 $n$ 是薄膜折射率)。

线性拟合符合肖特基发射区域$(J/T^2)$-$E^{1/2}$ 曲线的斜率为

$$\text{slope} = \frac{1}{k_B T}\sqrt{\frac{q^3}{4\pi\varepsilon_0\varepsilon_r}} \tag{2.2.9}$$

与纵坐标的截距为

$$\text{intercept} = \ln(A^*) - \frac{q\varphi_B}{k_B T}, \quad A = 120\frac{m_{ox}^*}{m_o} \tag{2.2.10}$$

式中,电子有效质量 $m_{ox}^*$ 和势垒 $\varphi_B$ 是未知量。从图 2.2.4 中可以看出,施加正偏压时,电子由衬底注入(substrate injection),肖特基发射的势垒高度是半导体与栅介质的导带偏移$\Delta E_c$;施加负偏压时,电子由栅极注入(gate injection),肖特基发射的势垒高度是金属与栅介质之间的势垒高度。

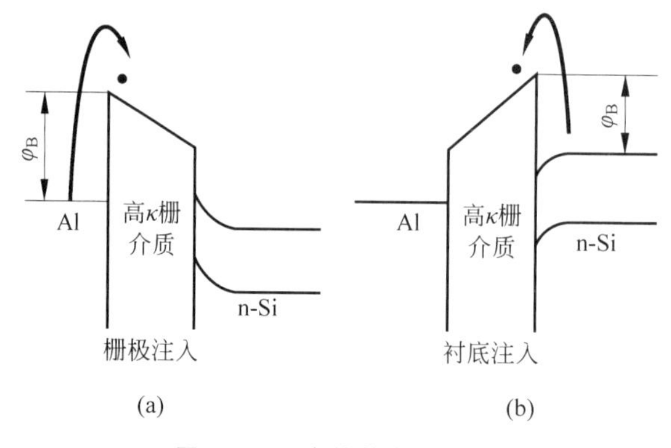


图 2.2.4 肖特基发射机制

P-F 发射机制由 Poole 和 Frenkel 在 1938 年提出,P-F 发射同肖特基发射一样都属于热电子发射,两者对应的栅漏电流对电压依赖关系接近。P-F 发射是陷阱辅助发射机制,为陷阱电荷俘获陷阱电子后发射到导带而产生的。如图 2.2.5 所示,陷阱电子通过热激发脱离陷阱,越过陷阱能级和衬底(金属)间势垒$\varphi_t$,到达导带底,形成漏电流。漏电流满足下面的公式:

$$J_{PF}=AE\exp\left[\frac{-q(\varphi_t-\sqrt{qE/4\pi\varepsilon_0\varepsilon_{ox}})}{k_BT}\right] \tag{2.2.11}$$

式中,$\varphi_t$是陷阱能级与衬底之间的势垒高度;$\varepsilon_{ox}$是电学介电常数。线性拟合符合 P-F 发射区域$(J/E)$-$E^{1/2}$曲线的斜率为

$$\text{slope}=\frac{1}{k_BT}\sqrt{\frac{q^3}{\pi\varepsilon_0\varepsilon_{ox}}} \tag{2.2.12}$$

与纵坐标的截距为

$$\text{intercept}=\ln C-\frac{q\varphi_t}{k_BT} \tag{2.2.13}$$

通过拟合所得斜率,可以得到栅介质薄膜的电学介电常数;通过拟合所得截距,可以得到陷阱能级与衬底之间的势垒。

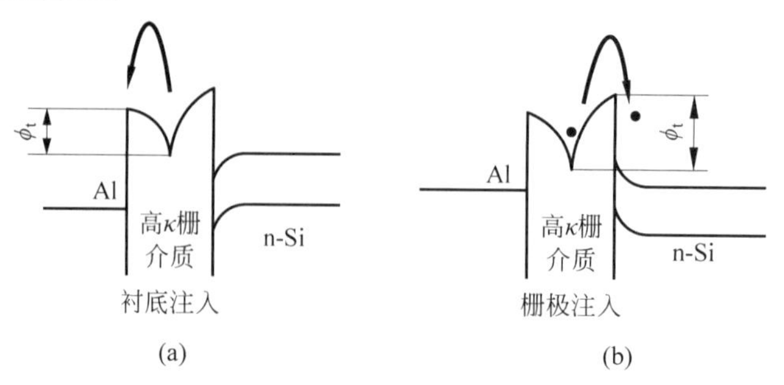


图 2.2.5 P-F 发射机制

F-N 隧穿是一种强电场辅助的隧穿机制。当 MOS 电容被施于较大电压时，半导体衬底达到积累或强反型状态，半导体表面势不再随外加栅压增加而增加，增加的栅压将作用在栅介质薄膜上，使其导带形成三角形势垒。半导体导带底电子穿越势垒而形成漏电流，如图 2.2.6 所示。电子穿越三角势垒需要足够的能量，因此栅压越大，越容易发生 F-N 隧穿。

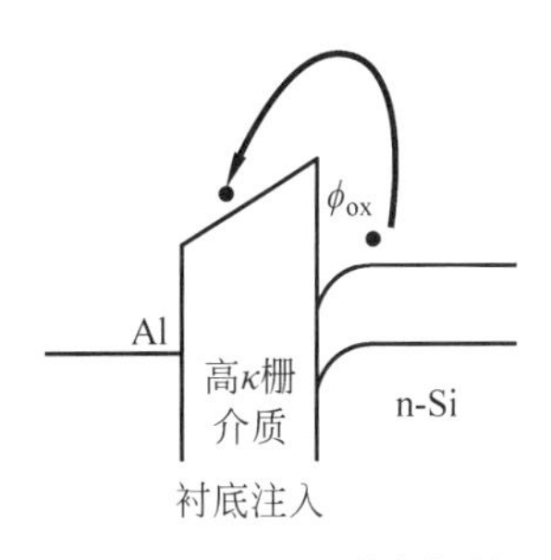

图 2.2.6 F-N 隧穿机制

1928 年，Fowler 和 Nordheim 建立了金属-真空 F-N 隧穿的物理模型。1969 年，Lenzlinger 和 Snow 两人对 F-N 隧穿模型进行修正，得到 F-N 隧穿机制的电流密度公式为

$$J_{\mathrm{FN}}=\frac{q^3E^2}{16\,\hbar\pi^2\phi_{\mathrm{ox}}}\exp\left(-\frac{4\phi_{\mathrm{ox}}^{3/2}\sqrt{2m_{\mathrm{e,ox}}^*}}{3\,\hbar qE}\right) \tag{2.2.14}$$

式中，$m_{\mathrm{e,ox}}^*$ 是栅介质氧化层中电子的有效质量；$\phi_{\mathrm{ox}}$ 是 F-N 隧穿的势垒高度。线性拟合符合 F-N 隧穿区域$(J/E)$-$E^{1/2}$ 曲线的斜率为

$$\mathrm{slope}=-6.83\times10^7\sqrt{\frac{m_{\mathrm{e,ox}}^*}{m_0}\varphi_{\mathrm{B}}^3} \tag{2.2.15}$$

如果线性拟合既符合 F-N 隧穿机制，又符合肖特基发射机制，则联立式(2.2.9)和式(2.2.15)，可以得到栅介质氧化层中电子的有效质量 $m_{\mathrm{e,ox}}^*$ 和势垒 $\phi_{\mathrm{ox}}$。

空间电荷限制传导机制(space-charge-limited conduction，SCLC)类似于真空二极管中电子输运的传导机制。真空二极管的阴极发射的热电子的初始速度符合麦克斯韦分布。相应的电荷分布可以用泊松方程表示：

$$\frac{\partial^2V}{\partial x^2}=-\frac{\rho(x)}{\varepsilon_0} \tag{2.2.16}$$

此外，在稳态下，若 $v(x)=\sqrt{\frac{2qV(x)}{m}}$，连续性方程是

$$j_x=qn(x)v(x) \tag{2.2.17}$$

真空二极管的电流密度-电压($J$-$V$)特性遵从 Child 定律：

$$J_{\mathrm{Child}}=\frac{4\varepsilon_0v^{3/2}}{9d^2}\sqrt{\frac{2e}{m}} \tag{2.2.18}$$

对于固体材料，空间电荷限制(SCL)电流来源于欧姆接触电子注入，对应的连续性方程应包括扩散分量，可以写成

$$j_x=en(x)v(x)+eD\frac{\mathrm{d}n}{\mathrm{d}x} \tag{2.2.19}$$

图 2.2.7 中展示的为典型的空间电荷限制电流的对数($\lg J$-$\lg V$)特征曲线。这个特征曲线由三个曲线组成，即欧姆定律($J_{\mathrm{Ohm}}\propto V$)，陷阱填充极限(TFL)电流($J_{\mathrm{TFL}}\propto V^{l+1}$)定律和 Child 定律($J_{\mathrm{Child}}\propto V^2$)，他们分别满足下面的表达式：

$$J_{\mathrm{Ohm}}=qn_0\mu\frac{V}{d} \tag{2.2.20}$$

$$J_{\mathrm{TFL}}=B\frac{V^{l+1}}{d^{2l+1}} \tag{2.2.21}$$

$$J_{\text{Child}}=\frac{9V^2}{8d^3}\cdot\mu\varepsilon \tag{2.2.22}$$

式中，$q$、$n_0$、$\mu$、$\varepsilon$ 和 $d$ 分别是电子电量、自由载流子在热平衡中的浓度、栅氧化层中电子迁移率、栅氧化层介电常数及其物理厚度。$B$ 是与 $l$ 相关的参数。其中 $l=(T_C/T)$，$T_C$ 是与陷阱分布相关的特征温度，$T$ 是绝对温度。当电流传输机制分别符合欧姆定律、TFL 电流定律和 Child 定律时，$\lg J$-$\lg V$ 曲线的斜率在理想状态下分别为 1、$l+1$ 和 2。

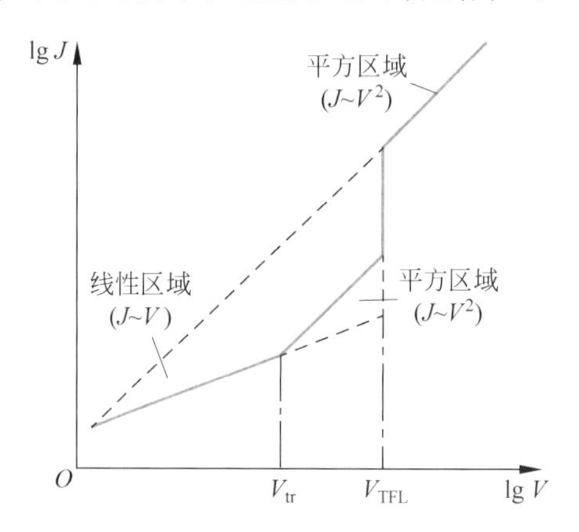


图 2.2.7　空间电荷限制电流的对数特征曲线（$\lg J$-$\lg V$）。$V_{\text{tr}}$ 是转折电压，$V_{\text{TFL}}$ 是陷阱填充极限电压

## 2.3　高 κ 栅介质的选择要求

随着 CMOS 器件尺寸的不断缩减，高 κ 材料替代 $SiO_2$ 作为 MOSFET 栅介质层已经是集成电路产业界的必然趋势。当然，$SiO_2$ 作为栅介质材料有很多优良特性。首先，作为 Si 衬底自身的氧化物，$SiO_2$ 与 Si 衬底之间有良好的接触特性，界面处的界面态密度非常低（小于 $10^{10}\,\text{cm}^2$），这是其他材料无法比拟的优势。其次，$SiO_2$ 的生长工艺非常简单，通过热氧化的方法就可以制备出特性良好的非结晶态的 $SiO_2$ 薄膜，且其厚度便于控制，均匀性好，制备出的 $SiO_2$ 薄膜具有良好的热稳定性。此外，$SiO_2$ 作为栅介质最核心的特性是具有优秀的绝缘性，它有很大的禁带宽度（约为 9eV），而且 $SiO_2$ 与 Si 之间的能带差也较大（3.0～4.6eV），故而能够很好地防止载流子越过势垒形成栅极漏电流。作为 MOSFET 的栅介质层，半导体器件对高 κ 栅介质材料有着较高的要求，单有高的 $k$ 值是不够的，还需要参照 $SiO_2$/Si 系统的优越性。综合近几十年来国内外的研究，高 κ 栅介质材料的选择需满足以下几点基本要求。

（1）高的介电常数 $k$。传统栅介质 $SiO_2$ 的介电常数为 3.9，高 κ 材料的介电常数至少要高于 3.9，最好高于 20。这是引入高介电常数介质的初衷，高的介电常数使得在获得相同的 EOT 时，高 κ 栅介质具有较大的物理厚度来抑制栅极电流隧穿，提高器件性能的可靠性，从而延续集成电路的等比例缩小原则（摩尔定律）。然而若 $k$ 值过高，容易导致边缘电场效应，降低器件的性能。

（2）合适的禁带宽度及带隙偏移量。高 κ 栅介质层漏电流的大小，除了与介质层厚度有关，与材料本身的能带结构关系也十分密切。栅极漏电流随着禁带宽度、导带偏移和价带偏移量的减小而呈指数级别上升。因此，通常认为禁带宽度 $E_g$ 不能太小，一般要大于 5eV，并且还需要满足栅介质材料与衬底材料导带之间、价带之间的偏移量（$\Delta E_C$、$\Delta E_V$）大于 1eV，这样才能有效地抑制电子热发射或是隧穿通过能量势垒（图 2.3.1），充分抑制栅极漏电流，提高器件性能。表 2.3.1 列举了一些常见的高 κ 材料的 $E_g$、k 和导带偏移值。从表中可以看出，介电材料的禁带宽度通常与介电常数呈反比例关系，如果介电常数较高，则其禁带宽度通常较小。例如，$TiO_2$ 的介电常数为 80，在高 κ 材料中也属于较高的，但是其禁带宽度只有 3.5eV，显然不能满足对栅介质材料的要求。因此不能一味地追求极高的介电常数，在选择栅介质材料时应该权衡带隙值和介电常数值。其中如 $La_2O_3$、$HfO_2$ 和 $Y_2O_3$ 等在这两方面均有良好的性能。

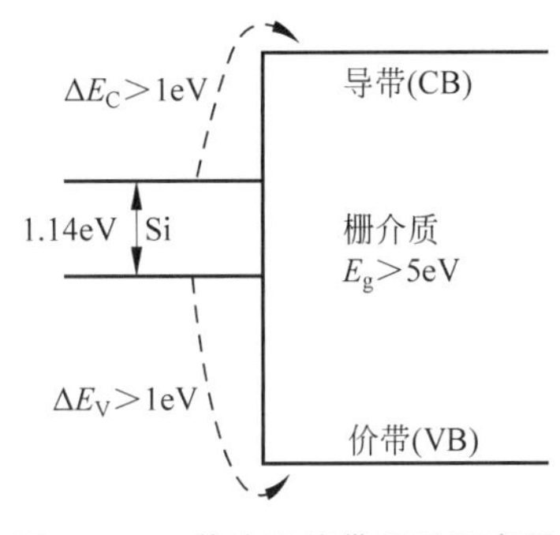


图 2.3.1　载流子能带跃迁示意图

表 2.3.1　常见高 κ 栅介质材料的性能参数

| 材　　料 | k | $E_g$/eV | $\Delta E_C$/eV to Si |
|---|---|---|---|
| $SiO_2$ | 3.9 | 8.9 | 3.2 |
| $Si_3N_4$ | 7 | 5.1 | 2 |
| $Al_2O_3$ | 9 | 8.7 | 2.8 |
| $Y_2O_3$ | 15 | 5.6 | 2.3 |
| $La_2O_3$ | 30 | 4.3 | 2.3 |
| $Ta_2O_5$ | 26 | 4.5 | 1～1.5 |
| $Dy_2O_3$ | 14～18 | 4.9 | 2.3 |
| $TiO_2$ | 80 | 3.5 | 1.2 |
| $HfO_2$ | 12～40 | 5.7 | 1.5 |
| $ZrO_2$ | 25 | 7.8 | 1.4 |

（3）较低的薄膜内部缺陷密度和界面态密度。相比于 $SiO_2$，高 κ 材料中普遍含有更高的缺陷密度，不同种类缺陷电荷（图 2.3.2(a)）的存在会导致材料出现缺陷能级，降低禁带宽度，使得电子更容易通过，从而增加阈值电压、漏电流密度和平带电压。如图 2.3.2(b)所示，其中 a 曲线为一理想 MOS 栅电容的 C-V 特性；b 曲线由于受非零功函数差（$\phi_{ms}$）、固定氧化层电荷（$Q_f$）、可动电荷（$Q_m$）、氧化层陷阱电荷（$Q_{ox}$）的影响，C-V 曲线将平行偏移，偏移量可以用平带电压表示，式 $V_{FB}=\phi_{ms}-\dfrac{Q_f+Q_{ox}+Q_m}{C_{ox}}$所示之量。此外，由于高 κ 材料与 $SiO_2$ 制备工艺的不同，高 κ 栅介质在沉积过程中会引入大量界面缺陷电荷，如果这些界面陷阱态没有被钝化，则其会俘获沟道中的载流子而导致费米能级钉扎，栅电容 C-V 特性曲线不但会偏移而且会扭曲变形（图 2.3.2(b)中曲线 c），无法形成积累区和反型区，还会引发散射而导致载流子迁移率的下降。选取界面态密度不超过 $10^{11}cm^{-2}\cdot eV^{-1}$ 的高 κ 栅介质材料有益于与衬底形成良好的界面。因此，选择缺陷电荷低的高 κ 栅介质材料是提高器件的必要条件之一。

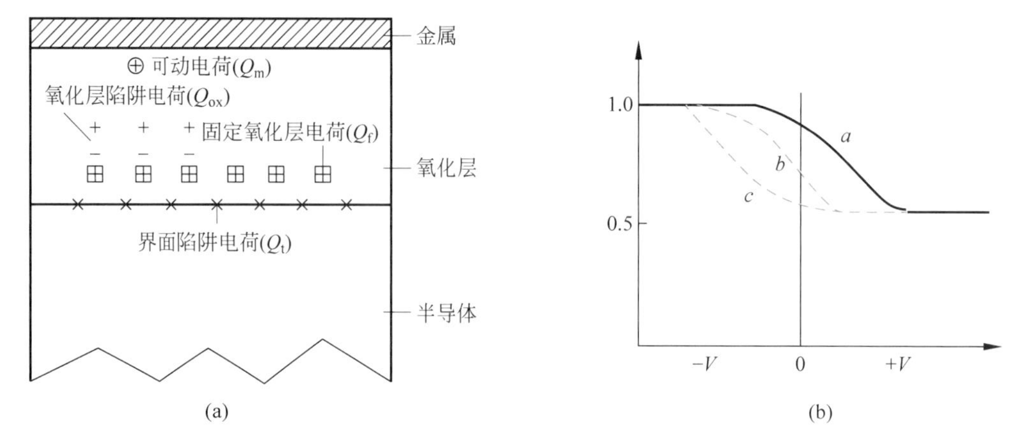


图 2.3.2　栅介质中产生的缺陷电荷(a)，及缺陷电荷对 C-V 曲线的影响(b)

（4）良好的热稳定性。由于器件的制作中常会涉及热工艺，这就要求高 κ 栅介质材料要有良好的热稳定性。而在高温下，与衬底间热稳定性差的高 κ 栅介质材料可以与衬底相互反应，如图 2.3.3 所示，其与 Si 发生反应形成低阻的硅化物，$SiO_2$ 及其硅酸盐界面层会严重影响高 κ/Si 的界面品质，这些低 k 界面物质将增加等效氧化层厚度，明显降低高 κ 栅介质层整体的介电常数，影响界面质量和器件性能。除此之外，有些高 κ 材料在高温下会发生结晶，比如 $HfO_2$ 的结晶温度较低，在高温（800℃）下极易发生结晶。而结晶现象会造成多晶态介质的出现，当栅压达到一定的大小时，在多晶态的介质中会形成载流子可以流动的通道，造成栅极漏电流的突然增大，使栅电容易被击穿。单晶或者非晶薄膜是降低漏电流的有效手段，但是制备单晶薄膜所需要的条件苛刻，对设备要求较高，而非晶薄膜制备简单，成本低。由此可见，高 κ 材料应在高温下保持致密，不会发生严重的扩散，同时也要有较高的结晶温度，能够在一系列的热工艺中保持非晶态。

|  |  |
|---|---|
| * | =1000K时非固体 |
| ☼ | =放射性 |
| ① | =Si+MO$_x$ ⟶ M+SiO$_2$ |
| ② | =Si+MO$_x$ ⟶ MSi$_y$+SiO$_2$ |
| ③ | =Si+MO$_x$ ⟶ M+MSi$_x$O$_y$ |

| ⅠA | ⅡA | ⅢA | ⅣA | ⅤB | ⅥB | ⅦB | Ⅷ | | | ⅠB | ⅡB | ⅢA | ⅣA | ⅤA | ⅥA | ⅦA | O |
|---|---|---|---|---|---|---|---|---|---|---|---|---|---|---|---|---|---|
| * H | | | | | | | | | | | | | | | | | * He |
| ① Li | ① Be | | | | | | | | | | | * B | * C | * N | * O | * F | * Ne |
| ① Na | ① Mg | | | | | | | | | | | Al | Si | * P | * S | * Cl | * Ar |
| ① K | Ca | ① Sc | ② Ti | ① V | ① Cr | ① Mn | ① Fe | ① Co | ① Ni | ① Cu | ① Zn | ① Ga | ① Ge | * As | * Se | * Br | * Kr |
| * Rb | Sr | Y | Zr | ① Nb | ① Mo | ☼ Tc | ① Ru | ① Rh | ① Pd | * Ag | ① Cd | ① In | ① Sn | ① Sb | ① Te | * 1 | * Xe |
| * Cs | ③ Ba | † | Hf | ① Ta | ① W | ① Re | ① Os | ① Ir | * Pt | * Au | * Hg | * Ti | ① Pb | ① Bi | ☼ Po | ☼ At | ☼ Rn |
| ☼ Fr | ☼ Ra | ‡ | ☼ Rf | ☼ Db | ☼ Sg | ☼ Bh | ☼ Hs | ☼ Mt | | | | | | | | | |

| | | | | | | | | | | | | | | | |
|---|---|---|---|---|---|---|---|---|---|---|---|---|---|---|---|
| † | La | Ce | Pr | Nd | ☼ Pm | Sm | Eu | Gd | Tb | Dy | Ho | Er | Tm | Yb | Lu |
| ‡ | ☼ Ac | ☼ Th | ☼ Pa | ☼ U | ☼ Np | ☼ Pu | ☼ Am | ☼ Cm | ☼ Bk | ☼ Cf | ☼ Es | ☼ Fm | ☼ Md | ☼ No | ☼ Lr |

图 2.3.3　氧化物与 Si 接触后的热稳定性

(5) 与现有的工艺条件兼容。选择非晶氧化物，应经受住 1000℃、5s 的源、漏极掺入离子的激活退火处理，氧化物仍保持非晶态，但是很多高 κ 介质材料达不到此要求，满足该标准的氧化物有：$Al_2O_3$、$ZrO_2$、$HfO_2$ 和各种镧系氧化物。其次，栅介质材料要与栅电极相互兼容，高 κ 栅介质材料在与传统的多晶硅材料接触时会出现钉扎效应，使阈值电压升高。而与高 κ 材料几乎同时受到关注的金属栅，能够与高 κ 材料形成较好的接触，避免钉扎效应的产生。此外，用于高 κ 栅介质制备的技术也需要考虑。化学气相沉积、磁控溅射、分子束外延以及原子层沉积等工艺都可以用于制备高 κ 薄膜，但要制备界面良好、均匀、致密且厚度高度可控的高 κ 材料，且考虑到与现有工艺的兼容性和工业成本，则原子层沉积技术最为适合。以原子层沉积 $HfO_2$ 薄膜为例，其制备工艺是通过循环间隔地通入两种反应物(如四双(乙基甲基氨)铪(TEMAH)和水)，利用表面饱和反应，控制每个循环薄膜生长的厚度，通过控制总循环数，实现对薄膜厚度的精确控制。

## 2.4　高 κ 栅介质的分类及特点

当意识到传统的栅氧化层已经不能满足器件特征尺寸缩小的需求时，国内外研究者就开始对高 κ 材料展开了大量研究，各类有望代替 $SiO_2$ 的新型高 κ 材料纷纷涌现。如之前所提到的高 κ 栅介质选择要求，高 κ 材料的禁带宽度与其介电常数是一对相互矛盾的参数，这就需要学者根据集成电路发展的需求，不断寻找合适的材料。本节总结近年来高 κ 材料的主要分类及特点。

### 2.4.1　硅的氮(氧)化物及其特点

当 $SiO_2$ 无法满足器件特性的需求时，学者们首先想到的是 Si 的氮化物 $Si_3N_4$ 和氮氧化物 SiON。Si 的氮(氧)化物与 Si 衬底有良好的接触界面和热稳定性，能够很好地阻挡衬底中杂质的向上扩散，降低栅极漏电流，不存在过渡层，一度受到学者们的广泛关注。日本的东芝公司曾成功制备出 SiON 作为栅介质的晶体管，等效氧化层厚度为 1nm，符合 22nm 工艺要求的晶体管。然而在高 κ 介质中，其介电常数较低，大约为 7，远小于其他非硅氧化物，不能满足特征尺寸进一步缩小的要求，且 SiON 栅介质还存在载流子迁移率减小的问题。$Si_3N_4$ 则存在难以克服的硬度和脆性问题，与硅接触时界面态密度高。因而，硅的氮(氧)化物并非理想的栅介质材料，近年来研究热度下降。

### 2.4.2　ⅢA 族金属氧化物

金属氧化物是氧化物的一个主要分支，其中ⅢA 族金属氧化物 $Al_2O_3$ 是具有代表性的高 κ 栅介质之一。

$Al_2O_3$ 作为高 κ 栅介质具有以下优点：

(1) $Al_2O_3$ 本身具有极好的热稳定性。$Al_2O_3$ 在 1000℃以上仍然能够保持非晶状态，是少数能够禁受 CMOS 高温热退火的二元高 κ 材料。

(2) $Al_2O_3$ 的禁带宽度高达 8.8eV，是能够跟 $SiO_2$ 的禁带宽度相匹配的高 κ 材料。由于这个大的禁带宽度，$Al_2O_3$ 与 Si 衬底的导带偏移和价带偏移量分别为 2.8eV 和 4.9eV。

(3) $Al_2O_3$ 具有良好的耐压特性，其击穿场强高达 8.0MV/cm。

(4) $Al_2O_3$ 与硅的界面稳定，而且界面态密度较低($10^{11}eV^{-1}\cdot cm^{-2}$)。

但 $Al_2O_3$ 作为高 κ 栅介质也存在以下缺点：

(1) $Al_2O_3$ 的介电常数为 9，仅为 $SiO_2$ 的 2 倍多一点；

(2) $Al_2O_3$ 薄膜通常带有负的固定电荷，使得 MOS 结构的平带电压正偏，同时固定电荷的库仑散射作用影响衬底的迁移率。

由于 $Al_2O_3$ 的介电常数较小，使得 $Al_2O_3$ 作为栅介质的等比例缩小能力受到极大的限制，阻碍了其单独作为 MOSFET 的栅介质层。因此，研究人员通常往其他高 κ 栅介质中掺杂 $Al_2O_3$，利用 $Al_2O_3$ 极好的热稳定性和高的禁带宽度，而不会过多地受制于 $Al_2O_3$ 介电常数过小的缺点。而且，$Al_2O_3$ 经常被作为高 κ 材料与衬底间的过渡层，有助于形成良好的 MOS 界面。此外，由于部分过渡金属氧化物化学性质活泼，极易与水汽、二氧化碳等物质发生反应，影响栅介质质量，而 $Al_2O_3$ 作为盖帽层能够很好地防止类似反应。

### 2.4.3 ⅣB 族和ⅤB 族过渡金属氧化物

ⅣB 族过渡金属氧化物 $TiO_2$ 的介电常数高达 80，制备技术成熟，从而在离散电容以及集成储存电容等领域得到了非常成功的应用。但是其禁带宽度过小，不足 $SiO_2$ 的二分之一，与 Si 之间几乎没有导带能量差，且与 Si 衬底之间也存在严重的界面问题，导致用 $TiO_2$ 制成的 MOS 器件漏电流非常大，功耗成为不可避免的问题，这严重阻碍了 $TiO_2$ 在高 κ 栅介质方面的进一步应用。ⅤB 族过渡金属氧化物 $Ta_2O_5$ 的介电常数为 25，当材料在 700℃以上的温度进行退火时易结晶，且与 Si 之间的导带差仅为 0.38eV。较小的导带偏移量不仅导致栅极直接隧穿电流增大，而且会引起流向栅绝缘体的热载流子浓度加大。此外，$Ta_2O_5$ 与 Si 衬底易形成介电常数较低的硅酸盐，生成大量的界面态，将严重影响栅介质的介电常数和沟道迁移率。$TiO_2$ 和 $Ta_2O_5$ 这两种过渡金属氧化物的缺点是不能兼备合适的介电常数和禁带宽度。

ⅣB 族过渡金属氧化物 $HfO_2$ 和 $ZrO_2$ 作为替代栅介质很早就进入人们的视线，在微电子界一直备受关注。$HfO_2$ 作为栅介质材料具有很多优点，有较高的介电常数(25)，较大的禁带宽度(5.7eV)，与 Si 的导带偏移量较大(1.5eV)，并且在 Si 衬底上热稳定好，即使温度高达 1273K 也不会与之发生反应。这些优点决定了 $HfO_2$ 是最适合替代 $SiO_2$ 的栅介质材料之一，Hf 基高 κ 材料在 CMOS 器件中将得到更为广阔的应用前景。早在 2007 年，英特尔公司发布 45nm 制程技术和新处理器产品，首先将高 κ 材料用于集成电路中，当时使用的高 κ 栅介质就是 Hf 基栅介质，同时使用了金属电极代替了多晶硅电极，将漏电流较传统材料降低 10 倍之多，如图 2.4.1 所示。台积电于 2015 年投入量产的 16nm 技术，所用 nMOS 鳍式场效应晶体管的栅介质也为 Hf 基薄膜，该技术已被用于 iPhone 手机上。尽管 Hf 基高 κ 材料在先进制程工艺中具有明显的优势，但是 Hf 基高 κ 材料(尤其是 $HfO_2$)仍存在许多不足之处，如介电常数不像 $TiO_2$(约 80)那么大，结晶温度不像 SiON、$Al_2O_3$ 那么高，与衬底的热稳定性不如 $SiO_2$、$Al_2O_3$ 好。总结来说，$HfO_2$ 有三个缺陷：一是结晶温度低，约为 400℃，易在低温下形成不稳定且介电常数不高的单斜相，内部氧空位较多，且经历高温后易呈现多晶结构，晶粒间的间隙将为漏电流提供路径，导致器件电学性能的退化；二是与硅衬底的热稳定性一般，易与硅基底发生反应形成低 κ 的界面层，导致 EOT 增加；三是引入高 κ 材料会导致器件载流子迁移率降低，同时也伴随着费米能级钉扎及栅漏电流增加。

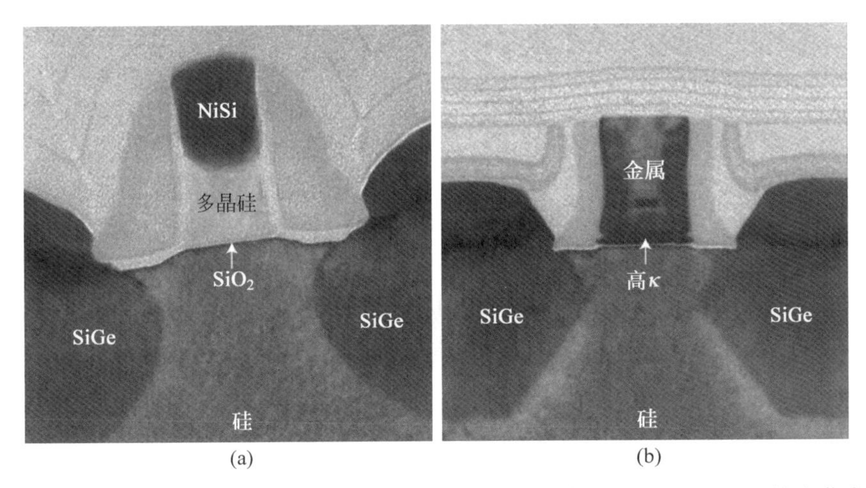


图 2.4.1　65nm 技术节点的"$SiO_2$ 栅介质＋多晶硅栅"的电镜图(a)，及 45nm 技术节点的"高 κ 栅介质＋金属电极"的电镜图(b)

为了弥补这些缺陷，除了从技术层面上选用更先进的薄膜制备技术，掺杂改性 $HfO_2$ 是最可行的改良方法之一，从 S、N 等非金属掺杂到 Al、Ti 等金属掺杂再到稀土元素掺杂，Hf 基高 κ 复合栅介质材料一直在被大量研究。研究结果也证明了这些掺杂的可行性，由于 $Al_2O_3$ 高的结晶温度，掺 Al 能提高 Hf 基栅介质的热稳定性；由于 $TiO_2$ 大的 κ 值，掺 Ti 能增加 Hf 基栅介质的介电常数；然而，实验上同时也证实，掺杂 Al 或 Ti 元素得到的复合材料 HfAlO、HfTiO 栅介质材料，与 $HfO_2$ 相比也分别存在着介电常数降低和更易发生界面反应等特点，从而限制了其应用。近年，稀土氧化物因具有较高的介电常数，较大的导带偏移量，热稳定性较好且有适合的带隙宽度而得到研究人员的广泛关注。相关研究表明，稀土元素的掺入对于改善 Hf 基高 κ 材料面临的相关问题表现出明显的优势。研究发现，在 $HfO_2$ 中掺入适量的稀土元素(Y、Gd、Er、Dy、Yb 等)，利用稀土元素替代 $HfO_2$ 中的部分 Hf 原子，可以使 $HfO_2$ 薄膜在常温下以立方相或四方相结构稳定存在，可有效提高介电常数和结晶温度，减小 EOT；此外，稀土元素的掺入还可以减小与氧空位有关的缺陷，使得平带电压向负方向偏移，抑制费米能级钉扎现象；并且，与单斜晶相 $HfO_2$ 相比栅漏电流能够降低三个数量级。Gd 和 Dy 除了具有以上优点，独具的优异特性更是引起了研究人员广泛的兴趣。研究发现，Gd 掺入 $HfO_2$ 中可以消除平带电压迟滞，提高器件电学性能；而 Dy 可以有效防止 Ge 向高 κ 材料扩散，减少电荷俘获效应，降低等效氧化层厚度。这些研究结果表明，稀土元素 Gd、Dy 掺杂 Hf 基高 κ 栅介质是非常有应用前景的栅介质材料。国内对稀土掺杂 Hf 基栅介质的研究起步比较晚，近年来，安徽大学何刚教授课题组利用稀土元素(Gd、Er、Dy)对 $HfO_2$ 栅介质进行掺杂改性，并取得了一系列研究成果。结果表明，稀土元素掺杂不仅可以降低 $HfO_2$ 薄膜的本征缺陷，还可以在低温下获取介电常数较大的立方相 $HfO_2$，显著提升了 $HfO_2$ 薄膜的介电性能。

这一点在关于 $HfO_2$ 的理论研究计算中也得以证明。$HfO_2$ 中的 Hf 原子与 O 原子间主要以离子键结合，在常压下，纯 $HfO_2$ 薄膜块体材料存在三种常规不同的晶体结构：立方相(cubic)、四方相(tetragonal)和单斜相(monoclinic),如图 2.4.2 所示。在常温下具有斜锆石结构的单斜相是最稳定的结构,在此相结构中,Hf 原子具有 7 配位和 8 配位两种配位数位置;O 原子则为 3 配位和 4 配位,这两种配位都具有中心对称位置。一个晶胞中有 4 个 Hf 原子和 8 个 O 原子。在单斜结构中(－111)晶面和(111)晶面表面能最低,同时也是最稳定的晶面。随着温度的升高晶体结构发生变化,当温度大于 2052K 时,单斜相向四方相转变,而当温度达到 2800K 时,四方相转变为具有氟化钙结构的立方相。在 $HfO_2$ 的各种晶体结构中立方相是结构最简单的,同时也是对称性最高的,其晶胞为面心立方,Hf 原子构成面心立方点阵,O 原子占据面心立方点阵的所有四面体间隙。Zhao 等利用密度泛函理论框架下的平面波超软赝势方法,模拟计算了三种晶体结构 $HfO_2$ 的介电常数,其中单斜相 $HfO_2$ 的介电常数最低,为 16～18,立方相 $HfO_2$ 的介电常数为 29 左右,四方相 $HfO_2$ 具有最高的介电常数,约为 70。$HfO_2$ 与 Si 的价带偏移为 3.1eV,导带偏移为 1.4eV,击穿场强为 3.9～6.7MV/cm。从热力学角度而言,$HfO_2$ 在 Si 表面有相当高的热稳定性,既不会发生 $HfO_2+Si \longrightarrow Hf+SiO_2$ 反应,也不会发生 $HfO_2+2Si \longrightarrow HfSi+SiO_2$ 反应。

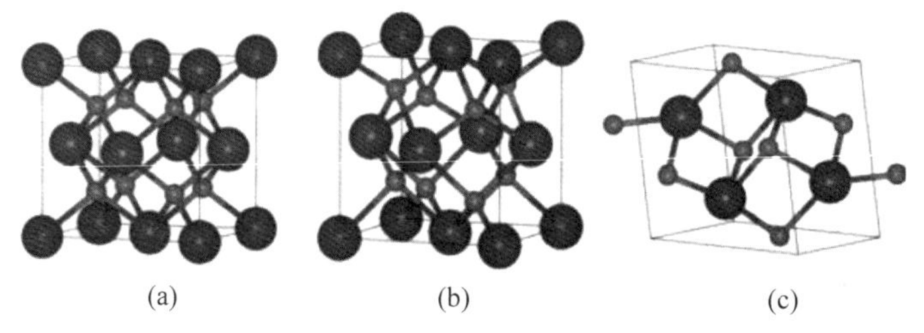


图 2.4.2 常压下 $HfO_2$ 的三种不同晶体结构

(a) 立方相;(b) 四方相;(c) 单斜相

据文献记载,通过掺杂元素 Y 可在相对较低的温度下获得立方相的 $HfO_2$。根据第一性原理分析得出,由于 Y 的原子半径比 Hf 的大,立方相与单斜相之间的能量差减小,摩尔体积增大,Y 原子与 O 原子间形成的结合键键长相对较长,$HfO_2$ 晶相转变为立方相,从而缩小之间的尺寸错配度。此外,当 Y 的正 3 价原子替代 Hf 的正 4 价原子后,为了保持界面的电中性,2 个 Y 原子的引入将会在晶格点阵上有 1 个氧空位形成,且氧空位最先在四配位位置(立方相)上稳定,进而促进了 $HfO_2$ 立方相的稳定。因此,我们将稀土元素 Y 掺入 $HfO_2$ 栅介质层中获得较高介电常数的立方晶系,有效减少 $HfO_2$ 的体缺陷态以及平带电压的偏移值。

随着大量研究工作的进行,Hf 基栅介质被发现还具有铁电性质,即用原子层沉积(ALD)方法在 TiN 底电极上沉积厚度为 7～10nm 的 Si 掺杂的 $HfO_2$ 薄膜,然后在 $HfO_2$ 薄膜顶部生长 TiN 电极,随后进行快速退火热处理工艺进行晶化。研究者对铁电性的出现进行解释,如图 2.4.3 所示,在适当的掺杂引起的相变所提供的内应力和上电极机械夹持所提供的外应力的共同作用下,抑制了四方/立方相向单斜相结构转变,从而在薄膜中形成了具有非中心对称结构的亚稳态铁电晶相。通过参考与 $HfO_2$ 结构极为相近的 $ZrO_2$ 材料的结构研究,并结合 X 射线衍射分析结果,推测这种亚稳态的铁电晶相属于正交晶系。这种在特殊工艺条件下制备的掺杂 $HfO_2$ 薄膜是世界上目前已知的 200 多种铁电体以外的一类新型铁电材料,这一发现掀起了有关 $HfO_2$ 基铁电薄膜研究的热潮。

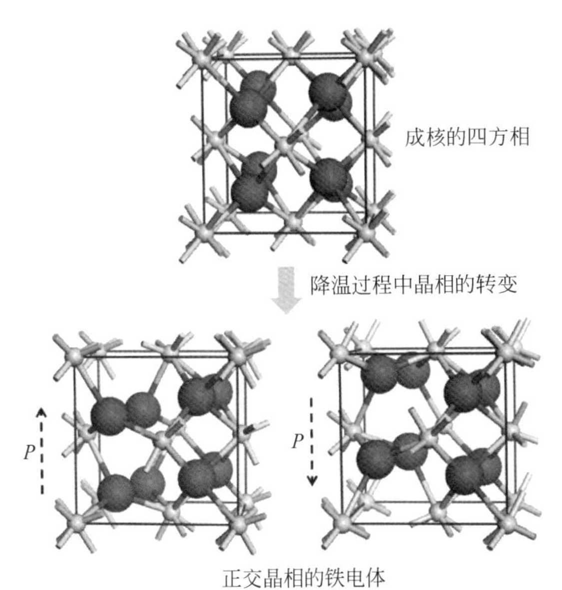


图 2.4.3 $HfO_2$ 薄膜在上电极夹持作用下由四方相向具有两个极化方向的正交相转变的晶胞示意图

除了可通过掺杂来调节 $HfO_2$ 材料特性，栅介质的堆栈结构也同样显示出了巨大的应用潜力。$HfO_2/Al_2O_3$、$HfGdO_x/Al_2O_3$ 等叠栅结构受到了许多学者与专家的关注。Wang 等研究者基于原子层沉积技术沉积了 $HfO_2$、$Al_2O_3$ 堆栈栅介质，探究了不同沉积次序对 Ge-MOS 界面质量及电学特性的影响。实验结果表明：相比于 $HfO_2/Al_2O_3$/Ge 双层结构，三层结构的栅介质引入了大量氧空位和陷阱电荷，导致界面及电学性能下降。$HfO_2/Al_2O_3$/Ge 堆栈结构器件性能最佳，主要是由于原子层沉积 $Al_2O_3$ 在 Ge 基底表面，沉积过程中发生 Al 替代 Ge 而与 O 结合，消耗衬底本征氧化物；另外，由于 $Al_2O_3$ 高的热稳定性会阻碍 $Al_2O_3$/Ge 界面间的相互扩散，优化了界面，提高了器件性能。Jiang 等研究了 $Al_2O_3$ 钝化层厚度对 $HfGdO_x$/GaAs 栅堆栈结构的界面和电学性能调控，以及采用混合氮氢气体（$95\% N_2 + 5\% H_2$）退火对 MOS 电容器的电学性能优化调控。实验结果表明，$Al_2O_3$ 钝化层对 $AsO_x$、$GaO_x$ 有明显的抑制作用，20 循环周期的 $Al_2O_3$ 钝化层对低 κ 界面层的抑制效果最佳；并且引入 $Al_2O_3$ 钝化层可提高导带偏移值，有助于降低漏电流。但 $Al_2O_3$ 钝化层对电学性能的改善并不明显，整体电学 *C-V* 曲线从耗尽区过渡到积累区时呈现出较大的延伸（stretch-out）、较小的斜率，反型区曲线有明显的交叉现象以及积累区电容不够饱和，均表明这些样品有较高的界面陷阱密度和慢界面态密度。采用混合气体（$95\% N_2 + 5\% H_2$）退火方式，可以中和薄膜中的陷阱电荷和优化金属电极和薄膜之间的接触。退火实验结果表明，300℃电极退火下的 MOS 电容器呈现最好的 *C-V* 行为，有最小的延展宽度、平带电压偏移和迟滞，有陡峭的耗尽区和饱和的积累区。

ⅣB 族金属氧化物 $ZrO_2$ 与 $HfO_2$ 的晶体结构以及带隙相类似，并且其介电常数比 $HfO_2$ 更高。但是由于其和硅衬底之间的热稳定性较差，易发生界面反应生成界面物 $ZrSi_xO_y$，从而限制了 $ZrO_2$ 栅介质的发展。但近年来由于高迁移率衬底的研究越来越多，Zr 基栅介质日后也会备受关注。

### 2.4.4 ⅢB族稀土金属氧化物

近年,研究者发现ⅢB族稀土氧化物($Gd_2O_3$、$Dy_2O_3$等)介电常数适中(14～30)、带隙及带偏较大,以及与衬底的稳定性良好,并且稀土氧化物薄膜内部缺陷少且漏电流极低,从而逐渐成为栅介质研究的热点和重点。ⅢB族稀土元素容易失掉2个$6s$电子、1个$5d$电子或$4f$电子,形成三价正离子,因此稀土元素的氧化物大多是$X_2O_3$(X为稀土元素)。目前稀土氧化物已广泛用于电子设备中,例如频率开关,可编程存储电路、电容器和可变电容,并同样具备巨大的潜力作为MOSFET器件中的栅介质材料,稀土氧化物的优势如下。

(1) 较高的介电常数。稀土氧化物的介电常数显著高于$SiO_2$的,大多数稀土氧化物的介电常数与$HfO_2$的相当,甚至大于$HfO_2$的,例如$La_2O_3$的理论介电常数为25～30。

(2) 较大的禁带宽度和较大的导带偏移。理想高κ材料的禁带宽度要求薄膜的禁带宽度大于5eV。绝大部分的稀土氧化物的禁带宽度(图2.4.4)均满足要求,且绝大部分稀土氧化物的导带偏移大于$HfO_2$的。

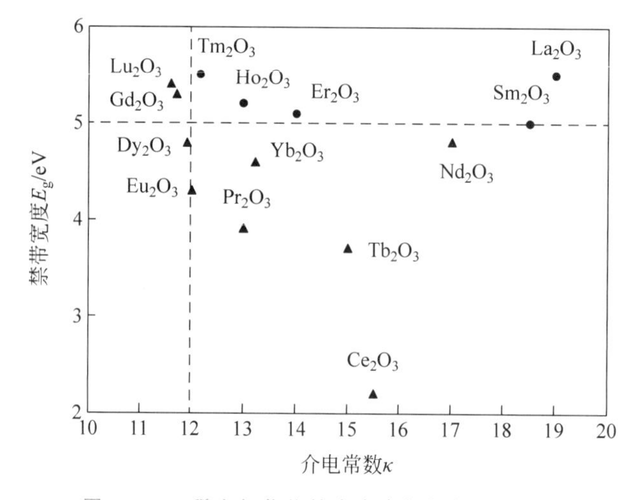


图2.4.4 稀土氧化物的介电常数与禁带宽度图

(3) 稀土氧化物与硅的晶格匹配度高。例如,La的晶格常数为1.078nm,是Si晶格常数的2倍,失配率仅为0.74%,从而容易形成高度择优取向的薄膜甚至单晶薄膜。

(4) 稀土氧化物热稳定性优异,结晶温度高。从热力学稳定性角度考虑,稀土氧化物的稳定性都优于过渡金属氧化物的。报道中称,$La_2O_3$的结晶温度高于1100℃,远超过$HfO_2$的结晶温度。

然而,稀土氧化物也存在自身的一些缺点,主要总结为以下三点。

(1) 单一的二元稀土氧化物的介电常数略小。虽然绝大多数稀土氧化物的介电常数可以与目前商用的$HfO_2$的介电常数相媲美,但是性能相差不大,只能满足集成电路未来几年的发展需求。更高的介电常数带来的好处显而易见,可以同时降低漏电流和等效氧化物厚度,所以为了延续摩尔定律,需要设计出介电常数大于20甚至更大的稀土氧化物材料,从而满足集成电路栅介质材料长远发展的需求。

(2) 稀土氧化物易吸湿。稀土氧化物在吸附了水汽之后,将首先生成氢化物,然后转变成氢氧化物,暴露于 $CO_2$ 中可以形成稀土碳酸物,这些氢化物、氢氧化物和碳酸盐通常具有较低的介电常数,会破坏薄膜质量,降低薄膜的介电性能。镧系金属元素中的晶格能、离子半径与电负性(图 2.4.5)与水的反应性之间存在相关性,使得 $Pr_2O_3$ 最易吸湿,这是在设计稀土基栅介质材料时需要考虑避免的问题。

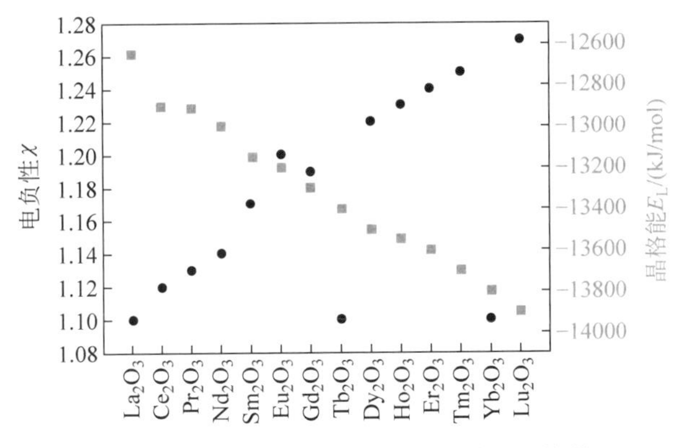


图 2.4.5　各稀土氧化物的电负性及晶格能

(3) 稀土氧化物对 $O_2$ 的催化作用。稀土氧化物薄膜在后续退火处理过程或放置于空气中时,极易将 $O_2$ 分解为原子 O,导致稀土氧化物与衬底间反应而生成化合物,从而形成复杂的界面态。

为了充分挖掘稀土氧化物在高 κ 栅介质中的应用潜能,研究者进行了广泛探索,具体可分为以下四个类型。

(1) "ⅢB 族稀土氧化物+其他金属氧化物"体系。人们研究最多的是 $HfO_2$ 与稀土氧化物复合的多元氧化物体系,其次是 $ZrO_2$。$HfO_2$ 的结晶温度低,在退火时可能形成多种晶体结构,非常不利于其应用,如果在 $HfO_2$ 或者 $ZrO_2$ 中添加其他一些氧化物(Y、La、Dy、Sc 氧化物等),可以对其晶体结构起到稳定性作用,见表 2.4.1。

表 2.4.1　"ⅢB 族稀土氧化物+其他金属氧化物"体系

| 材　料 | 生长方式 | 结晶温度/℃ | 禁带宽度/eV | 介电常数 |
|---|---|---|---|---|
| $HfYO_x$ | 射频共溅射 | <600 | — | 25 |
| $HfLaO_x$ | 射频共溅射 | 900 | — | 22 |
| $HfDyO_x$ | ALD | — | 5.8 | 32 |
| $LaAlO_3$ | MOCVD | 900 | — | 13 |

(2) ⅢB 族稀土间氧化物体系。稀土间氧化物体系主要是两种稀土氧化物形成的三元氧化物体系。文献表明,只要一种稀土氧化物能与另外一种化合物形成稳定的三元化合物,那么这种三元化合物的 κ 值就比两种氧化物的 κ 值都高,漏电流也会有明显的降低。已有的研究主要集中在钪基化合物 $REScO_3$(RE=La、Pr、Nd、Sm、Gd、Dy、Ho)。

(3) 稀土氮氧化物体系。使用氮化物作为栅极绝缘介质可以避免氧高速扩散的问题。如图 2.4.6 所示,Sato 等通过电子束蒸发形成 $La_2O_3$ 薄膜与射频产生的氮等离子体反应,形成 LaON 薄膜，在氮气下进行 300℃、500℃和 700℃热处理，发现氮的加入可以抑制界面层的形成，也可降低 EOT。

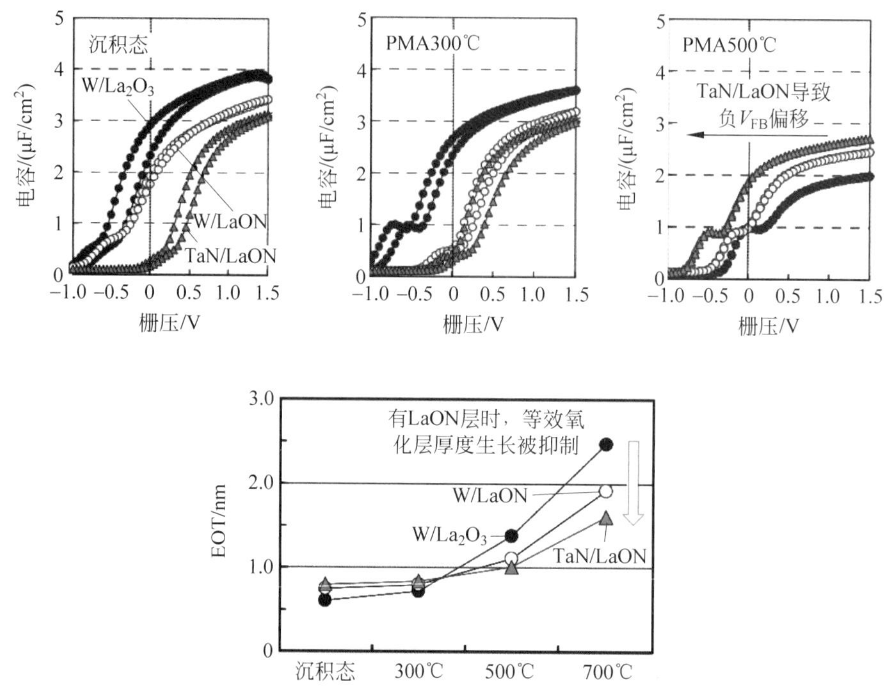


图 2.4.6 LaON 薄膜不同退火温度下的 C-V 曲线及 EOT 曲线

(4) 稀土堆栈栅结构体系。实际高 κ 栅介质 MOSFET 结构往往是比较复杂的，在高 κ 栅介质层和栅极以及硅衬底之间往往有界面层存在。而界面层特性对器件性能有很大影响。既然界面难以避免，研究者考虑引入特定的界面层，来避免或者减少界面态，从而得到所谓的堆栈栅结构。如图 2.4.7 所示，Kanashima 等采用脉冲激光沉积方法制得了两种堆栈栅结构：Lu-掺杂 $La_2O_3/La_2O_3/Ge$ 和 Y-掺杂 $La_2O_3/La_2O_3/Ge$，得到的 C-V 曲线的滞后可以忽略不计，性能好的原因是 Lu/Y 钝化层有效抑制了 $La_2O_3$ 的吸湿性。同样，He 等通过 $Al_2O_3$ 和 HfYO 叠层处理后，介电常数可达 21.8，漏电流可达 $10^{-5}$ 数量级。

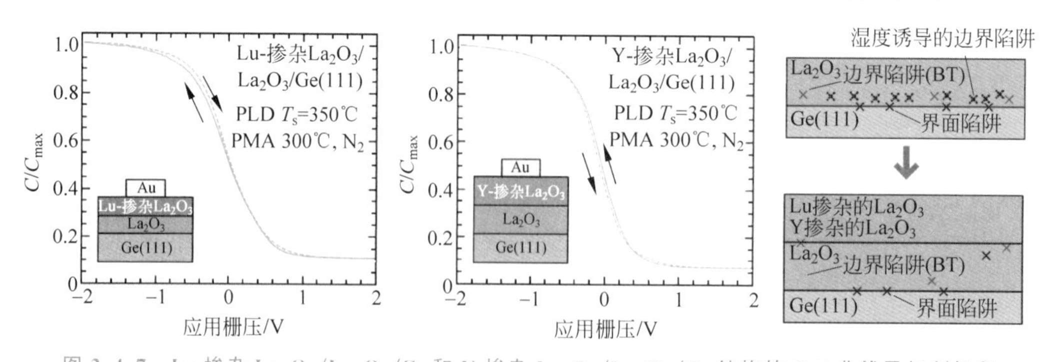


图 2.4.7 Lu-掺杂 $La_2O_3/La_2O_3/Ge$ 和 Y-掺杂 $La_2O_3/La_2O_3/Ge$ 结构的 C-V 曲线及机制解释

## 2.5 高 κ 栅介质面临的问题和挑战

高 κ 栅介质的引入很好地抑制了栅极漏电流，提高了器件的性能，使器件特征尺寸的缩小能够继续延续下去。目前的研究已经取得了很多令人欣喜的结果，但是新材料的应用必然会带来一些其他需要解决的问题。以下对高 κ 栅介质面临的问题与挑战进行简要概述。

(1) 介电常数与禁带宽度的权衡

用于 MOSFET 中的高 κ 栅介质材料既需要高介电常数，也需要高禁带宽度。禁带宽度直接决定栅介质薄膜的绝缘性，从而决定器件的漏电流和热损耗，过小的带隙会增加电子和空穴的隧穿概率，使栅介质失去绝缘性，不能达到切断衬底和栅极联系的目的。而高 κ 材料的介电常数与禁带宽度往往呈负相关，组分与介电常数、热稳定性和禁带宽度的综合考虑就变得尤其重要，这也是研究者首先需要衡量的问题。有学者提出，可以通过在栅介质材料中进行掺杂其他元素，来调节禁带宽度，或者通过叠栅结构来保证两个参数同时符合要求。在许多类似的研究报告中，都报道了制备的高 κ 介质在热稳定性、介电常数、禁带宽度的某个方面或几个方面能够满足现代集成电路的要求。但是综合考虑所有方面的因素，界定合理的组分，无论是从加工工艺还是组分，其与性能的对应上都极具难度。

(2) 高 κ 介质材料中的多种漏电机理

在 $SiO_2$ 栅介质中，主导栅漏电的机理是量子隧穿效应。通过用较厚的高 κ 栅介质代替 $SiO_2$，这种隧穿电流会大大减小。但是，在这些高 κ 材料中，其他类型的漏电电流会成为主导。通常来讲，在以高 κ 介质为介质层的器件中，主要有四种其他形式的栅漏电电流：①肖特基发射电流，当载流子获得足够的能量越过宽禁带介质的势垒时，就产生了热发射电流；②P-F 发射载流子输运电流，介质层内部的陷阱态也会起到增大漏电的作用，载流子通过介质层内陷阱态的俘获与发射过程形成漏电；③F-N 隧穿电流，采用高 κ 介质后，导带和价带势垒高度的降低，也会使 F-N 隧穿电流增大；④介质的结晶度也会影响漏电特性。

因此，对高 κ 介质/金属栅 MOSFET 的研究过程中，不能照搬 $SiO_2$/Si 体系的经验。

(3) 高 κ 栅介质的热稳定性

高 κ 栅介质的化学活性较活泼，会和衬底发生反应。这种反应主要有两种，一是与衬底发生化学反应产生相应的盐，二是金属离子的扩散。以硅衬底为例，研究表明，La 基和 Y 基的高 κ 介质会与硅衬底反应产生硅酸盐。将 $Y_2O_3$ 沉积到氧化硅上进行退火，也会使这两种薄膜相互混合。此外，高 κ 栅介质中金属离子扩散到沟道后，会由库仑散射而影响载流子的输运。而且，对沟道的掺杂会改变器件的阈值电压，导致严重的后果。研究者发现，通过在衬底界面处加入 $A1_2O_3$ 插入层，能够在一定程度上改善界面质量，抑制硅酸盐的产生和扩散现象，但这同样会引入 $A1_2O_3$ 中的固定电荷，使栅电容的平带电压发生漂移。另外，高 κ 栅介质材料在高温下易发生结晶，当栅压足够大时，在多晶态的介质中会形成通道，造成栅极漏电流的突然增大。通过对二元氧化物进行掺杂可以对结晶特性进行一定程度的改善，但其稳定性仍不如传统栅氧化物 $SiO_2$。

根据高 κ 介质/Si 结构在 32nm 及以下的 CMOS 技术代的要求，需要保证等效氧化层厚度在 0.8nm 以下时，同时具有低的隧穿漏电流(相同 EOT 下，低于多晶 Si/SiON 结构的

1000倍以上)，以及低的界面态密度($D_{it}<10^{11}eV^{-1}\cdot cm^{-2}$)。以Hf基高κ介质为例，通常提高κ/Si结构界面特性的方法，都是以牺牲介质的相对介电常数来实现的。然而，这个方法限制了介质的进一步等比例缩小，如何在保证栅介质相对介电常数的同时又提高界面品质，对工艺以及材料提出了严峻的要求。

(4) 金属栅电极与衬底的功函数匹配度

在高κ栅介质引入后，传统的栅电极材料多晶硅不能满足介质材料的需求。当尺寸不断缩小时，多晶硅的厚度一旦减薄，会使方阻明显增大，影响器件的开关效率。但主要问题是，多晶硅与高κ栅介质材料之间会产生费米能级的钉扎效应，使阈值电压增大。然而通过金属栅的引入，成功解决了这个问题，但是也对所选金属提出了一些要求，比如与衬底之间的功函数差要合适，在高温退火能够保持形态，不和高κ材料发生反应等。目前一些金属氮化物，如TiN等可以与高κ栅介质以及衬底构成性能良好的栅电容结构。但是这些金属栅的功函数在CMOS的源漏激活的高温过程中会发生功函数的漂移，造成MOSFET开启电压的上升。从目前来看，这是影响高κ介质应用于MOSFET的关键原因之一。

(5) 高κ栅介质造成的载流子迁移率退化

当在MOSFET器件中引入高κ栅介质材料后，学者们发现，器件沟道中载流子迁移率发生退化，且退化程度随着栅介质材料的介电常数的增加而增加，这种效应使得高κ栅介质的沟道迁移率要明显小于$SiO_2$作为栅介质的器件。关于迁移率退化的原因，目前较为公认的是高κ栅介质材料中的软光学声子散射导致了迁移率退化。通过在衬底与高κ栅介质之间添加软光学声子散射效应较小的插入层材料，如$SiO_2$和$Al_2O_3$，可以在一定程度上改善沟道迁移率退化，但是这个方法会造成介质相对介电常数的降低。金属栅的使用也可以减弱光学散射效应，起到改善沟道迁移率的作用。此外，选择低界面态密度的高κ栅/衬底结构也应当被重点关注。当两种不同的材料相互接触时，悬挂键和其他缺陷会在界面处产生陷阱态，如果这些陷阱态没有被钝化，它们会俘获载流子。在器件的工作过程中，这些陷阱态会随着电场变化而充电和放电，对器件特性产生负面影响，例如较大的电迟滞回线和阈值电压的偏移。当MOS器件处于开态状态，反型沟道里的载流子也会被这些界面态俘获，从而降低有效载流子迁移率。因此，如何克服沟道迁移率在高κ/Si结构中的退化，这是引入高κ栅介质时必须克服的问题之一。

没有完美的材料，只有适合的材料，尽管高κ材料的应用依然存在各种问题和挑战，但相信学者们能够通过各种方式找到解决的办法，继续推动集成电路产业的持续发展。

## 课后习题

2.1 简述在MOSFET中引入高κ栅介质的优势。

答：相比于传统$SiO_2$栅介质，高κ栅介质可以在保持相同单位面积电容和EOT下，获得更厚的物理厚度，有效解决传统$SiO_2$介质层所面临的漏电流过大等问题，延续集成电路产业沿着摩尔定律继续发展。

2.2 高κ栅介质的关键性能参数有哪些？如何通过$C$-$V$曲线计算得到这些参数？

答：(1) 高κ栅介质的关键性能参数有等效氧化层厚度EOT、高κ薄膜的介电常数κ、

平带电容 $C_{fb}$、平带电压 $V_{fb}$、迟滞电压 $\Delta V_{fb}$、氧化电荷密度 $Q_{ox}$、边界陷阱电荷密度 $N_{bt}$ 和漏电流密度 $J$。

（2）可以从 $C$-$V$ 曲线计算和读出的性能参数：

$$\mathrm{EOT}=\frac{K_{\mathrm{sio_2}}\times\varepsilon_0}{C_{ox}/A}$$

$$K_{高\kappa}=\frac{K_{\mathrm{sio_2}}\times t_{高\kappa}}{\mathrm{EOT}}$$

$$C_{fb}=\frac{C_{ox}}{1+\dfrac{\varepsilon_{高\kappa}}{\varepsilon_s d_{ox}}\sqrt{\dfrac{kT\varepsilon_0\varepsilon_s}{q^2N_A}}}$$

计算出平带电容后，在 $C$-$V$ 曲线中找出对应电压值即平带电压 $V_{fb}$。

$$Q_{ox}=-C_{ox}(V_{fb}-\varphi_{ms})/qA$$

$$N_{bt}=-(C_{ox}\times\Delta V_{fb})/\mathrm{q}A$$

2.3 简述高 κ 栅介质的性能标准，并列举常见的高 κ 介质材料。

答：高 κ 栅介质的性能标准有：高的介电常数 κ、合适的禁带宽度及带隙偏移量、较低的薄膜内部缺陷密度和界面态密度、良好的热稳定性、与现有的工艺条件兼容。常见的高 κ 介质材料有 Si 的氮化物 $Si_3N_4$ 和氮氧化物 SiON，金属氧化物 $Al_2O_3$、$TiO_2$、$HfO_2$、$ZrO_2$、$La_2O_3$、$Gd_2O_3$、$Er_2O_3$ 等。

## 参考文献


[1] 冯兴尧. 高介电常数栅介质的结构及退火特性研究[D]. 西安：西安电子科技大学，2017.

[2] TANG S P, WALLACE R M, SEABAUGH A, et al. Evaluating the minimum thickness of gate oxide on silicon using first-principles method[J]. Applied Surface Science, 1998, 135: 137-142.

[3] LO S H, BUCHANAN D A, TAUR Y, et al. Quantum-mechenical modeling of electrontunneling current from the inversion layer of ultra-thin-oxide nMOSFET's[J]. IEEE Electronic Device Letters, 1997, 18(5): 209-211.

[4] LIU N, TANG W M, LAI P T. Advances in La-based high-κ dielectrics for MOS applications[J]. Coatings, 2019, 9(4): 217.

[5] MISTRY K, ALLEN C, AUTH C, et al. A 45nm Logic technology with high-κ + metal gate transistors, strained silicon, 9 Cu interconnect layers, 193nm Dry Patterning, and 100% Pb-free Packaging[J]. IEEE International Electron Devices Meeting, 2007, 1(2): 247.

[6] BOHR M T, YOUNG I A. CMOS scaling trends and beyond[J]. IEEE Micro, 2017, 37(6): 20-29.

[7] ABUBAKAR S, YILMAZ E. Effects of series resistance and interface state on electrical properties of Al/$Er_2O_3$/$Eu_2O_3$/$SiO_2$/n-Si/Al MOS capacitors [J]. Microelectronic Engineering, 2020, 232: 111409.

[8] FAN J B, LIU H X, KUANG Q W. Physical properties and electrical characteristics of $H_2O$-based and $O_3$-based $HfO_2$ films deposited by ALD[J]. Microelectronics Reliability, 2012, 52(6): 1043-1049.

[9] WILK G D, WALLACE R M, ANTHONY J M. High-κ gate dielectrics: Current status and materials properties considerations[J]. Journal of Applied Physics, 2001, 89: 5243-5275.

[10] LAI P T, CHAKRABORTY S, CHAN C L, et al. Effects of nitridation and annealing on interface

properties of thermally oxidized $SiO_2$/SiC metal-oxide-semiconductor system[J]. Applied Physics Letters,2000,76(25):3744-3746.

[11] QUAH H J,LIM W F,CHEONG K Y,et al. Comparison of metal-organic decomposed(MOD) cerium oxide($CeO_2$) gate deposited on GaN and SiC substrates[J]. Journal of Crystal Growth,2011,326(1):2-8.

[12] 高娟. 铪基高κ栅介质堆栈结构设计、界面调控及 MOS 器件性能研究[D]. 合肥:安徽大学,2018.

[13] Robertson J. Band offsets of wide-band-gap oxides and implications for future electronic devices[J]. Journal of Vacuum Science Technology A,2000,18(3):1785.

[14] 施敏. 半导体器件物理与工艺[M]. 苏州:苏州大学出版社,2002.

[15] 孙清清. 先进 CMOS 高κ栅介质的实验与理论研究[D]. 上海:复旦大学,2009.

[16] 陈小强. 铪基栅介质薄膜的 PEALD 制备及界面调控研究[D]. 北京:北京有色金属研究总院,2017.

[17] 王蝶. MOS 器件堆栈栅结构设计、界面及电学性能优化[D]. 合肥:安徽大学,2020.

[18] JIANG S S,HE G,GAO J,et. al. Microstructure,optical and electrical properties of sputtered HfTiO high-κ gate dielectric thin films[J]. Ceramics International,2016,42(10),11640-11649.

[19] MAHATA C,BYUN Y C,AN C H,et al. Comparative study of atomic-layer-deposited stacked ($HfO_2/Al_2O_3$) and nanolaminated($HfAlO_x$) dielectrics on $In_{0.53}Ga_{0.47}As$[J]. ACS Applied Materials & Interfaces,5(10):4195-4201.

[20] HANSEN P A,FJELLVAG H,FINSTADB H,et al. Structural and optical properties of lanthanide oxides grown by atomic layer deposition(Ln Pr,Nd,Sm,Eu,Tb,Dy,Ho,Er,Tm,Yb)[J]. Dalton Transactions,2013,42(30):10778-10785.

[21] OH I K,KIM K,Lee Z,et al. Hydrophobicity of rare earth oxides grown by atomic layer deposition [J]. Chemistry of Materials,2015,27(1):148-156.

[22] PAN T M,LIAO C S,HSU H H,et al. Excellent frequency dispersion of thin gadolinium oxide high-κ gate dielectrics[J]. Applied Physics Letters,2005,87(26):262908.

[23] CHEN D K,SCHRIMPF R D,FLEETWOOD D M,et al. Total dose response of Ge MOS capacitors with $HfO_2/Dy_2O_3$ gate stacks[J]. IEEE Transactions on Nuclear Science,2007,54(4):971-974.

[24] JIANG S S,HE G,LIU M,et al. Interface modulation and optimization of electrical properties of HfGdO/GaAs gate stacks by ALD-derived $Al_2O_3$ passivation layer and forming gas annealing[J]. Advanced Electronic Materials,2018,4(4),1700543.

[25] ZHU H,TANG C,FONSECA L R C,et al. Recent progress in ab initio simulations of hafnia-based gate stacks[J]. Journal of Materials Science,2012,47(21):7399-7416.

[26] ZHAO X Y,VANDERBILT D. First-principles study of structural,vibrational,and lattice dielectric properties of hafnium oxide[J]. Physical Review B,2002,65(23):233106.

[27] LEE C K,CHO E,LEE H S,et al. First-principles study on doping and phase stability of $HfO_2$[J]. Physical Review B,Physical Review B,2008,78(1):012102.

[28] BOSCKE T S,MULLER J,BRAUHAUS D,et al. Ferroelectricity in hafnium oxide thin films[J]. Applied Physics Letters,2011,99(10):102903.

[29] 姜珊珊. Hf 基高κ栅介质的界面调控及 MOS 器件性能优化[D]. 合肥:安徽大学,2018.

[30] 李栓. 新型稀土基高κ薄膜及其 MOS 器件的制备和介电性能研究[D]. 北京:北京有色金属研究总院,2020.

[31] GOH K H,Haseeb A S M A,Wong Y H. Lanthanide rare earth oxide thin film as an alternative gate oxide[J]. Materials Science in Semiconductor Processing,2017,68:302-315.

[32] HUANG Y,XU J P,LIU L,et al. Interfacial and electrical properties of Ge MOS capacitor by ZrLaON passivation layer and fluorine incorporation[J]. IOP Conference Series:Materials Science and Engineering,2017,229:012018.

[33] 许高博,徐秋霞. 先进的 Hf 基高 κ 栅介质研究进展[J]. 电子器件,2007,30(4):1194-1199.

[34] 剑云,刘璐,李育强,等. 退火工艺对 LaTiON 和 HfLaON 存储层金属-氧化物-氮化物-氧化物-硅存储器特性的影响[J]. 物理学报,2013,62(3):1-6.

[35] 李智,苗春雨,马春雨,等. 射频磁控溅射制备 HfLaO 薄膜结构和光学性能研究[J]. 无机材料学报,2011,26(12):1281-1286.

[36] 陈伟,方泽波,马锡英,等. La 基高 κ 栅介质的研究进展[J]. 微纳电子技术,2010,47(5):282-289.

[37] SATO S,TACHI K,KAKUSHIMA K,et al. Thermal-stability improvement of LaON thin film formed using nitrogen radicals[J]. Microelectronic Engineering,2007,84(9-10):1894-1897.

[38] HUANG Y,XU J P,LIU L,et al. Improvements of interfacial and electrical properties for Ge MOS capacitor by using TaYON interfacial passivation layer and fluorine incorporation [J]. IEEE Transactions on Electron Devices,2017,64(9):3528-3533.

[39] KANASHIMA T,YAMASHIRO R,ZENITAKA M,et al. Electrical properties of epitaxial Lu-or Y-doped $La_2O_3$/$La_2O_3$/Ge high-κ gate-stacks[J]. Materials Science in Semiconductor Processing,2017,70:260-264.

[40] HE G,GAO J,CHEN H,et al. Modulating the interface quality and electrical properties of HfTiO/InGaAs gate stack by atomic-layer-deposition-derived $Al_2O_3$ passivation layer[J]. ACS Applied Materials & Interfaces,2014,6(24):22013-22025.

[41] CHIU F C. A Review on Conduction Mechanisms in Dielectric Films[J],Advances in Materials Science and Engineering,2014,2014:1-18.

[42] 郝琳. 高 κ 栅介质/锑化镓 MOS 器件结构设计、界面失稳调控及性能优化[D]. 合肥:安徽大学,2021.

[43] NIU D,ASHCRAFT R W,CHEN Z,et al. Electron energy-loss spectroscopy analysis of interface structure of yttrium oxide gate dielectrics on silicon[J]. Applied Physics Letters,2002,81:676-678.

[44] COPEL M,CARTIER E,NARAYANAN V,et al. Characterization of silicate/Si(001) interfaces[J]. Applied Physics Letters,2002,81:4227-4229.

# 第3章

# 高$\kappa$栅介质的制备及表征

## 3.1 高 $\kappa$ 栅介质材料的制备

随着半导体技术的快速发展，IC 的集成度不断提高，使得所需要的器件尺寸也不断减小，这就对制备薄膜的工艺要求越来越严格。如何制备出致密且厚度均匀的栅介质薄膜成为人们探索的重点。截至目前，高 $\kappa$ 栅介质材料制备方法可以分为干法和湿法两种，干法主要包括以真空蒸镀法、磁控溅射法、离子镀法、脉冲激光沉积法、原子层沉积法等方法为代表的物理气相沉积(physical vapor deposition，PVD)技术和化学气相沉积(chemical vapor deposition，CVD)技术，湿法制备包括溶胶凝胶法、喷雾热解法、喷墨打印法及棒材涂布法、静电纺丝法等。物理气相沉积技术是指在真空条件下采用物理方法将材料源(固体或液体)表面汽化成气态原子或分子，或部分电离成离子，并通过低压气体(或等离子体)过程，在基体表面沉积具有某种特殊功能的高 $\kappa$ 栅介质的技术，物理气相沉积是主要的表面处理技术之一。物理气相沉积主要方法有：真空蒸镀、溅射镀膜、电弧等离子体镀膜、离子镀膜和分子束外延等。相应的真空镀膜设备包括真空蒸发镀膜机、真空溅射镀膜机和真空离子镀膜机。

物理气相沉积技术工艺过程简单，对环境无污染，耗材少，成膜均匀致密，与基体的结合力强。该技术广泛应用于航空航天、电子、光学、机械、建筑、轻工、冶金、材料等领域，可制备具有耐磨、耐腐蚀、装饰、导电、绝缘、光导、压电、磁性、润滑、超导等特性的膜层。随着高科技及新兴工业的发展，物理气相沉积技术出现了不少新的先进的亮点，如多弧离子镀与磁控溅射兼容技术、大型矩形长弧靶和溅射靶、非平衡磁控溅射靶、孪生靶技术、带状泡沫多弧沉积卷绕镀层技术、条状纤维织物卷绕镀层技术等，使用的镀层成套设备向计算机全自动、大型化工业规模方向发展。

化学气相沉积技术是一种化工技术，主要是指利用含有高 $\kappa$ 栅介质元素的一种或几种气相化合物或单质，在衬底表面进行化学反应生成高 $\kappa$ 栅介质。化学气相沉积技术在半导体工业中有着比较广泛的应用。在当代，微型电子学元器件中越来越多地使用新型非晶态材料，这种材料包括磷硅玻璃、硼硅玻璃、$SiO_2$、$Si_3N_4$ 等。此外，也有一些在未来有可能发展成开关以及存储记忆材料，例如 $CuO\text{-}P_2O_5$、$CuO\text{-}V_2O_5\text{-}P_2O_5$，以及 $V_2O_5\text{-}P_2O_5$ 等都可以使用化学气相沉积法进行生产。半导体行业硅片都需要进行 RCA 标准清洗。清洗的一般思路是首先去除硅片表面的有机沾污，因为有机物会遮盖部分硅片表面，从而使氧化膜和与之相关的沾污难以去除；然后溶解氧化膜，因为氧化层是“沾污陷阱”，也会引入外延缺陷；最后再去除颗粒、金属等沾污，同时使硅片表面钝化。RCA标准清洗法是1965年由Kern和Puotinen等在美国新泽西州普林斯顿(Princeton，New Jersey)的RCA实验室首创的，并由此而得名。RCA是一种典型的，至今仍为最普遍使用的湿式化学清洗法。

RCA清洗大多包括四步，即先用含硫酸的酸性过氧化氢进行酸性氧化清洗，再用含胺的弱碱性过氧化氢进行碱性氧化清洗，接着用稀的氢氟酸溶液进行清洗，最后用含盐酸的酸性过氧化氢进行酸性氧化清洗。在每次清洗中间都要用超纯水(DI水)进行漂洗，最后用低沸点有机溶剂进行干燥。

RCA清洗技术具体工艺大致如下：

第一步，使用的试剂为SPM(Surfuric/Peroxide Mix)，SPM试剂又称为SC-3试剂(Standard Clean-3)。SC-3试剂是由$H_2SO_4$-$H_2O_2$-$H_2O$组成(其中$H_2SO_4$与$H_2O_2$的体积比为1∶3)。用SPM清洗硅片可去除硅片表面的重有机沾污和部分金属，但是当有机物沾污特别严重时会使有机物碳化而难以去除。

第二步，使用的试剂为APM(Ammonia/Peroxide Mix)，APM试剂又称为SC-1试剂(Standard Clean-1)。SC-1试剂是由$NH_4OH$-$H_2O_2$-$H_2O$组成，三者的比例为1∶1∶5～1∶2∶7，清洗时的温度为65～80℃。SC-1试剂清洗的主要作用是碱性氧化，去除硅片上的颗粒，并可氧化及去除表面少量的有机物和Au、Ag、Cu、Ni、Cd、Zn、Ca、Cr等金属原子污染；温度控制在80℃以下是为减少因氨和过氧化氢挥发造成的损失。

第三步，通常称为DHF工艺，是采用氢氟酸(HF)或稀氢氟酸(DHF)清洗，HF∶$H_2O$的体积比为1∶(2～10)，处理温度在20～25℃。利用氢氟酸能够溶解二氧化硅的特性，把在上步清洗过程中生成的硅片表面氧化层去除，同时将吸附在氧化层上的微粒及金属去除。还有在去除氧化层的同时在硅晶圆表面形成硅氢键而使硅表面呈疏水性的作用。

第四步，使用的试剂为HPM(Hydrochloric/Peroxide Mix)，HPM试剂又称为SC-2试剂。SC-2试剂由HCl-$H_2O_2$-$H_2O$组成(三种物质的比例为1∶1∶6～1∶2∶8)，清洗时的温度控制在65～80℃。它的主要作用是酸性氧化，能溶解多种不被氨络合的金属离子，以及不溶解于氨水但可溶解在盐酸中的$Al(OH)_3$、$Fe(OH)_3$、$Mg(OH)_2$和$Zn(OH)_2$等物质，所以对$Al^{3+}$、$Fe^{3+}$、$Mg^{2+}$、$Zn^{2+}$等离子有较好地去除效果。温度控制在80℃以下是为减少因盐酸和过氧化氢挥发造成的损失。

### 3.1.1　真空蒸镀法

真空蒸镀法，简称蒸镀法，是指在真空条件下，采用一定的加热蒸发方式蒸发镀膜材料(或称膜料)并使之汽化，粒子飞至基片表面凝聚成膜的工艺方法。蒸镀法是使用较早、用途较广泛的气相沉积技术，具有成膜方法简单、高$\kappa$栅介质纯度和致密性高、膜结构和性能独特等优点。

蒸镀法的物理过程和原理如图3.1.1所示：沉积材料蒸发或升华为气态粒子→气态粒子快速从蒸发源向基片表面输送→气态粒子附着在基片表面形核、长大成固体高$\kappa$栅介质→高$\kappa$栅介质原子重构或产生化学键合。将基片放入真空室内，以电阻、电子束、激光等方

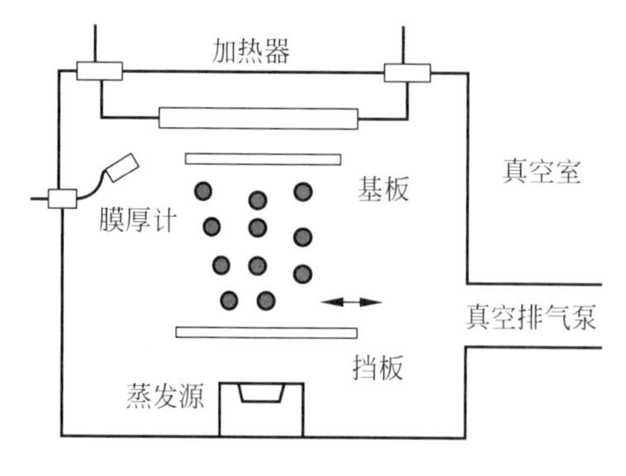

图 3.1.1 蒸镀法工作原理

法加热膜料，使膜料蒸发或升华，汽化为具有一定能量(0.1～0.3eV)的粒子(原子、分子或原子团)。气态粒子以基本无碰撞的直线运动飞速传送至基片，到达基片表面的粒子一部分被反射，另一部分吸附在基片上并发生表面扩散，沉积原子之间产生二维碰撞，形成簇团，有的可能在表面短时停留后又蒸发。粒子簇团不断地与扩散粒子相碰撞，或吸附单粒子，或放出单粒子。此过程反复进行，当聚集的粒子数超过某一临界值时就变为稳定的核，再继续吸附扩散粒子而逐步长大，最终通过相邻稳定核的接触、合并，形成连续高 $\kappa$ 栅介质膜。

根据蒸发源的不同，可以将真空蒸镀分为电阻加热蒸发源、电子束蒸发源、高频感应蒸发源及激光束蒸发源蒸镀法。

(1) 电阻加热蒸发源是用低电压、大电流加热灯丝和蒸发舟，利用电流的焦耳热使镀料熔化、蒸发或升华。这种方式结构简单，造价低廉，因而使用相当普遍。采用真空蒸镀法在纯棉织物表面制备负载 $TiO_2$ 织物，紫外线透过率都低于未负载的纯棉织物，具有好的抗紫外线性能；制备 $TiO_2$ 高 $\kappa$ 栅介质时，膜层较均匀；当在玻璃表面蒸镀一层铬钛、镍钛合金等装饰高 $\kappa$ 栅介质时，装饰效果以及光学、耐磨、耐蚀性能良好。

(2) 电子束蒸发源利用灯丝发射的热电子，经阳极加速，获得动能，轰击处于阳极的蒸发材料，使蒸发材料加热汽化，实现蒸发镀膜。这种技术可以制作高熔点和高纯的高 $\kappa$ 栅介质，是高真空镀钛膜技术中一种新颖的蒸镀材料的热源。

(3) 高频感应蒸发源是指利用蒸发材料在高频电磁场的感应下产生强大的涡流损失和磁滞损失，从而将镀料金属蒸发。这种技术比电子束蒸发源的蒸发速率更大，且蒸发源的温度均匀稳定。

(4) 激光束蒸发源蒸镀技术是一种比较理想的高 $\kappa$ 栅介质制备方法，利用激光器发出高能量的激光束，经聚焦照射到镀料上，使之受热汽化。激光器可置于真空室外，避免了蒸发器对镀材的污染，使膜层更纯洁。同时，聚焦后的激光束功率很高，可使镀料达到极高的温度，从而蒸发任何高熔点的材料，甚至可以使某些合金和化合物瞬时蒸发，从而获得成分均匀的高 $\kappa$ 栅介质。

蒸镀法优点：设备比较简单、操作容易；制成的高 $\kappa$ 栅介质纯度高、质量好，厚度可较准确控制；成膜速率快，效率高；高 $\kappa$ 栅介质的生长机理比较简单。缺点：不容易获得结晶结构的高 $\kappa$ 栅介质；所形成的高 $\kappa$ 栅介质在基板上的附着力较小；工艺重复性不够好等。

在高 $\kappa$ 栅介质器件制备过程中，使用真空蒸镀法可以用来制备 Al 电极、Ni 电极、Mo 电极、Ag 电极等，获得良好的导电性能。Bae 研究发现，蒸镀的 Mo 电极会产生较大的高 $\kappa$ 栅介质应力，从而恶化 AlInZnSnO TFT 电学性能。Dong 等利用蒸镀法制备了氧化石墨烯/银纳米线柔性透明电极，并且通过紫外线/臭氧(UV/$O_3$)处理可以有效控制电极的恶化。

### 3.1.2 磁控溅射法

磁控溅射法是在可控的真空环境下用高能粒子把金属氧化物靶材表面的原子轰击出

来，在基片上形成金属氧化物高 κ 栅介质的过程，或者是采用金属靶材与引入的氧气反应形成金属氧化物高 κ 栅介质的过程。如图 3.1.2 所示，阳极（基片）和阴极（靶材）之间的电场会把腔室中的氩气和氧气进行电离，电离后的氩气会撞击靶材，溅射出的靶材原子会与电离出的氧反应沉积在基体上形成金属氧化物高 κ 栅介质。其优点是膜厚可控，重复性好，缺点是昂贵的真空设备造成制造成本的提高。

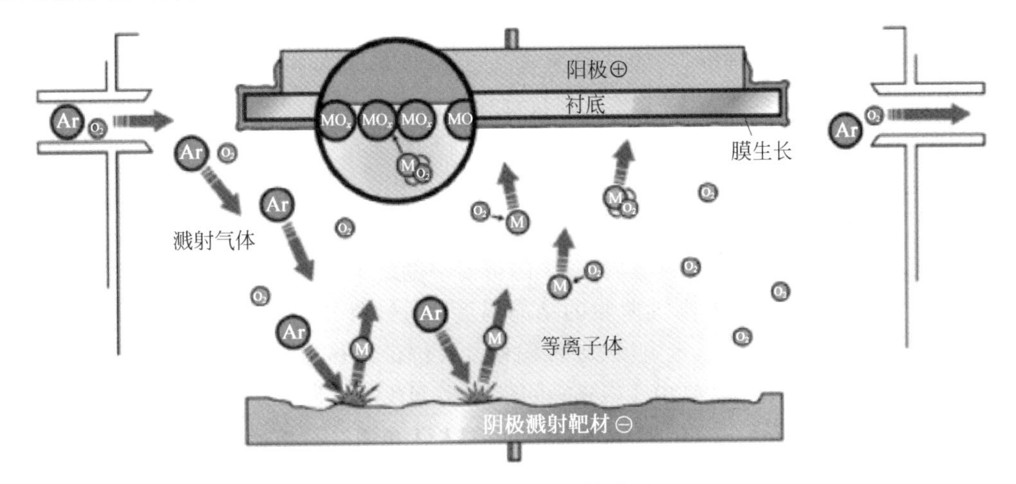


图 3.1.2 磁控溅射法镀膜原理

磁控溅射法通过在靶阴极表面引入磁场，利用磁场对带电粒子的约束来提高等离子体密度，以增加溅射率。通常，利用低压惰性气体的辉光放电来产生入射离子。阴极靶由镀膜材料制成，基片作为阳极，真空室中通入 0.1～10Pa 的氩气或其他惰性气体，在阴极（靶）1～3kV 直流负高压或 13.56MHz 的射频电压作用下产生辉光放电。电离出的氩离子轰击靶表面，使得靶原子溅出并沉积在基片上，形成高 κ 栅介质。溅射方法很多，主要有二级溅射、三级或四级溅射、磁控溅射、对靶溅射、射频溅射、偏压溅射、非对称交流射频溅射、离子束溅射以及反应溅射等。

由于被溅射原子是与具有数十电子伏能量的正离子交换动能后飞溅出来的，从而溅射出来的原子能量高，有利于提高沉积时原子的扩散能力，提高沉积组织的致密程度，使制出的高 κ 栅介质与基片具有强的附着力。溅射时，气体被电离之后，气体离子在电场作用下飞向接阴极的靶材，电子则飞向接地的壁腔和基片。这样在低电压和低气压下，产生的离子数目少，靶材溅射效率低；而在高电压和高气压下，尽管可以产生较多的离子，但飞向基片的电子携带的能量高，容易使基片发热甚至发生二次溅射，影响制膜质量。另外，靶材原子在飞向基片的过程中与气体分子的碰撞概率也大为增加，因而被散射到整个腔体，既会造成靶材浪费，又会在制备多层膜时造成各层的污染。

溅射镀膜与真空蒸镀相比有以下几个特点。

（1）溅射镀膜是依靠动量交换作用使固体材料的原子、分子进入气相，溅射出的粒子平均能量约为 10eV，高于真空蒸发粒子的 100 倍左右，沉积在基底表面上之后，尚有足够的能量在基底表面上迁移，因而膜层质量较好，与基底结合牢固。

（2）任何材料都能溅射镀膜，材料溅射特性差别不如其蒸发特性的差别大，高熔点材料也容易进行溅射，对于合金、化合物材料，易制成与靶材组分比例相同的高 κ 栅介质，因而溅射镀膜的应用非常广泛。

(3) 溅射镀膜中的入射离子一般利用气体放电法得到，其工作压力在 $10^{-2}$～10Pa，所以溅射粒子在飞行到基底前往往已与真空室内的气体分子发生过碰撞，其运动方向随机偏离原来的方向。而且，溅射一般是从较大靶表面积中射出的，因而比真空蒸镀容易得到均匀厚度的膜层，对于具有沟槽、台阶等镀件，能将由阴影效应造成的膜厚差别减小到可忽略的程度。但是，较高压力下溅射会使高 κ 栅介质中含有较多的气体分子。

(4) 溅射镀膜除磁控溅射，一般沉积速率都较低，设备比真空蒸镀复杂，价格较高，但是操作简单，工艺重复性好，易实现工艺控制自动化。溅射镀膜比较适宜大规模集成电路、磁盘、光盘等高新技术产品的连续生产，也适宜于大面积高质量镀膜玻璃等产品的连续生产。

安徽大学材料科学与工程学院何刚教授课题组利用磁控溅射方法在 n-Si 衬底上溅射陶瓷 $Hf_{1-x}Ti_xO_2$ 靶，制备了掺有 $TiO_2$ 浓度分别为 1%、3%、5%、9%的 $Hf_{1-x}Ti_xO_2$ 薄膜。实验表明，随着 $TiO_2$ 浓度的增加，薄膜的折射率随之下降，主要由于掺入 $TiO_2$ 可以抑制 $Hf_{1-x}Ti_xO_2$ 薄膜结晶，提高了薄膜的结晶温度；通过紫外光吸收谱和光电子能谱测试获取溅射栅介质薄膜的光学禁带宽度、导带偏移以及价带偏移，并且这三个物理参数都会随 $TiO_2$ 浓度的增加而下降。这是由于 $TiO_2$ 的带隙比 $HfO_2$ 的带隙小的缘故。实验表明，薄膜的生长过程中 Si 和 $Hf_{1-x}Ti_xO_2$ 反应会有二氧化硅和硅酸盐形成，并且界面层的厚度会随着 $TiO_2$ 的增加得到有效控制。更重要的是，$TiO_2$ 具有很高的介电常数，所以掺入 $TiO_2$ 的薄膜具有比较高的介电常数。此外，$TiO_2$ 的掺入可以减少薄膜的界面态电荷密度和氧化层陷阱电荷密度从而抑制漏流的产生。同时课题组基于溅射的方法，通过改变溅射气体中 $N_2$ 浓度溅射 HfTiO 陶瓷靶材在 n-Si(100)基底上沉积含有不同 N 元素 HfTiON 栅介质薄膜。利用紫外可见吸收光谱测试薄膜的带隙，测试结果表明 N 的掺入会使薄膜的带隙减少。当 $N_2$ 的浓度为 20%时，Al/HfTiON/Si MOS 结构具有最大的介电常数，以及最小的平带电压漂移和氧化层陷阱电荷密度。所有的实验结果表明磁控溅射是制备高品质栅介质薄膜的有效手段。

### 3.1.3 原子层沉积法

1977 年，芬兰的 Tuomo Suntola 及合作者提出原子层沉积(atomic layer deposition，ALD)技术，用于多晶荧光材料 ZnS、Mn 以及非晶 $Al_2O_3$ 绝缘膜的研制，并开发应用到工业领域。20 世纪 90 年代中期，硅半导体的发展使得原子沉积的优势真正得以体现，掀起了人们对 ALD 研究的热潮。如图 3.1.3 所示，经过近 40 年的发展，ALD 技术已经发展得非常成熟和完善，成为研制最新和前沿性产品的薄膜制备的最重要技术。ALD 技术的发展也成为半导体加工行业发展的主要驱动力。国际半导体技术路线图(ITRS)指出，ALD 技术是 MOSFET 结构中的高介电常数的栅极氧化物薄膜和后端铜互连工艺中扩散阻挡层的主要制备方法。

ALD 技术是一种化学气相沉积薄膜技术。ALD 技术将气相前驱体脉冲交替通过反应器，在基体上发生表面交替饱和化学吸附或反应，一层一层地进行单原子薄膜沉积。一个 ALD 循环周期一般包括四个步骤，如图 3.1.4 所示：

(1) 第一种前驱体 A 与基底发生化学吸附或反应；

(2) 利用惰性气体将多余前驱体和反应副产物清除出腔体；

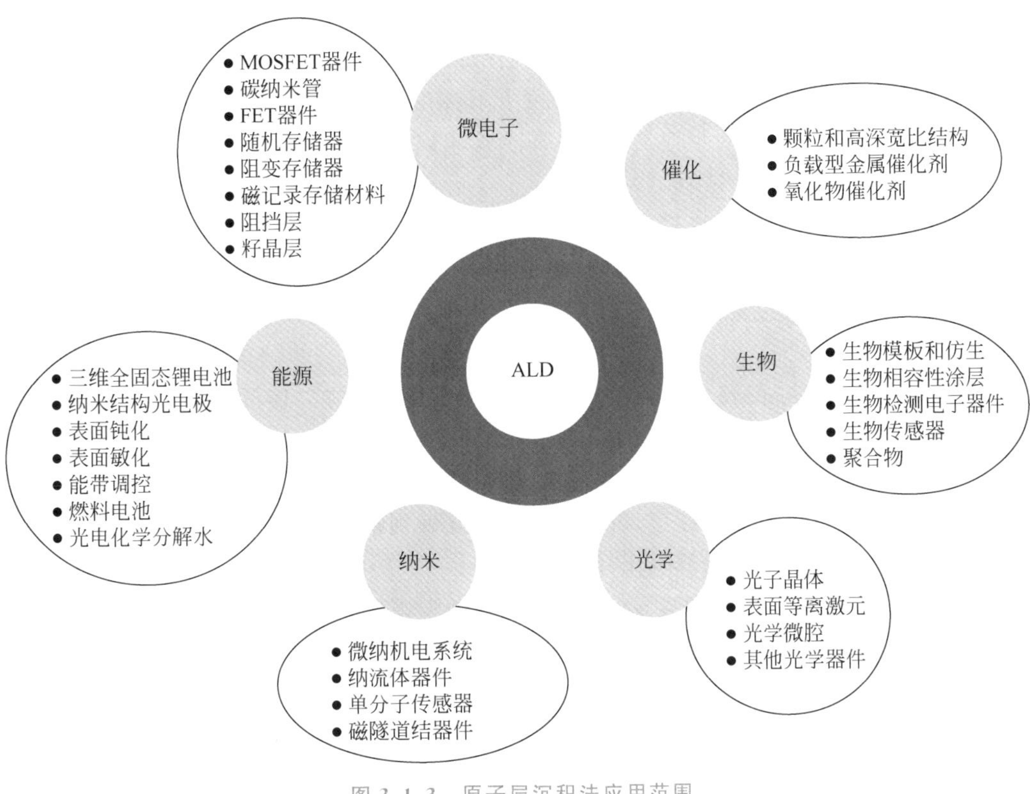


图 3.1.3 原子层沉积法应用范围

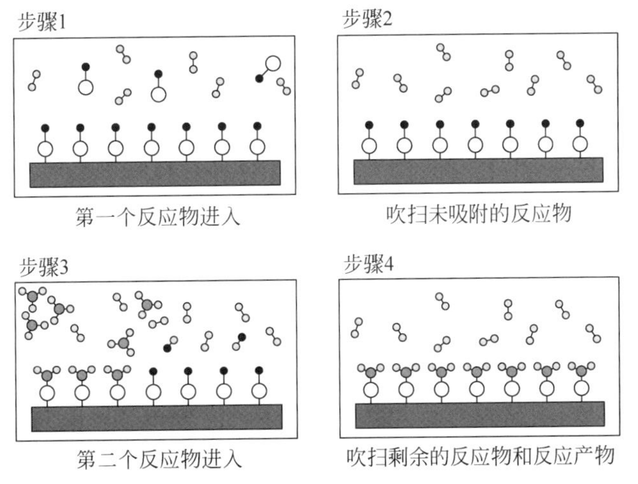


图 3.1.4 ALD 循环原理图

(3) 第二种反应前驱体 B 与已沉积在基片表面的第一种反应前躯体进行化学反应;

(4) 完全反应后,利用惰性气体将多余前驱体和反应副产物清除出腔体。

通过表面交替饱和化学反应实现的化学气相沉积技术,一个 ALD 沉积周期只能沉积一个原子厚度的薄膜,所以可以精确控制薄膜的厚度,而且薄膜深孔覆盖性好,均匀性极佳。

ALD 技术中前驱体的作用至关重要,通常需要满足以下条件:

(1) 挥发性好,易液化,以此来降低工艺条件的需求;

(2) 高反应性,能迅速发生化学吸附,以此保证薄膜的高纯度,减少薄膜缺陷;

(3) 良好的化学稳定性,在较高工艺温度下不会在反应器和基片上发生自分解;

(4) 反应产物呈惰性,对反应器和基片不会产生腐蚀;

(5) 反应物无毒性,对环境无污染。

ALD工艺与对吸附在衬底表面的前驱体的化学性质关系很大,ALD的表面反应自限制性(self-limiting)是ALD技术的基础,也是ALD技术最大的特征,不断重复这种自限制反应可以制备出所需厚度的薄膜。ALD技术的表面反应自限制性使得其在薄膜制备方面具有很多优势:

(1) 每个循环在衬底表面上沉积材料的数量相同,与前驱体的数量无关,可以保证ALD有很好的台阶覆盖性和大面积均匀性;

(2) 通过调节循环次数可以精确控制薄膜的厚度;

(3) 前驱体交替进入反应腔室,可以对薄膜成分做到精确控制;

(4) 连续反应过程得到的薄膜无针孔,密度高。

ALD技术有较宽的沉积温度窗口,可以在较低温下(室温到400℃)沉积大量薄膜,包括氧化物、氮化物、硫化物、氟化物和金属等。在ALD沉积薄膜过程中,主要使用ALD技术制备金属氧化物(高κ栅介质)。常用的金属前驱体有金属单质、金属卤化物、金属氨基化合物、金属硝酸盐和金属醇盐等。金属配合物在水解作用下,在基底表面上形成-OH功能团,功能团与金属前驱体发生配位体交换反应,最后形成金属化合物。由于ALD技术所需的工艺温度远低于其他的化学气相沉积方法,一般都在400℃以下。同时工业化大批量生产设备和技术也在不断成熟。可以预见,ALD技术必将成为超薄高κ薄膜制备方法的首选。

鉴于ALD沉积技术在生长栅介质方面具有的独特优势,安徽大学何刚教授课题组利用ALD技术,采用三甲基铝和水作为前驱体,成功制备出高品质的超薄$Al_2O_3$钝化层,有效减低$CeO_2$栅介质膜层的漏电流。基于$Al_2O_3/CeO_2$双层栅介质成功构筑出低压驱动的$In_2O_3/Al_2O_3/CeO_2$ TFT,该器件表现出很好的n型半导体特性,开关比高达$(1.81\pm0.30)\times10^7$,迁移率高达$(18.25\pm0.92)cm^2/(V\cdot s)$,且已成功应用于反相器。

### 3.1.4 分子束外延法

分子束外延(molecular beam epitaxy,MBE)法是一种新的晶体生长技术。其方法是将半导体衬底放置在超高真空腔体中,将需要生长的单晶物质按元素的不同分别放在喷射炉中(也在腔体内)。由分别加热到相应温度的各元素喷射出的分子流能在上述衬底上生长出极薄的(可薄至单原子层水平)单晶体和几种物质交替的超晶格结构。分子束外延主要研究的是不同结构或不同材料的晶体和超晶格的生长。该法生长温度低,能严格控制外延层的层厚组分和掺杂浓度,但系统复杂,生长速度慢,生长面积也受到一定限制。

如图3.1.5所示,在超高真空腔内,源材料通过高温蒸发、辉光放电离子化、气体裂解、电子束加热蒸发等方法产生分子束流。如图所示,入射分子束与衬底交换能量后,经表面吸附、迁移、成核、生长成膜。生长系统配有多种监控设备,可对生长过程中衬底温度、生长速度、膜厚等进行瞬时测量分析。对表面凹凸、起伏、原子覆盖度、黏附系数、蒸发系数及表面扩散距离等生长细节进行精确监控。由于分子束外延的生长环境洁净、温度低、具有精确的原位实时监测系统、晶体完整性好、组分与厚度均匀准确，所以是良好的高κ栅介质生长工具。

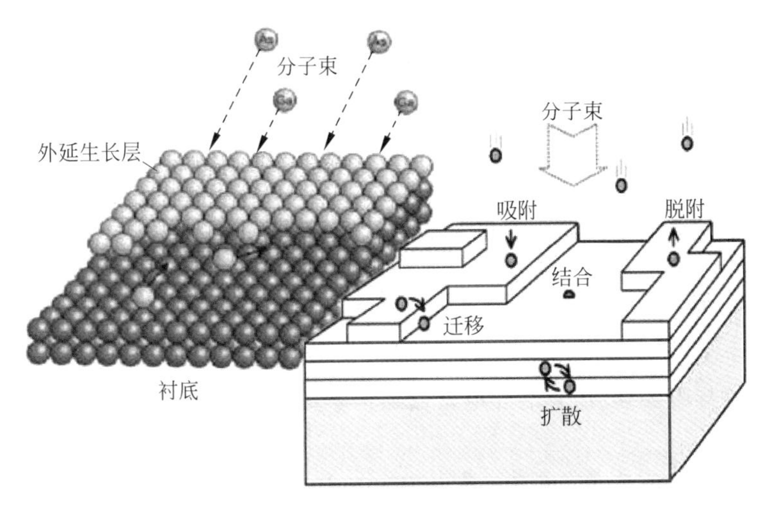


图 3.1.5 分子束外延法原理

分子束外延法是20世纪50年代用真空蒸发技术制备半导体高κ栅介质材料发展而来的。随着超高真空技术的发展而日趋完善，由于分子束外延技术的发展开拓了一系列崭新的超晶格器件，扩展了半导体科学的新领域，从而进一步说明了半导体材料的发展对半导体物理和半导体器件的影响。分子束外延的优点是能够制备超薄层的半导体材料；外延材料表面形貌好，而且面积较大、均匀性较好；可以制成不同掺杂剂或不同成分的多层结构；外延生长的温度较低，有利于提高外延层的纯度和完整性；利用各种元素的黏附系数的差别，可制成化学配比较好的化合物半导体高κ栅介质。分子束外延作为已经成熟的技术，早已应用于微波器件和光电器件的制作。但由于分子束外延设备昂贵，而且真空度要求很高，所以要获得超高真空，以及避免蒸发器中的杂质污染而需要大量的液氮，从而提高了日常维持的费用。

分子束外延法与其他外延方法相比具有如下特点：①源和衬底分别进行加热和控制，生长温度低，如GaAs可在500℃左右生长，可减少生长过程中产生的热缺陷，以及衬底与外延层中杂质的扩散，可得到杂质分布陡峭的外延层；②生长速度低，可以利用快门精密地控制掺杂、组合和厚度，是一种原子级的生长技术，有利于生长多层异质结构；③分子束外延生长不是在热平衡条件下进行的，而是一个动力学过程，因此可以生长一般热平衡生长难以得到的晶体；④生长过程中表面处于真空中，利用附设的设备可以进行原位(即时)观测，对生长过程、组分、表面状态等进行分析、研究。

分子束外延技术的发展，推动了以GaAs为主的Ⅲ-Ⅴ族半导体及其他多元多层异质材料的生长，大大促进了新型微电子技术领域的发展，造就了GaAs、GeSi异质晶体管及其集成电路以及各种超晶格新型器件。特别是GaAs集成电路(以金属半导体场效应晶体管(MESFET)、高电子迁移率晶体管(HEMT)、异质结双极晶体管(HBT)，以及以这些器件为主设计和制作的集成电路)和红外及其他光电器件,在军事应用中有着极其重要的意义。GaAs MIMIC(微波毫米波单片电路)和GaAs VHSIC(超高速集成电路)将在新型相控阵雷达、阵列化电子战设备、灵巧武器和超高速信号处理、军用计算机等方面起着重要的作用。

南京大学承担的"极大规模集成电路用高κ关键材料技术研究"项目通过激光分子束外延技术制备单晶稀土-铪基高κ栅介质。通过研究稀土对氧化铪的能带调控原理,增大了新型稀土-铪基高κ栅介质带隙,降低了高κ栅介质漏电流。复旦大学蒋最敏教授课题组采用分子束外延技术通过调整衬底温度和氧气分压,在Si(001)和Si(111)衬底上实现了$Er_2O_3$薄膜的外延生长。$Er_2O_3$和衬底Si(001)的外延关系为$Er_2O_3(110)//Si(001)$,$Er_2O_3$和衬底Si(111)的外延关系为$Er_2O_3(111)//Si(111)$。薄膜的结晶状态依赖衬底温度和氧气分压。在比较低的衬底温度和比较低的氧气分压情况下薄膜内容易生成ErSi。界面光电子能谱分析表明:$Er_2O_3/Si$的价带和导带偏移分别为3.1eV和3.5eV,$Er_2O_3$的禁带宽度为7.6eV。薄膜的电学测试表现出14.4的介电常数和2nm的等效氧化层厚度,器件漏流低至$8\times10^{-6}A/cm^2$。从实验的角度来看,分子束外延制备的$Er_2O_3/Si$叠层栅由于其比较大而且对称的价带和导带偏移、适宜的介电常数和带隙可能成为一种很有应用前景的高κ栅介质材料。

### 3.1.5 脉冲激光沉积法

脉冲激光沉积(pulsed laser deposition,PLD)法又称脉冲激光烧蚀法,镀膜过程在高真空腔室中进行。图3.1.6和图3.1.7展示了脉冲激光沉积原理,使用高功率脉冲激光聚焦靶材表面,使照射区域材料被加热熔化、汽化,产生的高温高压等离子体脱离靶材向基底运动,在基片上沉积形成高κ栅介质。由于激光能量高,脉冲激光沉积方法可以制备一些熔点较高的金属氧化物高κ栅介质,并且沉积速率快、污染小。但是通过这种工艺制备的高κ栅介质存在表面颗粒的问题,而且很难实现大面积均匀沉积。

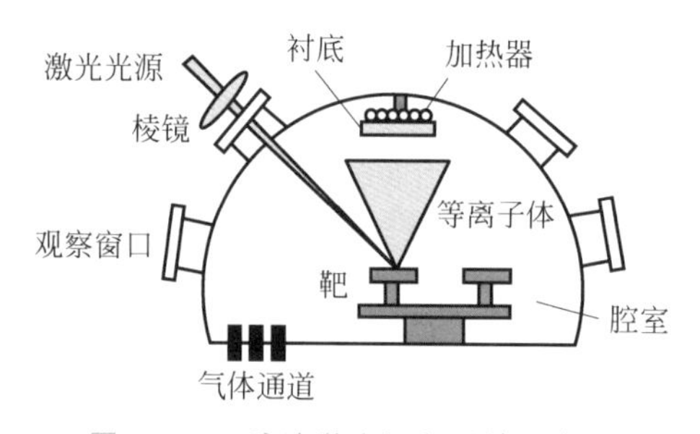

图3.1.6 脉冲激光沉积系统示意图

使用脉冲激光沉积时,以下因素会影响沉积速率。

①靶材:靶材是影响沉积速率的重要因素之一,靶材的厚度和熔点影响沉积速率,具有较小厚度和低熔点的靶材具有较高的沉积速率。②激光脉冲能量:激光脉冲能量越大,工艺的沉积速度就越快。③激光重复率:在所有因素相同的情况下,更高的激光重复率转化为更高的沉积率。④基板温度:当基板具有高温时,沉积速率增加。⑤靶材与基板之间的距离:靶材和基板之间的距离对沉积速率有很大的影响,靶材和基板之间的距离越大,沉积速率越大。⑥气体类型:在很大程度上,气体的类型决定了腔室中的压力,腔室中的较高压力导致较低的沉积速率。

脉冲激光沉积因其众多优点而成为高κ栅介质沉积的热门选择。

(1)原理简单:脉冲激光沉积技术很容易掌握。该过程只需要将激光束聚焦在目标材料上以蒸发材料,并将其沉积在基板上。与用其他方法沉积的产品相比,用这种方法沉积的产品通常具有均匀的高κ栅介质沉积。脉冲激光沉积是一个相当方便的过程。它可以在低

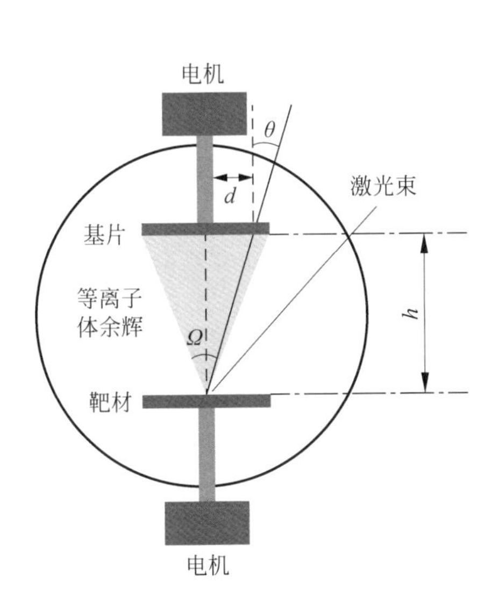


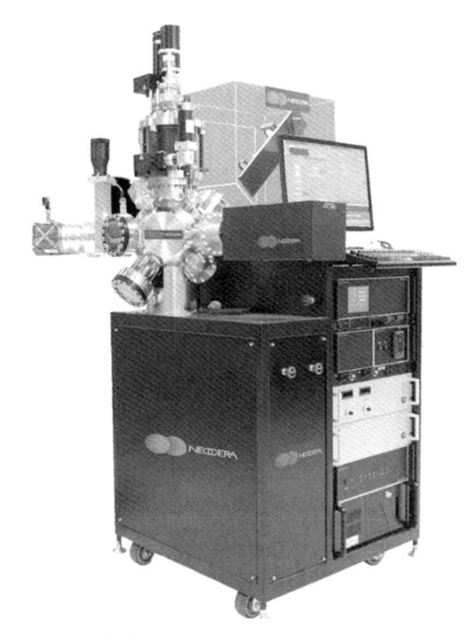

图 3.1.7 典型的 PLD 示意图

温下工作。此外,它灵活且兼容各种靶材。

(2) 精确:脉冲激光沉积是一种精确的工艺。它具有高水平控制功能。

(3) 可持续性:这个过程不会对环境造成任何威胁,也不需要极高的能量。这是一种可持续的高 κ 栅介质沉积方法。

尽管脉冲激光沉积具有很多优点,但它仍存在一些尚在研究中的局限性,包括沉积速率慢,沉积的设备相当昂贵等。

张心强等以 $Gd_2O_3$-$HfO_2$(GDH)固溶氧化物作为靶材,采用脉冲激光沉积技术在 Ge(100)衬底上制备了 GDH 外延高 κ 栅介质,通过反射式高能电子衍射(RHEED)技术研究了激光烧蚀能量和高 κ 栅介质沉积温度对高 κ 栅介质晶体结构的影响,分析了两者与高 κ 栅介质的取向关系,发现激光烧蚀能量对高 κ 栅介质取向影响更为显著。结果表明,厚度为 5nm 的 GDH 高 κ 栅介质具备良好的介电性能:κ 约为 28,等效氧化层厚度约为 0.49nm,适于 22nm 及以下技术节点集成电路的应用。

### 3.1.6 溶液基制备方法

湿法制备金属氧化物高 κ 栅介质是指把配置的前驱体溶液通过各种方式沉积在基体上,然后进行后处理的过程。旋转涂布法简称旋涂法,是湿法沉积高 κ 栅介质的一种简单快捷的方法。旋涂制膜首先要将基片固定在可旋转的托盘上,然后将前驱体溶液滴涂到基片上,再让托盘以一定转速高速旋转(通常为 1000～3000r/min)。液体即在旋转离心力和溶液表面张力的共同作用下铺展成膜,而溶剂在高速旋涂过程中会逐渐挥发。将旋涂沉积的湿膜进行后处理可得到相应的金属氧化物高 κ 栅介质。前驱体溶液的浓度、黏度、材料纯度、旋涂转速、旋涂时间、基片表面和环境清洁程度等因素都会影响高 κ 栅介质的平整性、连续性和致密性。旋转涂布工艺简单、成本低廉,主要缺点是材料利用率低,通常无法直接实现图形化，并且均一性和重复性比干法镀膜工艺差。

旋涂法又称为溶胶凝胶法，首先将无机盐或者金属醇盐溶于有机溶剂或者去离子水中，然后发生下述的水解和缩合反应，经过24小时的陈化过程中形成澄清的溶胶。用注射器将配置好的介电层溶液旋涂在氧等离子体清洗后的基底上(图3.1.8的步骤Ⅰ)，然后在热处理后的介电高κ栅介质上旋涂有源层(图3.1.8的步骤Ⅱ)，并且通过退火获得高质量的高κ栅介质(图3.1.8的步骤Ⅲ)，最后通过热蒸发的方法沉积源极和漏极获得TFT(图3.1.8的步骤Ⅳ)。溶液旋涂法因为成本低廉，操作方便，所以成为实验室探究新材料的一种常见方法。

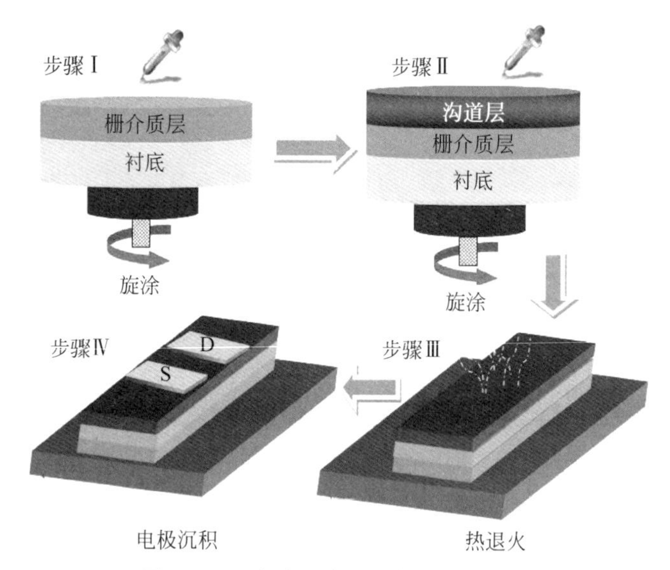


图3.1.8 溶胶凝胶法制备TFT的过程

根据使用的设备，溶胶凝胶法制备TFT包括两个步骤：第一个步骤是高κ栅介质的制备与处理，第二个步骤是高κ栅介质电极的沉积。

如图3.1.8所示，高κ栅介质的制备包括如下三步反应。

(1) 溶剂化。

首先把无机盐溶在去离子水或者有机溶剂中，无机盐会因为电离反应得$M^{x+}$，并且与极性溶剂分子吸引形成$M(H_2O)_n^{x+}$，并通过氢离子($H^+$)的释放实现配位数恒定：

$$M(H_2O)_n^{x+} \longrightarrow M(H_2O)_{n-1}(OH)^{x-1} + H^+ \quad (3.1.1)$$

(2) 水解反应。

其次把无机盐持续与$H_2O$发生反应，直到全部转化为$M(OH)_x$：

$$M(OR)_n + xH_2O \longrightarrow M(OH)_x(OR)_{n-x} + xROH \quad (3.1.2)$$

(3) 缩聚反应。

最后通过失水缩聚得到致密的金属氧化物，具体反应如下：

$$-M-OH+HO-M \longrightarrow -M-O-M-+H_2O \quad (3.1.3)$$

如图3.1.9所示，湿法制备除了溶胶凝胶法，还包括喷雾热解法、喷墨打印法，以及浸渍涂布法、丝网印刷法等。下面简单介绍一下各种制备方法。

针对旋转涂布法无法直接实现图形化的问题，喷墨打印的方法提供了解决途径。在打

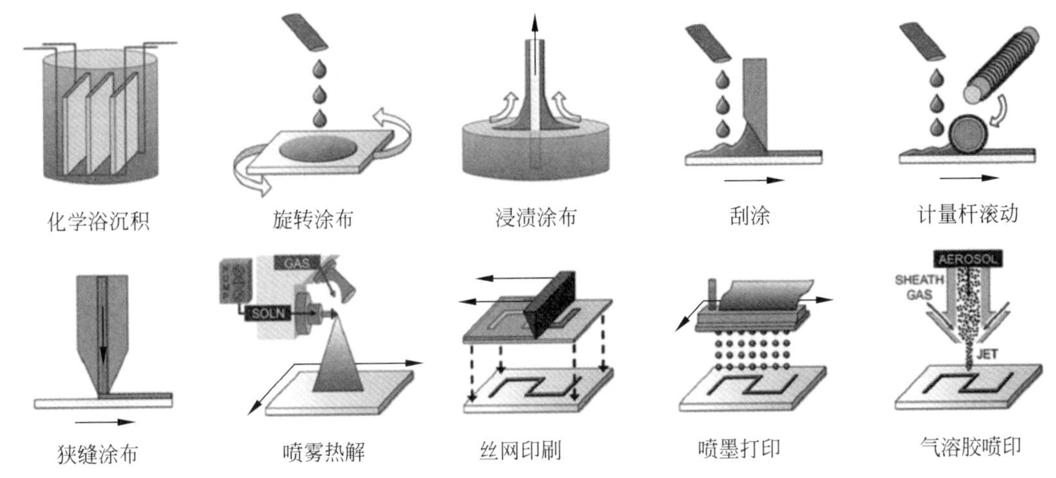


图 3.1.9　不同湿法制备金属氧化物高 κ 栅介质

印信号驱动下，前驱体溶液的液滴通过喷头小孔被直接喷到加热中的基片表面指定位置，再经过一段时间热处理，即可得到图形化的氧化物高 κ 栅介质。喷墨打印工艺中，前驱体溶液的黏度和表面张力大小，将直接影响喷出液滴的均一性。此外，打印系统的设计、溶剂挥发速率的控制，都是高 κ 栅介质制备中的关键技术问题。喷墨打印工艺具有前驱体材料利用率高、非接触式沉积、无需掩模即可实现图形化等优点，近年来在湿法制备金属氧化物高 κ 栅介质研究中受到了广泛关注。但是，喷出的液滴与基底接触后，液滴中心和边缘的溶剂挥发速率有差异，易造成高 κ 栅介质厚度不均匀、出现针孔等问题，成膜质量和器件性能还有待提高。

喷雾热解工艺与喷墨打印方法类似，不同之处在于喷雾热解工艺需要将前驱体溶液雾化。压力(压缩气体)、超声、静电等方法可被用于雾化过程。由于是非接触式沉积方式，喷雾热解过程中可以通过掩模来实现高 κ 栅介质图形化。喷雾热解工艺设备简单，可以实现快速、大面积的高 κ 栅介质沉积，但通常很难得到表面平整、结构致密的高 κ 栅介质。此外，喷雾过程中容易引入环境中的杂质，所得高 κ 栅介质纯度和制备工艺重复性难以控制。

采用丝网印刷的方法来沉积高 κ 栅介质，有利于大规模连续生产，与未来电子产业卷到卷(roll to roll)生产方式相匹配。目前已有通过凹版印刷、柔性版印刷、狭缝涂布等方式来制备金属氧化物高 κ 栅介质的报道。印刷工艺中影响成膜连续性和膜厚的主要因素有前驱体溶液黏度及用量、滚筒转速、压力等。当前对印刷制备金属氧化物高 κ 栅介质的研究尚处于摸索阶段。表 3.1.1 显示了不同制备方法的厚度均匀性、薄膜密度等性能的比较。

表 3.1.1　不同制备方法的比较

| 方　法 | 原子层沉积法 | 分子束外延法 | 化学气相沉积法 | 溅射法 | 热蒸发法 | 脉冲激光沉积法 |
|---|---|---|---|---|---|---|
| 厚度均匀性 | 好 | 较好 | 好 | 好 | 较好 | 较好 |
| 薄膜密度 | 好 | 好 | 好 | 好 | 不好 | 好 |
| 台阶覆盖 | 好 | 不好 | 多变 | 不好 | 不好 | 不好 |
| 界面质量 | 好 | 好 | 多变 | 不好 | 好 | 多变 |

续表

| 方　　法 | 原子层沉积法 | 分子束外延法 | 化学气相沉积法 | 溅　射　法 | 热蒸发法 | 脉冲激光沉积法 |
|---|---|---|---|---|---|---|
| 原料数目 | 不好 | 好 | 不好 | 好 | 较好 | 不好 |
| 低温沉积 | 好 | 好 | 多变 | 好 | 好 | 好 |
| 沉积速率 | 不好 | 不好 | 好 | 好 | 好 | 好 |
| 工业适用性 | 好 | 较好 | 好 | 好 | 好 | 不好 |

## 3.2　高κ栅介质性能的表征

### 3.2.1　光学性能的表征

紫外-可见光(UV-Vis)吸收光谱是指利用物质的分子或者离子对紫外和可见光吸收所产生的紫外-可见光谱及吸收程度，对物质的组成、含量和结构进行分析、测定，是一种常用于对材料进行定量和定性分析的方法。利用其进行透射率和带隙的测试，目的是验证制备的高κ栅介质可以满足透明显示的要求。首先把清洗后的石英片放在匀胶机上以同样的参数进行旋涂，然后进行退火处理，最后放入如图3.2.1(a)所示的紫外-可见光光谱仪UV-2550中，进行透射率和光学带隙的测试。如图3.2.1(b)所示为在石英玻璃上旋涂的高κ栅介质。透射率是指入射光透过石英玻璃后的光通量与其入射光通量的比率，测试得到的透射曲线中横坐标为波长，纵坐标透射率数值为百分数，取值范围为0～100%，如果入射光被高κ栅介质全部吸收，则透射率为0；如果入射光全部透过高κ栅介质，则透射率为100%。具体设备操作包括设备预热，放入样品，选择波长范围为190～900nm，矫正设备，进行测试。高κ栅介质的光学带隙($E_g$)可以根据下面的Tauc公式进行计算：

$$(\alpha h\nu)^{1/m}=B(h\nu-E_g) \tag{3.2.1}$$

直接带隙：$m=1/2$

间接带隙：$m=2$

式中，$\alpha$为吸收系数；$B$为常数；$h\nu$为光子能量；$h$为普朗克常量$=4.1356676969\times10^{-15}$eV·s；$\nu$为入射光子频率；$E_g$表示半导体禁带宽度(带隙)。

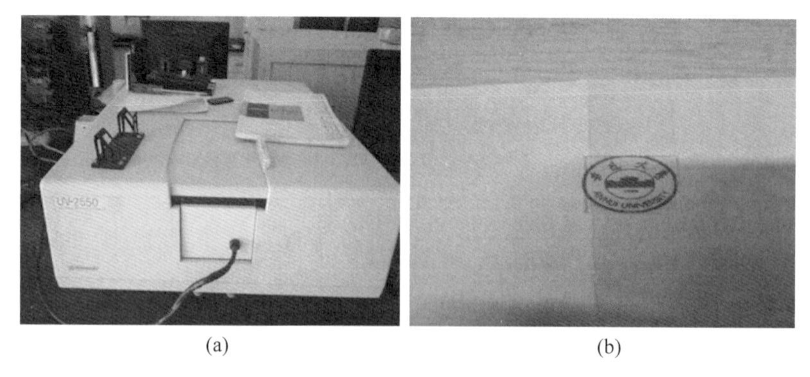


(a)　　(b)

图3.2.1　紫外-可见光光谱仪UV-2550(a)、及石英玻璃上旋涂高κ栅介质(b)

### 3.2.2 热重性能的表征

热重法是指在程序控制的温度下，测量物质的质量随温度的关系。当凝胶粉在加热过程中有升华、汽化、分解出气体和失去结晶水时，被测物质质量会发生变化，热重实验得到的曲线为热重曲线（TG 曲线），其纵坐标为剩余质量，其横坐标为温度。如图 3.2.2 所示，首先将 5mL 的溶液放在 150℃恒温的烤箱里面蒸发 10h，待到蒸发为粉末后，取 5mg 的样品放到热重分析仪内的耐高温容器中，此容器被置于一具有可程式控制温度的高温炉中，待测样品被悬挂在具有高灵敏度的天平上，这样因温度变化而产生的质量的变化可以由天平获得，与此同时，附近的热电偶测量待测物的温度，从而获得质量随温度变化的曲线。

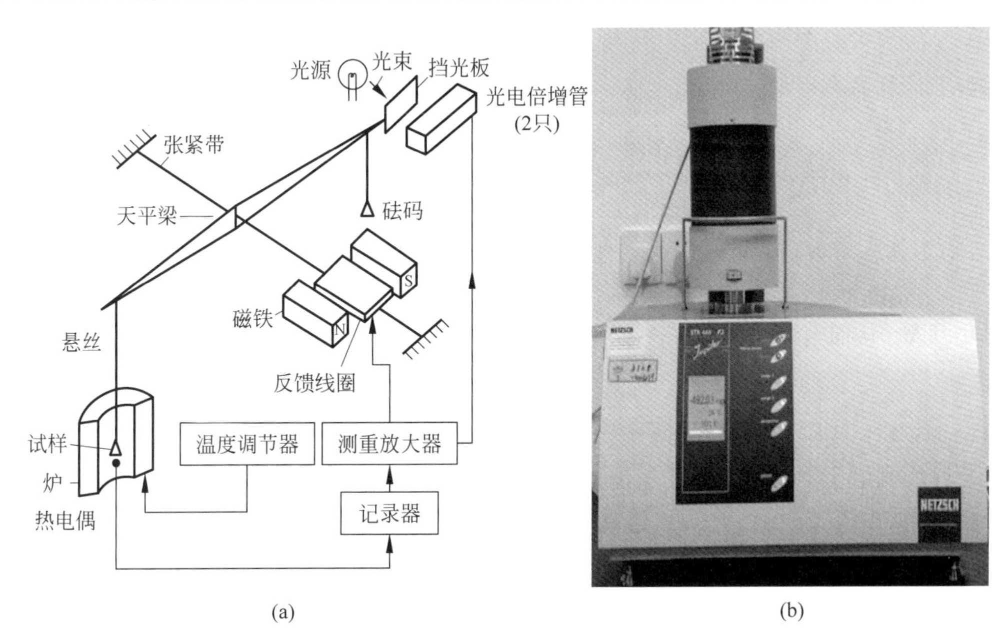


图 3.2.2 热重分析仪

(a) 原理图；(b) 设备照片

### 3.2.3 结晶性能的表征

X 射线衍射（XRD）技术是指通过对材料进行 X 射线衍射，并对衍射图谱分析而获得材料的成分、内部原子或分子的结构形态信息的方法。图 3.2.3(a)为 X 射线布拉格（Bragg）衍射示意图。这里采用的 X 射线衍射仪设备为如图 3.2.3(b)所示的 SmartLab(9kW)。1912 年，劳厄（Laue）提出，周期性排列的原子结构可以成为 X 射线衍射的光栅，当射线通过晶体时就会发生衍射，衍射波叠加的结构会使射线的强度在一些方向增强，从而可以得出晶体结构。1913 年，布拉格父子（W. H. Bragg 和 W. L. Bragg）提出晶体衍射的布拉格方程：

$$2d\sin\theta = n\lambda \tag{3.2.2}$$

式中，$d$ 为晶面间距；$\theta$ 为掠射角；$n$ 为衍射级数；$\lambda$ 为 X 射线的波长。通过 XRD 测试结果和标准物相 PDF 卡片比较，可以定性地判断物相的存在，根据布拉格方程可以确定晶面间距。

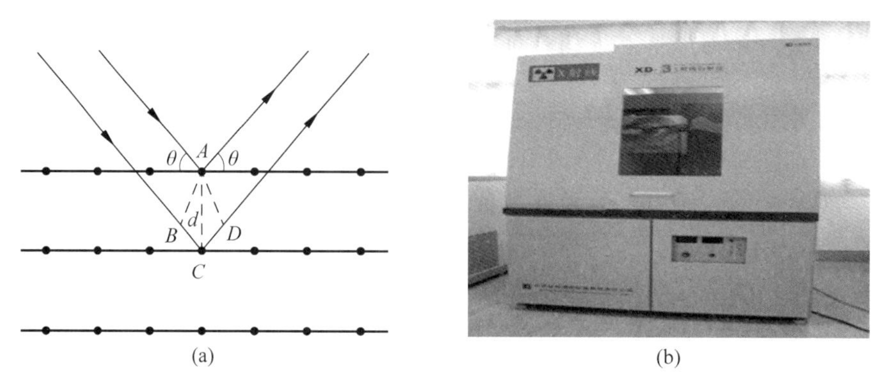


图 3.2.3　X 射线布拉格衍射示意图(a)及 X 射线衍射仪(b)

为了计算晶粒平均尺寸，荷兰著名化学家德拜(Debye)和他的研究生谢乐(Scherrer)提出了下面的谢乐公式：

$$D=\frac{K\lambda}{B\cos\theta_{\mathrm{B}}} \tag{3.2.3}$$

式中，$K$ 为谢乐常数，值为 0.89；$D$ 为晶粒垂直于晶面方向的平均厚度；$B$ 为经过矫正后的实测样品衍射峰半高宽(rad)；$\theta_{\mathrm{B}}$ 为布拉格衍射角；$\gamma$ 为 X 射线波长，其值为 0.154056Å。从而可以利用谢乐公式定量计算晶粒尺寸。

### 3.2.4　化学局域态的表征

X 射线光电子能谱(XPS)技术是指用来研究高 κ 栅介质表层元素组成和离子状态的表面分析技术，如图 3.2.4(a)所示，当高 κ 栅介质受到单色射线照射时，高 κ 栅介质表面原子或者分子的电子受激发射，通过测量这些电子的能量分布，并与已知元素的电子能量对比，就可以确定其元素百分比含量、化学局域态等。样品 XPS 峰都采用 284.8eV C1s 进行校准，并且采用 ESCALAB 250Xi 型号的设备进行 XPS 测试，实验结果利用 XPSPEAK41.exe

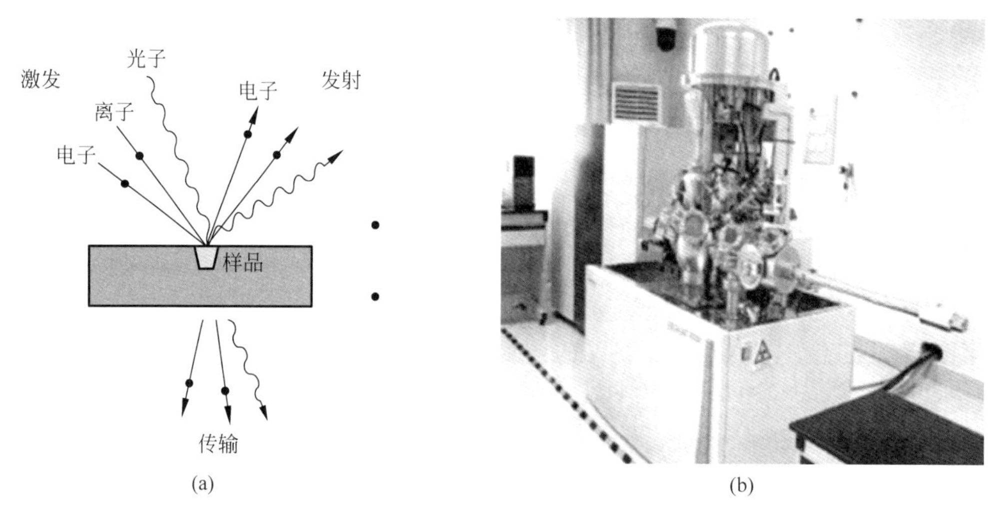


图 3.2.4　X 射线光电子能谱示意图(a)及 X 射线光电子能谱仪(b)

软件进行导入,然后选择背景基线,添加谱峰,进行拟合和保存。如图 3.2.4(b)所示是 X 射线光电子能谱仪。

首先,与普通 XPS 相比,同步辐射光源的 XPS(同步辐射光电子能谱,synchoron radiation photoelectron spectoscopy,SRPES)因为光子能量可调,使得它可以得到不同深度的元素组分信息;其次,由于电离截面与探测信号呈正比关系,则针对不同元素的能级,选择不同的光子能量,使其电离截面更大,可以获得更强的探测信号;最后,若将入射光能量置于紫外区,也可以得到较高质量的紫外光电子能谱信息,从而可以分析样品的功函数与价带结构。

角分辨光电子能谱(ARPES)实验基于光电效应,可以直观地获得材料全动量空间中超高分辨的电子结构的全部信息。当光源照射到样品表面时,会被样品中的电子吸收而发射出光电子,出射的这些光电子携带了样品内部电子的能量、动量、自旋信息,通过电磁聚焦透镜把这些从样品中逃出来的电子抓住,然后利用探测器获取信息,通过光电激发的动力学过程,我们就可以分析光电子和材料内部电子之间的联系,这样就轻而易举地看到了隐藏在材料内部动量空间中的电子结构。

### 3.2.5 表面形貌的表征

原子力显微镜(AFM)用来对高 κ 栅介质表面形貌进行纳米级别的物理性质的探测。如图 3.2.5(a)所示,原子力显微镜利用一端对微弱力敏感的微悬臂,另一端采用微小的针尖原子与高 κ 栅介质表面原子接触,由于原子距离减小到一定程度后,就会出现微弱的原子间作用力,微悬臂将在垂直于样品表面方向起伏运动,利用光学检测法和隧道电流检测法测得微悬臂对应于各点的位置变化,从而获得样品表面形貌。与扫描隧道显微镜相比,原子力显微镜的优点是不需要经过镀膜就可以实现非导电样品的观测,而且具有超高分辨能力。

如图 3.2.5(b)所示的原子力显微镜(Hitachi AFM5500M)对制备后的高 κ 栅介质进行接触式测量而获得较高的原子级的分辨率后,利用 Gwyddion(64bit)2.43 软件导出图像。

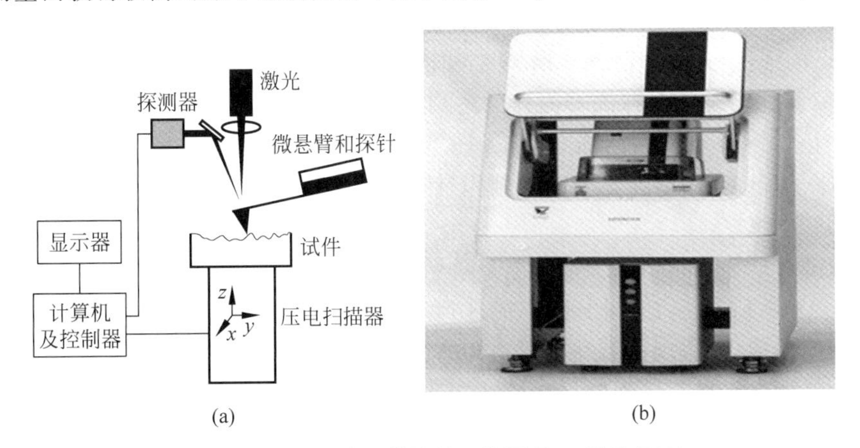


图 3.2.5 原子力显微镜的工作原理(a)及设备(b)

### 3.2.6 界面微结构的表征

扫描透射电子显微镜(STEM)原子序数(Z)衬度像(Z-衬度像,又称高角环状暗场像(HAADF))具有分辨率高(可直接"观察"到晶体中原子的真实位置)、对化学组成敏感以及图像直观易解释等优点,成为原子尺度研究材料微结构的强有力工具。目前球差校正STEM Z-衬度像的空间分辨率已达亚埃级,该技术在高κ栅介质与半导体之间的界面微结构表征方面具有十分重要的应用。

Z-STEM像是利用原子尺度的电子探针扫描样品,采用HAADF探测器收集高角度散射电子而得到的非相干像,其成像过程如图3.2.6所示。首先,由场发射枪发射的电子束经过透镜聚焦系统会聚成很细的电子探针(目前探针束斑尺寸细到0.1nm),电子探针在试样表面扫描,通过扫描线圈控制探针逐点在样品上进行光栅扫描。在扫描每一点的同时,放在样品下面的具有一定内环孔径的HAADF探测器同步接收被高角度(在100kV,75～150mrad)散射的电子。对应于每个扫描位置的HAADF探测器接收到的信号转换成电流强度显示于荧光屏或计算机屏幕上。因此,样品上的每一点与所产生的像点一一对应,而且该点的强度反映样品上对应点的高角度散射电子强度。当电子束斑正好扫在原子列上时,很多高角度散射的电子将被探测器接收,这个强信号显示在计算机屏幕上就是亮点;而当电子扫在原子列中间的空隙时,数量很少的散射电子被接收,这个信号在计算机屏幕上将形成一个暗点。连续扫描一个样品区域,Z-衬度STEM暗场像就形成了。这种像的相位衬度不会随样品厚度及电镜聚焦有很大变化,图像中的亮点总是反映真实的原子,并且像点的强度与原子序数的平方成正比,由此得到原子分辨率的化学成分信息。另外,同时采集穿过HAADF探测器内孔的透射电子能量的变化,还可得到单个原子列的电子能量损失谱(electron energy loss spectra,EELS)。这样,通过STEM像和EELS相结合,不仅在原子尺度获得晶体材料的微结构,而且又可获得原子的种类、化学键,以及局部电子结构信息。

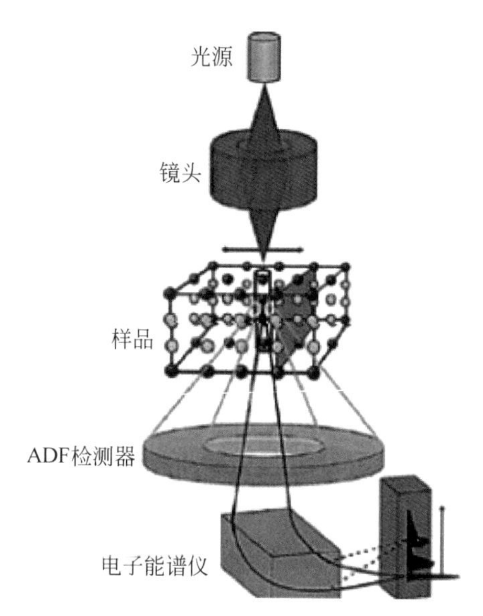

图3.2.6 扫描透射电子显微像形成示意图

近年来随着球差校正技术和电子能量单色器技术的发展,Z-衬度STEM像的空间分辨率已突破0.1nm,EELS的能量分辨率提升到0.1eV,通过与原子分辨STEM像相结合,可以实现单个原子像点成分、价态和电子结构的同步分析,这将极大地拓展高κ栅介质与半导体衬底及金属栅电极材料之间的界面微结构研究,为探索新型界面控制技术提供重要的理论依据。

薄膜生长过程中,氧的存在使$HfO_2$薄膜和硅衬底之间发生界面反应,形成一个降低薄膜性能的界面反应层,该界面层的厚度对CMOS器件的性能会产生重要影响,因而界面微结构研究受到广泛关注。图3.2.7(a)是$HfO_2$栅介质薄膜沉积在Si(100)衬底上的剖面Z-

衬度像，从图中可以看到，由于 Hf 原子和 Si 原子具有较大的原子序数差别，$HfO_2$ 栅介质层呈现出白色(亮)衬度；同时可看到结晶态 $HfO_2$ 的晶格条纹，而 $SiO_2$ 界面层呈现黑色(暗)衬度；在 $HfO_2/SiO_2$ 粗糙界面处，可以看到某些 Hf 原子因扩散而进入 $SiO_2$ 界面层，如中心部分的放大图所示。利用 *Z*-衬度 STEM 像对原子序数的高敏感性，很容易区分原子序数不同的分布区域，这对研究 $HfO_2/Si$ 界面扩散反应非常有效。作为一个例子，图 3.2.7(b)、(c)分别给出了 $Si/SiO_2/HfO_2$/Poly-Si 堆垛结构剖面的高分辨率透射电子显微镜(HRTEM)像和 *Z*-STEM 像。从 HRTEM 像(图 3.2.7(b))中很难分辨出 Hf-Si-O 扩散层，而在 *Z*-STEM 成像模式下，很容易分辨 Hf-Si-O 扩散层，如图 3.2.7(c)中虚线标注所示。由于 $HfO_2$ 与 Si 衬底之间存在着界面层，而界面层处的电荷和电子陷阱对器件性能会产生重要影响，为了进一步改善器件特性，人们考虑引入特定的界面层(即采用堆垛积层结构)来避免或减少界面态。例如，在 $HfO_2$ 栅介质层与 Si 衬底间引入一定厚度的 $SiO_2$ 层或掺氮的 Si-O-N 界面层，用于减少或避免界面态，但是前者需要在等效 $SiO_2$ 介电层厚度(EOT)和漏电流之间寻求平衡，而后者使晶体管的阈值电压增加，导致沟道的电子迁移率下降，这就需要进一步改进工艺和优化器件结构，以提高界面质量。

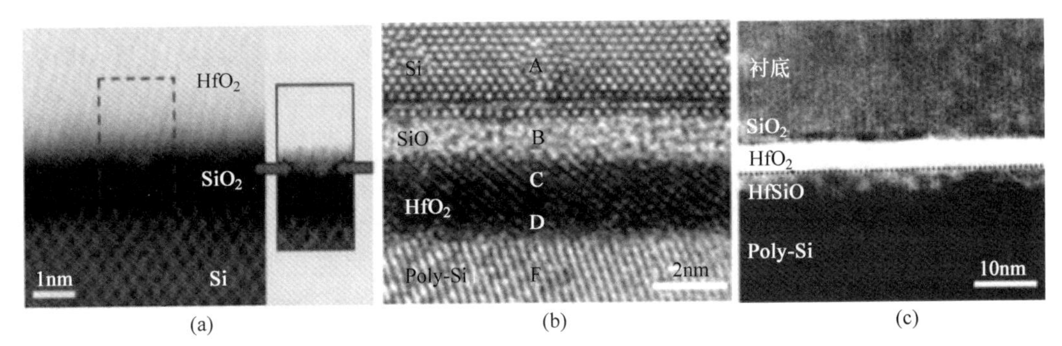


图 3.2.7 $Si/HfO_2$ 堆垛结构的剖面 Z-STEM 像($HfO_2/SiO_2$ 的界面结构见图的中心部分)(a)，沿 Si 衬底[110]方向观察 $HfO_2$/HfSiO 堆垛结构剖面的 HRTEM 像(b)和 Z-STEM 像(c)

### 3.2.7 润湿性能的表征

高 κ 栅介质的润湿性能对溶液法制备的高 κ 栅介质质量有重要的影响。溶液在硅片上会出现两种现象：一种是液体可以附着在固体表面扩展开来，称为浸润现象；另外一种是液体无法附着在固体表面，这样液体与固体接触处的附着层会出现收缩从而出现不浸润的现象。高 κ 栅介质的润湿性能可以采用接触角(contact angle)来度量，接触角是指自固-液界面经过液体内部到气-液界面之间的夹角 $\theta_0$。接触角通常可以外形图像分析法来测量，其原理是将液滴首先滴定在基底上，然后利用如图 3.2.8(a)所示的接触角测量仪获得液滴的外形图像，再运用数字图像处理和算法将图像中的液滴的接触角计算出来。如图 3.2.8(b)所示，根据力学平衡知识，滴落在固体上的液滴接触角 $\theta_0$ 和两相在接触面处的界面张力满足下面的杨氏(Young)方程(或称为润湿方程)：

$$\gamma_{SV} = \gamma_{SL} + \gamma_{LV}\cos\theta_0 \tag{3.2.4}$$

$\theta_0$ 等于 0°时，达到完全润湿，液体可以实现在固体表面的铺展，成膜性最好；$\theta_0$ 等于 180°时，完全不润湿。

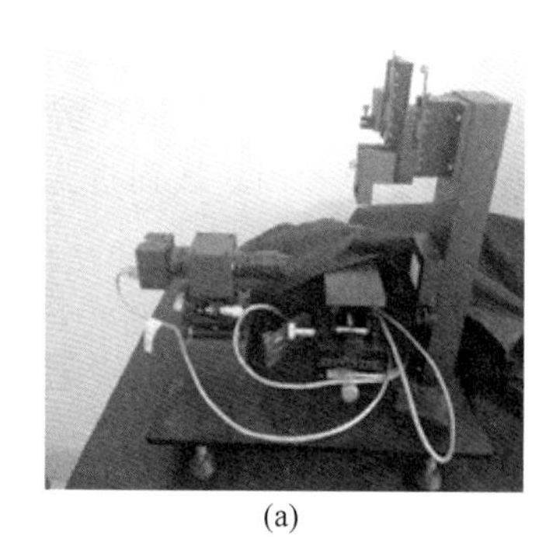

(a)

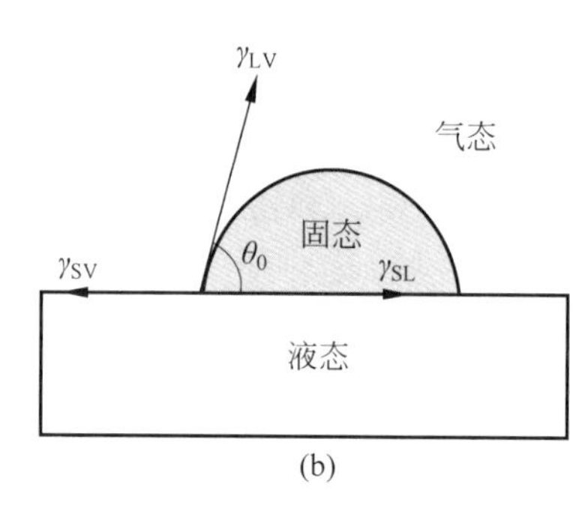


(b)

图 3.2.8 接触角测量仪(a)及接触角示意图(b)

## 课后习题

3.1 溅射镀膜与真空蒸镀相比有哪几个特点?

答:溅射镀膜与真空蒸镀相比有以下几个特点:①溅射镀膜是依靠动量交换作用使固体材料的原子、分子进入气相,溅射出的粒子平均能量约为10eV,高于真空蒸发粒子的100倍左右。沉积在基底表面上之后,尚有足够的能量在基底表面上迁移,因而膜层质量较好,与基底结合牢固。②任何材料都能溅射镀膜,材料溅射特性差别不如其蒸发特性的差别大,高熔点材料也容易进行溅射,对于合金、化合物材料易制成与靶材组分比例相同的高κ栅介质,因而溅射镀膜应用非常广泛。③溅射镀膜中的入射离子一般利用气体放电法得到,因而其工作压力在$10^{-2}$~10Pa范围,所以溅射粒子在飞行到基底前往往已与真空室内的气体分子发生过碰撞,其运动方向随机偏离原来的方向。而且溅射一般是从较大靶表面积中射出的,因而比真空蒸镀容易得到均匀厚度的膜层,对于具有沟槽、台阶等镀件,能将阴影效应造成的膜厚差别减小到可忽略的程度。但是,较高压力下溅射会使高κ栅介质中含有较多的气体分子。④溅射镀膜除磁控溅射,一般沉积速率都较低,设备比真空蒸镀复杂,价格较高,但是操作简单,工艺重复性好,易实现工艺控制自动化。溅射镀膜比较适宜大规模集成电路、磁盘、光盘等高新技术产品的连续生产,也适宜于大面积高质量镀膜玻璃等产品连续生产。

3.2 分子束外延法与其他外延方法相比具有哪些特点?

答:分子束外延法与其他外延方法相比具有如下的特点:①源和衬底分别进行加热和控制,生长温度低,如GaAs可在500℃左右生长,可减少生长过程中产生的热缺陷及衬底与外延层中杂质的扩散,可得到杂质分布陡峭的外延层;②生长速度低,可以利用快门精密地控制掺杂、组合和厚度,是一种原子级的生长技术,有利于生长多层异质结构;③MBE生长不是在热平衡条件下进行的,是一个动力学过程,因此可以生长一般热平衡生长难以得到的晶体;④生长过程中,表面处于真空中,利用附设的设备可以进行原位(即时)观测,分析、研究生长过程、组分、表面状态等。

3.3 如何根据布拉格方程确定晶面间距?

答:布拉格父子提出晶体衍射的布拉格方程:

$$2d\sin\theta = n\lambda$$

式中，$d$ 为晶面间距；$n$ 为反射级数；$\theta$ 为掠射角；$n$ 为衍射级数；$\lambda$ 为 X 射线的波长。通过 XRD 测试结果和标准物相 PDF 卡片比较可以定性地判断物相的存在，根据布拉格方程可以确定晶面间距。

## 参考文献


[1] 杨兵. 溶液法制备氧化物高 κ 栅介质晶体管及在逻辑器件中的应用研究[D]. 合肥：安徽大学，2020.

[2] 黄根茂. 湿法制备的晶态金属氧化物高 κ 栅介质及其晶体管性质研究[D]. 北京：清华大学，2016.

[3] 李云奇. 真空镀膜[D]. 北京：化学工业出版社，2012.

[4] 郭展郡. 化学气相沉积技术与材料制备[J]. 低碳世界，2017，(27)：288-289.

[5] 罗文彬. 锌锡氧化物高 κ 栅介质晶体管的制备及其性能研究[D]. 成都：电子科技大学，2014.

[6] 朱力. 全水溶液法制备高性能 $In_2O_3$ 高 κ 栅介质晶体管及其在逻辑器件中的应用[D]. 合肥：安徽大学，2019.

[7] BAE J H. Effect of high film stress of Mo source and drain electrodes on electrical characteristics of Al doped InZnSnO TFTs[J]. IEEE Trans. Electron Devices，2019，40(11)：1760-1763.

[8] DONG C C，SANG K B，KIM T W. Flexible，transparent patterned electrodes based on graphene oxide/ silver nanowire nanocomposites fabricated utilizing an accelerated ultraviolet/ozone process to control silver nanowire degradation[J]. Sci. Rep，2019，9：5527.

[9] ZHANG J W，HE G，CHEN X S，et al. Microstructure optimization and optical and interfacial properties of sputtering-derived $HfO_2$ thin films by $TiO_2$ incorporation[J]. J. Alloys Compd.，2014，611：253.

[10] WANG L N，HE G. WANG W H，et al. High-performance thin-film transistors and inverters based on ALD-derived ultrathin $Al_2O_3$-passivated $CeO_2$ bilayer gate dielectrics[J]. IEEE Transactions on Electron Devices，2022，69(3)：1065-1068.

[11] 陈传忠，包全合，姚书山，等. 脉冲激光沉积技术及其应用[J]. 激光技术，2003(5)：443-446.

[12] LI Y Z，HE P H，CHEN S T，et al. Inkjet-printed oxide thin-film transistors based on nanopore-free aqueous-processed dielectric for active-matrix quantum-dot light-emitting diode displays[J]. ACS Appl. Mater. Interfaces，2019，11(31)：28052-28059.

[13] 张心强，屠海令，杜军，等. $Gd_2O_3$-$HfO_2$ 栅介质高 κ 栅介质的外延制备及 Ge-MOS 电学特性分析[J]. Chinese Journal of Rare Metals，2012，36(3)：406-409.

[14] SON Y B，FROST B，ZHAO Y K，et al. Monolithic integration of high-voltage thin-film electronics on low-voltage integrated circuits using a solution process[J]. Nat. Electron，2019，2(11)：540-548.

[15] Kim M G，KANATZIDIS M G，FACCHETTI A，et al. Low-temperature fabrication of high-performance metal oxide thin-film electronics via combustion processing[J]. Nat. Mater.，2011，10(5)：382-388.

[16] SINGH M，HAVERINEN H M，DHAGAT P，et al. Inkjet printing：inkjet printing-process and its applications[J]. Adv. Mater.，2010，22(6)：637-685.

[17] SYKORA B，WANG D，SEGGERN H V. Multiple ink-jet printed zinc tin oxide layers with improved TFT performance[J]. Appl. Phys. Lett. ，2016，109(3)：033501.

[18] FABER H，BUTZ B，DIEKER C，et al. Fully patterned low-voltage transparent metal oxide transistors deposited solely by chemical spray pyrolysis[J]. Adv. Funct. Mater.，2013，23(22)：2828-2834.

[19] ONG B S，LI C S，LI Y N，et al. Stable，solution-processed，high-mobility ZnO thin-film transistors[J]. J. Am. Chem. Soc.，2007，129(10)：2750-2751.

[20] LI Y Z,LAN L F,SUN S,et al. All Inkjet-printed metal-oxide thin-film transistor array with good stability and uniformity using surface-energy patterns[J]. ACS Appl. Mater. Interfaces,2017,9(9):8194-8200.

[21] 胡林彦,张庆军,沈毅. X射线衍射分析的实验方法及其应用[J]. 河北理工学院学报,2004,26(3):83-86.

[22] 郭沁林. X射线光电子能谱[J]. 物理,2007,36(5):405-410.

[23] 周玉. 材料分析方法[M]. 北京:机械工业出版社,2011:268-272.

[24] PENNUCOOK S J. Structure determination through Z-contrast microscopy[J]. Advances in Imaging and Electron Physics,2002,123:173-206.

[25] PENNUCOOK S J, BOATNER L A. Chemically sensitive structure imaging with a scanning transmission electron microscope[J]. Nature,1988,336:565-567.

[26] BROWNING N D,WALLIS D J,NELLIST P D. EELS in the STEM:determination of materials properties on the atomic scale[J]. Micron,1997,28(5):333-348.

[27] BROWNING N D,BUBAN J P,PROUTEAU C,et al. Investigating the atomic scale structure and chemistry of grain boundaries in high-Tc superconductors[J]. Micron,1999,30(3):425-436.

[28] GARFUNKELD E, GUSTAFSSON T, LYSAGHT P, et al. Structure, composition and order at interfaces of crystalline oxides and other high-κ materials on silicon[J]. Future Fab Inter. ,2006,220:349-360.

[29] CRAVEN A J,MACKENZIE M,MCCOMB D W,et al. Investigating physical and chemical changes in high-κ gate stacks using nanoanalytical electron microscopy[J]. Microelectron Eng.,2005,80:90-97.

# 第4章

# 稀土基高κ栅介质及MOS器件集成

## 4.1 稀土简介

### 4.1.1 稀土元素、分类及资源现状

稀土元素(rare earth element),简称稀土(rare earth),是指门捷列夫(Mendeleev)元素周期表中原子序数为57～71的这15种镧系元素,再加上同属ⅢB族的原子序数分别为21和39的钪(Sc)和钇(Y),共17种元素(图4.1.1)。其中15种镧系元素分别为:镧(La)、铈(Ce)、镨(Pr)、钕(Nd)、钷(Pm)、钐(Sm)、铕(Eu)、钆(Gd)、铽(Tb)、镝(Dy)、钬(Ho)、铒(Er)、铥(Tm)、镱(Yb)和镥(Lu)。国际上通常用"R"表示稀土元素,而有的国家如德国用"RE"、法国用"TR"、俄罗斯用"P3",我国多用"RE"表示,单独表示镧系元素用"Ln"。

稀土元素是典型的金属元素,由于其原子半径较大,又极易失去外层的6s电子、5d电子或4f电子,所以它们化学性质活泼,其活泼性仅次于碱金属元素和碱土金属元素。所以,在18世纪时,人们很难把稀土分离为单独的元素,只能把稀土作为混合氧化物分离出来。在那时人们把不溶于水的固体氧化物称为"土",故而镧系元素和钇的氧化物得名"稀土"。稀土元素的发现始于1794年加多林(J. Gadolin)自硅铍钇矿中发现"钇土"(Yttria),即氧化钇($Y_2O_3$),到1947年马林斯基(J. A. Marinsky)、格伦迪宁(L. E. Gelendenin)等采用人工方法从核反应堆中的铀裂变产物中提取到最后一种稀土元素钷,前后整整经历了153年,跨越了三个世纪。

根据稀土元素间物理化学性质和地球化学性质的某些差异以及分离工艺的要求,人们将稀土元素分为轻、重两组或者轻、中、重三组,但轻、中、重的分界线并不严格,常见分组方法见表4.1.1。

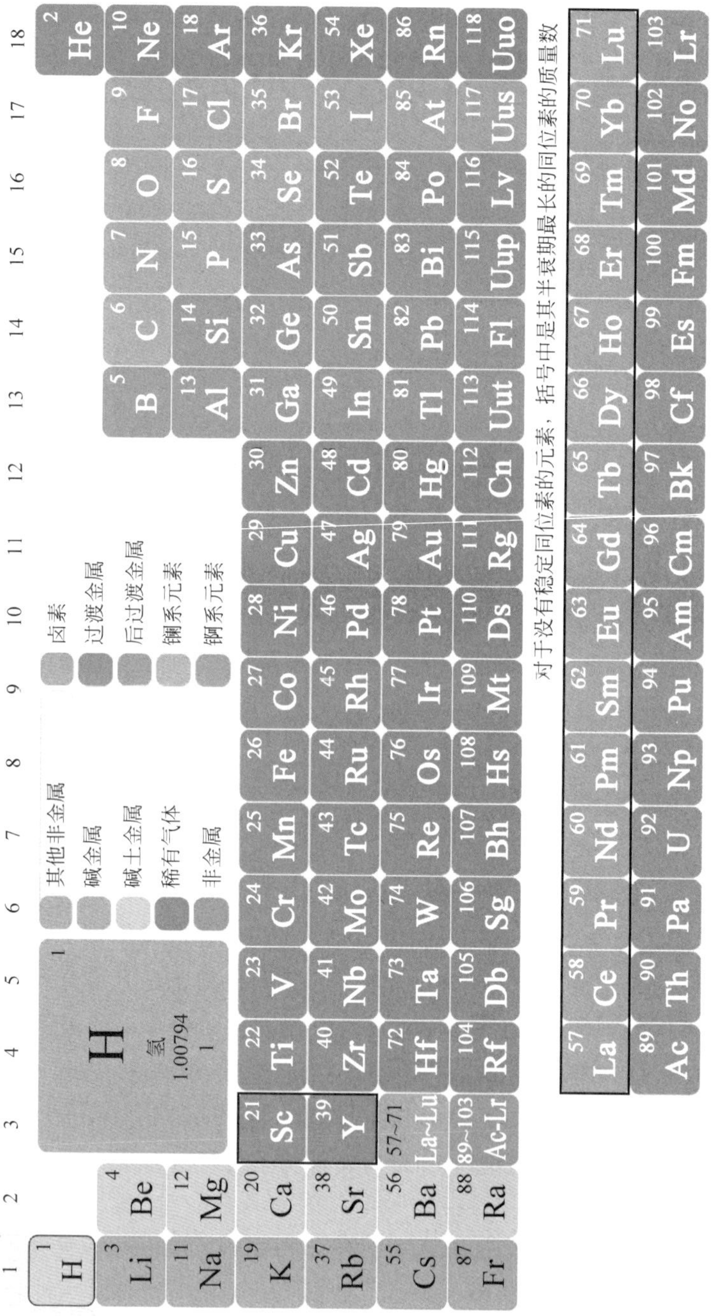

| | 1 | 2 | 3 | 4 | 5 | 6 | 7 | 8 | 9 | 10 | 11 | 12 | 13 | 14 | 15 | 16 | 17 | 18 |
|---|---|---|---|---|---|---|---|---|---|---|---|---|---|---|---|---|---|---|
| 1 | 1 H | | | | | | | | | | | | | | | | | 2 He |
| 2 | 3 Li | 4 Be | | | | | | | | | | | 5 B | 6 C | 7 N | 8 O | 9 F | 10 Ne |
| 3 | 11 Na | 12 Mg | | | | | | | | | | | 13 Al | 14 Si | 15 P | 16 S | 17 Cl | 18 Ar |
| 4 | 19 K | 20 Ca | 21 Sc | 22 Ti | 23 V | 24 Cr | 25 Mn | 26 Fe | 27 Co | 28 Ni | 29 Cu | 30 Zn | 31 Ga | 32 Ge | 33 As | 34 Se | 35 Br | 36 Kr |
| 5 | 37 Rb | 38 Sr | 39 Y | 40 Zr | 41 Nb | 42 Mo | 43 Tc | 44 Ru | 45 Rh | 46 Pd | 47 Ag | 48 Cd | 49 In | 50 Sn | 51 Sb | 52 Te | 53 I | 54 Xe |
| 6 | 55 Cs | 56 Ba | 57~71 La~Lu | 72 Hf | 73 Ta | 74 W | 75 Re | 76 Os | 77 Ir | 78 Pt | 79 Au | 80 Hg | 81 Tl | 82 Pb | 83 Bi | 84 Po | 85 At | 86 Rn |
| 7 | 87 Fr | 88 Ra | 89~103 Ac-Lr | 104 Rf | 105 Db | 106 Sg | 107 Bh | 108 Hs | 109 Mt | 110 Ds | 111 Rg | 112 Cn | 113 Uut | 114 Fl | 115 Uup | 116 Lv | 117 Uus | 118 Uuo |

| 57 La | 58 Ce | 59 Pr | 60 Nd | 61 Pm | 62 Sm | 63 Eu | 64 Gd | 65 Tb | 66 Dy | 67 Ho | 68 Er | 69 Tm | 70 Yb | 71 Lu |
|---|---|---|---|---|---|---|---|---|---|---|---|---|---|---|
| 89 Ac | 90 Th | 91 Pa | 92 U | 93 Np | 94 Pu | 95 Am | 96 Cm | 97 Bk | 98 Cf | 99 Es | 100 Fm | 101 Md | 102 No | 103 Lr |

H 氢 1.00794 1

其他非金属 碱金属 碱土金属 稀有气体 非金属 卤素 过渡金属 后过渡金属 镧系元素 锕系元素

对于没有稳定同位素的元素，括号中是其半衰期最长的同位素的质量数

图 4.1.1 稀土元素在元素周期表中的位置

表 4.1.1　稀土元素的分组

| 轻稀土(铈组) | | | | | | | | 重稀土(钇组) | | | | | | | |
|---|---|---|---|---|---|---|---|---|---|---|---|---|---|---|---|
| 轻稀土 ($P_{204}$ 弱酸萃取) | | | | | 中稀土 ($P_{204}$ 低酸度萃取) | | | 重稀土 ($P_{204}$ 中酸度萃取) | | | | | | | |
| 57 | 58 | 59 | 60 | 61 | 62 | 63 | 64 | 65 | 66 | 39 | 67 | 68 | 69 | 70 | 71 |
| 镧 | 铈 | 镨 | 钕 | 钷 | 钐 | 铕 | 钆 | 铽 | 镝 | 钇 | 钬 | 铒 | 铥 | 镱 | 镥 |
| La | Ce | Pr | Nd | Pm | Sm | Eu | Gd | Tb | Dy | Y | Ho | Er | Tm | Yb | Lu |

稀土元素在地壳中的分布十分广泛，并不稀少，17 种稀土元素的总量在地壳中占 0.0153%(质量分数)，其丰度比一些常见元素(如金、铅、锌等)还要多。目前，世界上已发现的稀土矿物和含稀土元素矿物约有 250 余种，重要的稀土矿物主要有磷酸盐与氟碳酸盐两类，其中有工业价值的矿物仅 10 余种。

稀土资源全球集中度较高，根据美国地质调查局(USGS)公布数据显示，从全球储量来看，2021 年全球稀土资源总储量约为 1.2 亿吨，中国储量为 4400 万吨，越南为 2200 万吨，巴西为 2100 万吨，俄罗斯为 2100 万吨，四国总计占全球储量的 86%(图 4.1.2)；从全球产量来看，2021 年全球稀土产量为 28 万吨，其中，中国产量为 16.8 万吨，占全球总产量的 60%。其余国家中，美国 2021 年稀土产量为 4.3 万吨，缅甸产量为 2.6 万吨，澳大利亚产量为 2.2 万吨，上述四国占 2021 年全球稀土产量的 92.50%。综上可见，中国已探明的稀土储量占全球第一，稀土的品种、质量、产量和出口量均居世界首位，对于全球稀土供应，发挥了至关重要的作用。“中东有石油、中国有稀土”高度概括了中国稀土在世界的重要地位。

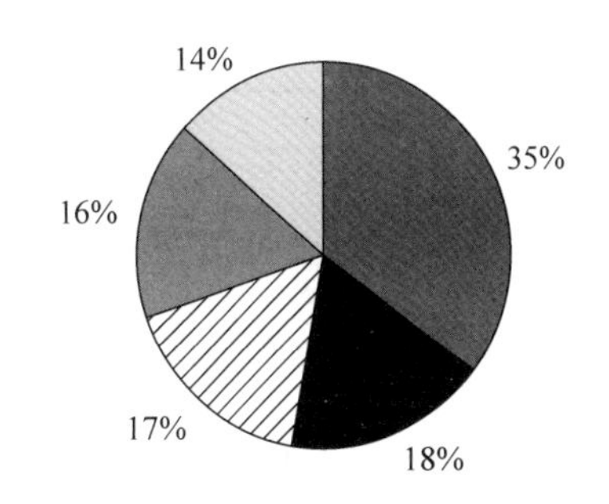


图 4.1.2　2021 年世界主要国家稀土矿储量分布

我国稀土资源除了储量丰富，分布位置也很合理。我国稀土储量分布呈现“北轻(La、Ce、Pr、Nd 为主)南重(Tb、Dy、Ho、Er、Y 为主)”的地域特征，轻稀土矿以包头白云鄂博矿、山东微山矿和四川牦牛坪矿为代表，这 3 个矿的轻稀土储量占全国轻稀土总储量的 94%以上；中重稀土矿分布在江西、广东、福建、广西、湖南、云南、浙江等南方省区，其中以江西赣州的离子型稀土矿储量最多，占该类矿床总储量的 1/3 以上。我国稀土资源储量大、分布广、类型多、综合利用价值高，为稀土工业的发展提供了坚实的基础。我国政府非常重视稀土资源的开发和利用，早在新中国成立初期就开始了稀土的采选、冶炼、分离提取技术，并迅速使之工业化，做出突出贡献的单位有北京大学、中国有研科技集团(原北京有色金属研究总院)、上海跃龙有色金属有限公司、包头钢铁稀土公司等。

### 4.1.2　稀土特性

稀土元素位于元素周期表中ⅢB 族，而且镧及其后的 14 种元素位于元素周期表中的同一格内，所以这些元素形制酷似，很多性质只呈现微小而近乎连续的变化。稀土元素具有典型的金属性质，除了镨、钕呈淡黄色，其余均为银灰色的有光泽的金属。稀土金属的常见物理性质见表 4.1.2。

表 4.1.2 稀土金属的常见物理性质

| 稀土元素 | 相对原子质量 | 密度/($g/cm^3$) | 熔点/℃ | 沸点/℃ | 蒸发热/(kJ/mol) | 电阻率/($10^{-4}\Omega\cdot cm$) | 晶体结构 |
|---|---|---|---|---|---|---|---|
| Sc | 44.96 | 2.992 | 1539 | 2730 | 338 | 66 | 密排六方 |
| Y | 88.91 | 4.472 | 1510 | 2930 | 424 | 53 | 密排六方 |
| La | 138.91 | 6.174 | 920 | 3470 | 431.2 | 57 | 双密排六方 |
| Ce | 140.12 | 6.771 | 795 | 3470 | 467.8 | 75 | 面心立方 |
| Pr | 140.91 | 6.782 | 935 | 3130 | 374.1 | 68 | 双密排六方 |
| Nd | 144.24 | 7.004 | 1024 | 3030 | 328.8 | 64 | 双密排六方 |
| Pm | (147) | 7.264 | 1042 | (3000) | — | — | 双密排六方 |
| Sm | 150.35 | 7.537 | 1072 | 1900 | 220.8 | 92 | 菱形 |
| Eu | 151.96 | 5.253 | 826 | 1440 | 175.8 | 81 | 体心立方 |
| Gd | 157.25 | 7.895 | 1312 | 3000 | 402.8 | 134 | 密排六方 |
| Tb | 158.93 | 8.234 | 1356 | 2800 | 395 | 116 | 密排六方 |
| Dy | 162.50 | 8.536 | 1407 | 2600 | 298.2 | 91 | 密排六方 |
| Ho | 164.93 | 8.803 | 1461 | 2600 | 296.4 | 94 | 密排六方 |
| Er | 167.26 | 9.051 | 1497 | 2900 | 343.2 | 86 | 密排六方 |
| Tm | 168.93 | 9.332 | 1545 | 1730 | 248.7 | 90 | 密排六方 |
| Yb | 173.04 | 6.977 | 824 | 1430 | 152.6 | 28 | 面心立方 |
| Lu | 174.97 | 9.842 | 1652 | 3330 | 427.8 | 68 | 密排六方 |

### 4.1.3 稀土与微纳电子制造

近年来,伴随着节能环保、新一代信息技术、生物、高端装备制造、新能源、新材料和新能源汽车等7大新兴行业的发展,被誉为“现代工业维生素”“万能之土”和“21世纪新材料宝库”的稀土,其应用领域越来越广泛,在国家安全和经济可持续发展中的地位越来越重要,稀土已成为当下世界各国发展高精尖产业必不可少的原材料,以及重要的新兴战略性矿产资源。

稀土凭借独特的4f电子结构,大的原子磁矩、很强的自旋耦合、高极化率等特性,在微纳电子领域也发挥着越来越重要的作用。其中,稀土磁性材料是稀土应用的重头戏,包括稀土永磁材料、磁致伸缩材料、巨磁阻材料、稀土磁光材料和磁致冷材料等。迄今为止,人们已经发展了三代稀土永磁材料,即第一代 $SmCo_5$、第二代 $Sm_2Co_{17}$、第三代钕铁硼(NdFeB)。目前磁性能最好稀土永磁材料是钕铁硼,被誉为“永磁之王”。稀土磁性材料已经遍布电子制造业的方方面面。此外,稀土是发光宝库,稀土发光材料的优点是吸收能力强,转换率高,可发射从紫外到红外的光谱,在可见光区有很强的发射能力,且物理性能稳定。稀土发光材料广泛应用于计算机显示器、彩色电视显像管、三基色节能灯以及医疗设备等方面。并且,近年来,在微纳电子器件中也可以看到稀土的身影,铝钕代替铝作为平面显示领域薄膜晶体管(TFT)的栅电极和导线,能有效降低“小丘”现象的发生,提高器件良率;稀土氧化物薄膜作为CMOS器件的高 $\kappa$ 栅介质层,能够有效降低器件的漏电流和热损耗,有望使器件尺寸继续缩小,成为取代 $HfO_2$ 的新一代高 $\kappa$ 栅介质层候选材料之一,近年来成为研究的热点和重点。

## 4.2　稀土基高 κ 栅介质

### 4.2.1　稀土基高 κ 栅介质优势

(1) 稀土基高 $\kappa$ 薄膜具备较大的介电常数。稀土氧化物的介电常数显著高于 $SiO_2$ 的，大多数稀土氧化物的介电常数与 $HfO_2$ 的介电常数相当。

根据克劳修斯-莫索提(Clausius-Mossotti)方程，晶体材料线性介电常数与极化率之间满足以下关系：

$$\varepsilon=\left(V_{\mathrm{m}}+2\alpha_{\mathrm{D}}\frac{4\pi}{3}\right)\bigg/\left(V_{\mathrm{m}}-\alpha_{\mathrm{D}}\frac{4\pi}{3}\right) \tag{4.2.1}$$

该公式提供了一种材料的介电常数 $\varepsilon$、分子介电极化率 $\alpha_{\mathrm{D}}$ 和摩尔体积 $V_{\mathrm{m}}$ 之间的直接关系。

固态化合物的介电常数与平均原子序数 $Z_{\mathrm{av}}$ 有关，这时基于固体的介电常数 $\varepsilon$ 可以用组成原子的极化率 $\alpha_i$ 来表示：

$$\varepsilon=1+\left(\sum N_i\alpha_i/\varepsilon_0\right)/\left(1-\sum\gamma N_i\alpha_i/\varepsilon_0\right) \tag{4.2.2}$$

式中，$N_i$ 是单位体积中物种 $i$ 的原子数；$\varepsilon_0$ 是真空介电常数；$\gamma$ 是洛伦兹因子。由于认为 $\alpha_i$ 与原子序数 $Z$ 呈线性相关，所以介电常数 $\varepsilon$ 可以表示为

$$\varepsilon=(a-bZ_{\mathrm{av}})^{-1}\quad 或者\quad \varepsilon=a'-b'Z_{\mathrm{av}} \tag{4.2.3}$$

式中，$a$、$b$、$a'$、$b'$是指固体的常数；$Z_{\mathrm{av}}$ 为原子序数的平均值，例如，$A_xB_y$ 型复合物的 $Z_{\mathrm{av}}=(xZ_{\mathrm{A}}+yZ_{\mathrm{B}})/(x+y)$。

稀土离子的极化率 $\alpha_{\mathrm{D}}$ 和修正晶体的离子半径 $r$ 已经被 Shannon 和 Grimes 等计算，如图 4.2.1(a)所示，修正后的晶体离子半径和极化率都与各自原子序数呈线性关系。这验证了二元稀土化合物的介电常数有一个简化的线性依赖关系。

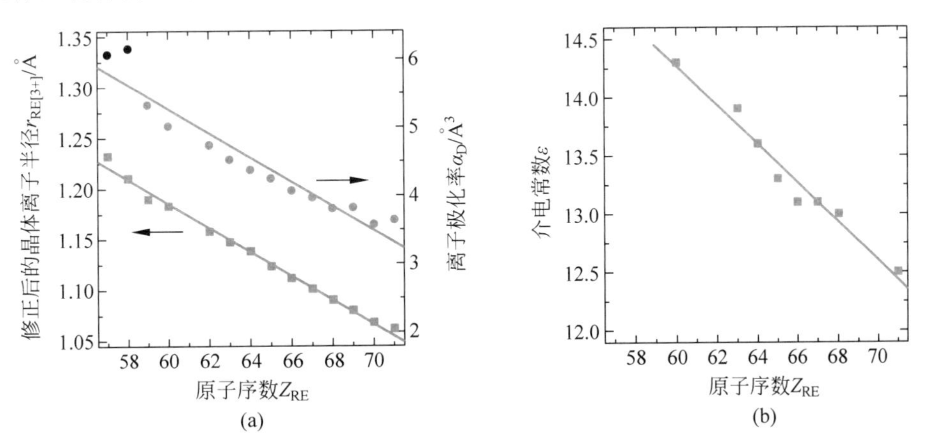


图 4.2.1　稀土离子的修正离子半径和计算极化率(a)，及稀土氧化物 $RE_2O_3$ 的介电常数与原子序数的关系图(b)

对于稀土氧化物 $RE_2O_3$，其介电常数与原子序数的关系可以绘成图 4.2.1(b)，根据此线性关系，其他稀土氧化物的介电常数可以推导出，并列于表 4.2.1。注意，这里描述的方

法只适用于表现出均匀晶体对称性的晶体系列。

表 4.2.1 稀土氧化物的介电常数 ε 实验值与基于线性模型计算的数据之间的比较

| 稀土氧化物 | $Z_{RE}$ | $\varepsilon_{exp}$ | $\varepsilon_{calc}$ |
|---|---|---|---|
| $La_2O_3$ | 57 | — | 14.77 |
| $Ce_2O_3$ | 58 | — | 14.60 |
| $Pr_2O_3$ | 59 | — | 14.43 |
| $Nd_2O_3$ | 60 | 14.3 | 14.27 |
| $Pm_2O_3$ | 61 | — | 14.10 |
| $Sm_2O_3$ | 62 | — | 13.93 |
| $Eu_2O_3$ | 63 | 13.9 | 13.77 |
| $Gd_2O_3$ | 64 | 13.6 | 13.60 |
| $Tb_2O_3$ | 65 | 13.3 | 13.43 |
| $Dy_2O_3$ | 66 | 13.1 | 13.27 |
| $Ho_2O_3$ | 67 | 13.1 | 13.10 |
| $Er_2O_3$ | 68 | 13.0 | 12.93 |
| $Tm_2O_3$ | 69 | — | 12.77 |
| $Yb_2O_3$ | 70 | — | 12.60 |
| $Lu_2O_3$ | 71 | 12.5 | 12.43 |

(2) 稀土基高 κ 薄膜具备较大的禁带宽度和较大的相对于衬底的导带偏移。理想高 κ 材料的禁带宽度要求大于 5eV,且相对于衬底的导带偏移量大于 1eV。见表 4.2.2,绝大部分的稀土氧化物的禁带宽度均满足要求,且绝大部分的稀土氧化物相对于硅衬底的导带偏移大于 1eV。

表 4.2.2 已报道的不同高 κ 氧化物/Si 异质结的禁带宽度、导带偏移和价带偏移

| 氧化物 | 禁带宽度/eV | | 导带偏移/eV | | 价带偏移/eV | |
|---|---|---|---|---|---|---|
| | PC | XPS | IPE | XPS | IPE | XPS |
| $HfO_2$ | 5.6 | | 2.0 | | 2.5 | |
| | | 5.7 | | 1.5 | | 3.1 |
| $La_2O_3$ | | 6.4 | | 2.3 | | 3.0 |
| $Y_2O_3$ | | 6.0 | | 3.3 | | 1.6 |
| $Pr_2O_3$ | | | | | | 1.1 |
| $Sm_2O_3$ | | | 1.6 | | | |
| $Gd_2O_3$ | 5.8 | | | | | |
| | | 6.4 | | 3.1 | | 2.2 |
| $Yb_2O_3$ | | | 2.1 | | | |
| $Lu_2O_3$ | 5.8 | | 2.1 | | 2.6 | |
| | | 6.0 | | 1.9 | | 3.0 |
| $LaAlO_3$ | 5.7 | | 2.0 | | 2.6 | |
| | | 6.2 | | 1.8 | | 3.2 |
| $LaScO_3$ | 5.7 | | 2.0 | | 2.5 | |

续表

| 氧化物 | 禁带宽度/eV | | 导带偏移/eV | | 价带偏移/eV | |
|---|---|---|---|---|---|---|
| | PC | XPS | IPE | XPS | IPE | XPS |
| $GdScO_3$ | 5.6 | | 2.0 | | 2.5 | |
| $La_2Hf_2O_7$ | 5.6 | | 2.1 | | 2.4 | |

注：数据由内部光致发射(IPE)、光导率(PC)和X射线光电子光谱学(XPS)采集。

(3) 稀土氧化物与硅的晶格匹配度较高。如图4.2.2所示，稀土氧化物与硅和锗的错配度较低，容易形成高度择优取向的薄膜甚至单晶薄膜，反观 $HfO_2$ 与Si衬底的键合缺陷较多，薄膜的生长状态较差。

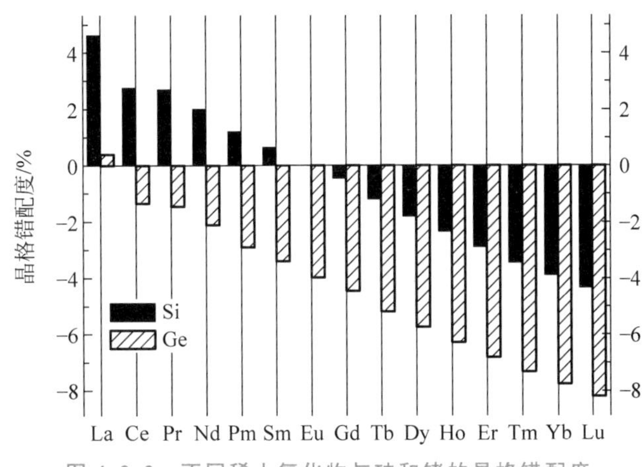


图4.2.2 不同稀土氧化物与硅和锗的晶格错配度

(4) 稀土氧化物结晶温度较高。半导体工艺要求MOS器件应经受住1000℃、5s的源、漏极掺入离子的激活退火处理，氧化物仍保持非晶态。$HfO_2$ 较低的结晶温度(400～500℃)意味着材料经过MOS工艺高温退火后会呈现多晶结构，其晶粒间隙不仅为漏电流提供路径，还导致介质层与硅衬底之间形成 $\kappa$ 值较低的中间层，从而增加EOT。此外，多晶结构由于其界面处键结构的不完整，容易形成界面缺陷，产生沟道载流子散射，导致载流子迁移率降低。而稀土基高 $\kappa$ 薄膜的结晶温度则普遍高于目前商用高 $\kappa$ 材料 $HfO_2$。如图4.2.3(a)所示，$GdScO_3$ 的结晶温度为800℃，图4.2.3(b)展示了其他 $REScO_3$ 薄膜的结晶温度，可见结晶温度均高于650℃，$LuScO_3$、$YbScO_3$ 以及 $TmScO_3$ 结晶温度甚至高于850℃。

(5) 稀土高 $\kappa$ 薄膜与硅衬底之间优异的热力学稳定性。由图4.2.4可以看出，如果高 $\kappa$ 材料与Si衬底间不是热力学稳定的，那么在高温下金属氧化物Si衬底与高 $\kappa$ 材料之间容易发生以下三个反应：

$$Si + MO_x \longrightarrow M + SiO_2 \tag{4.2.4}$$

$$Si + MO_x \longrightarrow MSi_y + SiO_2 \tag{4.2.5}$$

$$Si + MO_x \longrightarrow M + MSi_xO_y \tag{4.2.6}$$

生成的二氧化硅、金属硅化物或者硅酸盐等界面层会降低高 $\kappa$ 栅与Si衬底的界面质量，增加界面密度并且导致栅电流的增加，同时影响栅介质层的等效厚度，给器件的电学性能以及可靠性带来不良影响。通过对照图4.2.4，可知大部分稀土金属氧化物与硅衬底之间具有优异的热力学稳定性。

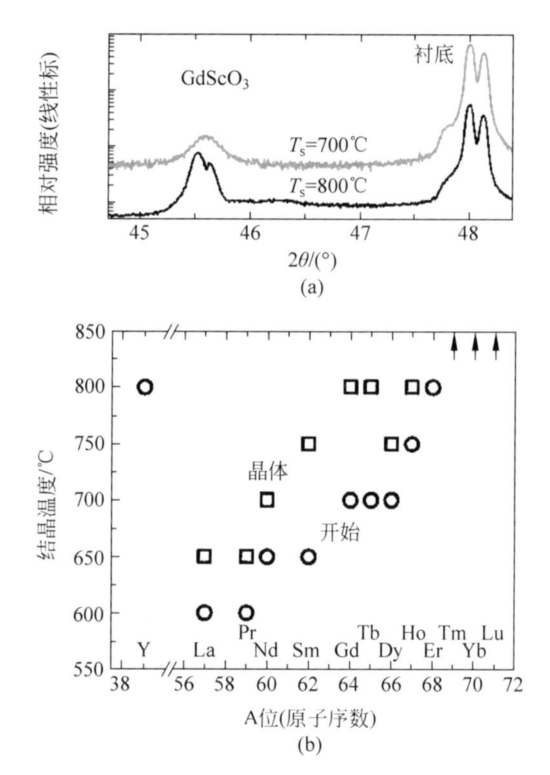


图 4.2.3 $LaAlO_3$ 衬底上 $GdScO_3$ 薄膜的两个温度下的 XRD 衍射峰(a),及 $REScO_3$ 中 A 位原子序数与结晶温度之间的关系图(b)

|  |  |
|---|---|
| * | =1000K时非固体 |
| ☼ | =放射性 |
| ① | =Si+$MO_x$ → M+$SiO_2$ |
| ② | =Si+$MO_x$ → $MSi_y$+$SiO_2$ |
| ③ | =Si+$MO_x$ → M+$MSi_xO_y$ |

| ⅠA | ⅡA | ⅢB | ⅣB | ⅤB | ⅥB | ⅦB | Ⅷ | | | ⅠB | ⅡB | ⅢA | ⅣA | ⅤA | ⅥA | ⅦA | O |
|---|---|---|---|---|---|---|---|---|---|---|---|---|---|---|---|---|---|
| * H | | | | | | | | | | | | | | | | | * He |
| ① Li | ① Be | | | | | | | | | | | * B | * C | * N | * O | * F | * Ne |
| ① Na | ① Mg | | | | | | | | | | | Al | Si | * P | * S | * Cl | * Ar |
| ① K | Ca | ① Sc | ② Ti | ① V | ① Cr | ① Mn | ① Fe | ① Co | ① Ni | ① Cu | ① Zn | ① Ga | ① Ge | * As | * Se | * Br | * Kr |
| * Rb | Sr | Y | Zr | ① Nb | ① Mo | ☼ Tc | ① Ru | ① Rh | ① Pd | * Ag | ① Cd | ① In | ① Sn | ① Sb | ① Te | * I | * Xe |
| * Cs | ③ Ba | † | Hf | ① Ta | ① W | ① Re | ① Os | ① Ir | * Pt | * Au | * Hg | * Ti | ① Pb | ① Bi | ☼ Po | ☼ At | ☼ Rn |
| ☼ Fr | ☼ Ra | ‡ | ☼ Rf | ☼ Db | ☼ Sg | ☼ Bh | ☼ Hs | ☼ Mt | | | | | | | | | |

| | | | | | | | | | | | | | | | |
|---|---|---|---|---|---|---|---|---|---|---|---|---|---|---|---|
| † | La | Ce | Pr | Nd | ☼ Pm | Sm | Eu | Gd | Tb | Dy | Ho | Er | Tm | Yb | Lu |
| ‡ | ☼ Ac | ☼ Th | ☼ Pa | ☼ U | ☼ Np | ☼ Pu | ☼ Am | ☼ Cm | ☼ Bk | ☼ Cf | ☼ Es | ☼ Fm | ☼ Md | ☼ No | ☼ Lr |

图 4.2.4 金属氧化物与 Si 衬底之间的热力学稳定性

### 4.2.2　稀土基高 $\kappa$ 栅介质存在的问题

（1）稀土氧化物普遍具有吸湿性，对有机气体吸附。以 $La_2O_3$ 为例，稀土氧化物在吸附了水汽之后，通常发生如下反应：

$$La_2O_3 \longrightarrow 2La^{3+} + 3O^{2-} \tag{4.2.7}$$

$$H_2O + O^{2-} \longrightarrow 2OH^- \tag{4.2.8}$$

研究表明，当稀土氧化物发生以上反应后，带来的变化有：①增加薄膜表面粗糙度，$La_2O_3$ 暴露在空气中 12h 后，薄膜的均方根粗糙度（RMS）由 0.5nm 增加到 2.4nm；②增加薄膜的等效氧化层厚度（EOT）和物理厚度，这是由于六方体 $La(OH)_3$ 的密度（4.445g/cm$^3$）低于六方体 $La_2O_3$ 的密度（6.565g/cm$^3$）；③恶化电学性能，如图 4.2.5 所示，MOS 器件的平带电压（$V_{fb}$）位移和滞后随着暴露空气中时间的增加而增加，这意味着 $La_2O_3$/Si 界面处产生了负电荷和陷阱。

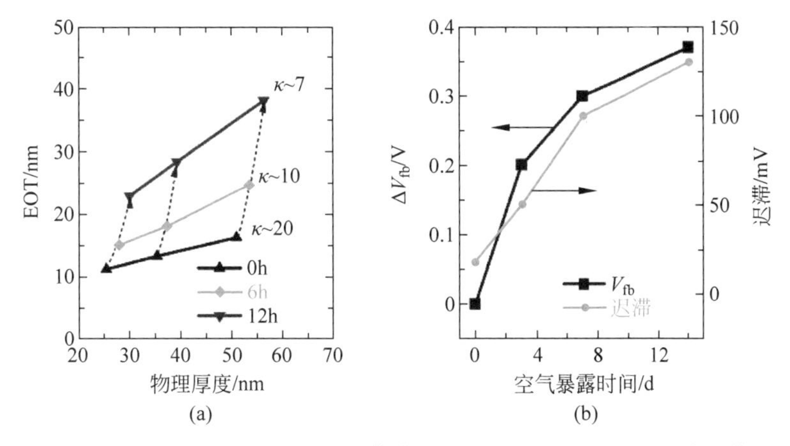


图 4.2.5　$La_2O_3$ 的吸湿性对 MOS 器件的薄膜厚度（a）和 $\kappa$ 值以及 $V_{fb}$ 和滞后性（b）的影响

金属氧化物（$M_xO_y$）和水之间的反应速率可以通过吉布斯自由能变化（$\Delta G$）来评估（图 4.2.6），$\Delta G$ 为负，表示反应后体系能量下降，说明反应发生的可能性较高；$\Delta G$ 为正，相应的高 $\kappa$ 材料抑制吸湿性更强。由图可知，$Pr_2O_3$ 和 $La_2O_3$ 最易吸湿，这与稀土氧化物的电负性及晶格能有关。为了抑制稀土氧化物的吸湿性，目前最常用的方法是引入第二种金属元素形成三元氧化物。如图 4.2.6 所示，Y 掺入对 $La_2O_3$ 的吸湿性有明显改善，其中 Y 浓度高于 40％时，暴露于空气后 $\kappa$ 值的下降可以忽略不计。

（2）稀土氧化物中的缺陷更为复杂。稀土氧化物作为高 $\kappa$ 层所涉及的缺陷主要是氧缺陷，包括氧空位 $V_O$ 和氧空隙 $O_i$。与只有四重配位氧空位的 $HfO_2$ 不同，六方体 $La_2O_3$ 有两种不同类型的氧空位，分别是四重配位和六重配位。四重配位的 $V_O$ 具有五种带电态，包括 2－、1－、0、1＋和 2＋，六重配位的 $V_O$ 只包含 0、1＋和 2＋状态。如图 4.2.7 所示，$La_2O_3$ 中所有 $V_O$ 态都位于 Si 的带隙上方，而 $HfO_2$ 中性 $V_O$ 态低于 Si 的导带，因此可以被从硅衬底注入的电子填充，导致 $C$-$V$ 曲线发生正偏移。研究表明，对于 $HfO_2$ 来说，带正电荷的氧空位和带负电荷的氧间隙的浓度过低（小于 $10^{12}cm^{-3}$），不会显著影响器件的性能。而对于 $La_2O_3$ 而言，$V_O^{2+}$ 和 $O_i^{2-}$ 的浓度都高于 $10^{16}cm^{-3}$，因此除了中性的 $V_O$，带电的 $V_O$ 和 $O_i$ 也是电荷捕获的来源。

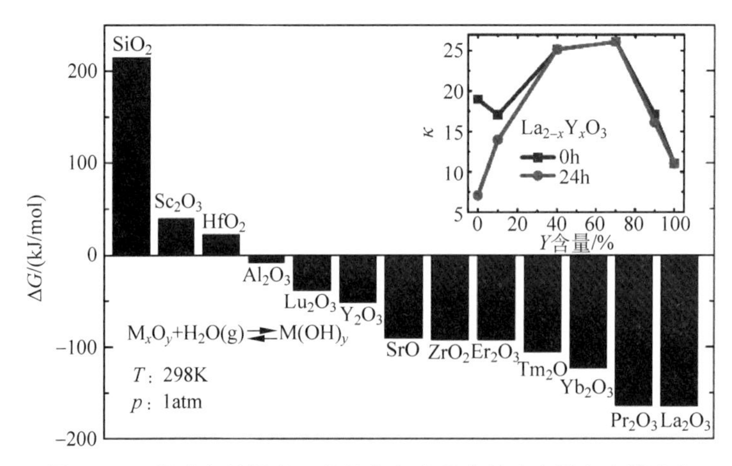


图 4.2.6 标准条件下高 κ 氧化物与水反应的吉布斯自由能变化

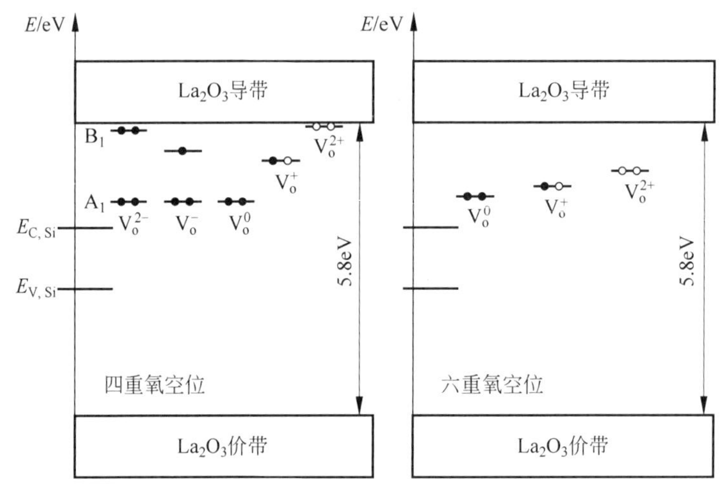


图 4.2.7 $La_2O_3$ 中四重配位和六重配位氧空位的能级

## 4.3 稀土基高 κ 栅介质研究现状

近年来，由于相对较高的 κ 值和较大的禁带宽度，以及与硅的良好的接触稳定性，稀土氧化物作为新型高 κ 栅极介电层受到越来越多的关注。按栅介质层的元素种类和结构，可以将稀土基高 κ 栅分为以下四种：单一稀土氧化物高 κ 栅介质、掺杂改性稀土基高 κ 栅介质、稀土氮氧化物高 κ 栅介质和叠层复合稀土基高 κ 栅介质。

### 4.3.1 单一稀土氧化物高 κ 栅介质

顾名思义，单一稀土氧化物高 κ 栅介质指单一的稀土氧化物作为栅介质层，不掺杂任何其他元素和堆叠其他结构。十七种稀土元素中除具有放射性的钷(Pm)，其他稀土元素的氧化物作为栅介质材料都有被研究。本节着重介绍几种 κ 大于 12，且禁带宽度大于 5eV 的稀土氧化物。

（1）氧化镧

在稀土氧化物中，氧化镧（$La_2O_3$）具有最高的理论 κ 值（24～27），且与 Si 衬底具有较大的界面壁垒，备受关注。

日本工业大学 Ng 等采用电子束蒸发法，在硅衬底上沉积了 $La_2O_3$ 薄膜，研究了低温沉积后退火（PDA）和后退火（PMA）对 $La_2O_3$ 薄膜电学性能的影响。研究发现，PDA 处理过的样品，由于薄膜的厚度收缩以及氧空位或羟基（$OH^-$）的存在，电容增加，平带电压负偏移；PMA 处理过的样品，随着固定电荷的去除，等效氧化层厚度有所上升，平带电压正偏移，样品表现出更优异的电学特性。

南京大学 Cheng 等采用低压金属有机化学气相沉积（MOCVD）技术，在 Si 衬底上制备了超薄的 $La_2O_3$ 栅介质薄膜，在 600℃下沉积的薄膜为非晶结构，RMS 为 0.2nm，$E_g$ 为 6.18eV。Yang 等采用离子束辅助电子束蒸发法，在 Si 衬底上制备了 $La_2O_3$ 栅极介电薄膜，研究发现，$La_2O_3$ 薄膜在 900℃退火 5min 后仍保持非晶态，对于等效氧化层厚度为 3.1nm 的 $La_2O_3$ 薄膜，在 1MHz 时的介电常数为 15.5，在栅偏压为 1V 时的漏电流密度为 $7.56\times10^{-6}A/cm^2$。Guha 等通过超高真空（UHV）原子束沉积法，在 Si 衬底上生长了 $La_2O_3$ 薄膜。$La_2O_3$ 的介电层厚度为 1nm，介电常数为 20，界面 Si 氧化层厚度小于 0.5nm。Kim 等采用热增强和等离子增强的原子层沉积（T-ALD 和 PE-ALD）制备了 $La_2O_3$ 薄膜。PE-ALD $La_2O_3$（1.32nm）的 CET 比 T-ALD $La_2O_3$（1.40nm）的低。另外，PE-ALD（$8\times10^{-7}A/cm^2$）在$-1MV/cm$时的漏电流密度比 T-ALD（$6\times10^{-6}A/cm^2$）低一个数量级。此外，一些前驱体，如 $La[N(SiMe_3)_2]_3$、$La(^iPrAMD)_3$ 和$[La(TMHD)_3]$也可用于 $La_2O_3$ 薄膜的制备。

北京大学 Li 等采用反应溅射的方法，对商用镧靶和高纯镧靶制备的氧化镧薄膜的介电性能进行了研究。研究发现，靶材纯度越高，漏电流越小。他们推测产生这种现象的原因可能是杂质的存在，在能隙中形成新的能态，增加了隧穿概率，进而引发了大的漏电流。

（2）氧化钆

氧化钆（$Gd_2O_3$）在常压下以立方、单斜和六方三种不同的相存在，在 1473K 和 2443K 时分别发生立方到单斜相和单斜到六方相的相变，具有较高的热稳定性和化学稳定性、宽带隙（5.2eV）和高理论介电常数（16）等性能，成为 $SiO_2$ 替代品的潜在候选栅介质材料。斯洛伐克的 Lupták 等通过 MOCVD 制备了多晶相的 $Gd_2O_3$ 薄膜。发现在 Si 衬底和 $Gd_2O_3$ 薄膜之间形成了钆硅酸盐层，界面层厚度为 1.7nm。Mishra 等通过脉冲激光沉积技术，在 Si（100）和石英衬底上沉积了 $Gd_2O_3$ 薄膜，在较低的衬底温度下，以 $Gd_2O_3$ 单斜相为主，立方相体积分数较小。表面粗糙度主要受衬底温度的影响，受氧分压的影响不明显。在 873K 的沉积条件下，$Gd_2O_3$ 薄膜的带隙达到 5.80eV。

多晶 $Gd_2O_3$ 的生长过程可以制成立方、单斜和混合相薄膜。Li 等在 650℃的沉积温度下，研究了氧浓度对磁控溅射沉积在 Si（100）上的多晶 $Gd_2O_3$ 薄膜性能的影响。随着氧分压的增加，立方相的数量增加。分子束外延法（MBE）在硅表面外延生长 $Gd_2O_3$ 薄膜时，由于晶格失配小，通常会出现立方相。在 GaN 衬底上还沉积了单斜和六方 $Gd_2O_3$ 薄膜，与立方相（$k=14$）相比，它们的介电常数更高（$k=17.24$）。

（3）氧化铒

据报道，氧化铒（$Er_2O_3$）经 900℃ $N_2$ 退火后，相对于其他稀土氧化物来说要稳定。氧化铒是方铁矿立方结构，晶格常数是10.54Å，这非常接近于硅的晶格常数的2倍，相对于Si具有较低的适配度。Xu等通过原子层沉积法，使用$(CpMe)_3Er$和臭氧在p型Si(100)衬底上沉积了氧化铒薄膜。硅酸铒在800℃或更高的退火温度下形成，并且随着退火温度的升高而增加。此外，对$Er_2O_3$薄膜的电学表征表明，在600℃沉积后退火有效地改善了$Er_2O_3$ MOS器件的介电性能，该器件具有小于50mV的迟滞，较高的介电常数(11.8)，在3V(1MV/cm)时的漏电流密度为$10^{-7}A/cm^2$。

Päiväsaari等通过原子层沉积方法，在相对低温(200～450℃)下沉积$Er_2O_3$薄膜。在350℃以下沉积时，薄膜RMS仅为0.3～1.4nm。Kao等在多晶硅薄膜上溅射一层厚度为35nm的$Er_2O_3$薄膜，后在$N_2$环境中不同温度下进行快速热退火30s。结果显示，最优退火温度为800℃，$Er_2O_3$薄膜的EOT为153Å，介电常数为10.19。漏电流密度和击穿电场分别为$10^{-7}A/cm^2$和7MV/cm。Sánchez等在超高真空系统中利用激光烧蚀法在Si(100)衬底上制备了$Er_2O_3$薄膜。在氧气压为$10^{-4}$mbar(1mbar=100Pa)，衬底温度为650℃的条件下，沉积的薄膜为$Er_2O_3$的简单立方相($a$=10.548Å)。

(4) 氧化钐

在稀土氧化物中，氧化钐($Sm_2O_3$)的平带电压和漏电流相对较低，离子半径小，正电性低，羟基化较其他稀土氧化物难。此外，一些研究表明，$Sm_2O_3$薄膜的漏电流密度($2.5\times10^{-6}A/cm^2$)比$La_2O_3$($0.9\times10^{-4}A/cm^2$)更低。

Shalini和ShivaShankar利用自制的加合的β-二酮酸盐前驱体，通过低压MOCVD在Si(100)和熔融石英上生长了$Sm_2O_3$薄膜。在540℃温度下生长的薄膜为无定形，在此温度以上，薄膜为多晶，由立方$Sm_2O_3$组成。

Pan和Huang通过射频反应溅射法在Si(100)上沉积$Sm_2O_3$薄膜，发现在氩氧流量比为15∶10，退火温度为700℃时，$Sm_2O_3$薄膜具有优良的电学性能，κ为14.3。此外，Kaya等也采用反应射频溅射法沉积了$Sm_2O_3$薄膜，随着溅射功率增加，$Sm_2O_3$薄膜的结晶率逐渐提高。当溅射功率超过200W时，由于薄膜的应力和应变较大，薄膜的结晶度开始下降。

Constantinescu等通过脉冲激光沉积法和射频辅助脉冲激光沉积法(RF-PLD)沉积了$Sm_2O_3$薄膜，薄膜的均方根粗糙度为5～10nm。

(5) 氧化铥

氧化铥($Tm_2O_3$)为方铁锰矿结构，晶格常数为1.049nm，约为硅晶格常数的2倍。Wang等使用分子束外延技术在生长温度为600℃，氧分压为$2.67\times10^{-5}$Pa的条件下，实现单晶$Tm_2O_3$薄膜在Si(001)衬底上的外延生长，得到$Tm_2O_3$薄膜带隙为5.76eV。导带偏置(CBO)值为(2.3±0.3)eV，价带偏置(VBO)值为(3.1±0.1)eV。Ji等也采用分子束外延法在Si衬底上制备出单晶$Tm_2O_3$薄膜，结果显示，薄膜在450℃氧气气氛中退火30min后，单晶薄膜的介电常数为10.8，漏电流密度为$2\times10^{-3}A/cm^2$，等效氧化层厚度为2.3nm。此外，反应溅射法、电子束沉积法、原子层沉积法也被应用于$Tm_2O_3$薄膜的制备。

(6) 氧化钬

氧化钬($Ho_2O_3$)介电常数为13.1，能带为5.3eV，与Si接触时具有较高的化学稳定性和热稳定性。$Ho_2O_3$薄膜的制备方法有反应溅射法、溶胶凝胶法和原子层沉积法。

Pan和Huang通过反应溅射在Si衬底上沉积$Ho_2O_3$薄膜，发现反应溅射形成的

$Ho_2O_3$ 薄膜结晶度较差。700～900℃ RTA 处理后，薄膜结晶度有所改善。但当退火温度达到 900℃时，$Ho_2O_3$ 薄膜与 Si 衬底之间非晶态 $SiO_2$ 层的形成，导致结晶度下降。

Odesanya 等先在 SiC 衬底上溅射了 3nm 的 Ho 层，然后样品放置到管式炉中进行热氧化。当热氧化温度为 900℃时，氧化层较薄且没有界面层，这时薄膜具有最优的电学性能，其漏电流密度为 $4.32\times10^{-3}A/cm^2$。此外，他们还通过有限元分析软件 ANSYS 对薄膜和衬底之间的热和热应力分布进行了模拟，研究了不同氮氧气流浓度对 $Ho_2O_3$ 薄膜电学性能的影响。当加热温度为 900℃时，MOS 器件表面和界面的最大热应力分别 13.66MPa 和 7.71MPa，此时薄膜具有最优的电学性能。

针对其他稀土氧化物的研究见表 4.3.1。

表 4.3.1　其他稀土氧化物的电学性能

| 稀土氧化物 | 制备方式 | $k$ | 禁带宽度/eV | 漏电流/($A/cm^2$) |
|---|---|---|---|---|
| $CeO_2$ | 电子束蒸镀 | — | — | — |
| | EBE | — | 7.67 | — |
| | | 90 | — | $0.1\times10^3$ |
| | PLD | — | — | — |
| | MOCVD | — | — | — |
| | | 16～24 | — | $\sim10^{-7}$ |
| $Pr_2O_3$ | | 8～15 | — | — |
| | 热沉积 | — | — | — |
| | MBE | — | — | — |
| | | — | — | — |
| | | — | — | — |
| | | 30 | 3.2 | $\sim10^{-10}$ |
| | 电子束蒸镀 | — | — | — |
| | EBE | — | — | — |
| | | — | — | — |
| | ALD | 10.5 | — | $\sim10^{-7}$ |
| | 磁控溅射 | — | — | $\sim10^{-5}$ |
| $Nd_2O_3$ | | — | — | $\sim10^{-5}$ |
| | 热沉积 | 10.2 | — | — |
| | 离子束合成 | — | — | — |
| $Eu_2O_3$ | 溶胶凝胶法 | | — | — |
| $Tb_2O_3$ | 磁控溅射 | — | — | — |
| | 电子束蒸镀 EBE | 18 | — | — |
| | ALD | | 5.8 | — |
| $Dy_2O_3$ | 热沉积 | | 9.2 | — |
| | 反应溅射 | 10.41 | — | $9.18\times10^{-8}$ |
| | | — | — | $\sim3\times10^{-3}$ |
| | 电子束蒸镀 EBE | 46.2 | — | — |
| $Yb_2O_3$ | 反应溅射 | 7.1 | — | — |
| | 磁控溅射 | — | — | — |

续表

| 稀土氧化物 | 制备方式 | k | 禁带宽度/eV | 漏电流/($A/cm^2$) |
|---|---|---|---|---|
| $Lu_2O_3$ | PLD | — | — | ~$2.6\times10^{-5}$ |
| | 反应溅射 | 12.8 | — | — |
| | | — | 5.4 | — |
| | MOCVD | — | — | ~$3\times10^{-8}$ |
| | 反应溅射 | — | — | — |
| $Y_2O_3$ | 磁控溅射 | — | — | $3.6\times10^{-6}$ |
| | | — | — | — |
| | PLD | 15 | — | — |

### 4.3.2 掺杂改性稀土基高κ栅介质

为了解决单一的二元稀土氧化物高κ栅的κ值和带隙之间的矛盾，掺杂改性是提高稀土氧化物高κ介质层介电性能的有效手段。目前，掺杂改性稀土基高κ栅研究主要分为两个方向：一是掺杂稀土到 $HfO_2$ 或 $ZrO_2$ 中；二是过渡金属掺杂到稀土氧化物中。

向铪基高κ薄膜中掺杂稀土元素可以使薄膜出现立方结构和四方结构，从而提高栅介质材料的κ值，同时降低薄膜的漏电流。

Fischer 等模拟计算了铈元素掺杂的 $HfO_2$ 薄膜，当铈原子百分数为 12.5 时，薄膜呈现稳定的四方结构，介电常数约为 32。Chalker 等分析了铈元素对薄膜电学性能的影响。在 900℃退火下，薄膜由非晶结构向稳定的四方结构或立方结构转变，相对介电常数由 25 增加到 32，漏电流密度为 $1.58\times10^{-5}A/cm^2$。Wiemer 等分别在 Si 衬底和 Ge 衬底上制备 Er 掺杂的 $HfO_2$ 薄膜，发现 Er 掺杂会减少薄膜的固定电荷密度。

安徽大学何刚等近年来对掺杂稀土到 $HfO_2$ 或 $ZrO_2$ 薄膜进行了大量的研究，研究成果见表 4.3.2。何刚团队对 Gd 掺入 $HfO_2$ 或 $ZrO_2$ 进行了深入的研究，薄膜展现出 10～27 的不同κ值，大于 5.7eV 带隙值及较低漏电流密度($10^{-4}$～$10^{-5}A/cm^2$)。近年来，他们还开发了 Dy 和 Y 掺杂的 $HfO_2$ 薄膜。溅射功率 10W 沉积的 $HfD_yO_x$/Ge 栅极显示出 22.4 的κ值，漏电流密度 $J_g$ 为 $2.13\times10^{-8}A/cm^2$。在 300℃退火的 $HfD_yO_x$ 薄膜κ为 38，$J_g$ 为 $3.28\times10^{-6}A/cm^2$。此外，如图 4.3.1 所示，$HfD_yO_x$ 和 $HfYO_x$ 薄膜的带隙(大于 5eV)和带隙偏移(大于 1eV)适合于高κ的栅介质层。总之，稀土掺杂在 $HfO_2$ 和 $ZrO_2$ 中可以提高它们的结晶温度和介电性能。

表 4.3.2 稀土掺杂 $HfO_2$ 或 $ZrO_2$ 的高κ薄膜

| 样品 | 制备方法 | k | 带隙/eV | $J_g$/($A/cm^2$) | 退火温度/℃ | 基体 |
|---|---|---|---|---|---|---|
| Gd 掺杂 $HfO_2$ | 溅射 | 19.98 | — | $3.3\times10^{-4}$ | — | GaAs |
| Gd 掺杂 $ZrO_2$ | 溶胶凝胶 | 16.56 | 5.78 | $5.15\times10^{-4}$ | 400 | Si |
| Gd 掺杂 $ZrO_2$ | 旋涂 | 10.3 | 5.83 | $3.2\times10^{-5}$ | 400 | Si |
| Gd 掺杂 $HfO_2$ | 旋涂 | 27.1 | 5.97 | — | 200～500 | Si |
| Dy 掺杂 $HfO_2$ | ALD | 22.4 | 5.84 | $2.13\times10^{-8}$ | — | Ge |
| Y 掺杂 $HfO_2$ | ALD | 38 | 5.25 | $3.28\times10^{-6}$ | 300 | GaAs |
| Y 掺杂 $HfO_2$ | 溅射 | 15.33 | 6.18 | $7.91\times10^{-7}$ | 400 | Si |
| La 掺杂 $HfO_2$ | ALD | 18.1 | — | $1.8\times10^{-7}$ | 400 | Ge |
| Gd 掺杂 $HfO_2$ | 溅射 | 13.1 | — | $3.9\times10^{-4}$ | 900 | Si |

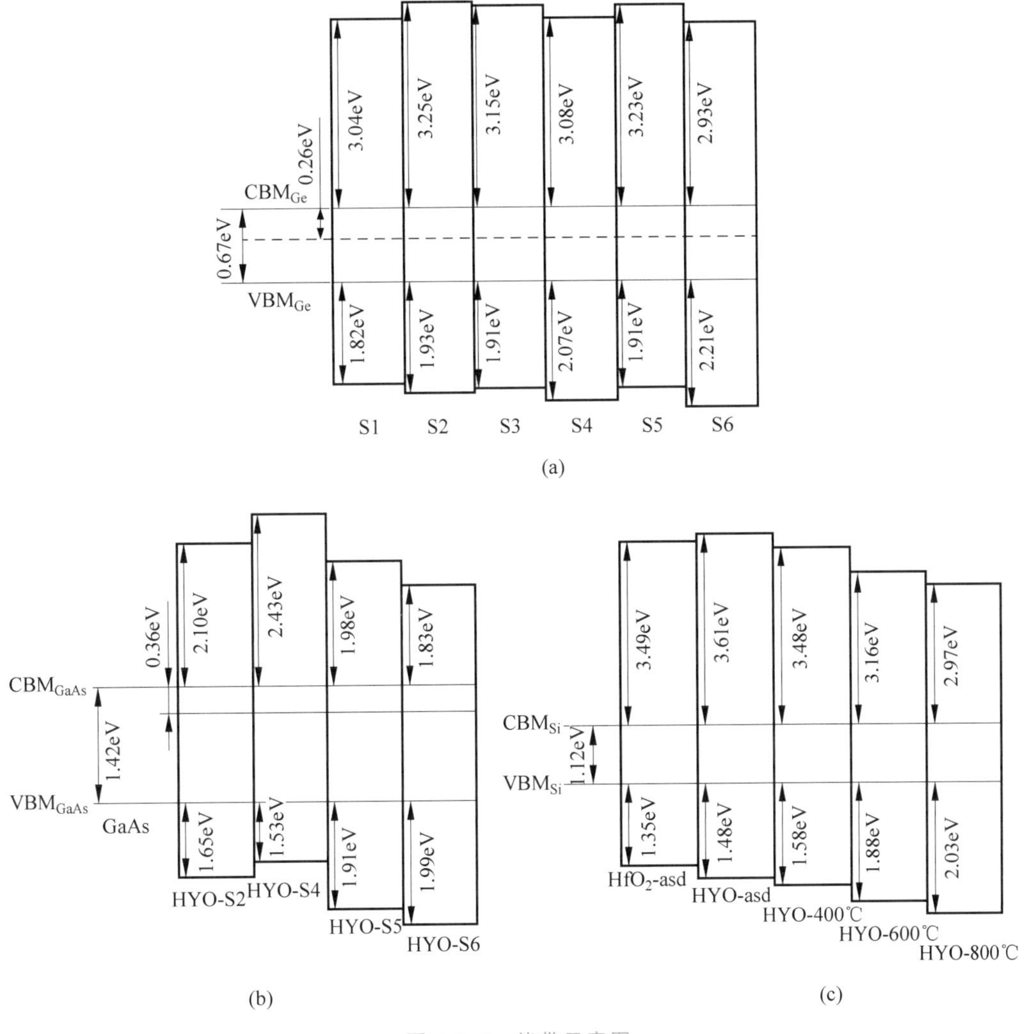


图 4.3.1 能带示意图

(a) Dy 掺杂 $HfO_2$；(b) Y 掺杂 $HfO_2$；(c) Y 掺杂 $HfO_2$

过渡金属掺杂稀土氧化物也得到了广泛研究。北京大学 Li 等分别研究了掺杂 Ta、Fe 和 Ni 的稀土氧化物薄膜。他们发现，Fe 对 $La_2O_3$ 作为栅极介质来说是一种极为有害的杂质，这可以归因于 Fe 的掺入降低了薄膜的 $\kappa$ 值。相反，他们证明 1% Ta 或 10.04% Ni 的掺入可以提高稀土氧化物薄膜的介电性能，$\kappa$ 值分别为 21 和 22.04。此外，由于 $TiO_2$ 的 $\kappa$ 值约为 60，Ti 也被引入稀土氧化物薄膜中以制备出高 $\kappa$ 的薄膜。在 Pan 等的工作中，通过共溅射 Tm 和 Ti 靶制备的 $TmTi_xO_y$ 薄膜在 800℃ RTA 后，获得了 1.98nm 的 EOT 和 $8.37\times10^{11}\,cm^{-2}\cdot eV^{-1}$ 的低界面阱密度，适用于下一代高 $\kappa$ 介电薄膜。Her 等制备的配备 $GdTiO_3$ 薄膜的 MOSFET 表现出高的 $I_{on}/I_{off}$ 电流比（$4.2\times10^8$）和低亚阈值摆幅。

Zhao 等通过射频共溅射的方法，向 $La_2O_3$ 中掺杂不同浓度的 Y，并研究了不同浓度 Y 对薄膜介电常数和防潮性能的影响。40% Y-$LaYO_x$ 和 70% Y-$LaYO_x$ 薄膜的介电常数远

高于 $La_2O_3$ 薄膜的。这是因为六方相比立方相的介电常数高。Lu 等在 Ge 基体上采用共溅射方法制备了 $YScO_3$ 薄膜，研究发现 $YScO_3$ 介电常数高于 $Y_2O_3$ 和 $Sc_2O_3$，为 17，$E_g$ 为 5.8eV，EOT 为 0.54nm。其他过渡金属掺杂稀土氧化物的研究见表 4.3.3。

表 4.3.3 过渡金属掺杂稀土氧化物薄膜

| 样　品 | 制备方法 | $k$ | 带隙/eV | $J_g/(A/cm^2)$ |
|---|---|---|---|---|
| $La_xCe_yO_z$ | MOCVD | — | — | — |
| $Gd_xSc_yO$ | CVD | 21 | — | $\sim 10^{-3}$ |
| $Dy_2TiO_5$ | 反应溅射 | 19.3 | — | $\sim 10^{-8}$ |
| $DyScO_3$ | MOCVD | 22 | — | $\sim 10^{-5}$ |
| Mn 掺杂 Ho | 溶胶凝胶法 | — | — | — |
| Ti 掺杂 Ho | ALD | — | — | $\sim 10^{-9}$ |
| Mn 掺杂 Er | 热沉积 | 12.42 | — | — |
| $Er_xTi_yO_z$ | 反应溅射 | — | — | — |
| $Tm_2TiO_7$ | 反应溅射 | ～28.1 | — | $10^{-8}$ |
| Mn 掺杂 Yb 氧化物 | 热沉积 | 7.1 | — | — |
| $LaLuO_3$ | MBE | — | $\sim 10^{-7}$ | — |
| $LaLuO_3$ | ALD | 30 | $\sim 10^{-10}$ | — |

### 4.3.3 稀土氮氧化物高 κ 栅介质

氮掺入能增加稀土氧化物薄膜 κ 值，减少栅介质中的边界陷阱，氮掺入可以抑制稀土氧化物的结晶。因此，在稀土氧化物中加入氮被广泛研究，目前主要研究的稀土氮氧化物高 κ 栅主要有 LaON、YON、LaTaON、HfGdON。

(1) 氮氧化镧

Sato 等通过电子束蒸发沉积的方法，制备了氮氧化镧(LaON)薄膜，与 W/$La_2O_3$ 结构对比，因为氮在 LaON 和富 $SiN_x$ 界面层中的存在，抑制了 EOT 的增加，使得 TaN/LaON 结构和 W/LaON 结构的 EOT 增加幅度减小，并基于此成功制备了 W/LaON nMOSFET，电子迁移率峰值可以达到 96.2$cm^2/(V \cdot s)$。

Huang 等通过 TEM、电学测量、XPS 等手段研究了 HfTiON/(LaON/Si)栅极和氟等离子体处理(FPT)的 Ge 基 MOS。研究发现，氟等离子体处理的 Ge 基 MOS 电容器具有可忽略的迟滞(15mV)，小的栅漏电流($3.66\times10^{-6}cm^2$@$V_{fb}+1V$)和低界面态密度($3.2\times10^{11}cm^{-2}\cdot eV^{-1}$)。

Barhate 等通过 PEALD 的方法在 4H-SiC 上经 LaON 钝化和不经钝化沉积双层 $La_2O_3/ZrO_2$ 高 κ 栅层的工艺。在 MOS 器件中加入 LaON 钝化层后，界面俘获电荷密度($D_{it}$)降低，单位面积有效氧化电荷数($Q_{eff}$)降低，漏电流密度($J_V$)降低，界面和电学性能显著改善。与 Al/$La_2O_3/ZrO_2$/SiC MOS 器件相比，Al/$La_2O_3/ZrO_2$/LaON/SiC MOS 器件具有 8.2MV/cm 的高电场且不击穿，介电常数为 8.03。

(2) 氮氧化钇

Liu 等总结了高 $\kappa$ 氮氧化钇(YON)介质的结构、电学性能及其在薄膜晶体管中的应用。YON 可能占据了薄膜中 O 原子的空位,同时抑制了薄膜的结晶。沉积态的 YON 薄膜表现出较大的介电常数和明显的频散行为。基于 400℃ FGA 处理的 YON 栅介质的 TFT,场效应迁移率为 $26.6\text{cm}^2/(\text{V}\cdot\text{s})$,开关比为 $2.1\times10^7$,阈值电压为 1.8V。所有这些结果表明,YON 介电材料将是透明电子材料的良好候选介质之一。

Cheng 等使用氮化 $Y_2O_3$(YON)界面钝化层(IPL)对 $HfO_2$/Ge 界面进行钝化处理,以提高 Ge 金属氧化物半导体(MOS)电容器的界面性能和电学性能的研究。通过对比两种不同的制备方法,一种是在"$Ar+N_2$"环境中溅射 $Y_2O_3$ 靶材直接沉积 YON,另一种是先在"$Ar+N_2$"环境中溅射 Y 靶材沉积 YN,再在"$N_2+O_2$"环境中退火,将 YN 转化为 YON。实验结果表明,采用后一种方法制备的 MOS 电容器能更有效地抑制锗氧化物的形成,从而获得更优异的界面性能和电学性能。

(3) 氮氧化镧钽

Liu 等为了提高 LaON 的吸湿性能,同时保持其与 Ge 的良好界面质量,提出了钽(Ta)掺杂 LaON 的方法,并通过干湿退火对 LaON 的吸湿性能和电学性能进行了研究。结果表明,Ta 的掺入能显著提高氮氧化镧钽(LaTaON)薄膜的吸湿性能,同时由于 TaON 对元素间扩散的阻断作用,以及在 LaTaON/Ge 界面上形成 $LaGeO_xN_y$ 的钝化作用,LaTaON 薄膜与 Ge 衬底具有良好的界面质量。因此,LaTaON 可以被认为是 Ge MOS 器件中具有优异界面和电学性能的优质栅极介质。在此研究中,LaTaON 可以达到高 $\kappa$ 值(21.0),低界面态密度($5.94\times10^{11}\text{cm}^{-2}\cdot\text{eV}^{-1}$),低漏电流($3.07\times10^{-4}\text{A/cm}$@$V_g=V_{fb}+1\text{V}$)。

Xu 等研究了不同 Ta 含量的高 $\kappa$ LaTaON 栅介电 Ge MOS 电容器的界面和电学性能。实验结果表明,Ta 含量为 30%的 Ge MOS 电容器具有较低的界面密度($7.6\times10^{11}\text{cm}^{-2}\cdot\text{eV}^{-1}$),较小的栅漏电流($8.32\times10^{-5}\text{A/cm}^2$)和较大的等效介电常数(22.46)。Ta 含量为 30%的样品在 Ge 表面形成最少的 $GeO_x$,这是由于 Ta 对 O 扩散的有效阻断作用和 LaON 吸湿性的大大提高。

(4) 氮氧化铪钆

Gao 等,研究了氮掺入对氮氧化铪钆(HfGdON)电容器界面化学键态、能带结构、电学性能和漏电流传导机制的影响。在 HfGdO 栅极介质中加入适量的氮能有效抑制界面区低 $\kappa$ $GeO_2$ 和 Hf(Gd)-Ge-O 界面层的形成。同时,掺入氮后,带隙和价带偏移量减小,导带偏移量增大。基于 MOS 电容器的电学测量表明,具有 HfGdON/Ge 堆叠栅极介质的 MOS 电容器在 $N_2$ 流速为 3sccm 时具有较小的栅极漏电流($1.08\times10^{-3}\text{A/cm}^2$@$V_g=1\text{V}$),介电常数大(29.2)。

He 等制备了一种基于 HfGdON/Ge 栅极堆和原子层沉积(AlD)驱动钝化层的 Ge MOS 电容器,并将其界面和电学性能与未经过钝化处理的同类产品进行了比较。电学分析表明,HfGdON/$Al_2O_3$/Ge MOS 器件的性能得到了改善,包括更大的介电常数(35.7),可忽略的迟滞,降低的平坦带电压,良好的电容电压行为,以及更低的界面态和边界捕获氧化物电荷密度。所有这些改进都归功于抑制了不稳定 Ge 氧化物的生长,从而减少了 HfGdON/Ge 界面处或附近的缺陷态,提高了界面质量。

掺杂改性、氮化处理以及多层复合三种制备稀土基高 $\kappa$ 栅介质的方法比较见表 4.3.4。

表 4.3.4 三种制备稀土基高 κ 栅介质的方法比较

| 方　法 | 制备难点 | 优　点 | 缺　点 | 应用前景 |
|---|---|---|---|---|
| 掺杂改性 | 测定掺杂元素，精确控制掺杂量 | 通过改变不同的掺杂元素，容易调整 $E_g$ 和 κ 值 | 性能没有太大的改善 | 短期应用前景 |
| 氮化处理 | 完全氮化的控制 | κ 值大幅度提高，有效阻碍氧扩散 | 对薄膜绝缘有不良影响 | 短期应用前景 |
| 多层复合 | 子层的确定和接触界面质量的控制 | 大幅度地改善 κ 值和漏电流密度 | 制备工艺复杂，子层接触界面难以控制 | 长期应用前景 |

## 4.3.4 叠层复合稀土基高 κ 栅介质

叠层复合结构是考虑高介电常数和高带隙的高 κ 栅介质层设计的另一种有效策略，因其在减少漏电流和提高绝缘性能方面表现出卓越的优势而备受关注。对于多层高 κ 薄膜，子层是串联的。如图 4.3.2 所示，双层高 κ 膜的总 κ 值可表示为

$$\kappa=\kappa_1\kappa_2(d_1+d_2)/(d_1\kappa_2+d_2\kappa_1)$$

式中，$\kappa_1$、$\kappa_2$ 和 $d_1$、$d_2$ 分别为子层的介电常数和厚度。在相同厚度下，多层复合膜的 κ 值在 $\kappa_1 \sim \kappa_2$ 之间。因此，具有高 κ 的一个子层和具有高带隙值的另一个子层可以复合成高性能介电层。

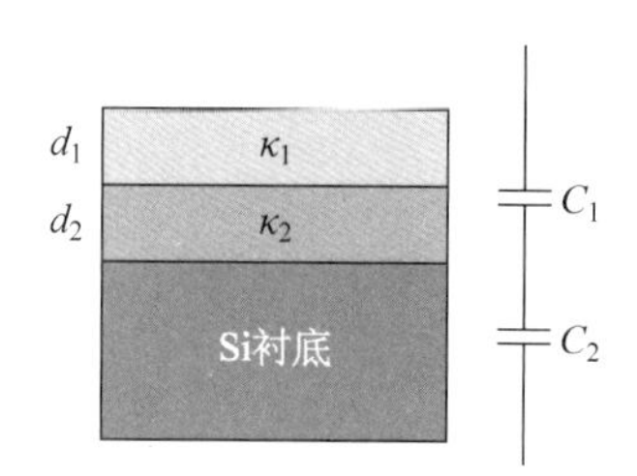


图 4.3.2 双层复合栅介质原理图

$Al_2O_3$ 被广泛应用于叠层复合介电层的界面钝化层，除去具有较大的带隙(8.8eV)，更重要的是其与硅直接接触非常稳定。相关研究见表 4.3.5。Liang 等研究发现，在 HfYO 薄膜和硅衬底之间，1nm 的 $Al_2O_3$ 层是最有效的界面钝化层。由于界面钝化层的加入，栅介质展现出较高的 κ 值(13.68)和较低 $J_g$ 值($2.45\times10^{-6}$A/cm$^2$)。Wang 等在 HfDyO 与硅衬底之间，分别采用 $Al_2O_3$ 和 $HfO_2$ 作为界面钝化层。研究发现当界面钝化层为 $HfO_2$ 时，介质具有更高的 κ 值(22.1)、更低的氧化物密度($-10^{11}$cm$^{-2}$)和更低的漏电流($1.85\times10^{-6}$A/cm$^2$)。此外，Jiang 等制备的 HfGdO/$Al_2O_3$/GaAs 叠层复合薄膜在 300℃退火后，κ 值为 44，$V_{fb}$ 为 0.64V，$J_g$ 为 $5.87\times10^{-6}$A/cm$^2$。

表 4.3.5 HfREO/$Al_2O_3$ 堆叠高 κ 栅介质薄膜

| 样　品 | 制备方法 | κ 带隙/eV | $J_g$/(A/cm$^2$) |
|---|---|---|---|
| HfYO/$Al_2O_3$ | ALD | 12.3 | $3.97\times10^{-6}$ |
| HfDyO/$Al_2O_3$ | ALD | 20.3 | $1.34\times10^{-5}$ |

续表

| 样　　品 | 制备方法 | κ 带隙/eV | $J_g$/(A/cm$^2$) |
|---|---|---|---|
| HfGdO/$Al_2O_3$ | ALD | 44 | $5.87\times10^{-6}$ |
| HfGdO/$Al_2O_3$ | ALD | 35.9 | $1.4\times10^{-5}$ |
| $La_2O_3$/$Al_2O_3$ | 旋涂 | 10.72 | $1.7\times10^{-10}$ |

各种稀土氧化层作为叠层复合介电层的界面钝化层也被广泛研究。华中科技大学的Xu 团队研究了各种 REOs 薄膜作为钝化子层，如 TaYO、$Gd_2O_3$ 或 ZrLaON，通过与 HfTiON 或 ZrTiON 薄膜堆叠，用于高 κ 栅介质。Oh 等以 $La_2O_3$ 为钝化子层，叠加 $HfO_2$ 薄膜，结果表明，$HfO_2$/$La_2O_3$/Ge 的 κ 值和漏电流密度分别为 17.1 和 $7.63\times10^{-8}$ A/cm$^2$。Li 等将 $Y_2O_3$ 与 $TiO_2$ 薄膜相复合，研究发现 $TiO_2$ 和 $Y_2O_3$ 层的叠加顺序对栅介质性能有显著影响，$Y_2O_3$ 膜作为钝化层可有效改善电性能。17nm $TiO_2$ 和 3nm $Y_2O_3$ 叠层复合薄膜退火后的 κ 值为 28.24，是目前商用 $HfO_2$ 的 1.4 倍以上。

此外，Maeng 等分别制备出三种不同的叠层复合结构，即 $HfO_2$/$La_2O_3$/Si、$HfO_2$/$La_2O_3$/$HfO_2$/Si 和 $La_2O_3$/$HfO_2$/Si。研究发现 $La_2O_3$ 在硅衬底和 $HfO_2$ 之间时，对平带电压的减小效果最佳。这是因为在 $La_2O_3$ 沉积和退火过程中，La 会与 $HfO_2$ 在界面出形成 Hf-O-La 结构，进而有效减小 $HfO_2$ 和衬底接触导致平带电压偏移。Li 等研究了 $La_2O_3$/$ZrO_2$/Si 叠置高 κ 薄膜的子层堆积顺序、子层厚度、退火温度和漏电流传递机理，得出最佳子层厚度和最佳退火温度分别为 10nm 和 500℃。另外，掺杂 Y 或 Lu 的 $La_2O_3$ 作为覆盖层可以有效防止介质层吸水羧基化。$CeO_2$ 薄膜被用作 $La_2O_3$ 薄膜的覆盖层，能有效抑制 $La_2O_3$ 膜中氧空位的形成。Zhang 等详细研究了热退火对几种 $CeO_2$/$La_2O_3$ 叠层复合介质层界面反应和键合结构的影响。高温退火增强了 O、Ce、La 和 Si 的扩散，导致 $CeO_2$/$La_2O_3$ 层在 $La_2O_3$/Si 界面上的互混和界面硅酸盐层的生长。低 κ 界面层生成无疑为实现具有优异界面性能的最小等效氧化物厚度(EOT)带来了巨大挑战。

## 4.4　稀土基高 κ 栅介质的界面调控

### 4.4.1　稀土基高 κ 栅介质的界面问题

功耗问题已经成为半导体工业界要面对的重要技术问题。一个器件的功耗分为静态功耗和动态功耗，所以降低损耗有两种途径：一是降低静态功耗，例如通过研究的高 κ 栅介质来降低漏电流从而降低静态损耗；二是降低器件的动态损耗，人们提出采用具有高载流子迁移率以及饱和速度的沟道材料取代 Si，例如Ⅲ-Ⅴ族化合物半导体、Ge、各种材料的纳米线(nanowire)等，这类材料具有较大、较快的沟道驱动电流。其中，Ⅲ-Ⅴ族材料的高电子迁移率、高击穿场强等优越特性，让其在诸多备选材料中优先选择，并且考虑到其与高 κ 技术的兼容性，可用来解决传统硅材料器件在临近物理尺寸极限的问题，为以后 MOS 器件发展开辟了更多的可能性。见表 4.4.1，Ⅲ-Ⅴ族半导体材料在电子传输特性上表现出明显的优越性，同等功耗条件下，Ⅲ-Ⅴ族场效应晶体管表现出比 Si 场效应管快 1.5 倍的速度；同等速度条件下，Ⅲ-Ⅴ族场效应晶体管消耗比 Si 场效应管少 10 倍的能量。

表 4.4.1 室温下各种半导体材料的载流子传输特性和禁带宽度

| | Si | Ge | GaAs | $In_{0.53}Ga_{0.47}As$ | InP | GaSb | InSb | InAs |
|---|---|---|---|---|---|---|---|---|
| 电子迁移率 $\mu_e$/($cm^2$/(V·s)) | ≤1400 | ≤3900 | ≤8500 | $\leqslant 1.2\times10^4$ | ≤5400 | ≤3000 | $\leqslant 7.7\times10^4$ | $\leqslant 4\times10^4$ |
| 空穴迁移率 $\mu_h$/($cm^2$/(V·s)) | ≤450 | ≤1900 | ≤400 | ≤300 | ≤300 | ≤850 | ≤1250 | ≤450 |
| 禁带宽度 $E_g$/eV | 1.12 | 0.66 | 1.42 | 0.74 | 1.24 | 0.73 | 0.17 | 0.36 |

在 $Si/SiO_2$ 界面，通常每 10 万个硅原子里只有一个硅原子可能处于“悬挂”状态。但是这个数量级的缺陷不会造成器件性能的退化。与 $Si/SiO_2$ 界面不同，热稳定性优良、介电数值较高的本征氧化物在Ⅲ-Ⅴ族化合物衬底表面是很难形成的，并且键合强度很低，会产生大量的界面态，使得器件性能恶化。这是目前限制Ⅲ-Ⅴ族半导体在沟道材料上广泛工业化应用的最大瓶颈所在。以研究最为广泛的 GaAs 为例，其本征氧化物($Ga_2O_3$、$As_2O_3$ 和 $AS_2O_5$ 的混合物)与基底 GaAs 的界面接触质量非常差，存在大量缺陷，造成费米能级钉扎。为了得到高可靠性的 MOSFET 器件，衬底与介质的界面处的界面态密度($D_{it}$)要小于 $10^{12}cm^{-2}\cdot eV^{-1}$。寻找合适的高 κ 栅介质材料并研究其与Ⅲ-Ⅴ族半导体之间的界面，仍然是工业化技术重要的任务之一。

### 4.4.2 稀土基高 κ 栅介质的界面调控措施

近年来，稀土基高 κ 栅介质与Ⅲ-Ⅴ族半导体之间的界面调控研究越来越火热，以期将稀土基高 κ 栅介质的优越性质与Ⅲ-Ⅴ族半导体衬底具备的高电子迁移率、高临界场强和低功耗的优势强强联合。目前存在以下 3 种常见的稀土基高 κ 栅介质与Ⅲ-Ⅴ族半导体界面调控措施。

(1) 使用硫化物钝化界面

1987 年，贝尔实验室采用硫($Li_2S$,$(NH_4)_2S$,“$Na_2S+9H_2O$”等)钝化的方式可以有效地钝化 GaAs 表面，并得到良好的 GaAs 界面特性。最近，这一方法被应用于集成稀土高介电材料中，取得了较好效果。例如，安徽大学何刚教授团队采用$(NH_4)_2S$ 钝化了 GaAs 表面，发现硫钝化降低了自身氧化物 $GaO_x$ 和元素砷单质的生成，明显改善了 Al/HfGdO/n-GaAs/Al MOS 器件的电学特性，κ 值达到 18.77，漏电流低至 $1.54\times10^{-4}A/cm^2$。他们课题组还报道了用$(NH_4)_2S$ 钝化 GaAs 表面后，研究了 ALD 三甲基铝前驱体脉冲周期对 GaAs/HYO 栅堆界面化学的影响，发现固有的 As 氧化物、Ga 氧化物和 As 单质有效地从 HYO/GaAs 栅堆中还原。配合适当的退火温度后，介电常数达到 38，漏电流为 $3.28\times10^{-6}A/cm$，性能优异。但由于 S 的不稳定性，硫钝化并不能完全解决Ⅲ-Ⅴ族半导体与介质的界面问题。

(2) 沉积一层氧化物或者氮氧化物作为钝化层

最常使用的钝化层是 $Al_2O_3$，近年来稀土氮氧化物也被作为Ⅲ-Ⅴ族半导体表面的钝化层。Lu 等采用 ZrLaON 作为界面钝化层来改善 GaAs MOS 器件的界面性能，发现 ZrLaON 界面钝化层具有更好的薄膜质量和更少的缺陷，可以有效阻止 Ti/O 向扩散和 Ga/As 向扩散，从而减少 GaAs 表面不稳定的 Ga—O、As—O 和 As—As 键，避免栅极层的退化。ZrTiON/ZrLaON/GaAs MOS 器件的漏电流为 $1.6\times10^{-5}\,A/cm^2$，介电常数为 25.1。

(3) 借助等离子体技术钝化界面

武汉大学 Wang 等采用 $NH_3$ 等离子体氮化 $Ga_2O_3$ 作为界面钝化层。$Ga_2O_3$ 具有中等的介电常数($k=14\sim16$)，$Ga_2O_3$ 作为 InGaAs 上的栅极介质可以有效解决表面费米能级的问题。另外，氮化的 $Ga_2O_3$ 界面钝化层可以有效防止 GaAs 氧化层的过度生长，提高器件的电学性能。华中科技大学 Xu 等提出，ZrLaON 钝化层与氟等离子体处理相结合是一种有利于提高界面质量的方法。需要注意的是，在 300～600℃下，GaAs 和腔体里的氧气容易发生化学反应生成镓氧化物、砷氧化物，甚至由于砷的易挥发性，在界面留下大量的空位，从而造成较差的界面。因此，温度较低的工艺条件对于获得高质量的界面是非常重要的。虽然等离子体温度可以低至 200℃，但等离子体会在界面产生较多缺陷或者固定电荷。因此，使用等离子体钝化界面仍需要不断优化技术参数才能满足需求。

## 4.5　稀土基高 κ 栅介质 MOS 器件漏电机制

绝缘介电薄膜在正常外加电场下产生的电流是非常小的，因为它们自身的电导率很低，为 $10^{-20}\sim10^{-8}\,\Omega^{-1}\cdot cm^{-1}$。然而，当施加较大的电场时，通过介电薄膜的传导电流是不可忽略的。这些明显的传导电流是由许多不同的传导机制造成的，在本节将详细介绍几种典型的稀土基高 κ 栅 MOS 器件漏电机制。有些漏电机制取决于栅介质接触时的电学性质，这些传导机制被称为电极限制传导机制或注入限制传导机制。有些传导机制只依赖于栅介质本身的特性，被称为体积限制传导机制或运输限制传导机制。图 4.5.1 展示了两大类不同传导机制下的具体分类，在此重点介绍稀土高 κ 栅介质 MOS 结构常见的几种漏电传导机制。

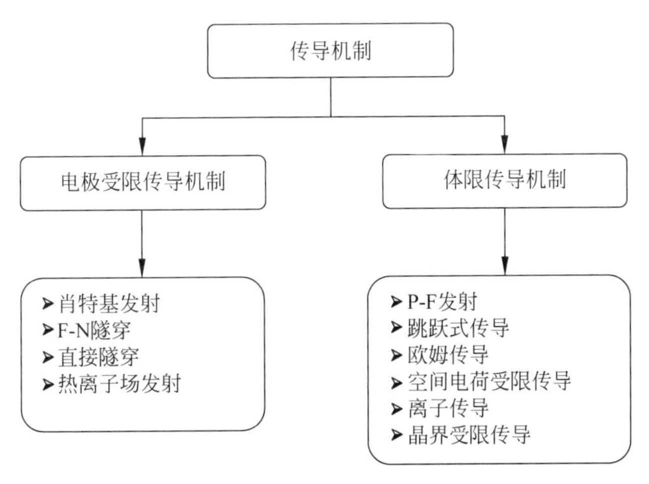


图 4.5.1　介电薄膜典型的漏电传导机制

### 4.5.1　肖特基发射

如果电子能获得足够的热活化能量，金属中的电子将克服金属-介质界面的能量势垒进入介质，这种由金属到栅介质的电子发射引起的传导机制称为热发射或肖特基发射(图 4.5.2)。

此发射机制是在栅介质膜中最常观察到的传导机制,特别是在相对高温的条件下。肖特基发射表达式如下:

$$J = A^* T^2 \exp\left[\frac{-q(\phi_B - \sqrt{qE/4\pi\varepsilon_r\varepsilon_0})}{k_B T}\right] \tag{4.5.1}$$

式中,

$$A^* = \frac{4\pi qk^2 m^*}{h^3} = \frac{120m^*}{m_0} \tag{4.5.2}$$

$J$ 表示电流密度;$A^*$ 是有效理查森常数;$m_0$ 为自由电子质量;$m^*$ 是栅介质中的有效电子质量;$T$ 是热力学温度;$q$ 是电荷;$q\phi_B$ 是肖特基势垒高度(导带偏移);$E$ 是穿过栅介质的电场;$k_B$ 是玻尔兹曼常量;$h$ 是普朗克常量;$\varepsilon_0$ 是真空中的介电常数;$\varepsilon_r$ 是光学介电常数(动态介电常数)。

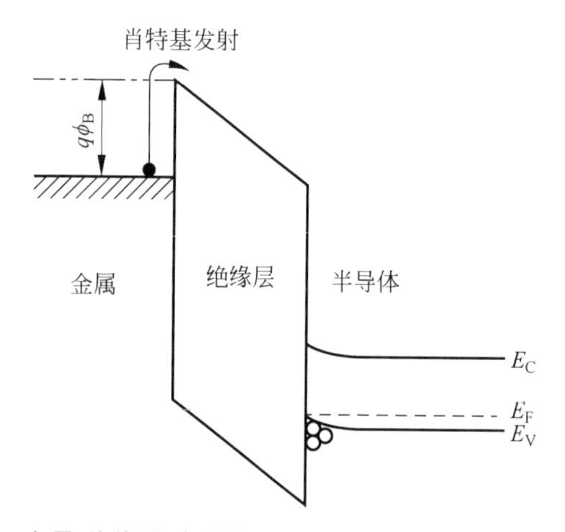


图 4.5.2 金属-绝缘层-半导体(MIS)结构中肖特基发射能带示意图

由上述表达式可知,对于一个标准的肖特基发射,$\ln(J/T^2) \propto E^{1/2}$,即 $\ln(J/T^2)$ 与 $E^{1/2}$ 的关系是线性的。因此,可以通过拟合 $\ln(J/T^2)$ 与 $E^{1/2}$ 是否呈线性关系,来判断器件的漏电机制是否为肖特基发射机制。

### 4.5.2 P-F 发射

Poole-Frenkel(P-F)发射与肖特基发射非常相似,它是电子的热激发从陷阱发射到栅介质的导带中,P-F 发射有时也称为内部肖特基发射(图 4.5.3),由 P-F 发射引起的漏电流的表达式为

$$J = q\mu N_c E \exp\left[\frac{-q(\phi_T - \sqrt{qE/\pi\varepsilon_i\varepsilon_0})}{k_B T}\right] \tag{4.5.3}$$

式中,$\mu$ 是电子漂移迁移率;$N_c$ 是导带内的态密度;$q\phi_T(=\Phi_T)$是陷阱的能级。由于 P-F 的发射是由电场下的热激活引起的,所以这种传导机制在高温和高电场下经常出现。由上述表达式可知,对于一个标准的 P-F 发射,$\ln(J/E) \propto E^{1/2}$,即 $\ln(J/E)$ 与 $E^{1/2}$ 的关系是线性的。因此,可以通过拟合 $\ln(J/E)$ 与 $E^{1/2}$ 是否呈线性关系,来判断器件的漏电机制是否为 P-F 发射机制。

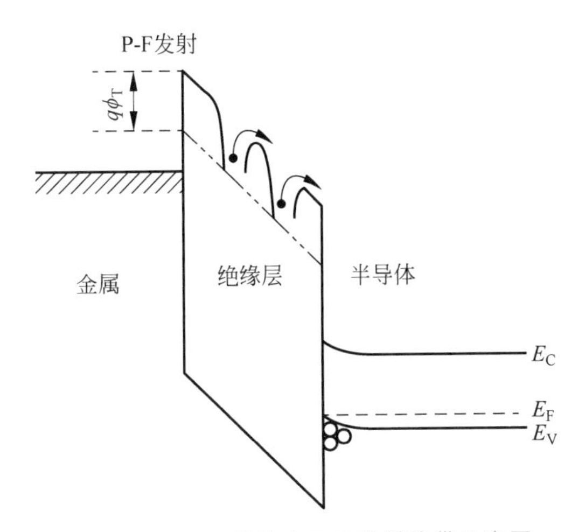


图 4.5.3　MIS 结构中 P-F 发射能带示意图

### 4.5.3　F-N 隧穿

当外加电场足够大,使电子波函数可以穿透三角形势垒进入栅介质的导带,这种形式的隧穿称为 Fowler-Nordheim(F-N)隧穿(图 4.5.4)。F-N 隧穿是受电场影响的一种传导机制,当 MOS 电容被施于较大电压时,半导体衬底达到积累或强反型状态,半导体表面势不再随外加栅压增加而增加,增加的栅压将作用在栅介质薄膜上,使其导带形成三角形势垒。半导体导带底电子穿越势垒而形成漏电流。当泄漏电流的主要传导机制为 F-N 隧穿时,其产生的电流只与施加的偏压有关而与温度无关,表达式如下:

$$J=\frac{q^3E^2}{8\pi hq\phi_B}\exp\left[\frac{-8\pi(2qm_T^*)^{1/2}}{3hE}\phi_B^{3/2}\right] \tag{4.5.4}$$

式中,$m_T^*$ 是栅介质中的隧穿有效质量;$q$ 是电荷,$q\phi_B$ 是肖特基势垒高度(导带偏移);$E$ 是穿过栅介质的电场;$h$ 是普朗克常量。

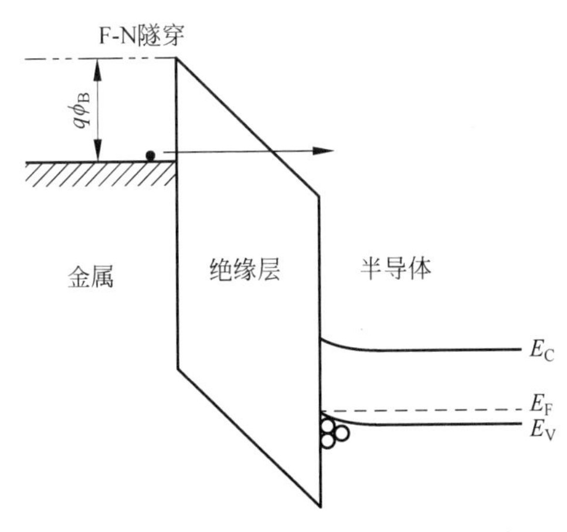


图 4.5.4　MIS 结构中 F-N 隧穿能带示意图

为了获得 F-N 隧穿电流,可以测量器件在极低温度下的 $I$-$V$ 特性曲线。此时,热电子发射被抑制,隧穿电流占主导地位。对于 F-N 隧道,$\ln(J/E^2)$与 $1/E$ 的关系是线性的。

### 4.5.4 直接隧穿

对于 MOS 结构，当栅氧化层比较薄时，由氧化层中电场的增强而引起较明显的隧穿电流的现象，例如，当二氧化硅厚度小于 3.5nm 时，直接隧穿占主导地位。从本质上说，直接隧穿和 F-N 隧穿电流的起源是相同的，都是由能量低于势垒高度的载流子隧穿过势垒，到达势垒的另一边，它们的主要区别是隧穿发生时氧化层上的压降不同(图 4.5.5)。直接隧穿的表达式如下：

$$J=\frac{q^2}{8\pi h\varepsilon\phi_B}C(V_G,V,t,\phi_B)\times\exp\left\{-\frac{8\pi\sqrt{2m^*}(q\phi_B)^{3/2}}{3hq|E|}\cdot\left[1-\left(1-\frac{|V|}{\phi_B}\right)^{3/2}\right]\right\} \tag{4.5.5}$$

式中，$t$ 是栅介质的厚度；$V$ 是通过栅介质的电压；其他符号与前面定义的相同。隧穿电流包括来自导带的电子(ECB)隧穿、来自价带的电子(EVB)隧穿以及来自价带的空穴(HVB)隧穿，修正函数 $C$ 可以表示为

$$C(V_G,V,t,\phi_B)=\exp\left[\frac{20}{\phi_B}\left(\frac{|V|-\phi_B}{\phi_0}+1\right)^{\alpha}\cdot\left(1-\frac{|V|}{\phi_B}\right)\right]\cdot\frac{V_G}{t}\cdot N \tag{4.5.6}$$

式中，$\alpha$ 是一个依赖于隧穿过程的拟合参数；$q\phi_0$ 为 $Si/SiO_2$ 势垒高度(例如，电子为 3.1eV，空穴为 4.5eV)；$q\phi_B$ 是实际势垒高度(例如，ECB 为 3.1eV，EVB 为 4.2eV，HVB 为 4.5eV)；$N$ 是一个辅助函数，对于 ECB 和 HVB 隧穿过程，$N$ 由下式表示：

$$N=\frac{\varepsilon}{t}\left\{n_{inv}v_T\cdot\ln\left[1+\exp\left(\frac{V_{G,eff}-V_{th}}{n_{inv}v_T}\right)\right]+v_T\cdot\ln\left[1+\exp\left(-\frac{V_G-V_{fb}}{v_T}\right)\right]\right\} \tag{4.5.7}$$

式中，$V_T(=k_BT/q)$为热电压；$V_{th}$ 为阈值电压；$V_{fb}$ 为平带电压；$V_{G,eff}=V_G-V_{poly}$ 为考虑整个多晶硅耗尽区域的电压降后的有效栅极电压。

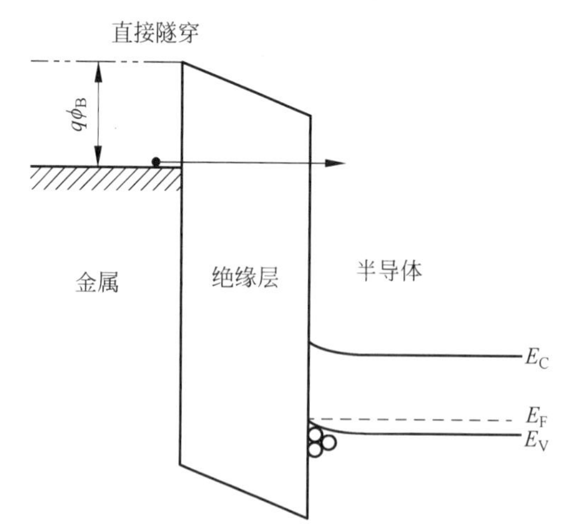


图 4.5.5 MIS 结构中直接隧穿能带示意图

而对于 EVB 隧穿过程，$N$ 可以表示为

$$N=\frac{\varepsilon}{t}\left\{3v_T\cdot\ln\left[1+\exp\left(\frac{q|V|-E_g}{3k_BT}\right)\right]\right\} \tag{4.5.8}$$

安徽大学何刚教授团队系统研究了不同退火温度下基于 $Yb_2O_3$ 高 $\kappa$ 介质的 MOS 器件在栅极注入($V<0$)和衬底注入($V>0$)时的漏电机制，结果如图 4.5.6 所示，低电场区域的栅极注入(0.36～0.64MV/cm)和衬底注入(1.69～2.25MV/cm)过程中，样品的漏电传输机制以肖特基发射为主。在更高的电场区域(0.85～1.96MV/cm)，P-F 发射是栅极注入下的原始沉积样品和 300℃退火样品的主要载流子传导机制，也是衬底注入下的 400℃和 500℃下退火样品的主要的载流子传导机制。随着电场进一步增加，所有样品的载流子传导机制变为 F-N 隧穿。衬底注入的电场强度比栅极注入的电场强度要高，主要原因可能归因于陷阱电荷的减少。

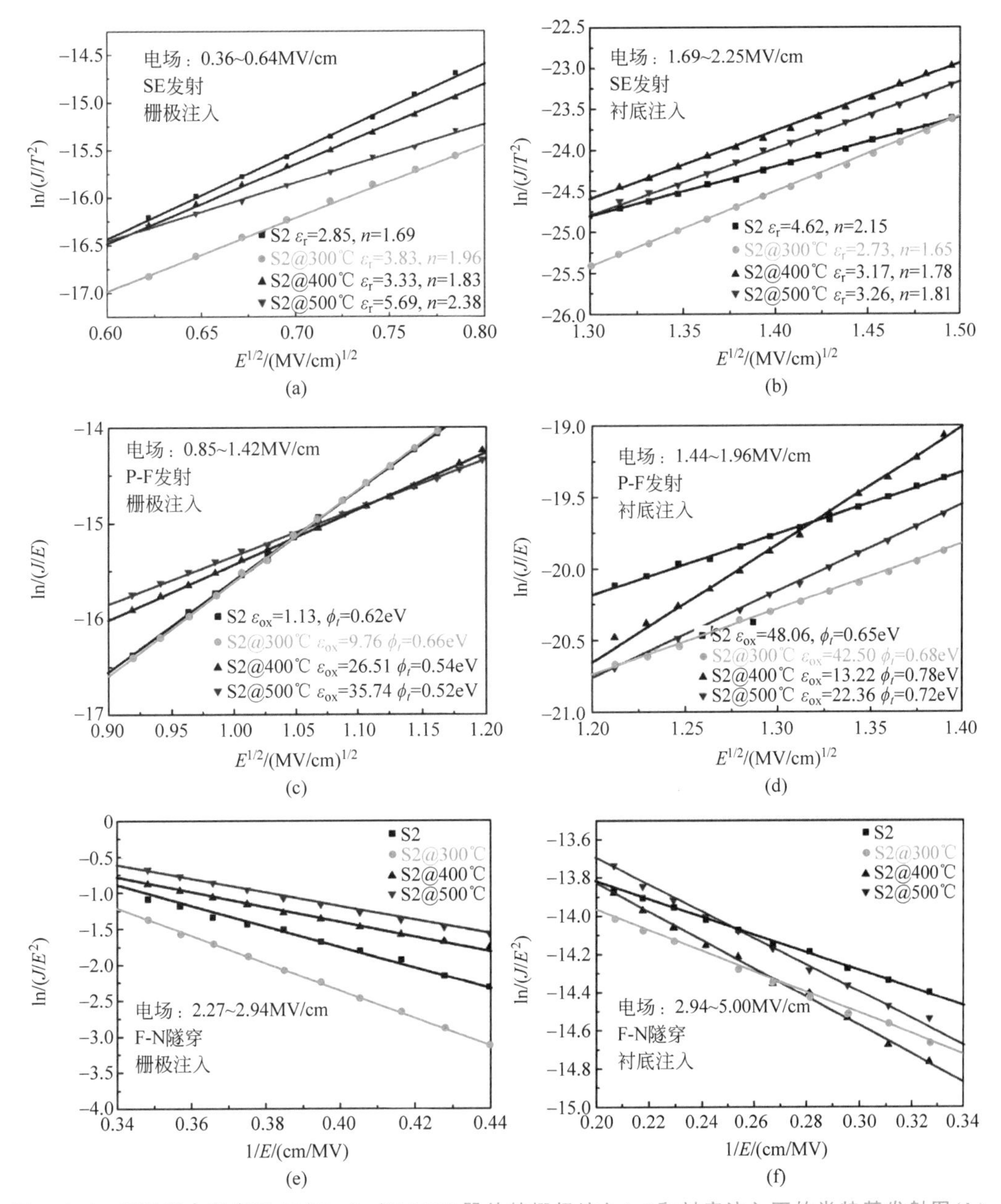


图 4.5.6 不同退火温度下 $Al/Yb_2O_3/Si$ MOS 器件的栅极注入(a)和衬底注入下的肖特基发射图(b)；栅极注入(c)和衬底注入下的 P-F 发射图(d)；栅极注入(e)和衬底注入下的 F-N 隧穿图(f)

## 课后习题

4.1 简述稀土氧化物作为场效应晶体管高 $\kappa$ 栅介质层的优势和不足。

答：优势：①稀土基高 $\kappa$ 薄膜具备较大的介电常数；②稀土基高 $\kappa$ 薄膜具备较大的禁带宽度和相对于衬底的较大的导带偏移；③稀土氧化物与硅的晶格匹配度较高；④稀土氧化物结晶温度较高；⑤稀土 $\kappa$ 薄膜与硅衬底之间优异的热力学稳定性。

不足：①稀土氧化物普遍具有吸湿性以及对有机气体吸附；②稀土氧化物中缺陷相较 $HfO_2$ 更为复杂。

4.2 简述稀土基高 $\kappa$ 栅介质与Ⅲ-Ⅴ族半导体界面存在的问题及常见解决方案。

答：存在问题：Ⅲ-Ⅴ族化合物衬底表面形成热稳定性优良、介电常数较高的本征氧化物难度非常大，通常两者之间键合强度很低，会产生大量的界面态，使得器件性能恶化。以研究最为广泛的 GaAs 为例，其本征氧化物($Ga_2O_3$、$As_2O_3$ 和 $AS_2O_5$ 的混合物)与基底 GaAs 的界面接触质量非常差，存在大量缺陷，造成费米能级钉扎。未经处理的Ⅲ-Ⅴ族化合物衬底表面与稀土基高 $\kappa$ 栅介质复合后，由于界面接触质量差，从而造成整个器件性能衰退。

解决方案：①使用硫化物钝化Ⅲ-Ⅴ族半导体表面；②在Ⅲ-Ⅴ族半导体与稀土基高 $\kappa$ 薄膜之间沉积一层氧化物或者氮氧化物作为钝化层；③借助等离子体技术钝化Ⅲ-Ⅴ族半导体表面。

4.3 简述肖特基发射机制的定义及判断依据。

答：定义：如果电子能获得足够的热活化能量，金属中的电子将克服金属-介质界面的能量势垒进入介质，这种由金属到栅介质的电子发射引起的传导机制称为热发射或肖特基发射。

判断依据：对于一个标准的肖特基发射，$\ln(J/T^2)\propto E^{1/2}$，通过拟合 $\ln(J/T^2)$ 与 $E^{1/2}$ 是否成线性关系，来判断 MOS 器件的漏电机制是否为肖特基发射机制。

4.4 简述 F-N 遂穿机制的定义及判断依据。

答：定义：当外加电场足够大，使电子波函数可以穿透三角形势垒进入栅介质的导带，这种形式的遂穿称为 F-N 遂穿。

判断依据：通过测量器件在极低的温度下的 $I$-$V$ 特性曲线。对于一个标准的 F-N 隧穿，$\ln(J/E^2)\propto 1/E$，通过拟合 $\ln(J/E^2)$ 与 $1/E$ 的关系是否成线性关系，来判断 MOS 器件的漏电机制是否为 F-N 隧穿机制。

## 参考文献

[1] 徐光宪. 稀土(上)[M]. 北京：冶金工业出版社，1995.
[2] 苏锵. 稀土元素——您身边的大家庭[M]. 北京：清华大学出版社；广州：暨南大学出版社，1900.
[3] 刘光华. 稀土材料学[M]. 北京：化学工业出版社，2007.
[4] 唐定骧. 稀土金属材料[M]. 北京：冶金工业出版社，2011.
[5] PARK J H, PARISE J B, WOODWARD P M, et al. A novel approach for identifying and synthesizing

highdielectric materials[J]. J. Mater. Res.,2011,14(8): 3192-3195.

[6] NAG B R. Empirical formula for the dielectric constant of cubic semiconductors[J]. Appl. Phys. Lett., 1994,65(15): 1938-1939.

[7] SHANNON R D. Dielectric polarizabilities of ions in oxides and fluorides[J]. J. Appl. Phys., 1993, 73(1): 348-366.

[8] GRIMES W. Dielectric polarizability of ions and the corresponding effective number of electrons[J]. J. Phys.: Condens Matter,1998,10: 3029-3034.

[9] XUE D,BETZLER K,HESSE H. Dielectric constants of binary rare-earth compounds[J]. J. Phys.: Condens Matter,2000,12: 3113-3118.

[10] FANCIULLI M,SCAREL G. Rare earth oxide thin films[M]. Berlin: Springer-Verlag GmbH,2007.

[11] 陈伟,方泽波,马锡英,等. La 基高 κ 栅介质的研究进展[J]. 微纳电子技术,2010,47(5): 282-289.

[12] CHRISTEN H M,JELLISON G E,OHKUBO I,et al. Dielectric and optical properties of epitaxial rare-earth scandate films and their crystallization behavior [J]. Appl. Phys. Lett., 2006, 88(26): 262906.

[13] CHANG S D R. Interband transitions in sol-gel-derived $ZrO_2$ films under different calcination conditions [J]. Chem. Mater.,2007,19(19): 4804-4810.

[14] ZHAO Y. Design of higher-κ and more stable rare earth oxides as gate dielectrics for advanced CMOS devices[J]. Mater.,2012,5(8): 1413-1438.

[15] LIU L,TANG W,LAI P. Advances in La-based high-κ dielectrics for MOS applications[J]. Coat., 2019,9(4): 217.

[16] RAGHAVAN N,PEY K L,LI X. Detection of high-κ and interfacial layer breakdown using the tunneling mechanism in a dual layer dielectric stack[J]. Appl. Phys. Lett.,2009,95(22): 222903.

[17] HE G,CHEN X,SUN Z. Interface engineering and chemistry of Hf-based high-κ dielectrics on Ⅲ-Ⅴ substrates[J]. Surf. Sci. Rep.,2013,68(1): 68-107.

[18] LESKElÄ M,KUKLI K, RITALA M. Rare-earth oxide thin films for gate dielectrics in microelectronics[J]. J. Alloys Compd.,2006,418(1-2): 27-34.

[19] LI S, LIN Y, TANG S, et al. A review of rare-earth oxide films as high κ dielectrics in MOS devices—Commemorating the 100th anniversary of the birth of Academician Guangxian Xu[J]. J. Rare Earths,2021,39(2): 121-128.

[20] LIU L,TANG W,LAI P. Advances in La-based high-κ dielectrics for MOS applications[J]. Coat., 2019,9(4): 217.

[21] GOH K H,HASEEB A S M A,WONG Y H. Lanthanide rare earth oxide thin film as an alternative gate oxide[J]. Mater. Sci. Semicond. Process.,2017,68: 302-315.

[22] LESKELÄ M,RITALA M. Rare-earth oxide thin films as gate oxides in MOSFET transistors[J]. J. Solid State Chem.,2003,171(1-2): 170-174.

[23] NG J A,KUROKI Y,SUGII N,et al. Effects of low temperature annealing on the ultrathin $La_2O_3$ gate dielectric; comparison of post deposition annealing and post metallization annealing [J]. Microelectron. Eng.,2005,80: 206-209.

[24] CHENG J B,LI A D,SHAO Q Y,et al. Growth and characteristics of $La_2O_3$ gate dielectric prepared by low pressure metalorganic chemical vapor deposition[J]. Appl. Surf. Sci.,2004,233(1-4): 91-98.

[25] YANG C,FAN H,QIU S,et al. Microstructure and dielectric properties of $La_2O_3$ films prepared by ion beam assistant electron-beam evaporation[J]. J. Non. Cryst. Solids,2009,355(1): 33-37.

[26] GUHA S, CARTIER E, GRIBELYUK M A, et al. Atomic beam deposition of lanthanum- and yttrium-based oxide thin films for gate dielectrics[J]. Appl. Phys. Lett.,2000,77(17): 2710-2712.

[27] KIM W H, MAENG W J, MOON K J, et al. Growth characteristics and electrical properties of

$La_2O_3$ gate oxides grown by thermal and plasma-enhanced atomic layer deposition[J]. Thin Solid Films,2010,519(1): 362-366.

[28] TRIYOSO D H,HEGDE R I,GRANT J M,et al. Evaluation of lanthanum based gate dielectrics deposited by atomic layer deposition [J]. J. Vac. Sci. Technol., B: Microelectron. Nanometer Struct.—Process.,Meas. Phenom.,2005,23(1): 288-297.

[29] LIM B S,RAHTU A,ROUFFIGNAC P D,et al. Atomic layer deposition of lanthanum aluminum oxide nano-laminates for electrical applications[J]. Appl. Phys. Lett,2004,84(20): 3957-3959.

[30] SANG J J,HA J S,PARK N K,et al. 5 nm thick lanthanum oxide thin films grown on Si(100) by atomic layer deposition: The effect of post-annealing on the electrical properties[J]. Thin Solid Films,2006,513(1): 253-257.

[31] 李栓. 新型稀土基高κ薄膜及其MOS器件的制备和介电性能研究[D]. 北京：北京科技大学,2020.

[32] MISHRA M,KUPPUSAMI P,RAMYA S,et al. Microstructure and optical properties of $Gd_2O_3$ thin films prepared by pulsed laser deposition[J]. Surf. Coat. Technol.,2015,262: 56-63.

[33] ZINKEVICH M. Thermodynamics of rare earth sesquioxides[J]. Prog. Mater. Sci.,2007,52(4): 597-647.

[34] LUPTÁK R,FRÖHLICH K,ROSOVÁ A,et al. Growth of gadolinium oxide films for advanced MOS structure[J]. Microelectron. Eng.,2005,80: 154-157.

[35] LI Y L,CHEN N F,ZHOU J P,et al. Effect of the oxygen concentration on the properties of $Gd_2O_3$ thin films[J]. J. Cryst. Growth,2004,265(3-4): 548-552.

[36] CHANG K S,HSIEH L Z,HUANG S K,et al. Characteristics of high dielectric cubic $Gd_2O_3$ thin films deposited on cubic $LaAlO_3$ by pulsed laser deposition [J]. J. Cryst. Growth, 2008, 310(7-9): 1961-1965.

[37] CHANG W H,CHANG P,LAI T Y,et al. Structural characteristics of nanometer thick $Gd_2O_3$ films grown on GaN(0001)[J]. Cryst. Growth Des.,2010,10(12): 5117-5122.

[38] GRAVE D A,HHGHES Z R,ROBINSON J A,et al. Process-structure-property relations of micron thick $Gd_2O_3$ films deposited by reactive electron-beam physical vapor deposition(EB-PVD)[J]. Surf. Coat. Technol.,2012,206(13): 3094-3103.

[39] 徐冀婷,朱燕艳,方泽波. 稀土高κ栅介质材料[M]. 北京：国防工业出版社,2014.

[40] XU R,TAO Q,YANG Y,et al. Atomic layer deposition and characterization of stoichiometric erbium oxide thin dielectrics on Si(100) using$(CpMe)_3Er$ precursor and ozone[J]. Appl. Surf. Sci.,2012,258(22): 8514-8520.

[41] PÄIVÄSAARI J,PUTKONEN M,SAJAVAARA T,et al. Atomic layer deposition of rare earth oxides: erbium oxide thin films from β-diketonate and ozone precursors[J]. J. Alloys Compd.,2004,374(1-2): 124-128.

[42] KAO C H,CHEN H,PAN Y T,et al. The characteristics of the high- $Er_2O_3$ (erbium oxide) dielectrics deposited on polycrystalline silicon[J]. Solid State Commun.,2012,152(6): 504-508.

[43] SANCHEZ F,QUERALT X,FERRATER C,et al. Deposition of $Er_2O_3$ thin films on Si(100) by laser ablation[J]. Vacuum,1994,45(10-11): 1129-1130.

[44] CHIN W C,CHEONG K Y. Effects of post-deposition annealing temperature and ambient on RF magnetron sputtered $Sm_2O_3$ gate on n-type silicon substrate[J]. J. Mater. Sci.: Mater. Electron.,2011,22(12): 1816-1826.

[45] JO S J,HA J S,PARK N K,et al. 5 nm thick lanthanum oxide thin films grown on Si(100) by atomic layer deposition: The effect of post-annealing on the electrical properties[J]. Thin Solid Films,2006,513(1-2): 253-257.

[46] SHALINI K,SHIVASHANKAR S A. Oriented growth of thin films of samarium oxide by MOCVD

[J]. 2005,28(1): 49-54.

[47] PAN T M,HUANG C C. Effects of oxygen content and postdeposition annealing on the physical and electrical properties of thin $Sm_2O_3$ gate dielectrics[J]. Appl. Surf. Sci. ,2010,256(23): 7186-7193.

[48] KAYA S, YILMAZ E, KARACALI H, et al. Samarium oxide thin films deposited by reactive sputtering: Effects of sputtering power and substrate temperature on microstructure, morphology and electrical properties[J]. Mater. Sci. Semicond. Process. ,2015,33: 42-48.

[49] CONSTANTINESCU C,ION V,GALCA A C,et al. Morphological,optical and electrical properties of samarium oxide thin films[J]. Thin Solid Films,2012,520(20): 6393-6397.

[50] NAM N D,HAN J H,KIM J G,et al. Electrochemical properties of TiNCrN-coated bipolar plates in polymer electrolyte membrane fuel cell environment [J]. Thin Solid Films, 2010, 518 (22): 6598-6603.

[51] WANG J,JI T,ZHU Y,et al. Band gap and structure characterization of $Tm_2O_3$ films[J]. J. Rare Earths,2012,30(3): 233-235.

[52] WANG J J,FANG Z B,JI T,et al. Band offsets of epitaxial $Tm_2O_3$ high-$\kappa$ dielectric films on Si substrates by X-ray photoelectron spectroscopy[J]. Appl. Surf. Sci. ,2012,258(16): 6107-6110.

[53] JI T,CUI J,FANG Z B,et al. Single crystalline $Tm_2O_3$ films grown on Si(001) by atomic oxygen assisted molecular beam epitaxy[J]. J. Cryst. Growth,2011,321(1): 171-175.

[54] PAN T M, CHENG D, et al. High-$\kappa$ $Tm_2O_3$ sensing membrane-based electrolyte insulator semiconductor for pH detection[J]. J. Phy. Chem. C,2009,113(52): 21937-21940.

[55] ZDANOWICZ T. Electrical properties of thulium oxide thin films [J]. Thin Solid Films, 1988, 164: 175-182.

[56] LITTA E D,HELLSTROM P E,OSTLING M. Integration of $TmSiO/HfO_2$ dielectric stack in sub-nm EOT high-$\kappa$/metal gate CMOS technology [J]. IEEE Trans. Electron Devices, 2015, 62(3): 934-939.

[57] PAN T M,CHANG W T,CHIU F C. Structural and electrical properties of thin $Ho_2O_3$ gate dielectrics [J]. Thin Solid Films,2010,519(2): 923-927.

[58] PAN T M,HUANG M D. Structural properties and sensing characteristics of high-$\kappa$ $Ho_2O_3$ sensing film-based electrolyte-insulator-semiconductor[J]. Mater. Chem. Phys. ,2011,129(3): 919-924.

[59] HEIBA Z K,MOHAMED M B. Structural and magnetic properties of Mn doped $Ho_2O_3$ nanocrystalline [J]. J. Mol. Struct. ,2015,1102: 135-140.

[60] ODESANYA K O,ONIK T A M,AHMAD R,et al. Physical and electrical characteristics of $Ho_2O_3$ thin film based on 4H-SiC wide bandgap semiconductor[J]. Thin Solid Films,2022,741: 138997.

[61] ODESANYA K O,AHMAD R,ANDRIYANA A,et al. Thermal characterization and stress analysis of $Ho_2O_3$ thin film on 4H-SiC substrate[J]. Mater. Sci. Semicond. Process. ,2022,152: 107110.

[62] ODESANYA K O,AHMAD R,ANDRIYANA A,et al. Effects of $O_2$ and $N_2$ gas concentration on the formation of $Ho_2O_3$ gate oxide on 4H-SiC substrate[J]. Silicon,2023,15: 755-761.

[63] PAGLIUCA F, LUCHES P, VALERI S. Interfacial interaction between cerium oxide and silicon surfaces[J]. Surf. Sci. ,2013,607: 164-169.

[64] MAMATRISHAT M,KOUDA M,KAKUSHIMA K,et al. Valence number transition and silicate formation of cerium oxide films on Si(100)[J]. Vacuum,2012,86(10): 1513-1516.

[65] LOGOTHETIDIS S,PATSALAS P,EVANGELOU E K,et al. Dielectric properties and electronic transitions of porous and nanostructured cerium oxide films[J]. Mater. Sci. Eng. B,2004,109(1-3): 69-73.

[66] BALAKRISHNAN G,SUDHAKARA P,WASY A,et al. Epitaxial growth of cerium oxide thin films by pulsed laser deposition[J]. Thin Solid Films,2013,546: 467-471.

[67] ABRUTIS A, LUKOSIUS M, SALTYTE Z, et al. Chemical vapour deposition of praseodymium oxide films on silicon: influence of temperature and oxygen pressure[J]. Thin Solid Films, 2008, 516(15): 4758-4764.

[68] NIGRO R L, TORO R G, MALANDRINO G, et al. Effects of deposition temperature on the microstructural and electrical properties of praseodymium oxide-based films[J]. Mater. Sci. Eng. B, 2005, 118(1-3): 117-121.

[69] KATO K, SAKASHITA M, TAKEUCHI W, et al. Importance of control of oxidant partial pressure on structural and electrical properties of Pr-oxide films[J]. Thin Solid Films, 2014, 557: 276-281.

[70] NIGRO R L, TORO R G, MALANDRINO G, et al. Effects of the thermal annealing processes on praseodymium oxide based films grown on silicon substrates[J]. Materials Science and Engineering: B, 2005, 118(1-3): 192-196.

[71] WANG Z M, WU J X, FANG Q, et al. Photoemission study of high-κ praseodymium silicates formed by annealing of ultrathin $Pr_2O_3$ on $SiO_2$/Si[J]. Thin Solid Films, 2004, 462-463: 118-122.

[72] WATAHIKI T, TINKHAM B P, JENICHEN B, et al. Growth of praseodymium oxide and silicate for high-κ dielectrics by molecular beam epitaxy[J]. J. Cryst Growth, 2007, 301-302: 381-385.

[73] WATAHIKI T, TINKHAM B P, JENICHEN B, et al. Praseodymium silicide formation at the $Pr_2O_3$/Si interface[J]. Appl. Surf. Sci., 2008, 255(3): 758-760.

[74] OOSTEH H J, LIU J P, BUGIEL E, et al. Epitaxial growth of praseodymium oxide on silicon[J]. Mater. Sci. Eng. B, 2001, 87(3): 297-302.

[75] OSTEN H J, BUGIEL E, FISSEL A. Epitaxial praseodymium oxide: A new high-κ dielectric[C]. IWGI 2001 Extended Abstracts of International Workshop on Gate Insulator, 2001.

[76] MÜSSIG H J, DABROWSKI J, IGNATOVICH K, et al. Initial stages of praseodymium oxide film formation on Si(001)[J]. Surf. Sci., 2002, 504(1/3): 159-166.

[77] OSTEN H J, LIU J P, BUGIEL E, et al. Growth of crystalline praseodymium oxide on silicon[J]. J. Cryst. Growth, 2002, 235(1): 229-234.

[78] OSTEN H J, LIU J P, MÜSSIG H, et al. Epitaxial, high-κ dielectrics on silicon: the example of praseodymium oxide[J]. Microelectron Reliab, 2001, 41(7): 991-994.

[79] KOSOLA A, PÄIVÄSAARI J, PUTKONEN M, et al. Neodymium oxide and neodymium aluminate thin films by atomic layer deposition[J]. Thin Solid Films, 2005, 479(1-2): 152-159.

[80] KAO C H, CHAN T C, CHEN K S, et al. Physical and electrical characteristics of the high-κ $Nd_2O_3$ polyoxide deposited on polycrystalline silicon[J]. Microelectron Reliab, 2010, 50(5): 709-712.

[81] KAO C H, CHEN H, LIAO Y C, et al. Comparison of high-κ $Nd_2O_3$ and $NdTiO_3$ dielectrics deposited on polycrystalline silicon substrates[J]. Thin Solid Films, 2014, 570: 412-416.

[82] DAKHEL A A. Electrical conduction processes in neodymium oxide thin films prepared on Si(100) substrates[J]. J. Alloys Compd., 2004, 376(1-2): 38-42.

[83] KÖGLER R, MÜCKLICH A, EICHHORN F, et al. Praseodymium compound formation in silicon by ion beam synthesis[J]. Vacuum, 2007, 81(10): 1318-1322.

[84] TING C C, LI W Y, WANG C H, et al. Structural and electrical properties of the europium-doped indium zinc oxide thin film transistors[J]. Thin Solid Films, 2014, 562: 625-631.

[85] KAO C H, LIU K C, LEE M H, et al. High dielectric constant terbium oxide($Tb_2O_3$) dielectric deposited on strained-Si: C[J]. Thin Solid Films, 2012, 520(8): 3402-3405.

[86] CHERIF A, JOMNI S, BELGACEM W, et al. Investigation of structural properties, electrical and dielectrical characteristics of Al/$Dy_2O_3$/porous Si heterostructure[J]. Superlattices Microstruct., 2014, 68: 76-89.

[87] AL-KUHAILI M F, DURRANI S M A. Structural and optical properties of dysprosium oxide thin

films[J]. J. Alloys Compd. ,2014,591: 234-239.

[88] DAKHEL A A. Temperature and frequency dependent dielectric properties of dysprosium oxide grown on Si(p) substrates[J]. J. Alloys Compd. ,2006,422(1-2): 1-5.

[89] PAN T M, YEN L C. Structural properties and electrical characteristics of high-κ $Tm_2Ti_2O_7$ gate dielectrics[J]. Appl. Surf. Sci. ,2010,256(6): 1845-1848.

[90] LAWNICZAK-JABLONSKA K, BABUSHKINA N V, DYNOWSKA E, et al. Surface morphology of $Dy_xO_y$ films grown on Si[J]. Appl. Surf. Sci. ,2006,253(2): 639-645.

[91] LIN C C, WU Y H, WU C Y, et al. Formation of amorphous $Yb_2O_3$/crystalline $ZrTiO_4$ gate stack and its application in n-MOSFET with sub-nm EOT[J]. Appl. Surf. Sci. ,2014,299: 47-51.

[92] PAN T M, HUANG W S. Physical and electrical characteristics of a high-κ $Yb_2O_3$ gate dielectric [J]. Appl. Surf. Sci. ,2009,255(9): 4979-4982.

[93] TSENG H C, CHANG T C, HUANG J J, et al. Resistive switching characteristics of ytterbium oxide thin film for nonvolatile memory application[J]. Thin Solid Films,2011,520(5): 1656-1659.

[94] DARMAWAN P, YUAN C L, LEE P S. Trap-controlled behavior in ultrathin $Lu_2O_3$ high-κ gate dielectrics[J]. Solid State Commun,2006,138(12): 571-573.

[95] PAN T M, CHEN F H, JUNG J S. Structural and electrical characteristics of a high-κ $Lu_2O_3$ charge trapping layer for nonvolatile memory application[J]. Materi. Chem. Phys. , 2012, 133(2-3): 1066-1070.

[96] AFANAS'EV V V, SHAMUILIA S, BADYLEVICH M, et al. Electronic structure of silicon interfaces with amorphous and epitaxial insulating oxides: $Sc_2O_3$, $Lu_2O_3$, $LaLuO_3$ [J]. Microelectron. Eng. ,2007,84(9-10): 2278-2281.

[97] DURAND C, DUBOURDIEU C, VALLEE C, et al. Structural and Electrical Characterizations of Yttrium Oxide Films after Postannealing Treatments [J]. J. Electrochem. Soc. , 2005, 152 (12): F217.

[98] PAN T M, LEE J D. Physical and electrical properties of yttrium oxide gate dielectrics on Si substrate with $NH_3$ plasma treatment[J]. J. Electrochem. Soc. ,2007,(8): 154.

[99] DAS P S, DALAPATI G K, CHI D Z, et al. Characterization of $Y_2O_3$ gate dielectric on n-GaAs substrates[J]. Appl. Surf. Sci. ,2010,256(7): 2245-2251.

[100] QUAH H J, CHEONG K Y. Effects of post-deposition annealing ambient on $Y_2O_3$ gate deposited on silicon by RF magnetron sputtering[J]. J. Alloys Compd. ,2012,529: 73-83.

[101] KAKUNO K, ITO D, FUJIMURA N, et al. Growth process and interfacial structure of epitaxial $Y_2O_3$/Si thin films deposited by pulsed laser deposition [J]. J. Crys. Growth, 2002, 237(1): 487-491.

[102] GOVINDARAJAN S, BOSCKE T S, SIVASUBRAMANI P, et al. Higher permittivity rare earth doped $HfO_2$ for sub-45-nm metal-insulator-semiconductor devices[J]. Appl. Phys. Lett. ,2007,91 (6): 262902.

[103] FISCHER D, KERSCH A. The effect of dopants on the dielectric constant of $HfO_2$ and $ZrO_2$ from first principles[J]. Appl. Phys. Lett. ,2008,92(1): 5243.

[104] LI T, YAN Z, LIU Z, et al. Surface microstructure and performance of TiN monolayer film on titanium bipolar plate for PEMFC[J]. Int. J. Hydrogen Energy,2021,46(61): 31382-31390.

[105] WIEMER C, LAMAGNA L, BALDOVINO S, et al. Dielectric properties of Er-bdoped $HfO_2$ (Er~15%) grown by atomic layer deposition for high-κ gate stacks[J]. Appl. Phys. Lett. , 2010, 96(18): 182901.

[106] WIEMER C, BALDOVINO S, LAMAGNA L, et al. Structural and electrical properties of Er-doped $HfO_2$ and of its interface with Ge(001)[J]. Microelectron. Eng. ,2011,88(4): 415-418.

[107] JIANG S S,HE G,LIANG S,et al. Modulation of interfacial and electrical properties of HfGdO/GaAs gate stacks by ammonium sulfide passivation and rapid thermal annealing[J]. J. Alloys Compd. ,2017,704: 322-328.

[108] ZHU L,HE G,SUN Z Q,et al. Annealing temperature-dependent microstructure and optical and electrical properties of solution-derived Gd-doped $ZrO_2$ high-$\kappa$ gate dielectrics[J]. J. Sol-Gel Sci. Technol. ,2017,83(3): 675-682.

[109] XIAO D Q,HE G,LV J G,et al. Interfacial modulation and electrical properties improvement of solution-processed $ZrO_2$ gate dielectrics upon Gd incorporation[J]. J. Alloys Compd. ,2017,699 (Complete): 415-420.

[110] ZHANG Y,ZHANG W,FENG Y,et al. Promoted $CO_2$ electroreduction over indium-doped $SnP_3$: A computational study[J]. J. Energy Chem. ,2020,48: 1-6.

[111] WANG D,HE G,FANG Z,et al. Interface chemistry modulation and dielectric optimization of TMA-passivated $HfD_yO_x$/Ge gate stacks using doping concentration and thermal treatment[J]. RSC Adv. ,2020,10(2): 938-951.

[112] LIANG S,HE G,WANG D,et al. Modulating the interface chemistry and electrical properties of sputtering-driven HfYO/GaAs gate stacks by ALD pulse cycles and thermal treatment[J]. ACS omega,2019,4(7): 11663-11672.

[113] LIANG S,HE G,ZHU L,et al. Modulation of the microstructure,optical,and electrical properties of HfYO gate dielectrics by annealing temperature[J]. J. Alloys Compd. ,2017: S0925838817340434.

[114] OH I K,KIM M K,LEE J S,et al. The effect of $La_2O_3$-incorporation in $HfO_2$ dielectrics on Ge substrate by atomic layer deposition[J]. Appl. Surf. Sci. ,2013,287: 349-354.

[115] YANG M,TU H,DU J,et al. Effects of $NH_3$ annealing on interface and electrical properties of Gd-doped $HfO_2$/Si stack[J]. J. Rare Earths,2013,31(4): 395-399.

[116] LI S,WU Y,LI G,et al. Ta-doped modified $Gd_2O_3$ film for a novel high $\kappa$ gate dielectric[J]. J. Mater. Sci. Technol. ,2019,35(10): 2305-2311.

[117] LI S,LIN Y,WU Y,et al. Effect of Fe impurity on performance of $La_2O_3$ as a high $\kappa$ gate dielectric [J]. Ceram. Int. ,2019,45(16): 21015-21022.

[118] LI S,LIN Y,WU Y,et al. Ni doping significantly improves dielectric properties of $La_2O_3$ films[J]. J. Alloys Compd. ,2020,822: 153469.

[119] ZHANG J W, HE G, ZHOU L, et al. Microstructure optimization and optical and interfacial properties modulation of sputtering-derived $HfO_2$ thin films by $TiO_2$ incorporation[J]. J. Alloys Compd. ,2014,611: 253-259.

[120] PAN T M,YEN L C. Influence of postdeposition annealing on structural properties and electrical characteristics of thin $Tm_2O_3$ and $Tm_2Ti_2O_7$ dielectrics[J]. Appl. Surf. Sci., 2010, 256(9): 2786-2791.

[121] HER J L,PAN T M,LIU J H,et al. ELECTRICAL characteristics of $GdTiO_3$ gate dielectric for amorphous InGaZnO thin-film transistors[J]. Thin Solid Films,2014,569: 6-9.

[122] ZHAO Y,KITA K,KYUNO,K,et al. Higher-$\kappa$ $LaYO_x$ films with strong moisture resistance[J]. Appl. Phys. Lett. ,2006,89: 252905.

[123] LU C,LEE C H,NISHIMURA T,et al. Yttrium scandate thin film as alternative high-permittivity dielectric for germanium gate stack formation[J]. Appl. Phys. Lett. ,2015,58(7): 646.

[124] LIM W F,CHEONG K Y,LOCKMAN Z. Effects of post-deposition annealing temperature and time on physical properties of metal-organic decomposed lanthanum cerium oxide thin film[J]. Thin Solid Films,2011,519(15): 5139-5145.

[125] LISONI J G, BREUIL L, NYNS L, et al. High-κ gadolinium and aluminum scandates for hybrid floating gate NAND flash[J]. Microelectron. Eng., 2013, 109: 220-222.

[126] PAN T M, LU C H. Effect of postdeposition annealing on the structural and electrical properties of thin $Dy_2TiO_5$ dielectrics[J]. Thin Solid Films, 2011, 519(22): 8149-8153.

[127] THOMAS R, SAAVEDRA-ARIAS J J, KARAN N K, et al. Thin films of high- dysprosium scandate prepared by metal organic chemical vapor deposition for metal-insulator-metal capacitor applications[J]. Solid State Commun., 2008, 147(7-8): 332-335.

[128] CASTÁN H, GARCÍA H, DUEÑAS S, et al. Conduction and stability of holmium titanium oxide thin films grown by atomic layer deposition[J]. Thin Solid Films, 2015, 591: 55-59.

[129] KUKLI K, KEMELL M, DIMRI M C, et al. Holmium titanium oxide thin films grown by atomic layer deposition[J]. Thin Solid Films, 2014, 565: 261-266.

[130] DAKHEL A A. Charge trapping and ac-electrical conduction in nanocrystalline erbium manganate film on Si substrate[J]. J. Alloys Compd., 2008, 458(1-2): 77-82.

[131] CHEN F H, HER J L, SHAO Y H, et al. Structural and electrical characteristics of high-κ $ErTi_xO_y$ gate dielectrics on InGaZnO thin-film transistors[J]. Thin. Solid. Films., 2013, 539: 251-255.

[132] PAN T M, CHANG W T, CHIU F C. Structural properties and electrical characteristics of high-κ $Dy_2O_3$ gate dielectrics[J]. Appl. Surf. Sci., 2011, 257(9): 3964-3968.

[133] DAKHEL A A. Annealing effect on the structural, optical and electrical properties of Yb-Mn oxide thin films[J]. J. Alloys Compd., 2009, 476(1-2): 28-32.

[134] TRIYOSO D H, GILMER D C, JIANG J, et al. Characteristics of thin lanthanum lutetium oxide high-κ dielectrics[J]. Microelectron. Eng., 2008, 85(8): 1732-1735.

[135] ROECKERATH M, HEEG T, LOPES J M J, et al. Characterization of lanthanum lutetium oxide thin films grown by atomic layer deposition as an alternative gate dielectric[J]. Thin Solid Films, 2008, 517(1): 201-203.

[136] SATO S, TACHI K, KAKUSHIMA K, et al. Thermal-stability improvement of LaON thin film formed using nitrogen radicals[J]. Microelectron. Eng., 2007, 84(9-10): 1894-1897.

[137] HUANG Y, XU J P, LIU L, et al. Improved interfacial and electrical properties of HfTiON gate-dielectric Ge MOS capacitor by using LaON/Si dual passivation layer and fluorine-plasma treatment [J]. Appl. Surf. Sci., 2019, 493: 628-633.

[138] BARHATE V N, AGRAWAL K S, PATIL V S, et al. Performance enhancement of $Al/La_2O_3/ZrO_2$/4H-SiC MOS device with LaON as interfacial passivation layer[J]. Mater. Sci. Semicond. Process, 2020, 117(1): 105161.

[139] LIU Z, LIANG L, YU Z, et al. Structural and electrical characteristics of RF sputtered YON gate dielectrics and their thin-film transistor applications[J]. J. Phys. D, 2011, 44(15): 155403.

[140] DETAND J, CHENG Z X, XU Q, et al. Passivation of $HfO_2$/Ge interface with YON fabricated by different approaches[C]. MATEC Web Conf., 2017, 104: 01006.

[141] LIU L, CHENG Z X, XU J P, et al. Moisture-absorption-free LaTaON as gate dielectric of Ge MOS devices[J]. Appl. Surf. Sci., 2019, 467-468: 462-466.

[142] XU B, XU J P, LIU L, et al. Improvements of interfacial and electrical properties for Ge MOS capacitor with LaTaON gate dielectric by optimizing Ta content[J]. Chinese Phys. Lett., 2018, 35(7): 90-94.

[143] GAO J, HE G, FANG Z B, et al. Interface quality modulation, band alignment modification and optimization of electrical properties of HfGdO/Ge gate stacks by nitrogen incorporation[J]. J. Alloys Compd., 2017, 695: 2199-2206.

[144] HE G, WANG D, MA R, et al. Interface chemistry and leakage current mechanism of HfGdON/Ge

gate stack modulated by ALD-driven interlayer[J]. RSC Adv. ,2019,9(58): 33800-33805.

[145] DEL ALAMO J A. Nanometre-scale electronics with Ⅲ-Ⅴ compound semiconductors[J]. Nature, 2011,479(7373): 317-323.

[146] JIANG S S,HE G,LIANG S,et al. Modulation of interfacial and electrical properties of HfGdO/GaAs gate stacks by ammonium sulfide passivation and rapid thermal annealing[J]. J. Alloys Compd. ,2017,704: 322-328.

[147] LIANG S,HE G,WANG D,et al. Modulating the interface chemistry and electrical properties of sputtering-driven HfYO/GaAs gate stacks by ALD pulse cycles and thermal treatment[J]. ACS Omega,2019,4(7): 11663-11672.

[148] HOEX B,SCHMIDT J,POHL P,et al. Silicon surface passivation by atomic layer deposited $Al_2O_3$ [J]. J. Appl. Phys. ,2008,104(4): 044903.

[149] LU H H,XU J P,LIU L,et al. Electrical and interfacial properties of GaAs MOS capacitors with La-doped ZrON as interfacial passivation layer [J]. IEEE Trans. Electron Devices, 2017, 64(5): 2179-2184.

[150] WANG L S,XU J P,LIU L,et al. Plasma-Nitrided $Ga_2O_3$ ($Gd_2O_3$) as interfacial passivation layer for InGaAs metal-oxide-semiconductor capacitor with HfTiON gate dielectric[J]. IEEE Trans. Electron Devices,2015,62(4): 1235-1240.

[151] HUANG Y,XU J P,LIU L,et al. Interfacial and electrical properties of Ge MOS capacitor by ZrLaON passivation layer and fluorine incorporation[J]. IOP Conf. Ser. : Mater. Sci. Eng. ,2017, 229: 012018.

[152] RANUÁREZ J C,DEEN M J,CHEN C H. A review of gate tunneling current in MOS devices[J]. MiRe,2006,46(12): 1939-1956.

[153] CHIU F C. A review on conduction mechanisms in dielectric films[J]. Adv. Mater. Sci. Eng. ,2014.

[154] HAO L,HE G,FANG Z,et al. Modulation of the microstructure,optical and electrical properties of sputtering-driven $Yb_2O_3$ gate dielectrics by sputtering power and annealing treatment[J]. Appl. Surf. Sci. ,2020,508: 145273.

# 第5章

# 硅基高$\kappa$栅介质和金属栅极集成

## 5.1 MOSFET器件的微缩和性能改进

1930年，利林菲尔德(Lilienfeld)获得了场效应晶体管(FET)半导体器件概念的专利。30年后的1960年，Kahng和Atalla发明了世界上第一个金属氧化物半导体场效应晶体管(MOSFET)。1963年，第一个互补金属氧化物半导体(CMOS)器件被制造完成，自此CMOS技术成为主流的集成电路技术，尤其是硅平面工艺与CMOS器件的结合，极大促进了集成电路的发展。特别是，通过对电路中基本MOS器件的尺寸进行缩减，能不断提高集成度，提高性能，降低单位电路的生产成本，满足商业市场扩张的若干技术要求，这些要求包括性能(速度)、低静态(关断状态)功率，以及宽范围的电源和输出电压，这种缩减称为"scaling"。MOSFET最小特征尺寸的缩放是提高电路速度、减少功耗并增加封装密度的主要驱动力。

为了满足MOSFET缩小的要求，人们提出了各种缩放规则，包括恒定电场缩放、恒定电压缩放、准恒定电压缩放和广义缩放。在常用的恒定电场缩放中，内部电场的最大值和分布保持恒定，因此小器件只是大器件的尺寸缩小版。表5.1.1中列出了恒定电场缩放所需遵循的缩放规则。MOSFET器件缩放的示意图如图5.1.1所示：FET按$K$因子缩小，在保持性能不变的同时实现尺寸缩小。当所有电压和几何尺寸按$K$因子减小，掺杂和电荷密度按相同因子增加时，FET内部的电场分布保持不变。这导致电路速度$K$倍的增加，而电路密度$K^2$倍的增加。这种类型缩放的局限性体现在，由于弱反型区宽度不缩放，则从打开到关闭器件时所需的电压非常高。有的情况下外部芯片接口可能要求电压电平保持恒定，因此电压不被缩放并保持恒定，这种类型的缩放称为恒电压缩放，见表5.1.1。然而，在恒定电压缩放中，器件尺寸的缩小会增加电场。为了降低电场强度，通常使用准恒定电压缩放，其中器件尺寸根据恒定电场缩放规则缩放，但电压缩放幅度较小。然而在这种情况下，耗尽区宽度的减小幅度会小于器件尺寸的缩小比例。通过对衬底掺杂使用不同的缩放因子可以避免该问题，这称为广义缩放。表5.1.2总结了不同的缩放规则。

表 5.1.1 恒定电场缩放和恒定电压缩放的缩放规则（$K$ 为缩放因子）

| 缩放因子 | 电场恒定 | 栅极电压恒定 |
| --- | --- | --- |
| 栅极长度($L$) | $1/K$ | $1/K$ |
| 栅极宽度($W$) | $1/K$ | $1/K$ |
| 结深($X_j$) | $1/K$ | $1/K$ |
| 栅极面积($S$) | $1/K^2$ | $1/K^2$ |
| 栅极氧化物厚度($T_{ox}$) | $1/K$ | $1/K$ |
| 掺杂浓度($N_A$) | $K$ | $K^2$ |
| 电压($V$) | $1/K$ | 1 |
| 电场($E$) | 1 | $K$ |
| 电流($I=(W/L)(1/T_{ox})V^2$) | $1/K$ | $K$ |
| 栅极电容($C=eS/T_{ox}$) | $1/K$ | $1/K$ |
| 门延迟($VC/I$) | $1/K$ | $1/K^2$ |
| 功耗($P$) | $1/K^2$ | $K$ |
| 门延迟×功耗 | $1/K^3$ | $1/K$ |
| 电流密度($J$) | $K$ | $K^3$ |
| 功率密度($VI/S$) | 1 | $K^3$ |

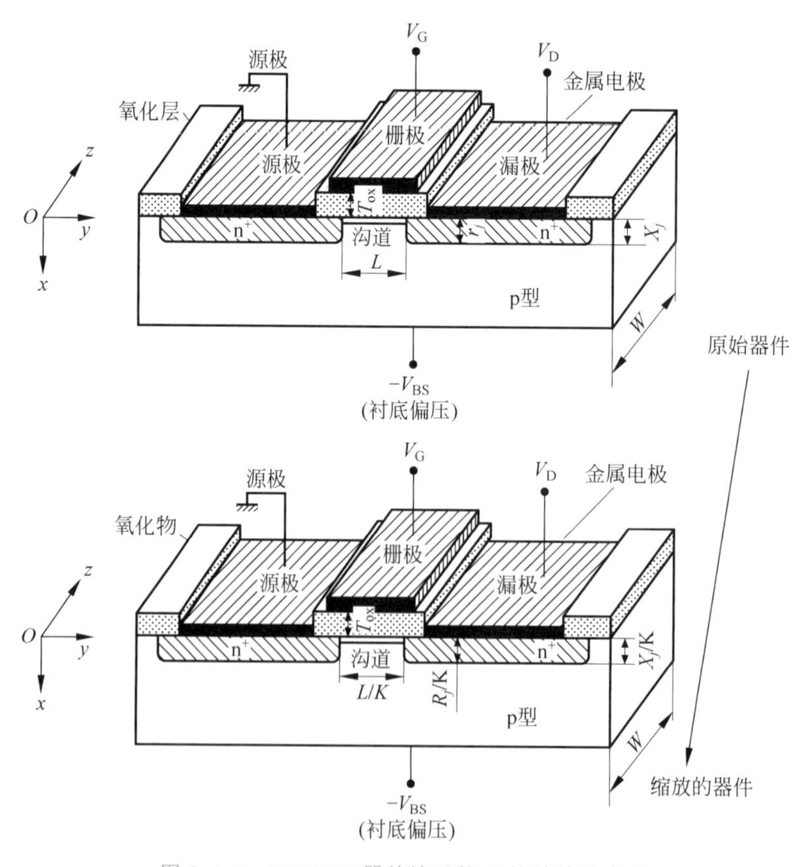


图 5.1.1 MOSFET 器件按系数 $K$ 缩放的示意图

表 5.1.2　不同缩放类型的缩放规则($K>U>1$)($K$ 和 $U$ 为缩放因子)

| 缩 放 因 子 | 电 场 恒 定 | 栅极电压恒定 | 准恒定电压缩放 | 广义缩放 |
|---|---|---|---|---|
| $W$、$L$ | $1/K$ | $1/K$ | $1/K$ | $1/K$ |
| $T_{ox}$ | $1/K$ | $1/K$ | $1/U$ | $1/K$ |
| $N_A$ | $K$ | $K^2$ | $K$ | $K^2/U$ |
| $V$,$V_T$ | $1/K$ | 1 | $1/U$ | $1/U$ |

在 1965 年撰写的一篇开创性文章中,英特尔公司联合创始人戈登·E. 摩尔(Gordon E. Moore)预测,集成电路的晶体管数量将呈指数级增长,并预测这一趋势将继续下去。他的预测(众所周知的摩尔定律)指出,集成电路上的晶体管数量大约每 24 个月翻一番,从而以更低的成本获得更高的性能。这种简单但深刻的说法是半导体和计算产业的基础。它是计算能力和器件集成指数增长的基础,并刺激了一代又一代 PC 和智能设备的出现。这一关于硅集成度的预测,由英特尔公司实现并推动了全球技术革命。图 5.1.2 给出了英特尔处理器实际的(点)和摩尔定律预测(线)的晶体管数增长示意图。为了实现更高的集成密度,器件尺寸在过去 20 年中急剧缩小,如果“国际半导体技术路线图”(ITRS)的技术预测能够实现,器件尺寸将继续缩小。

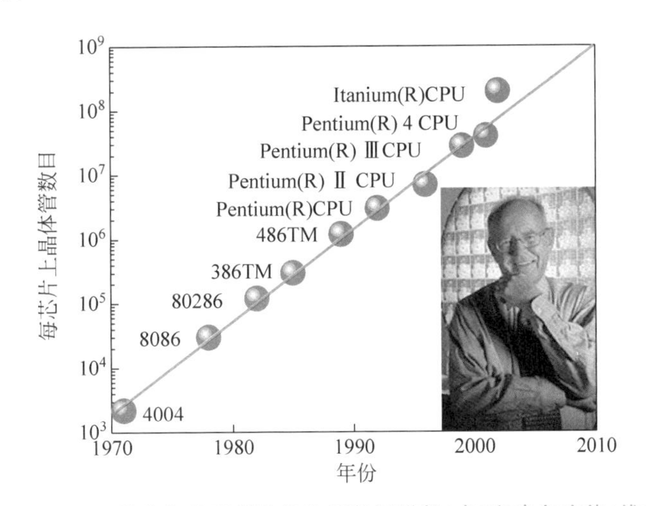


图 5.1.2　英特尔处理器的晶体管数量增长(点)和摩尔定律(线)

摩尔定律意味着更高的性能和更低的成本

关于逻辑器件尺寸缩小导致的性能提升,可以通过 FET 驱动电流来说明。使用渐变沟道近似,MOS 器件开态驱动电流可以写成

$$I_D=\frac{W}{L}\mu C_{inv}\left(V_G-V_T-\frac{V_D}{2}\right)V_D \tag{5.1.1}$$

式中,$W$ 是晶体管沟道的宽度;$L$ 是沟道长度;$\mu$ 是沟道载流子迁移率(此处假定为常数);$C_{inv}$ 是沟道处于反型状态时与栅极电介质相关的电容密度;$V_G$ 和 $V_D$ 分别是施加到晶体管栅极和漏极的电压;阈值电压由 $V_T$ 给出。可以看出,在该近似中,漏极电流与沟道平均电荷(具有电势 $V_D/2$)和沿沟道方向的平均电场($V_D/L$)成比例。最初,$I_D$ 随 $V_D$ 线性增

加，然后当 $V_{D,sat}=V_G-V_T$ 时饱和达到最大值，饱和时电流公式为

$$I_{D,sat}=\frac{W}{L}\mu C_{inv}\frac{(V_G-V_T)^2}{2} \tag{5.1.2}$$

由于可靠性和室温操作限制，$(V_G-V_T)$ 的范围受到限制，因为过大的 $V_G$ 会在氧化物上产生不希望的高电场。此外，$V_T$ 不能轻易降低到约 200mV 以下，因为它应该大于 $k_BT$（室温下约为 25mV）。而典型的工作温度（小于等于 100℃）也可能导致热能的统计波动，这将对所需的 $V_T$ 产生不利影响。因此，即使在这种简化的近似中，沟道长度的减小或栅极介电电容的增加也将导致 $I_{D,sat}$ 的增加。

从 CMOS 电路性能的角度来看，性能度量考虑晶体管的动态响应（充电和放电），其应与特定电路元件和以代表性（时钟）频率提供给该元件的电源电压相关联。用于检查这种开关时间效应的常见元件是 CMOS 反相器。该电路元件如图 5.1.3 所示，其中输入信号连接到栅极，输出信号同时连接到 n 型 MOS(nMOS) 和 p 型 MOS(pMOS) 晶体管。开关时间受到 n-FET 驱动电流对负载电容放电所需的下降时间和 p-FET 驱动电流对负载电容充电所需的上升时间两者的限制。即开关响应时间由下式给出：

$$\tau=\frac{C_{Load}V_{DD}}{I_D} \tag{5.1.3}$$

式中，$C_{Load}=FC_{Gate}+C_j+C_i$，这里 $C_j$ 和 $C_i$ 分别为寄生结电容和局部互连电容。互连器件的"扇出"由系数 $F$ 给出。忽略栅电极响应的延迟，也即 $\tau_{Gate}\ll\tau_{n,p}$，平均开关时间可以写为

$$\bar{\tau}=\frac{\tau_p+\tau_n}{2}=C_{Load}V_{DD}\left\{\frac{1}{I_D^n+I_D^p}\right\} \tag{5.1.4}$$

如果忽略诸如结电容和互连电容之类的寄生贡献，那么在单个 CMOS 反相器的情况下，负载电容仅仅是栅极电容。因此，$I_D$ 的增加可以降低开关时间。考虑到式(5.1.1)，式(5.1.3)也可以简化为

$$\tau=\frac{C_{Load}V_{DD}}{I_D}=\frac{C_{ox}WLV_{GS}}{\frac{W}{L}\mu C_{ox}(V_{GS}-V_T)}\approx\frac{L^2}{\mu} \tag{5.1.5}$$

很明显，减小沟道长度是提高器件速度的最有效方式。但是随着 CMOS 器件的显著缩小，必须严格控制由此导致的短沟道效应。例如：①阈值电压降低；②沟道长度调制；③载流子速度饱和；④漏极诱导势垒降低(DIBL)；⑤穿通；⑥击穿；⑦热载流子生成。首先，阈值电压降低严重影响开关特性和关断状态功耗。随着沟道长度的减小，源极和漏极耗尽区将成为整个沟道中更重要的部分。因此，来自源极和漏极耗尽区的共享电荷使得需要较少的栅极感应电荷来反转晶体管，这导致晶体管阈值电压的降低。其次，沟道长度调制效应是指 MOS 晶体管中，栅下沟道预夹断后，若继续增大 $V_{DS}$，夹断点会向源极方向移动，导致夹断点到源极之间的沟道长度减小，有效沟道长度随所施加的电压 $V_{DS}$ 变化而变化，这导致即使在饱和区域，$I_{DS}$ 也依赖于 $V_{DS}$。对于长沟道器件而言，沟道变化长度远小于原沟道长度，可忽略。但在集成电路特征尺寸逐渐缩小的今天，沟道调制效应带来的影响愈加不可忽

视。载流子速度饱和是指超过临界电场，载流子速度变得恒定，不再依赖于施加的电场。这导致了较低的迁移率，从而降低了电流。DIBL是指漏极诱导势垒降低，即由于沟道长度减小，源漏之间距离缩短，漏极电场穿透到源极，使载流子从源极进入沟道的势垒降低，这种效应在较高的漏极偏压下更显著。随着沟道长度的减小，源极和漏极的耗尽区彼此接近。如果衬底掺杂不够高，最终这两个耗尽区可能会相互接触，这种情况称为穿通。由于漏极区附近的高电场，载流子获得了较大的速度，并可能导致碰撞电离。这些新生成的载流子可以在高场中加速并生成更多的载流子，这可能导致雪崩。这种效应称为热载流子产生，会导致电流快速增加，最终导致晶体管击穿。

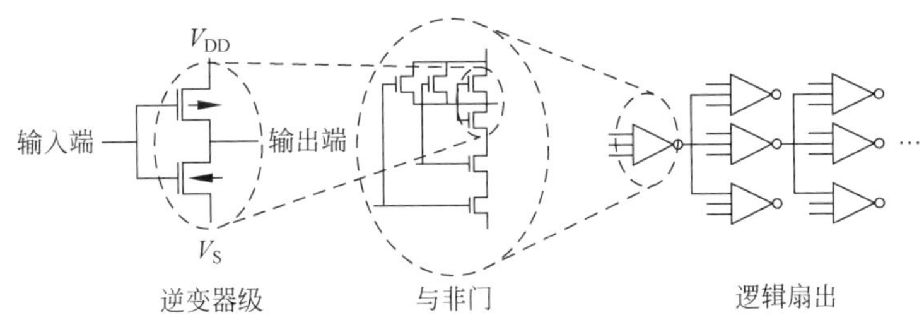


图 5.1.3　用于测试 CMOS FET 技术的组件

$V_{DD}$ 和 $V_S$ 分别用作源极和漏极电压，并且对于所示的 NAND 门是共用的；每个 NAND 门连接到三个门电路，导致扇出为 3

## 5.2　应用于亚 0.1μm MOS 器件栅叠层的栅介质材料所面临的迫切问题

业界对集成电路多功能、高性能和更低成本的需求，要求增加电路密度，也即要求晶片上更高的晶体管密度。晶体管特征尺寸的快速缩小迫使沟道长度和栅极电介质厚度也迅速减小，见表 5.2.1。因此，出现了一系列与栅极材料相关的问题，CMOS $SiO_2$ 栅介质和多晶硅栅电极在 2007 年变成高介电常数栅介质和金属栅电极。

表 5.2.1　等效氧化物厚度与技术节点

| 年　份 | 1999 | 2001 | 2003 | 2005 | 2007 | 2009 | 2011 | 2014 | 2017 | 2020 |
|---|---|---|---|---|---|---|---|---|---|---|
| 技术节点 | 180 | 130 | 90 | 65 | 45 | 32 | 22 | 16 | 10 | 7 |
| 等效氧化层厚度/nm | 1.0～2.5 | 1.5～1.9 | 1.2～1.5 | 0.8～1.1 | 0.7～0.9 | 0.6～0.8 | 0.6～0.8 | 0.6～0.8 | 0.6～0.8 | 0.6～0.8 |

### 5.2.1　$SiO_2$ 栅介质

传统的 MOS 栅叠层主要由重掺杂多晶硅栅电极、$SiO_2$ 栅介质和硅衬底组成，如图 5.2.1 所示。30 多年来，$SiO_2$ 电介质一直作为一种优秀的栅极绝缘体，负责阻挡电流从 CMOS 器件的栅电极流向沟道。为了提高器件性能，在给定电源电压下获得所需电流并避免短沟道效应，$SiO_2$ 厚度需要显著减小，以使得沟道表面反型时得到足够的电荷密度。然而，随着器件的持续微缩，$SiO_2$ 的厚度从 30 年前的 100nm 缩小到如今 90nm 工艺节点的 1.2nm，这只有四个原子层的厚度。这一趋势将导致一个问题，即随着 $SiO_2$ 层变薄，栅极隧穿导致的漏电流将呈指数上升。这将引来严重的功耗和散热问题。隧穿漏电流与 $SiO_2$ 厚度的关系可通过以下方程获得：

$$J_g = \frac{A}{T_{ox}^2} e^{-2T_{ox}\sqrt{\frac{2m^* q}{\hbar^2}\left(\Phi_B - \frac{V_{ox}}{2}\right)}} \tag{5.2.1}$$

式中，$A$ 是实验常数；$T_{ox}$ 是 $SiO_2$ 介质层的物理厚度；$\Phi_B$ 是金属栅和 $SiO_2$ 之间的势垒高度；$V_{ox}$ 是栅介质层上的电压降；$m^*$ 是栅介质中的电子有效质量。由于 $SiO_2$ 薄膜存在大量缺陷，将导致在 $SiO_2$ 带隙中具有电子陷阱能级，电子输运将由陷阱辅助机制控制，如 P-F 发射或跳跃传导。漏电流对 $SiO_2$ 物理厚度的依赖性如图 5.2.2 所示。因此，这种漏电流问题导致晶体管偏离其纯“导通”和“关断”状态，进入“导通”和“漏断”状态。此外，ITRS 还给出了各种逻辑技术(例如低待机功率逻辑、低工作功耗逻辑和高性能逻辑等)要求的栅极漏电流密度限制和模拟得到的直接隧穿导致的栅极漏电流，如图 5.2.3～图 5.2.5 所示。没有更高物理厚度和更高 κ 值的新型栅介质材料，摩尔定律必然会碰壁。下一代技术开发的任务是打破障碍，让摩尔定律不断向前发展。而解决栅介质问题是行业的关键问题。

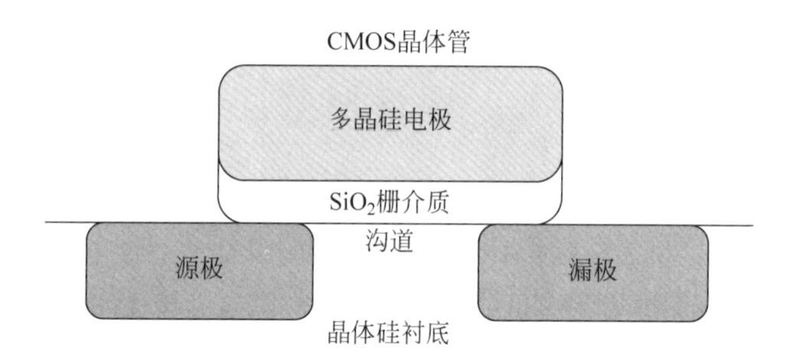


图 5.2.1 CMOS 晶体管示意图

在 90nm 工艺节点以下，$SiO_2$ 栅介质的厚度将薄于 1.2nm(仅约四个原子层)；由隧穿导致的电流泄漏会造成显著的功耗

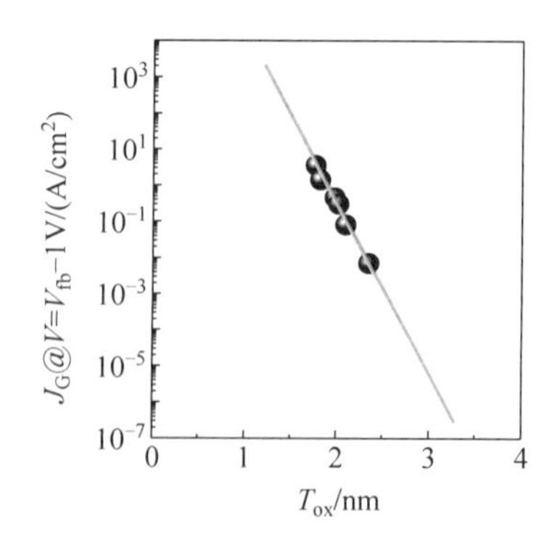


图 5.2.2 $SiO_2$ 物理厚度与栅极漏电流密度关系示意图

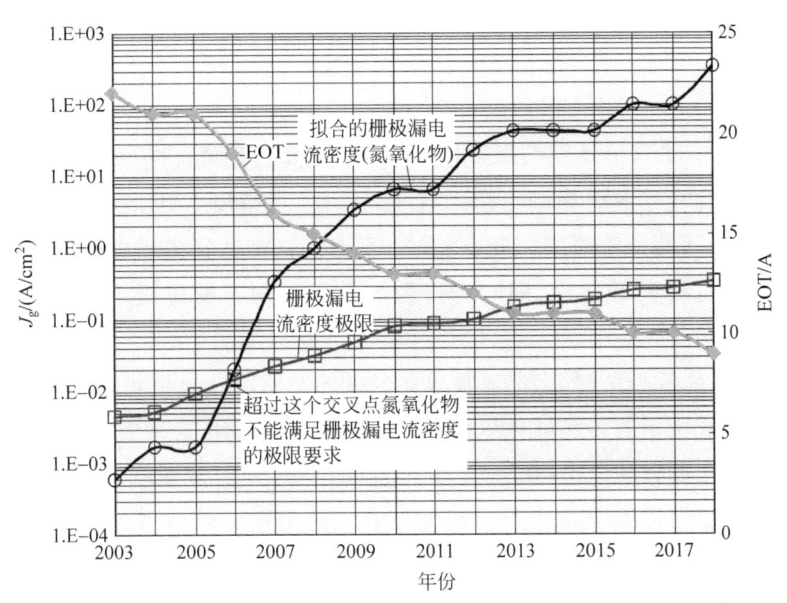


图 5.2.3 低待机功耗逻辑栅极漏电流密度极限和模拟得到的直接隧穿导致的漏电流

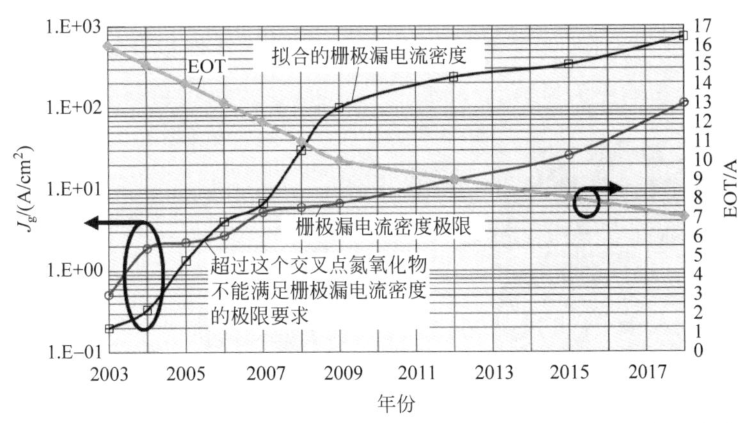


图 5.2.4 低工作功耗逻辑栅极漏电流密度极限和模拟得到的直接隧穿导致的漏电流

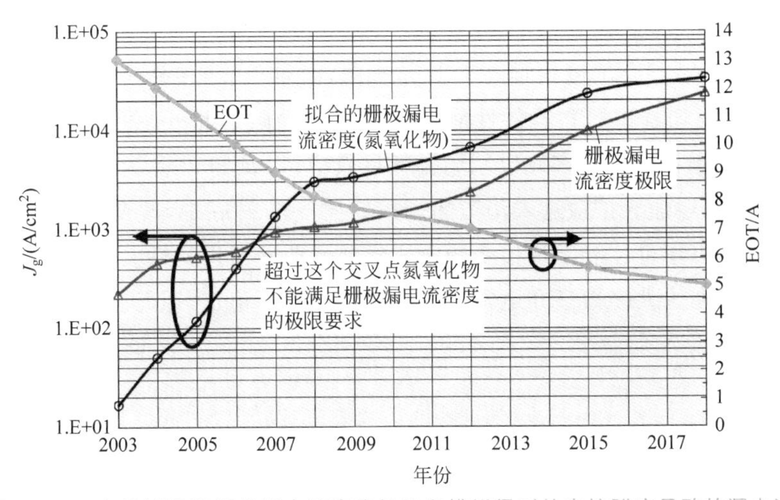


图 5.2.5 高性能逻辑栅极漏电流密度极限和模拟得到的直接隧穿导致的漏电流

### 5.2.2 多晶硅电极

除了由 $SiO_2$ 厚度减小导致的隧穿漏电流问题，与重掺杂多晶硅栅电极相关的问题也变得严重，如多晶硅耗尽效应和硼穿通。当前 $n^+/p^+$ 双栅极 CMOS 技术的工艺要求导致多晶硅栅极中电子活性杂质浓度的折中考虑。即必须仔细选择多晶硅掺杂的注入和退火条件，以避免杂质穿过栅极氧化物，同时保持由缩放规则规定的源极/漏极结深和横向扩散长度。

当器件工作在强反型区时，多晶硅栅极中较低的杂质浓度导致在多晶硅/氧化物界面附近形成耗尽层，导致所谓的多晶硅耗尽效应，如图 5.2.6 所示，这种效应使有效介质厚度增加了 3～4Å。此时，栅极的总电容是三部分电容的串联，分别为栅极多晶硅耗尽层电容、栅极氧化层电容、沟道内反型层载流子引起的电容。由于量子效应，CMOS 器件沟道内的二维电子气不会完全位于硅的表面，而是被限制在一个非常靠近硅表面的势阱中。反型层载流子浓度在距离表面 10～20Å 的位置有一个峰值，从而形成反型层电容，反型层电容是器件本身特有的，不容易被改变。而由多晶硅耗尽效应导致的耗尽层电容会使栅极总电容减小，如式(5.1.1)所示，会削弱器件的栅控能力，导致器件特性退化，对于亚 0.1μm 技术节点，多晶硅耗尽效应影响更为显著。

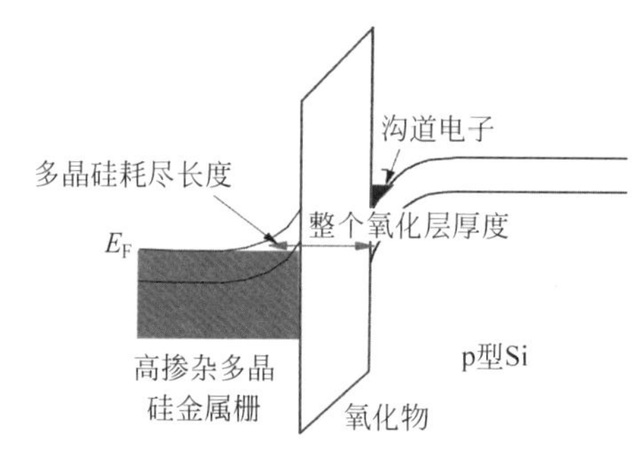


图 5.2.6 多晶硅耗尽效应示意图

对于 $n^+$ 多晶硅，掺杂浓度很难高于 $10^{20}/cm^3$，而对于 $p^+$ 多晶硅电极，掺杂浓度很难高于 $10^{19}/cm^3$。这意味着在提高器件性能方面有固有局限。此外，关于硼穿通问题，pMOS 器件向 $p^+$ 多晶硅栅极掺杂更多硼以减弱栅耗尽效应，以及栅介质厚度的减小，导致通过栅介质进入沟道的硼增加。扩散进入沟道的硼积聚在 n-Si 衬底中，改变阈值电压并降低介质可靠性，从而再次以不可控和不可接受的方式降低预期的器件特性。

最后，多晶硅在绝大多数高介电常数栅介质材料上不稳定，因此它可以与高 κ 栅介质形成硅化物，如图 5.2.7 所示。

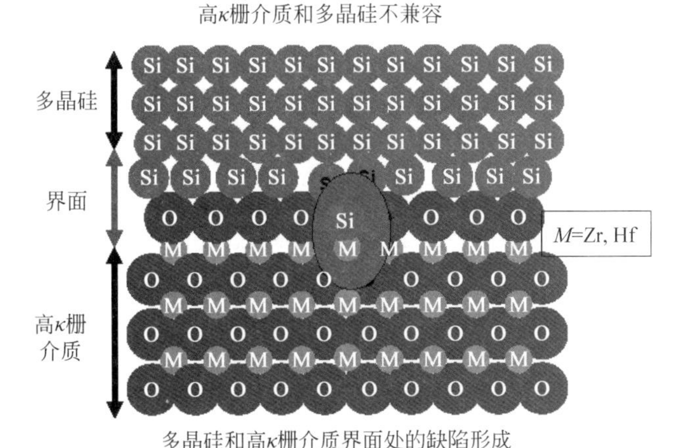


图 5.2.7 多晶硅电极在高 κ 栅介质上的不稳定性

## 5.3 应用于亚 0.1μm MOS 器件栅叠层的栅介质材料

### 5.3.1 高 κ 栅介质

为了实现 MOS 器件的持续微缩，应该尽快开发出合适的 $SiO_2$ 替代品。经过几年的努力，一种称为"高 κ"栅介质的材料被选用。"高 κ"代表高介电常数，介电常数代表一种材料保持电荷的能力，不同的材料同样具有不同的电荷保持能力。作为 $SiO_2$ 的替代品，高 κ 材料可以实现更厚的栅介质物理厚度，以减少漏电流并提高栅极电容。

至于栅极电容问题，平行板电容器的电容可以表示为(忽略来自 Si 衬底和栅极的量子效应与耗尽效应)

$$C=\frac{\kappa\varepsilon_0 A}{t} \tag{5.3.1}$$

式中，$\kappa$ 是材料的介电常数(也称为相对介电常数)；$\varepsilon_0$ 是真空介电常数($=8.85\times10^{-3}$fF/μm)；$A$ 是电容器的面积；$t$ 是栅介质的厚度。可以用 $t_{eq}$(等效氧化层厚度(EOT))和 $k_{ox}$($=3.9$，$SiO_2$ 的介电常数)来重写式(5.3.1)。$t_{eq}$ 表示实现与高 κ 栅介质相同的电容密度所需的 $SiO_2$ 的理论厚度(忽略漏电流和可靠性等问题)。例如，如果电容器栅介质为 $SiO_2$，则 $t_{eq}=3.9\varepsilon_0(A/C)$，电容密度 $C/A=34.5\text{fF}/\mu\text{m}^2$ 对应于 $t_{eq}=1$nm。因此，用于实现 $t_{eq}=1$nm 的等效电容密度所需高 κ 栅介质的物理厚度可以从以下表达式获得：

$$\frac{t_{eq}}{\kappa_{ox}}=\frac{t_{高\kappa}}{\kappa_{高\kappa}} \tag{5.3.2}$$

例如，相对介电常数为 16 的栅介质为获得 $t_{eq}=1$nm，则需要提供约 4nm 的物理厚度，根据式(5.2.1)给出的漏电流与栅介质氧化物物理厚度的关系，高 κ 栅介质因为具有更厚的物理厚度而将有效地减少栅极隧穿泄漏，同时保持等效电容密度恒定，即驱动电流恒定。更高的 κ 值还会提高晶体管栅电容，从而提高开关比。然而，尽管高 κ 栅介质的引入可以减小栅漏电流，但也会带来其他问题，例如带隙减小、热稳定性降低、与栅电极的兼容性差、能带不匹配和低的沟道迁移率。氧化物栅介质的带隙,或者更重要的是势垒高度,会随着介电常数的增大而减小,带隙的减小会导致在特定偏压下的隧穿漏电流增加,这可以抵消由高介电常数栅介质物理厚度的增加所引起的漏电流的减少。此外,高 κ 栅介质和 Si 衬底可以在栅极堆叠制备期间形成界面氧化物。与没有界面氧化物的情况相比,即使在相同的等效氧化层厚度下,通过栅叠层的隧穿电流也会增加,因为界面氧化物层的存在会导致势垒高度的显著降低。高 κ 栅介质和 Si 之间较差的界面质量也是实现高沟道迁移率的阻碍,使用任何高 κ 材料都不能实现如 $SiO_2$-Si 界面一样的低界面态、低界面电荷和平滑界面。此外,即使使用了高 κ 栅介质,也仍然存在一些超越材料选择之外的固有局限,可能严重威胁栅极介质层的持续微缩。首先,任何栅介质的电学厚度都是由栅极和衬底中的电荷质心之间的距离给出的。该厚度还应包括栅极和衬底反型层中的电荷效应导致的有效厚度,这些效应会显著增加仅由栅介质的物理厚度得出的预期 EOT。多晶硅栅耗尽是由栅介质界面附近多晶硅中的载流子的耗尽引起的,特别是在沟道反型所需的栅极偏压下。因此,在接近栅极-栅介质界面的多晶硅电极中,3～4Å 的多晶硅栅其性质上基本类似于本征 Si,这增加了 3～4Å 的有效栅介质厚度;Si 衬底(或晶体管的沟道)中的反型电荷层也对有效栅介质厚度值贡献了 3～6Å,因此即使对于理想的简并掺杂多晶硅栅极,也很难使用目前的工艺在 MOSFET 中实现 10Å 的总等效氧化层厚度。其次,对于恒定电场缩放,理想情况是工作电压和晶体管尺寸减小相同的因子,而实际上,特征尺寸比工作电压减小得更快,由此导致栅介质上电场的快速增加。而 EOT 的减小也增加了沟道区域中的有效电场。这些增加的电场将沟道中的载流子拉得更靠近栅介质界面,从而降低沟道载流子迁移率。而沟道中非常高的电场下,界面粗糙度散射进一步降低了载流了迁移率。

如上所述,用具有更高介电常数的材料代替 $SiO_2$ 并不像看起来那么简单。有很多材料的 κ 值大于 $SiO_2$,从 $Si_3N_4$ 的 κ 值约为 7,到 Pb-La-Ti(PLT)氧化物的 κ 值为 1400。不幸的是,这些材料中有许多在 Si 上热力学不稳定,易于与 Si 反应,或者缺乏其他性质。能替代 $SiO_2$ 的高 κ 材料应具有:高击穿电压、工艺温度下的低扩散系数(避免形成混合氧化物)、高能带带阶(至少 1eV,防止热发射或隧穿导致的漏电流增加)、良好的黏附性、低沉积温度、低缺陷密度和缺陷态以及易于加工成图形。表 5.3.1 和图 5.3.1、图 5.3.2 总结了一些被广泛研究的高 κ 栅介质的性质。考虑到这些此前所述要求,高 κ 栅介质的研究目前主要集中于金属氧化物及其硅酸盐。其中,ⅣB 族过渡金属、Hf 和 Zr 以及稀土金属引起了大量的研究。基于这些薄膜的晶体管显示出优异的整体性能,为低漏电流的更薄 EOT 的需求提供了可能的解决方案。

表 5.3.1 候选高 κ 材料的相对介电常数、带隙和与硅衬底的导带带阶

| 栅 介 质 | 介 电 常 数 | 带隙 $E_g$/eV | 导带偏移/eV |
|---|---|---|---|
| Si | 11.9 | 1.1 | — |
| $SiO_2$ | 3.9 | 8.9 | 3.5 |
| $Si_3N_4$ | 7.9 | 5.3 | 2.4 |
| $Al_2O_3$ | 9.5～12 | 8.8 | 2.8 |
| $ZrO_2$ | 12～16 | 5.7～5.8 | 1.4～1.5 |
| $Al_2O_3$ | 15 | 5.6 | 2.3 |

续表

| 栅　介　质 | 介 电 常 数 | 带隙 $E_g$/eV | 导带偏移/eV |
|---|---|---|---|
| $ZrSiO_4$ | 10～12 | ～6 | 1.5 |
| $HfO_2$ | 16～30 | 4.5～6 | 1.5 |
| $HfSiO_4$ | ～10 | ～6 | 1.5 |
| $La_2O_3$ | 20.8 | ～6 | 2.3 |
| $Ta_2O_5$ | 25 | 4.4 | 0.36 |
| $TiO_2$ | 80～170 | 3.05 | ～0 |

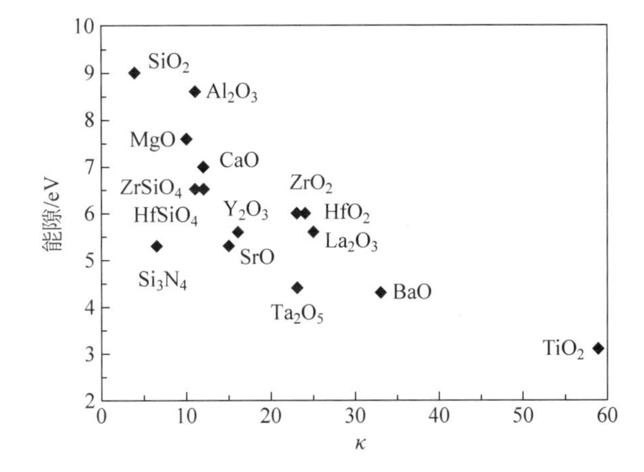


图 5.3.1　不同高 κ 材料的带隙与介电常数的关系

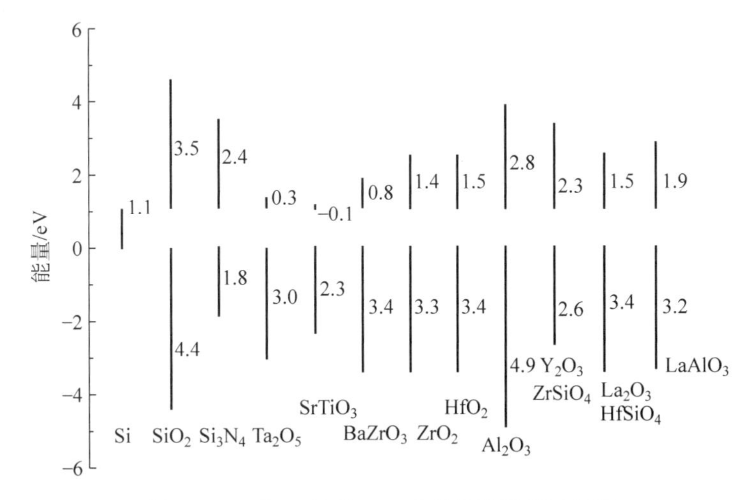


图 5.3.2　高 κ 材料在 Si 上的能带偏移示意图

## 5.3.2　金属栅电极

除了开发高 κ 栅介质替代 $SiO_2$，作为传统 MOS 器件栅电极材料的重掺杂多晶硅也表现出越来越多的局限性，除了此前提到的多晶硅耗尽效应和硼穿通效应，重掺杂多晶硅还存

在与高 κ 栅介质不兼容的问题，因此需要新的金属电极来代替多晶硅栅电极。

金属栅电极可以为多晶硅栅耗尽问题提供一种可能的解决方案，但硅沟道电荷导致的 EOT 增加仍将存在。此外据报道，高 κ/多晶硅界面的费米能级钉扎会导致 MOSFET 晶体管中的高阈值电压。高 κ/多晶硅晶体管由于高 κ 极化引起的低能量表面光学声子与反型层沟道电荷的耦合，沟道迁移率会出现严重退化。金属栅在反型条件下可能更有效地屏蔽高 κ 表面光学声子与沟道电荷的耦合，此外，在替代栅极工艺中使用金属栅，因为不需要如多晶硅栅退火激活掺杂杂质，可以降低所需的热预算。

多年来，多晶硅栅电极的使用与 $SiO_2$-Si 界面一样在 Si 器件技术中根深蒂固。高 κ 栅介质替代 $SiO_2$ 之后，寻找新的栅电极材料和工艺引起了业界的极大关注。而面对持续的微缩挑战，业界一直试图在保持熟悉的、可控的工艺基础上进行改进，因此寻找多晶硅的金属栅极替代物的第一个选择是试图找到既适用于 nMOS 器件又适用于 pMOS 器件的单一金属。这要求金属的费米能级在 Si 衬底价带和导带带隙中间位置附近，如图 5.3.3(a)所示。这将满足 CMOS 电路操作所需的 nMOS 和 pMOS 阈值电压相等但极性相反的要求，但由于需要克服对少数载流子带充电所需的大约 0.5eV 的能带弯曲(带隙的一半，金属费米能级和能带边缘之间的能量差)，金属栅器件的阈值电压会高于双掺杂多晶硅栅器件，这可以通过调整器件的沟道掺杂而在一定程度上得到改善。使用中间带隙金属的主要优点是满足了 nMOS 和 pMOS 阈值电压的对称要求，这使得 CMOS 器件的制造更简单，因为金属栅只需要一个掩模和一种金属(不需要离子注入步骤)。然而，考虑到器件性能和缩放要求，由于大阈值电压(约 0.5V)，这种方法似乎不是当前平面体 CMOS 器件的可行替代方案，虽然它可能是非经典 CMOS 结构，例如超薄体全耗尽绝缘体上硅器件(UTBFDSOI)以及多栅超薄体 MOS 器件的一个很有前途的候选者。对于高频电路(约 5GHz 及以上)，硅衬底的电容耦合限制了体 CMOS 器件的开关频率。此外，小器件泄漏到衬底的漏电流会导致额外的功耗。仅通过简单地将现有器件结构缩放到极短的沟道长度，并不能完全避免这些问题。因此，科学家正在研究几种新型器件结构，例如绝缘体上硅(SOI)和多栅极超薄体 MOSFET，通过在绝缘衬底(如蓝宝石或 $SiO_2$)上生长一层超薄的大约 100nm 厚的单晶硅层，然后在此超薄硅层上制作器件。在这种情况下，nMOS 和 pMOS 器件都可以使用“本征”沟道(未掺杂沟道)，因此需要具有带中功函数的栅极材料。

当然，对于当前的体硅 CMOS 器件，仍需要双金属栅极策略。如图 5.3.3(b)所示，选择两种不同功函数的金属，使得它们的费米能级分别与 Si 的导带和价带对齐。器件模拟结果(考虑了量子效应对器件驱动电流的影响)表明，nMOS 和 pMOS 栅电极的功函数必须分别约为 4eV 和 5eV。在图 5.3.3(b)所示的理想情况下，对于 nMOS，低功函数金属 Al 可以实现约 0.2V 的阈值电压；而对于 pMOS，高功函数金属 Pt 也可以达到约 0.2V 的阈值电压。实际上，Al 不是一种可行的栅极金属材料，因为它几乎与任何氧化物栅介质反应形成含 $Al_2O_3$ 的界面层。类似地，对于 pMOS，实际器件中也不会选择 Pt 作为金属栅，因为它不容易加工，在大多数栅介质上黏附性差，并且价格昂贵。

为了寻找可能与 Si 工艺技术兼容的具有合适功函数的金属材料，人们首先研究了一些相对陌生的候选材料，如 In、Sn、Os、Ru、Ir、Zn、Mo、Re 及其氧化物；还研究了更常用的材

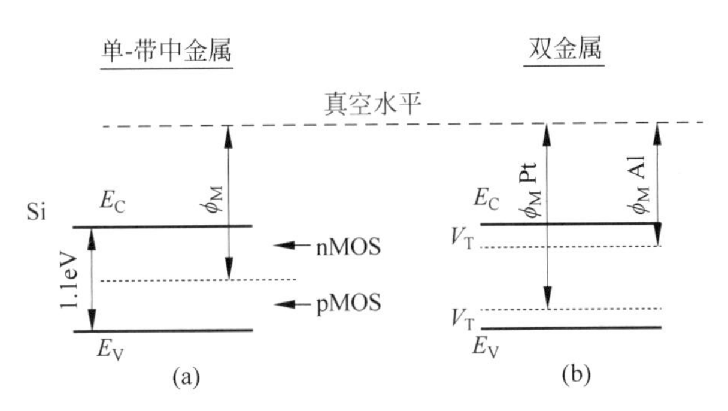


图 5.3.3 使用带中金属栅(a)和双金属栅(b)的 nMOS 和 pMOS 器件的阈值电压能量图

料,如 Ta、V、Zr、Hf、Ti 作为 nMOS 器件的低功函数金属栅,Mo、W、Co 和 Au 作为 pMOS 器件的高功函数金属栅;此外,还考虑了一些金属氮化物和金属合金,如 $WN_x$、$TiN_x$、$MoN_x$、$TaN_x$、$TaSi_xN_y$、Ru-Ta、Ru-Zr、Pt-Hf、Pt-Ti、Co-Ni 和 Ti-Ta 等。CMOS 器件的一些候选金属栅的功函数如图 5.3.4 所示。真正的挑战是,合适的功函数只是双金属栅技术的第一项要求,还有许多同等重要的要求,如硅技术中使用的工艺环境和温度、热稳定性,以及与其他材料和沉积技术的兼容性等。

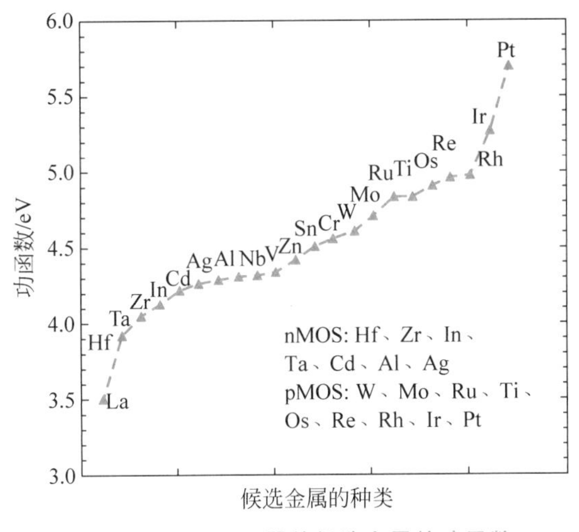


图 5.3.4 CMOS 器件候选金属的功函数

首先,双金属栅技术带来的直接问题是两种金属的顺序沉积和选择性蚀刻。在双金属栅工艺中,在将第一种金属从栅极氧化物顶部蚀刻掉时会导致潜在的损伤,尤其是为了确保完全去除第一金属层而需要过蚀刻一段时间。为了避免栅介质暴露于蚀刻环境,人们已经提出了几种方法来调整金属栅极系统的功函数。通常,这些方法依赖于所选材料的特定性质。例如,可以首先沉积适合于一种器件(如 nMOS)的功函数的金属层,之后,沉积第二种金属并进行热处理,在热处理之前,从 nMOS 器件上蚀刻掉第二种金属层,将第一种金属层留在原位,热处理后第二种金属跟第一种金属形成合金,合金的功函数适合于 pMOS 器件。在该方法中可用 Ti 作为第一金属层,Ni 作为第二金属层。另一种技术取决于这样一个事实,即某些金属的化合物,例如它们的氮化物,也是金属,且具有不同于母材料的功函数。对于该工艺，在沉积母金属层之后，通过光刻工艺对所需器件区域进行保护，剩余暴露的器件可以用 $N_2$ 注入母金属层，然后通过退火形成金属氮化物。此外，在高κ栅介质的研究过程中发现，通过使用Hf和Zr的硅酸盐(其可以被认为是金属Hf或Zr掺杂进 $SiO_2$ 中)，可以保持 $SiO_2$-Si系统的优良特性。同样地，通过使用完全硅化金属栅(FUSI)，类似的原理可以应用于双功函数栅电极的情况。对于更先进的器件，例如双栅或FinFET，研究发现只需要在带中附近对功函数进行微调就可以。纯金属系统(如W)和FUSI结构都已被提出用于此应用。

高温工艺下的热稳定性和化学稳定性也是这些潜在金属栅极候选者面临的关键问题。器件制造中使用的最高温度出现在晶体管的源极、漏极区域中的掺杂原子激活时。典型的激活条件是几秒到一分钟、900～1000℃的快速热退火。在如此高温的热退火工艺下，金属栅极在下层栅介质上必须是稳定的。然而，上述讨论的金属栅介质材料包括元素金属、金属氧化物、金属氮化物、金属硅化物或其他金属合金，在 $SiO_2$ 和高κ栅介质上都不太稳定。金属栅和栅介质会在界面处发生反应或混合，会引起功函数、EOT或其他参数发生变化，导致CMOS器件性能的降低。通常，低功函数金属在 $SiO_2$ 和高κ栅介质上是热力学不稳定的，而高功函数金属往往是惰性的。图5.3.5显示了与 $SiO_2$ 接触的各种栅极金属候选物的热稳定性，表5.3.2还总结了 $SiO_2$ 上某些元素的氧化物生成能，金属栅跟高κ栅介质界面的稳定性问题会更严重，例如常用的高κ栅介质 $HfO_2$ 中的原子很容易扩散到与栅极金属之间的界面处，在温度上升到不是很高的情况下，这些扩散原子就可以与金属栅发生反应，而传统工艺中的杂质激活的退火温度远高于 $HfO_2$ 和金属栅发生反应的温度。为了解决这个问题，高κ金属栅的集成工艺需要改进，英特尔公司开发了后栅工艺(gate last)，用以克服高κ栅介质上金属栅极在高温制造过程中的不稳定性。先栅工艺(gate first)和传统的氧化

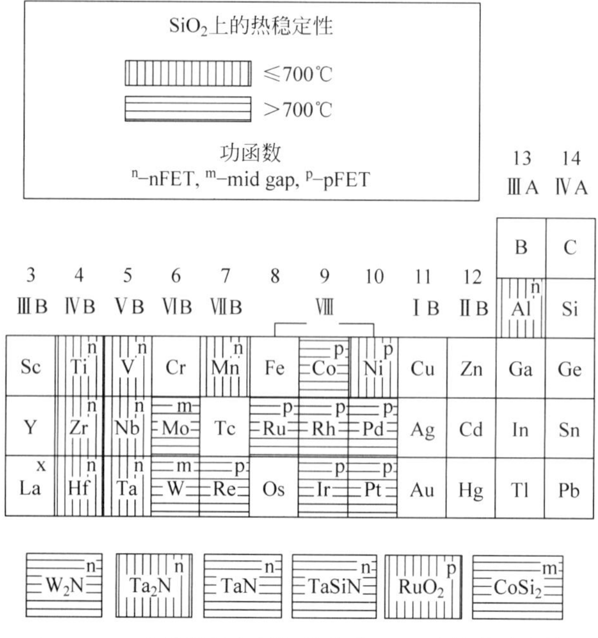


图5.3.5 各种栅极金属候选者在 $SiO_2$ 上的热稳定性

硅工艺相同，生长完高 κ 金属栅之后进行源漏注入，再进行 1000℃的退火。后栅工艺包括两种，先高 κ 后栅工艺(HK-first gate last)和全后栅工艺(full gate last)，先高 κ 后栅工艺在沉积高 κ 栅介质之后，沉积多晶硅作为假栅极，经过源极和漏极区域的后续退火激活，然后去除多晶硅栅极，沉积具有 nMOS 和 pMOS 合适功函数的金属栅极，全后栅工艺则是先生长假栅极，源漏注入退火之后除去假栅极，然后生长高 κ 金属栅。通过此方法，可以抑制由高温工艺导致的金属栅极和高 κ 栅介质的反应，可以提高诸如阈值电压调节的可靠性。此外，使用后栅工艺能够在移除多晶硅栅极前就使用应力增强技术，这可以进一步增强应变。

表 5.3.2　$SiO_2$ 上某些元素氧化物生成能

| 氧化物生成能/($-\Delta H_f$ kJ/mole) | 元　　素 |
|---|---|
| 0～50 | Au、Pt |
| 50～100 | Pd、Rh |
| 150～200 | Ru、Cu |
| 200～250 | Re、Co、Ni |
| 250～300 | Na、Fe、Mo、Sn、Ge、W |
| 300～350 | Rb、Cs、Zn |
| 350～400 | K、Cr、Nb、Mn |
| 400～450 | V |
| 450～500 | Si |
| 500～550 | Ti、U、Ba、Zr、Hf |
| 550～600 | Al、Sr、La、Y、Ce |

金属栅电极的特性也受到材料制造中所使用的沉积技术的影响，例如栅电极的形态，以及栅电极和它下面的栅介质的界面质量。一般来说，希望采用一种可以形成突变界面的沉积技术。各种沉积方法如物理气相沉积(PVD)和化学气相沉积(CVD)技术已用于薄膜的沉积，其中大多数金属薄膜是使用 PVD 方法(溅射或蒸镀)沉积的。不幸的是，这些技术中的大多数会使用高能粒子(离子、电子)，可能会对栅极电介质造成物理损伤(粗糙界面、金属离子渗透到电介质中)，并导致栅介质可靠性降低。与 PVD 方法相比，CVD 技术由于其良好的台阶覆盖性和大规模加工的兼容性，在集成电路工艺的薄膜制造中具有独特优势。特别是，它对下层栅介质破坏较小，并可以通过控制温度、压力或气流等工艺参数来控制膜的微观结构。然而，除了少数例外情况(如 W 和 Ta)，对难熔金属 CVD 技术的研究尚未得到很好的开展。随着 CMOS 技术继续缩小到亚 0.1μm，这是一个极具挑战性但又非常重要的领域。

在 $p^+$ 多晶硅-$HfO_2$ 结构的 pMOS 器件中，研究发现，多晶硅-$HfO_2$ 界面的相互作用会导致多晶硅的费米能级钉扎，从而导致实际功函数和阈值电压的偏离。在金属栅介质材料的选择过程中必须也考虑这种钉扎效应导致的功函数漂移，对于 nMOS 器件可能需要更低的功函数而 pMOS 器件需要更高的功函数。

随着极大规模集成电路制造工艺中的特征尺寸不断缩小，高介电常数栅介质(高 κ)/金属栅电极结构率先被英特尔公司引入 45nm 及其以下技术节点产品中，并实现量产，成功推动了摩尔定律的继续延伸。高κ栅介质材料的引入，使得在保持相同等效 $SiO_2$ 氧化层厚度的情况下增加了栅介质的物理厚度，从而有效地抑制了隧穿电流和功耗；同时，金属栅电极材料的引入，不仅消除了多晶硅栅电极的耗尽效应和掺杂原子扩散等问题，而且还有效地降低了栅电极的电阻，并解决了高κ栅介质材料与多晶硅栅之间的不兼容问题。戈登·摩尔说：采用高κ栅介质材料和金属栅电极材料，标志着从推出多晶硅栅 CMOS 晶体管以来，晶体管技术的一个最大的突破，具有里程碑作用。

## 5.4 高κ/金属栅结构 MOS 器件可靠性问题

可靠性是指系统或者产品在正常工作条件下和规定的时间内保持正常工作的能力，MOSFET 的可靠性是指 MOSFET 在正常工作条件下保持正常工作的时间的多少。现在一片 CMOS 集成电路芯片中的 MOSFET 的个数以亿计，MOSFET 作为 CMOS 集成电路的基本组成元器件，其可靠性直接关系到整个芯片的性能。因此单个 MOSFET 具有良好的可靠性，是 CMOS 集成电路能够正常工作同时具有良好的可靠性的必要条件。随着 CMOS 器件特征尺寸的不断减小，新工艺、新材料和新器件结构的引入，都对 MOS 器件的可靠性提出了挑战。例如，随着器件的栅长减小到 100nm 以下，传统恒场等比例缩小的方法由于短沟道效应等限制而不再适用。器件尺寸缩小通常为恒压缩小方法，同时借助应力工程、高κ/金属栅结构、FinFET 结构等创新来提高器件的性能。而对于恒压缩小方法，其中一个最显著的问题就是器件中电场随着尺寸缩小而不断增大，当器件的栅长接近 10nm 尺度时，栅氧化层中的电场已经接近 10MV/cm，这对于器件的可靠性来讲是十分严峻的挑战。而高κ/金属栅结构的可靠性问题与 $SiO_2$ 栅介质结构相比更加严峻，而且复杂了许多，高κ栅介质在工艺过程中通常会引入大量的固定电荷和缺陷，这些电荷将可能引起显著的可靠性问题，如栅介质的击穿和阈值电压的漂移等；同时，在高κ栅介质层和硅衬底之间存在一层不可避免的硅氧化物界面层，这使得其可靠性机制和规律与 $SiO_2$ 相比将有显著的不同。现今关于高κ栅介质/金属栅可靠性的研究主要包括阈值电压的温偏不稳定性（bias temperature instability，BTI）、热载流子注入（hot carrier injection，HCI）、时变击穿（time dependent dielectric breakdown，TDDB）、应力诱生的栅极漏电流（stress induced leakage current，SILC）等。

### 5.4.1 阈值电压的温偏不稳定性

BTI 是指器件在正常工作条件下，在栅极电压的作用下，载流子获得大的动能，破坏了栅介质/硅衬底界面，导致界面态的产生并俘获载流子产生电荷积累；或是栅极或沟道载流子被注入栅介质中并被栅介质中具有电活性的陷阱俘获，从而在栅介质中积累电荷，导致器件的开启电压即阈值电压 $V_{th}$ 增大或器件的导通电流 $I_{ds}$ 减小，从而减小了器件的驱动能力和频率特性，进而影响电路的性能。从上述介绍可知，偏压温度不稳定性不会导致器件的完全失效，但会使器件的性能逐渐退化。栅介质中积累的电荷会形成局部电场，当达到一定量后会损坏介质特性，导致器件完全失效；界面态数量达到一定数量后，也会使栅电极的电流控制能力下降，最终使器件无法工作。

传统的CMOS器件采用多晶硅栅电极/$SiO_2$(多晶Si/$SiO_2$)结构。由于$SiO_2$具有良好的化学属性和结构稳定性,从而Si/$SiO_2$具有良好的系统兼容性,可以形成完美的接触界面。因此,传统的CMOS器件的BTI问题不是CMOS技术发展的制约因素。高$\kappa$/金属栅结构的应用解决了多晶Si/$SiO_2$结构面临的问题,促进了集成电路的进一步发展。但是高$\kappa$/金属栅结构的应用给器件的可靠性带来了新的挑战。二氧化铪($HfO_2$)是一种已经应用于工业界生产的高$\kappa$材料,是一种离子氧化物,而且其中的Hf原子含有相对较高的四个配位数,这些因素导致$HfO_2$的化学属性没有$SiO_2$稳定,因此在生长过程中,尤其是在全后栅的低温生长工艺过程中,$HfO_2$结构中会产生较多的缺陷,甚至在温度和电场应力作用下容易产生新的缺陷。当器件处于工作状态时,上述缺陷在温度和电场应力作用下受到激发,转变为具有电活性的陷阱并俘获注入的载流子,形成带电陷阱。这些处于栅介质中的电荷会改变栅介质的局部电场,最终影响器件的性能。与此同时,$HfO_2$的结构与硅衬底的晶格匹配没有$SiO_2$与衬底硅的晶格匹配优良,为了保证$HfO_2$衬底硅之间形成良好的界面接触,需要在生长$HfO_2$之前生长一层薄的$SiO_2$层。这层薄的$SiO_2$层在后续的$HfO_2$生长过程中以及随后的高温处理过程中会变得更加复杂。即使直接在硅衬底上生长$HfO_2$,在随后的高温处理过程中也会不可避免地形成一层类似的薄的界面层。以上两种现象不存在于传统的多晶Si/$SiO_2$/Si结构中,而仅仅出现在高$\kappa$/金属栅结构的器件中。这两种现象的出现给器件的BTI分析增加了困难,同时使得BTI问题成为CMOS器件持续发展的一个制约因素。

器件在经过BTI退化后在电学性能上主要表现为阈值电压$V_{th}$的增大和漏端电流$I_{DS}$的减小。因此,表征BTI的方法有两种:阈值电压表征法和漏端电流表征法。常用的BTI失效判定准则,对于阈值电压表征法则是阈值电压变化量$\Delta V_{th}=50mV$或30mV;对于漏端电流表征法则是漏端饱和电流变化量$\Delta I_{Dsat}=10\% * I_{Dsat0}$,$I_{Dsat0}$是应力前的漏端饱和区电流,测试温度为125℃或90℃。

BTI可以通过测试-应力-测试(measure-stress-measure,MSM)方法进行测试,即在施加应力前扫描一次$I_D$-$V_G$,获得初始阈值电压$V_{th0}$,然后对器件施加应力$V_{gstr}$,在预先设定的时间点暂停应力扫描$I_D$-$V_G$用以提取此时的阈值电压$V_{th}$,然后重复前面的过程,直到测试结束,如图5.4.1所示。MSM方法简单且易于操作,同时对设备的要求也相对简单,因此这种方法是研究BTI时应用最广泛的一种。阈值电压可由$I_D$-$V_G$曲线通过最大跨导法、恒流法等方法提取。

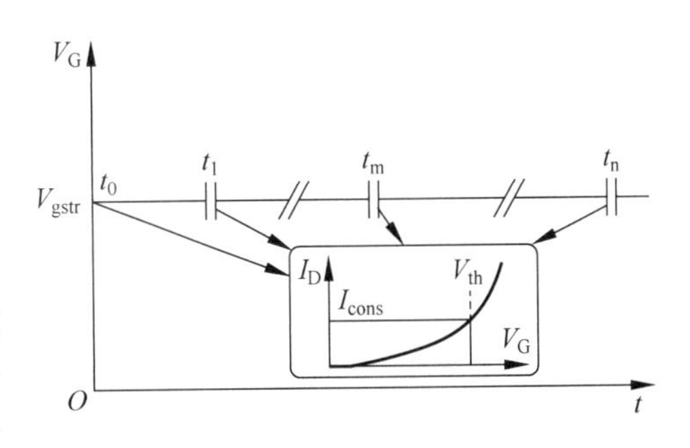


图5.4.1 MSM测试方法的示意图

但是随着对BTI研究的不断深入,尤其是恢复效应的发现,引起了对新的测试技术的需求。MSM法在测试中需要临时终止应力进行$I_D$-$V_G$测试,造成器件退化的短暂恢复,使得器件实际测试的退化值小于真实的阈值电压变化值,不能精确地表征应有的退化情况。采用准静态应力(on-the-fly,OTF)测试方法可以保证在提取阈值电压偏移值时基本保持应力电压不变,图5.4.2为OTF方法的测试示意图。与MSM法一样,OTF法在测试初始时需要进行$I_D$-$V_G$扫描,获得初始阈值电压$V_{th0}$。然后施加应力,在$t_0$时刻测量漏极电流

$I_{D0}$。之后在计划的时间点进行快速的阈值电压的测量,测量的方法为:保持应力 $V_{gstr}$ 不变,同时器件工作在线性区,测量漏极电流即 $I_{Dlin}(V_{Gstr},t)=I_{Dsense}(t)$。利用方程(5.4.1),得到跨导 $g_m(V_G,t)$,

$$g_m(V_G,t)=\left.\frac{\partial I_{Dlin}}{\partial V_G}\right|_{t,V_{th}}=-\left.\frac{\partial I_{Dlin}}{\partial V_{th}}\right|_{t,V_G} \tag{5.4.1}$$

然后在应力 $V_{Gstr}$ 上附加一个周期性脉冲电压,这样可以计算得到 $g_m(V_{Gstr},t)=g_{msense}(t)$;再通过 $\Delta I_{Dsense}$ 计算得到 $\Delta V_{th}$。最后通过求解$\partial I_{Dsense}$ 与 $g_{msense}$ 比率的积分得到 $\Delta V_{th,n}$:

$$\Delta V_{th,n}(t)=-\int_{I_{Dsense}(0)}^{I_{Dsense}(t)}\frac{\partial I_{Dsense}}{\partial g_{msense}(t)}\approx-\sum\frac{I_{Dsense}(n)-I_{Dsense}(n-1)}{g_{msense}(t)} \tag{5.4.2}$$

式中,$m+1$ 为 $I_{Dsense}$ 的测试次数,$g_{msense}(n)$是介于第 $n$ 次和第 $n-1$ 次 $I_{Dsense}$ 测试之间的平均跨导值。因此在应力持续过程中,三个周期就可以求出 $\Delta V_{th}$。OTF 法克服了测试需要中断应力的缺点,但是也有其不足之处。首先 OTF 法提取的 $\Delta V_{th}$ 是在高压条件下测试获得的,因此实际测试值比真实值偏大。其次,OTF 方法需要在施加应力之前进行初始 $I_{D0}$ 和 $V_{th0}$ 的测试,但是在这个初始测试之前不可避免地存在一个延时,因此引入了一个不可避免的影响测试准确性的时间参数,即测量初始 $I_{D0}$ 和 $V_{th0}$ 时的时间 $t_0$。为了克服 $t_0$ 对测试的影响,就必须尽可能减小 $t_0$,使其处于不影响测试准确性的范围内。

超快阈值电压(ultra-fast $V_{th}$,UFV)测试方法的原理如图 5.4.3 所示。在应力过程中,在设定的时间点短暂地终止应力,以测试阈值电压。测试阈值电压时,在栅极加一个合适电压并进行调整,使漏端电流达到设定的电流值,此时的栅极电压即阈值电压。UFV 测试方法虽然也需要在提取阈值电压时临时终止应力,但是可以将这个时间控制在微秒级,基本可以忽略恢复现象。

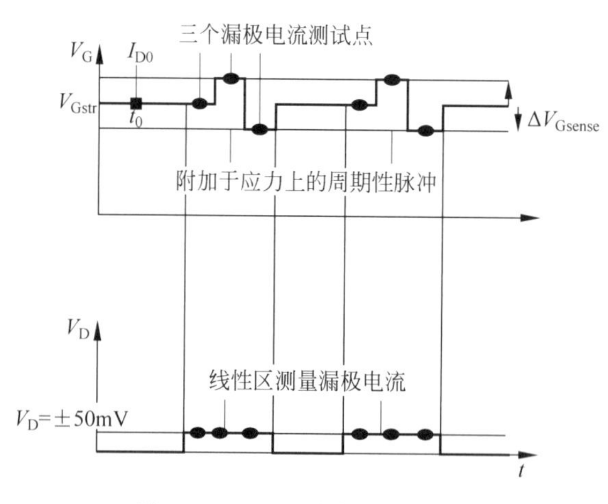


图 5.4.2 OTF 测试方法示意图

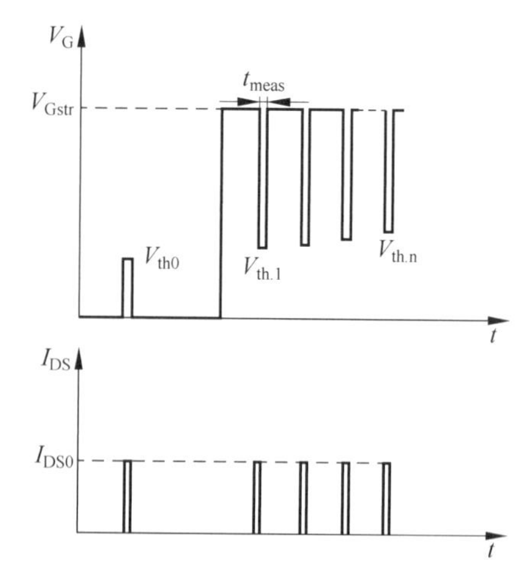


图 5.4.3 UFV 测试方法示意图

### 5.4.2 热载流子注入

HCI 主要由热载流子引起,热载流子包括热电子和热空穴。当载流子通过高电场区域的时候,它们可以获得很大的动能,再经过其他的一些物理机制,载流子的能量会进一步升高。一般地，将平均能量超过 $E_{AVG}=\frac{3}{2}KT_L$ 的载流子称为热载流子，其中 $T_L$ 是热平衡情况下晶格的能量，$\frac{3}{2}KT_L$ 即热平衡时晶格振动的能量，因此，热载流子热力学统计分布下的能量高于热平衡时晶格振动的能量。能量足够高的热载流子可以注入栅氧化层之中，或者引起界面的损坏，导致 MOSFET 器件电学特性的不稳定，引起一系列电学参数的退化，这对于 CMOS 电路的正常工作是毁灭性的。

如图 5.4.4 所示，传统 CMOS 器件采用的是多晶 Si/$SiO_2$ 结构。以热电子为例，高能量的热电子可以直接越过 $SiO_2$ 和硅衬底之间的势垒进入栅氧化层。当栅氧化层逐渐减薄，热电子还可以通过各种隧穿（直接隧穿、F-N 隧穿、陷阱辅助隧穿）的方式进入栅氧化层。另外还有一部分热电子不一定注入栅氧化层，但其会和 $SiO_2$ 与硅衬底之间的界面相互作用，导致界面的损坏，产生界面态等。传统 CMOS 器件的多晶 Si/$SiO_2$ 结构所使用的 $SiO_2$ 介质层具有良好的化学属性和良好的结构稳定性，$SiO_2$/Si-衬底具有良好的系统兼容性，可以形成完美的接触界面。所以 $SiO_2$ 中的体缺陷密度、$SiO_2$/Si-衬底界面处的界面态密度均较低，$SiO_2$ 介质层的这种良好属性使得 HCI 特性受到工艺引入缺陷的影响较小。因此，传统 CMOS 器件中 HCI 退化主要受到夹断区高电场的影响，应力之后的缺陷主要发生在 $SiO_2$ 中和 $SiO_2$/Si-衬底界面处。

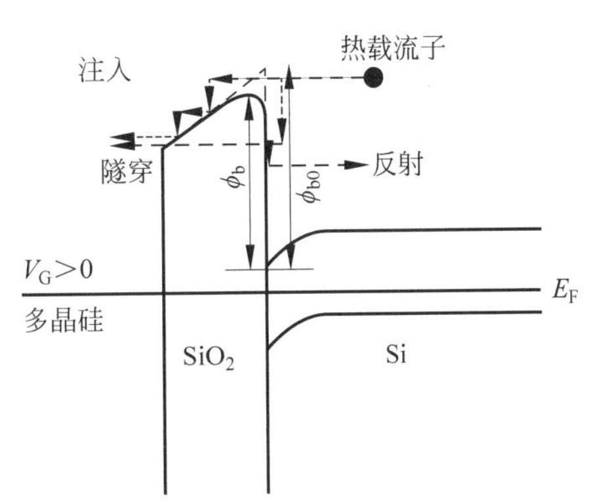


图 5.4.4 传统 CMOS 器件中热载流子注入机制示意图

高 κ/金属栅结构的应用给器件的 HCI 特性带来了新的挑战，除了 5.4.1 节介绍 BTI 时提到的缺陷和界面问题，由于高 κ 栅介质相对于 Si 衬底的电子势垒和空穴势垒比传统 CMOS 器件降低，而界面层(IL)很薄，这又增加了 HCI 特性的复杂性。如图 5.4.5 所示，在传统的多晶 Si/$SiO_2$/Si 结构中，对于沟道中的热电子来说，其相对于 $SiO_2$ 介质层的界面势

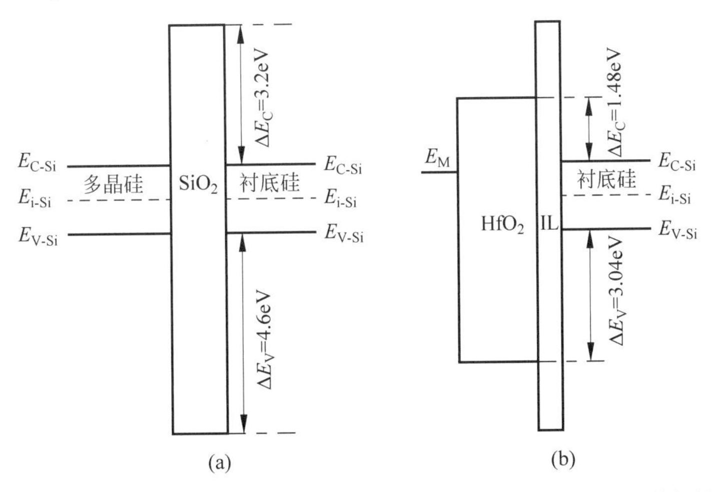


图 5.4.5 传统的多晶 Si/$SiO_2$/Si 器件栅结构能带示意图(a)，及新型 HKMG 结构器件栅结构能带示意图(b)

垒大约是 $\Delta E_C=3.2\text{eV}$,对于沟道中的热空穴来说,其相对于 $SiO_2$ 介质层的界面势垒大约是 $\Delta E_V=4.6\text{eV}$。热电子和热空穴两者相对于 $SiO_2$ 介质层界面的势垒大小的不同,导致了各自注入栅氧化层的能力不同,热空穴注入栅氧化层的能力大大低于热电子,也因此 pMOSFET 的 HCI 特性要优于 nMOSFET 的 HCI 特性。HCI 特性的主要关注点在于 nMOSFET;而在新型高 κ 金属栅结构中,以 $HfO_2$ 为例,电子和空穴的势垒分别是 $\Delta E_C=1.48\text{eV}$ 和 $\Delta E_V=3.04\text{eV}$。可以看出,即便是新型高 κ 金属栅结构,电子的势垒仍然比空穴势垒小很多,所以高 κ 金属栅结构 CMOS 器件中,nMOSFET 的 HCI 特性仍然是主要关注点。

HCI 效应引起的器件性能退化是一种积累效应,要了解和掌握它的特性,就必须开发出准确有效的测试方法,对其进行有效的测试,根据测试得到的数据,对器件的 HCI 特性进行表征,最终获得对 HCI 退化的认知。HCI 应力后 CMOS 器件在电学特性退化上的直接表现是一系列参数的漂移,包括饱和区的漏端电流($I_{dsat}$)、阈值电压($V_t$)、跨导($G_m$)等。这三个参数在衡量 HCI 退化程度大小时使用最为广泛,而其中又以 $I_{dsat}$ 为最直接的反映参数。工业界最常用的即是以 $I_{dsat}$ 为基础的表征方法,对于 HCI 的退化失效准则,一般定义饱和工作电流退化 10%的时间为器件的失效时间(time to failure,TTF),即 $\Delta I_{dsat}=10\%\times I_{dsat0}$ 时所用的时间。HCI 测试方法为广泛使用的 MSM 方法,即在施加应力前进行一次器件的电流电压转移特性扫描,获得需要监测的初始电学参数(包括 $I_{Dsat}$、$V_t$、$G_m$、SS),HCI 表征主要用到的是饱和电流,因此主要关注的电学参数是饱和区电流 $I_{Dsat}@V_G=V_D=V_{DD}$,而其他电学参数根据需要进行提取。然后对器件施加 HCI 应力 $V_{Gstr}$、$V_{Dstr}$,在预定的时间点暂停应力、扫描转移特性曲线,然后重复前面的过程,直到测试结束,如图 5.4.6 所示。

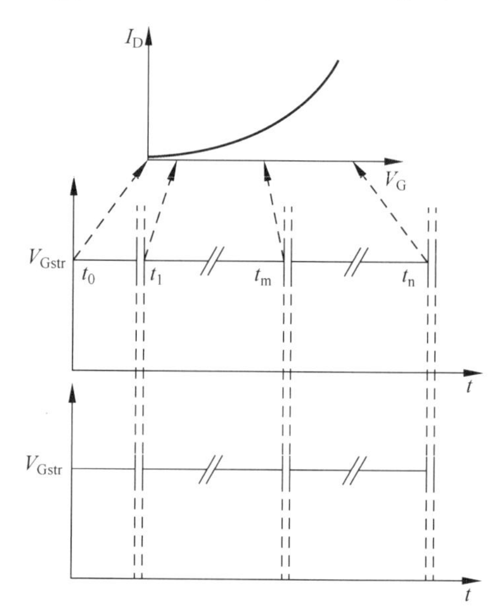


图 5.4.6 MSM 方法示意图

HCI 退化的物理模型主要有三种,第一种为场驱动(field-driven)模型,场驱动模型主要是由 Hu 等提出的幸运电子模型(lucky electron model,LEM)。LEM 模型提出,电子在高电场下获得高能量成为热电子,这些热电子的一部分可以"幸运地"直接越过 $Si/SiO_2$ 势垒注入栅氧化层,造成缺陷的产生,导致退化;在高场下获得高能量的热电子也可以先发生碰撞电离(impact ionization,II),产生电子空穴对,产生的空穴在电场作用下流向衬底,产生衬底电流 $I_{sub}$。而电离产生的高能电子,可以越过界面势垒注入栅氧化层造成缺陷,或是与界面相互作用使界面处的 Si—H 键断裂产生界面态,引起退化。LEM 模型中的核心内容主要是两方面:热电子所能获得的最大能量与最大电场有关;相关热电子的概率与在 HCI 退化中发生作用所需要的最小关键能量(碰撞电离、注入势垒和界面态产生等)相关。越来越多的研究发现,HCI 退化主要是由界面态的产生导致,而界面态主要是由热电子碰撞电离使界面处的 Si—H 键断裂所导致,因此 $I_{sub}$ 可以有效地预测 HCI 退化的寿命,如图 5.4.7

和图 5.4.8 所示。然而，LEM 模型存在自身的局限，根据模型的关键能量值，如果器件的工作电压 $V_{DD}<3.7V$，即电子所能获得的能量 $eV_{DD}<\Phi_{it}\sim3.7eV$ 时将不再有界面态的产生。相应地，当器件的工作电压小于 3.1V 时将不再有热电子的注入。而实验发现，器件的工作电压即使小于 3.1V，HCI 退化仍然存在，所以 LEM 模型并不能完整地说明 HCI 退化问题。

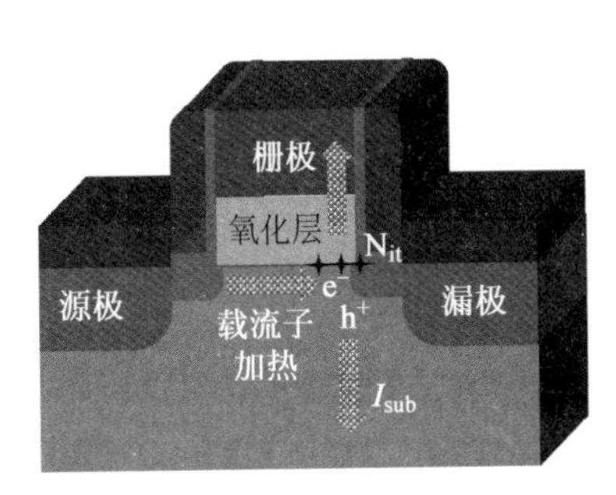


图 5.4.7 高能热电子碰撞电离并损坏界面示意图

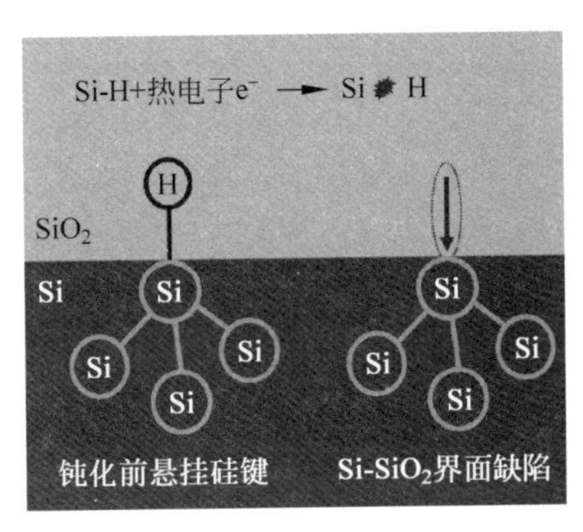


图 5.4.8 Si—H 键断裂形成界面态示意图

随着器件的不断发展，沟道尺寸不断缩小，尤其是到 0.1μm 以下，电子的能量分布变得更加依赖于施加给器件的偏压，这是由高场区的准弹道输运(quasi-ballistic transport)引起的。在这种情况下，nMOS 中的热载流子的基本驱动力不再是横向电场沿沟道分布的峰值，而是载流子的有效能量，基于这种理论的模型称作能量驱动模型(energy driven model)。由于器件的缩小不再严格按照恒定电场的趋势，夹断区会出现异常大的电场峰值，导致载流子的能量大大高于热平衡状态下的能量。沿着载流子流动的方向，载流子能量分布的峰值位置已经偏移了电场分布的峰值所在位置，即最大载流子能量所在的位置和最大电场所在的位置两者已经分离。此时，载流子能量的分布不再依赖于局部的电场，而是依赖于载流子获得高能量所通过区域的整个电场分布。一般地，这种非局域性的效应在传统的长沟道器件中不作考虑，因为这种效应在长沟道器件 HCI 退化中占的比例较低。但现在的小尺寸器件中，这种非局域化的效应不得不考虑，尤其是在较低的漏极电压偏置之下。除了载流子能量和电场分布的这种非局域化效应，其他高电场效应如速度过冲、迁移率退化等问题在短沟道器件中也变得越来越显著。

能量驱动模型一定程度上很好地解决了 LEM 模型的局限，但它主要适用的热载流子能量范围位于 $1.8V<V_D<3.6V$ 的区间。当 CMOS 技术节点进一步发展，对于工作电压小于 1.8V 的更低能量范围，能量驱动模型也逐渐不能完美地与实验结果相符合，此时热载流子产生的物理模型进一步发展。由于器件技术的进步，MOSFET 的工作电流密度大大增加，研究认为大量的低能量载流子对 Si—H 键的累积作用，可以使 Si—H 键发生多次振动激发(multivibration excitation，MVE)，并且最终进入不稳定的能量状态，然后断裂而产生界面态，导致 HCI 退化，如图 5.4.9 所示。因为在此种模型下，电流密度增大导致载流子浓度上升，大量载流子的共同累积作用导致 HCI 退化，因此这种模型称为电流驱动模型。

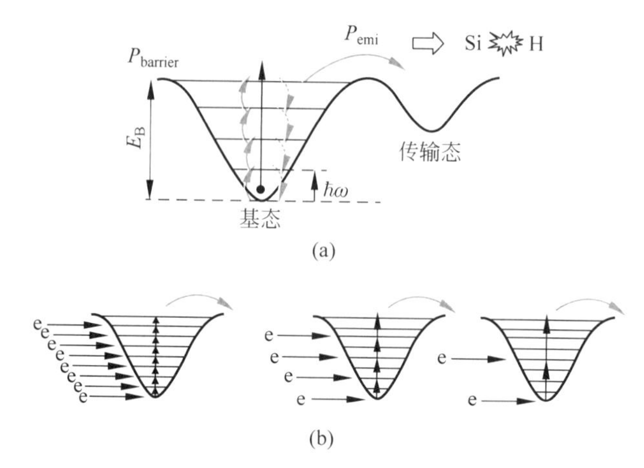


图 5.4.9 单次激发和多次激发(a),及 MVE 的可能过程(b)

## 5.4.3 时变击穿特性

限制器件尺寸缩小的另一个重要因素,是器件栅介质的耐击穿特性。传统击穿过程一般认为是较高的电场条件下,介质层发生雪崩电离导致的不可逆破坏过程,发生击穿后,介质层失去绝缘性,呈现类电阻的特性。而击穿特性的测试主要依靠加速应力测试方法,就是通过施加高于正常工作状态的应力条件,以达到缩短测试时间的目的,然后根据击穿时间与应力条件的一般关系,来外推实际工作状态的击穿寿命。一般产品要求器件能够达到 10 年寿命标准,因此在正常工作条件下的可靠性测试,测试时间成本是不可接受的。所以,加速应力测试方法对于可靠性评估是十分必要的。而决定寿命预测准确性的主要因素,是击穿时间与各应力条件之间的外推模型。电压应力加速测试方法是最基本的寿命加速实验方法。当正常工作电压为 $V_{DD}$ 时,一般选择施加 1.5～3 倍 $V_{DD}$ 进行加速测试。通过测试多个不同电压下的击穿时间,再根据电压加速模型来进行外推,从而得到 $V_{DD}$ 时对应的实际工作寿命。击穿特性测试一般有四种,包括恒定电压法、恒定电流法、斜坡电压法以及斜坡电流法,其中恒定电压法或斜坡电压法较常使用。恒定电压法具体测试设置如图 5.4.10 所示,在栅电极持续施加恒定的电压应力,直到栅介质发生击穿,最后统计失效发生的时间。

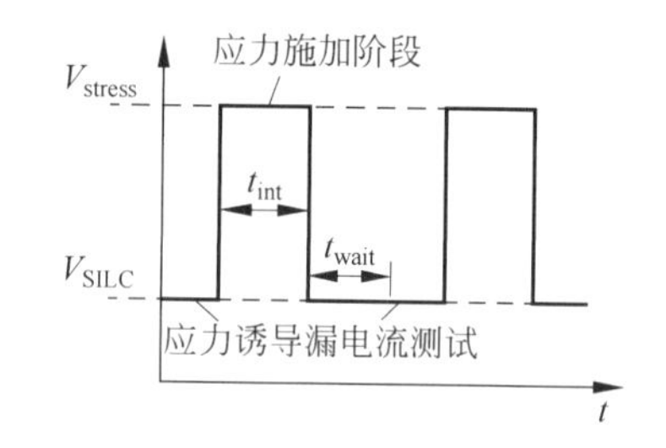


图 5.4.10 典型的恒定电压法测试设置示意图

随着栅氧化层厚度的不断减薄,隧穿电流增大,击穿现象变得更加复杂。在栅介质发生最终击穿之前,往往会伴随着栅极电流的波动增大现象,一般称为软击穿。击穿特性的分类包括:①硬击穿(HBD),与传统击穿测试观察到的击穿现象相同,当击穿发生时,栅介质中的电流会明显的跳跃式增加,一般可跳变若干数量级,击穿后,介质层的绝缘性消失,呈现为类电阻的特性;②软击穿(SBD),与硬击穿相对应,软击穿是指在应力过程中电流出现一定幅度的波动,并且呈现不断增加的趋势,但电流数量级的波动一般只有几倍。如图 5.4.11 所示,在恒定应力测试过程中,经常会观察到首先发生软击穿,而当施加足够长时间的电压应力后，最终会发生硬击穿，使得器件完全失效。软击穿现象的存在，使得击穿特性分析变得更为复杂。一般情况，发生软击穿时器件仍可能保持正常工作状态，并不会引发功能性的永久失效。但是，随着栅极漏电流的不断增加，则软击穿也是潜在的失效威胁。一般认为，硬击穿是由缺陷产生或化学键断裂导致的，软击穿则是由薄氧化层中缺陷态充放电过程引起的。对于高 $\kappa$ 栅介质材料而言，首先，由于高 $\kappa$ 介质中的缺陷态密度和缺陷产生速率较高，软击穿现象较传统 $SiO_2$ 介质更加显著。其次，由于高 $\kappa$ 介质（如 $HfO_2$）能带的不对称性（图 5.4.5），则 nMOS 和 pMOS 器件软击穿特性具有明显不同。其中软击穿现象在 nMOS 器件中较为显著，这是由于其势垒较低，缺陷充放电过程更加明显。因此，研究高 $\kappa$ 栅介质中初始体缺陷空间分布、能级分布以及缺陷产生过程，都对栅介质的退化问题具有重要意义。

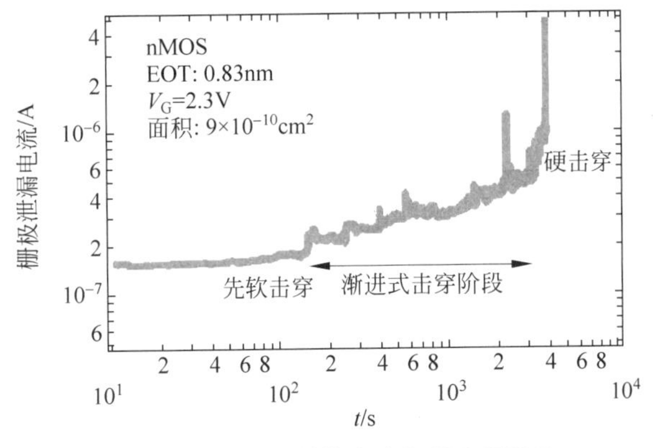


图 5.4.11 典型的软击穿与硬击穿现象

随着 EOT 的减小和高 $\kappa$ 栅介质的引入，击穿过程不再是一个稳定的阈值现象，恒定电压应力（CVS）测试得到的击穿时间（TBD）呈现分布式的统计特性。图 5.4.12 为一典型的 TDDB 测试结果，除去异常和早期失效的器件，可以看到，击穿时间的分布范围为 12～3600s。

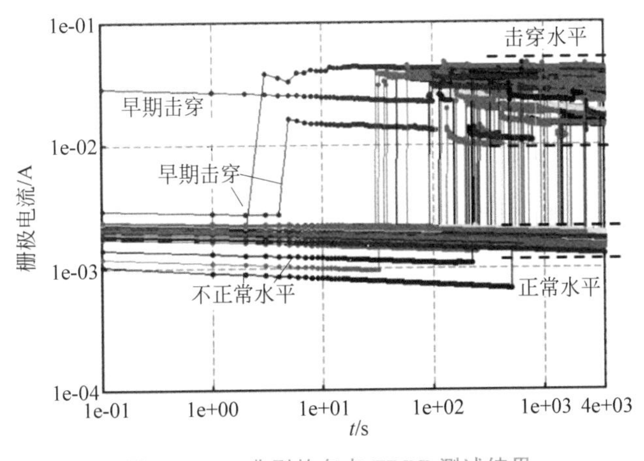


图 5.4.12 典型的多点 TDDB 测试结果

随着栅氧化层厚度的减薄和高 $\kappa$ 栅介质的引入，用于击穿寿命预测的模型也发生了变化。传统的寿命预测模型包括 E 模型和 1/E 模型，E 模型又称为热化学模型，是考虑在电场的作用下，由化学键断裂而引起的击穿过程；1/E 模型，对应的是由阳极空穴注入与缺陷捕获过程，导致的氧化层发生击穿的物理过程。但是，随着氧化层厚度减薄，隧穿机制变得复杂，单一的寿命预测模型通常不能对整个电场范围都有效。因此，基于直接隧穿(DT)和 F-N 隧穿过程，Hu 等提出了一种统一的实验模型，这种模型对于薄 $SiO_2$ 和高 $\kappa$/IL 双层栅介质结构都得到了很好的实验验证。Wu 等基于面积归一特性和较长时间的应力测试结果，得到了与应力电压相关的幂指数模型，幂指数模型在不同的薄氧化层厚度和应力电压范围内，都与实验结果符合得很好。不同的寿命预测模型将会得到明显差别的预测结果。因此在选择寿命预测模型时，要依据器件的结构特点和应力电压等因素选择适当的寿命预测模型。

### 5.4.4 应力诱生的栅极漏电流

SILC 是由于沟道载流子在栅极电场作用下流过栅电极，使栅电极逐渐失去对沟道电流的控制能力而失效。而且软击穿一般也可以与 SILC 过程联系起来，即多个缺陷态之间的 SILC 隧穿电流增大，就会引发软击穿现象。目前关于 SILC 发生的物理模型尚无定论，主要模型有直接隧穿 F-N 隧穿或陷阱辅助隧穿(trap assisted tunneling，TAT)等。SILC 的测试方法为，施加一定时间的应力电压后，中断应力电压，并在栅电极施加一个较小的固定测试电压，测得此电压下对应的电流值，该方法研究的是固定栅应力电压下栅电流随应力时间的变化。

HCI、BTI、TDDB 以及 SILC，是当今集成电路大规模应用之后 CMOS 器件最常见最重要的几个可靠性问题，它们对集成电路发挥正常的性能有着重要的影响。如图 5.4.13 所示，其中，HCI 是载流子在横向电场作用下获得大的动能，同时在纵向电场的作用下注入栅介质中，导致界面态的产生和栅介质中电荷的积累，因此 HCI 容易发生在靠近漏极的沟道区域，如图 5.4.13 中点线圈所示区域。TDDB 是因为载流子或电荷在栅介质中积累，或界面态在界面产生并在栅压的作用下进行充放电，这些电荷的积累改变了局部电场，并最终导致介质失效。SILC 是沟道载流子在栅极电场作用下以直接隧穿、F-N 隧穿或陷阱辅助的隧穿方式流过栅电极，最终导致栅电极失去对沟道电流的控制能力而使器件失效。BTI 是器件在正常工作时，在栅极电压或电场作用下，使得栅介质/硅衬底界面产生界面态，以及栅介质中的缺陷/陷阱俘获栅极或衬底注入的载流子，从而使得器件的阈值电压增大，导致器件的性能退化。BTI、TDDB、SILC 都主要是在栅极电压应力作用下导致栅介质层的损坏，因此这三种可靠性问题主要发生在整个栅介质层区域。

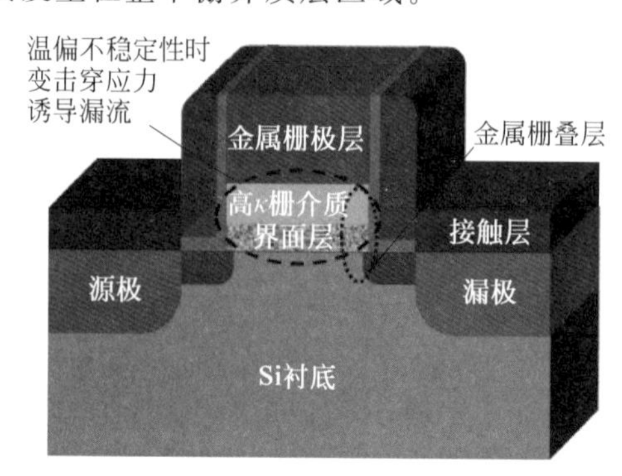


图 5.4.13 HCI、BTI、TDDB、SILC 发生的位置

## 课后习题

5.1　通过对电路中基本 MOS 器件的尺寸进行缩减，能不断提高电路集成度，提高性能，降低单位电路的生产成本，请简述常见的几种 MOS 器件微缩规则和优缺点。

答：常见的缩放规则包括恒定电场缩放、恒定电压缩放、准恒定电压缩放和广义缩放。恒定电场缩放，电压和几何尺寸按 $K$ 因子减小、掺杂和电荷密度按相同因子增加，内部电场的最大值和分布保持恒定，在保持性能不变的同时实现尺寸缩小，这种类型的缩放的局限性体现在由于弱反型区宽度不缩放，因此从打开到关闭器件所需的电压非常高。恒电压缩放电压电平保持恒定，器件尺寸按比例缩小，在恒定电压缩放中，器件尺寸的缩小会增加电场。准恒定电压缩放，其中器件尺寸根据恒定电场缩放规则缩放，但电压缩放幅度较小，在这种情况下，耗尽区宽度的减小幅度会小于器件尺寸的缩小比例。通过对衬底掺杂使用不同的缩放因子可以避免该问题，这称为广义缩放。

5.2　减小沟道长度是提高器件速度的最有效方式，但是随着 MOS 器件的显著缩小，会导致短沟道效应，请列举几种常见的短沟道效应并简述其产生机理。

答：①阈值电压降低，随着沟道长度的减小，源极和漏极耗尽区将成为整个沟道中更重要的部分。因此来自源极和漏极耗尽区的共享电荷使得需要较少的栅极感应电荷来反转晶体管，这导致晶体管阈值电压的降低。阈值电压降低严重影响开关特性和关断状态功耗。②沟道长度调制效应，沟道长度减小导致夹断区域成为通道的重要部分。因此，沟道长度随所施加的电压而不同于“物理”的沟道长度。这导致即使在饱和区域，$I_{DS}$ 也依赖于 $V_{DS}$。③载流子速度饱和，电场强度超过临界值，载流子速度变得恒定，不再依赖于施加的电场。这导致了较低的迁移率，从而降低了电流。④漏极诱导势垒降低(DIBL)，由于沟道长度减小，源漏之间距离缩短，漏极电场穿透到源极，导致载流子从源极进入沟道的势垒降低，这种效应在较高的漏极偏压下更显著。⑤穿通，随着沟道长度的减小，源极和漏极的耗尽区彼此接近。如果衬底掺杂不够高，最终这两个耗尽区可能会相互接触，这种情况称为穿通。⑥热载流子生成和击穿，由于漏极区附近的高电场，载流子获得了较大的速度，并可能导致碰撞电离。这些新生成的载流子可以在高场中加速并生成更多的载流子，这可能导致雪崩。这种效应被称为热载流子产生，它会导致电流快速增加，最终导致晶体管击穿。

5.3　请简述传统 MOS 器件中重掺杂多晶硅栅电极在亚微米技术节点所面临的问题。

答：①多晶硅耗尽效应，当器件工作在强反型区时，多晶硅栅极中较低的杂质浓度导致在多晶硅/氧化物界面附近形成耗尽层，多晶硅耗尽层的存在使有效介质厚度增加，栅极总电容减小，会削弱器件的栅控能力，导致器件特性退化。②硼穿通，pMOS 器件向 p+多晶硅栅极掺杂更多硼以减弱栅耗尽效应，导致通过栅介质进入沟道的硼增加。扩散进入沟道的硼积聚在 n-Si 衬底中，改变阈值电压并降低介质可靠性。③与高 κ 栅介质兼容性问题，多晶硅在绝大多数高介电常数栅介质材料上不稳定，它可以与高 κ 栅介质形成硅化物，此外，高 κ/多晶硅界面的费米能级钉扎会导致 MOSFET 晶体管中的高阈值电压。

5.4　请简述传统的 MOS 器件制造工艺在高 κ/金属栅引入后面临的挑战和应对措施。

答：先栅极工艺在高 κ/金属栅栅叠层形成后才进行源极、漏极区域中的掺杂原子激活，在高温的热退火工艺下，金属栅的热稳定性和化学稳定性受到挑战，金属栅和栅介质会在界面处发生反应或混合，引起功函数、等效氧化层厚度或其他参数发生变化，导致 CMOS 器件性能降低。英特尔公司开发了后栅极工艺用以克服高 κ 栅介质上金属栅极在高温制造过程中的不稳定性，后栅极工艺包括两种，先高 κ 后栅工艺和全后栅工艺，先高 κ 后栅工艺在沉积高 κ 栅介质之后，沉积多晶硅作为假栅极，经过源极和漏极区域的后续退火激活，然后去除多晶硅栅极，沉积具有 nMOS 和 pMOS 合适功函数的金属栅极，全后栅工艺则是先生长假栅，源漏注入退火之后除去假栅，然后生长高 κ 金属栅。通过此方法，可以抑制高温工艺导致的金属栅极和高 κ 栅介质的反应，可以提高诸如阈值电压调节的可靠性。此外，使用后栅工艺能够在移除多晶硅栅极前就使用应力增强技术，这可以进一步增强应变。

5.5　请简述高 κ 栅介质的引入对 MOS 器件可靠性产生的影响。

答：①高 κ 栅介质相比二氧化硅，在生长过程中就会产生较多的缺陷，在后续的使用中，在温度和电场应力作用下也更容易产生新的缺陷。当器件处于工作状态时，上述缺陷在温度和电场应力作用下受到激发转变为具有电活性的陷阱俘获注入的载流子，形成带电陷阱，这些处于栅介质中的电荷会改变栅介质的局部电场，最终影响器件的性能。②高 κ 栅介质的结构与硅衬底的晶格匹配没有二氧化硅和衬底硅晶格匹配度优良，导致主动或被动在高 κ 栅介质与硅衬底之间存在一层薄的界面层，介质层复杂的多层结构会给器件的可靠性分析带来困难。③高 κ 栅介质相对于 Si 衬底的电子势垒和空穴势垒比传统二氧化硅器件降低，这又给可靠性带来新的挑战。

5.6　请简述常见的几种 MOS 器件可靠性问题及其产生机理。

答：①阈值电压的温偏不稳定性(BTI)。器件在正常工作条件下，在栅极电压的作用下，载流子获得大的动能破坏了栅介质/硅衬底界面导致界面态的产生，界面态俘获载流子产生电荷积累，或是栅极和沟道载流子被注入到栅介质中并被栅介质中的陷阱俘获从而在栅介质中积累电荷，界面和栅介质中的电荷积累，导致器件的开启电压即阈值电压 $V_{th}$ 增大或器件的导通电流 $I_{DS}$ 减小，从而减小了器件的驱动能力和频率特性，进而影响电路的性能。②热载流子注入(HCI)。当载流子通过高电场区域的时候，它们可以获得很大的动能，会超过热平衡时晶格振动的能量，称为热载流子，能量足够高的热载流子可以注入到栅氧化层之中，或者引起界面的损坏，导致 MOSFET 器件电学特性的不稳定，引起一系列电学参数的退化。③时变击穿(TDDB)。在较高的电场条件下，介质层发生不可逆的破坏过程，介质层失去绝缘性，呈现类电阻的特性，称为击穿，随着 EOT 的减小和高 κ 栅介质的引入，击穿过程不再是一个稳定的阈值现象，恒定电压应力测试得到的击穿时间呈现分布式的统计特性，称为时变击穿。击穿特性与介质层中缺陷态充放电以及化学键断裂有关。④应力诱生的栅极漏电流(SILC)。沟道载流子在栅极电场作用下以隧穿方式流过栅电极，导致栅电极逐渐失去对沟道电流的控制能力而失效。栅极漏电流可能来自于直接隧穿、F-N 隧穿或陷阱辅助隧穿等。

## 参考文献

[1] LILIENFELD J E. Method and apparatus for controlling electric currents U. S.: 1745175[P]. [1930-01-28]. https://patents.google.com/patent/US1745175A/en.

[2] KAHNG D, ATALLA M M. Silicon-silicon dioxide field induced surface devices[C]. Pittsburgh, PA:

IRE Solid-State Device Res. Conf.,1960.
[3] WILK G D,WALLACE R M,ANTHONY J M. High-κ gate dielectrics: Current status and materials properties considerations[J]. J. Appl. Phys.,2001,89: 5243-5275.
[4] HORI T. Gate dielectrics and MOS ULSIs[M]. New York: Springer,1997.
[5] DENNARD R H,GAENSSLEN F H,YU H-N,et al. Design of ion-implanted MOSFET's with very small physical dimensions[J]. J. IEEE Solid-State Circuits SC-9,1974,9(5): 256-268.
[6] BACCARANI G,WORDEMAN M R,DENARD R H. Generalized scaling theory and its application to a 1/4 micrometer MOSFET design[J]. IEEE Trans. Electron Devices,1984,31: 452.
[7] PACKAN P A. Pushing the limits[J]. Science,1999,285: 2079-2081.
[8] CRITCHLOW D L. MOSFET scaling—the driver of VLSI technology[J]. Proc. IEEE, 1999, 87: 659-667.
[9] TSIVIDIS Y. Operation and modeling of the MOS transistor[M]. 2 ed. New York,Oxford: Oxford University Press,1999.
[10] SZE S M. Physics of semiconductor devices[M]. Murray Hill: New Jersey,1981.
[11] MOORE G E. Cramming more components onto integrated circuits[J]. Electronics,1965,38: 8.
[12] 王阳元,张兴,刘晓彦. 32nm 及其以下技术节点 CMOS 技术中的新工艺及新结构器件[J]. 中国科学: 信息科学,2008,38(6): 921-932.
[13] KIM N,AUSTIN T,BLAAUW D,et al. Leakage current: Moore's law meets static power[C]. IEEE Computer,2003,36(12): 68-75.
[14] HOKAZONO A,OHUCHI K,TAKAYANAGI M,et al. 14 nm gate length CMOSFETs utilizing low thermal budget process with poly-SiGe and Ni salicide[C]. IEDM Tech. Dig.,2002: 639-642.
[15] WAKABYASHI H,SAITO Y,TAKEUCHI K,et al. A novel W/TiNx metal gate CMOS technology using nitrogen-concentration-controlled TiNx film[C]. IEDM Tech. Dig.,1999,253-256.
[16] STEWART E J, CARROLL M S, STURM J C. Suppression of boron penetration in P-channel MOSFETs using polycrystalline $Si_{1-x-y}Ge_xC_y$ gate layers[J]. IEEE Electron Device Lett. ,2001, 22: 574-576.
[17] CHOI C H, CHIDAMBARAM P R, KHAMANKAR R, et al. Gate length dependent polysilicon depletion effects[J]. IEEE Electron Device Lett. ,2002,23: 224-226.
[18] VASILESKA D. The influence of space-quantization effects and poly-gate depletion on the threshold voltage,inversion layer and total gate capacitances in scaled Si-MOSFETs[J]. J. Mod. Simul. Microsyst. ,1999,1: 49-56.
[19] PFIESTER J R,BAKER F,MELE T,et al. The effects of boron penetration on $p^+$ polysilicon gated PMOS devices[J]. IEEE Trans. Electron Devices,1990,37: 1842.
[20] HUANG C-L, ARORA N D, NASR A, et al. Effect of polysilicon depletion on MOSFET I-V characteristics[J]. Electron Lett.,1993,29: 1208-1209.
[21] WU E,NOWACK E,HAN L,et al. Nonlinear characteristics of Weibull breakdown distributions and its impact on reliability projection for ultra-thin oxides[C]. IEDM Tech. Dig.,1999: 441.
[22] ROBERTSON J. High dielectric constant gate oxides for metal oxide Si transistors[J]. Rep. Pro. Phys. ,2006,69: 327-396.
[23] CHOI J H,MAO Y,CHANG J P. Development of hafnium based high-κ materials—A review[J]. Mater. Sci. Eng R: Rep. ,2011,72: 97-136.
[24] RIOS R,ARORA N D. Determination of ultra-thin gate oxide thicknesses for CMOS structures using quantum effects[C]. IEDM Tech. Dig. ,1994.
[25] ROBERTSON J J. Band offsets of wide-band-gap oxides and implications for future electronic devices [J]. Vac. Sci. Technol,B.,2000,18: 1785-1791.

[26] BRAR B, WILK G D, SEABAUGH A C. Direct extraction of the electron tunneling effective mass in ultrathin $SiO_2$[J]. Appl. Phys. Lett., 1996, 69: 2728-2730.

[27] VOGEL E M, AHMED K Z, HORNUNG B, et al. Modeled tunnel currents for high dielectric constant dielectrics[J]. IEEE Trans. Electron Devices, 1998, 4: 1350-1355.

[28] LUCOVSKY G, YANG H, NIIMI H, et al. Thermodynamic stability of binary oxides in contact with silicon[J]. J. Mat. Res., 1996, 11: 2757-2776.

[29] IWAI H, MOMOSE H S, OHMI S. Ultra-thin gate $SiO_2$ technology[J]. Proc. -Electrochem. Soc., 2000, 2: 3.

[30] MA T P. Making silicon nitride film a viable gate dielectric[J]. IEEE Trans. Electron Devices, 1998, 45: 680-690.

[31] DEY S K, LEE J J. Cubic paraelectric (nonferroelectric) perovskite PLT thin films with high permittivity for ULSI DRAMs and decoupling capacitors[J]. IEEE Trans. Electron Devices, 1992, 39: 1607-1613.

[32] ROBERTSON J, CHEN C W. Schottky barrier heights of tantalum oxide, barium strontium titanate, lead titanate, and strontium bismuth tantalite[J]. Appl. Phys. Lett., 1999, 74: 1168-1170.

[33] TAKEUCHI H, KING T J. Scaling limits of hafnium-silicate films for gate-dielectric applications [J]. Appl. Phys. Lett., 2003, 83: 788-790.

[34] DING S J, ZHU C X, LI M F, et al. Atomic-layer-deposited $Al_2O_3$-$HfO_2$-$Al_2O_3$ dielectrics for metal-insulator-metal capacitor applications[J]. Appl. Phys. Lett., 2005, 87: 053501.

[35] SEONG N-J, YOON S-G, YEOM S -J, et al. Effect of nitrogen incorporation on improvement of leakage properties in high-κ $HfO_2$ capacitors treated by $N_2$-plasma[J]. Appl. Phys. Lett., 2005, 87: 132903.

[36] ZHAO C, WITTERS T, BRIJS B, et al. Ternary rare-earth metal oxide high-κ layers on silicon oxide [J]. Appl. Phys. Lett., 2005, 86: 132903.

[37] BARLAGE D, ARGHAVANI R, DEWEY G, et al. High-frequency response of 100 nm integrated CMOS transistors with high-K gate dielectrics[C]. IEDM Tech. Dig., 2001, 231-234.

[38] HOBBS C, FONSECA L, DHANDAPANI V, et al. Fermi level pinning at the polySi/metal oxide interface[J]. Symp. VLSI Tech. Dig., 2003: 9-10.

[39] FISCHETTI M V, NEUMAYER D A, CARTIER E A. Effective electron mobility in Si inversion layers in metal-oxide-semiconductor systems with a high-κ insulator: The role of remote phonon scattering[J]. J. Appl. Phys., 2001, 90: 4587.

[40] BROWN G A, ZEITZOFF P M, BERSUKER G, et al. Scaling CMOS: materials & devices[J]. Mater. Today, 2004, 7: 20.

[41] BUCHANAN D A, MCFEELY F R, YURKAS J J. Fabrication of midgap metal gates compatible with ultrathin dielectrics[J]. Appl. Phys. Lett., 1998, 73: 1676.

[42] DE I, JOHRI D, SRIVASTAVA A, et al. Impact of gate workfunction on device performance at the 50 nm technology node[J]. Solid State Electron., 2000, 44: 1077.

[43] THOMAS M, KROEMER H, BLANK H R, et al. Induced superconductivity and residual resistance in InAs quantum wells contacted with superconducting Nb electrodes[J]. Physica E, 1998, 2: 894.

[44] CHEN T, LI X M, ZHANG X J. Epitaxial growth of atomic-scale smooth Ir electrode films on MgO buffered Si(100) substrates by PLD[J]. Crystal Growth, 2004, 267: 80.

[45] ZHONG H, HEUSS G, MISRA V. Electrical properties of $RuO_2$ gate electrodes for dual metal gate Si-CMOS[J]. IEEE Electron Device Lett., 2000, 21: 593.

[46] ZHONG H, HEUSS G, MISRA V, et al. Characterization of $RuO_2$ electrodes on Zr silicate and $ZrO_2$ dielectrics[J]. Appl. Phys. Lett., 2001, 78: 1134.

[47] MISRA V. Dual metal gate selection issues[C]. 6th Annual Topical Research Conference on Reliability,2003: 471.

[48] POLISHCHUNK I,RANADE P,KING T J,et al. Dual work function metal gate CMOS transistors by Ni-Ti interdiffusion[J]. IEEE Electron Device Lett.,2002,23: 200.

[49] LU Q, YEO Y C, YANG K J, et al. Metal gate work function adjustment for future CMOS technology[C]. Symp. VLSI Tech. Dig.,2001: 45-46.

[50] MASZARA W P,KRIVOKAPIC Z,KING P,et al. Transistors with dual work function metal gates by single full silicidation (FUSI) of polysilicon gates[C]. IEDM Tech. Dig.,2002: 367-370.

[51] HISAMOTO D,LEE W C,KEDZIERSKI J,et al. A folded-channel MOSFET for deep-sub-tenth micron era[C]. IEDM Tech. Dig.,1998: 1032-1035.

[52] KEDZIERSKI J, NOWAK E, T KANARSKY, et al. Metal-gate FinFET and fully-depleted SOI devices using total gate silicidation[C]. IEDM Tech. Dig.,2002: 247-250.

[53] WANG S Q,MAYER J W. Reactions of Zr thin films with $SiO_2$ substrates[J]. J. Appl. Phys.,1988, 64: 4711.

[54] MISRA V, HEUSS G P, ZHONG H C. Use of metal-oxide-semiconductor capacitors to detect interactions of Hf and Zr gate electrodes with $SiO_2$ and $ZrO_2$[J]. Appl. Phys. Lett.,2001,78: 4166.

[55] LUAN H F,LEE S J,LEE C H,et al. High quality $Ta_2O_5$ gate dielectrics with $T_{ox,eq}<10Å$[C]. IEDM Tech. Dig.,1999: 141-144.

[56] YANG H,BROWN G A,HU J C. A comparison of TiN processes for CVD W/TiN gate electrode on 3nm gate oxide[C]. IEDM Tech. Dig.,1997: 459-462.

[57] AMAZAWA T,OIKAWA H. Surface state generation of Mo gate metal oxide semiconductor devices caused by Mo penetration into gate oxide[J]. J. Electrochem. Soc.,1998,145: 1297.

[58] LUNDGREN P. Impact of the gate material on the interface state density of metal-oxide-silicon devices with an ultrathin oxide layer[J]. J. Appl. Phys.,1999,85: 2229.

[59] USHIKI T, YU M -C, KAWAI K, et al. Gate oxide reliability concerns in gate-metal sputtering deposition process: an effect of low-energy large-mass ion bombardment[J]. Microelectron. Reliab. , 1999,39: 327.

[60] PARK D -G,CBO H -J,LIM K -Y,et al. Effects of TiN deposition on the characteristics of W/TiN/ $SiO_2$/Si metal oxide semiconductor capacitors[J]. J. Electrochem. Soc.,2001,148: F189.

[61] YEO Y. Effects of high-$\kappa$ gate dielectric materials on metal and silicon gate workfunctions[J]. IEEE Electron Device Lett.,2002,23: 342-344.

[62] NATARAJAN S, ARMSTRONG M, BOST M, et al. A 32nm logic technology featuring 2nd-generation high-$\kappa$ + metal-gate transistors,enhanced channel strain and 0.171$\mu m^2$ SRAM cell size in a 291Mb array[C]. IEDM Tech. Dig.,2008: 941-944.

[63] MISTRY K, ALLEN C, AUTH C, et al. A 45nm logic technology with high-$\kappa$ + metal gate transistors, strained silicon, 9 Cu interconnect layers, 193nm dry patterning, and 100% Pb-free packaging[C]. IEDM Tech. Dig.,2007: 247-250.

[64] PACKAN P,AKBAR S,ARMSTRONG M,et al. High performance 32nm logic technology featuring 2nd generation high-$\kappa$ + metal gate transistors[C]. IEDM Tech. Dig.,2009: 659-662.

[65] AUTH C, CAPPELLANI A, CHUN J -S, et al. 45nm high-$\kappa$ + metal gate strain-enhanced transistors[C]. Symp. VLSI Tech. Dig.,2008: 128-131.

[66] WANG J, TATESHITA Y, YAMAKAWA S, et al. Novel channel-stress enhancement technology with eSiGe S/D and recessed channel on damascene gate process[C]. Symp. VLSI Tech. Dig., 2007: 46-47.

# 第6章

# 高 $\kappa$ 栅介质与高迁移率场效应器件集成

## 6.1 场效应晶体管

场效应晶体管(field effect transistor,FET)简称场效应管,属于电压控制型半导体器件,具有输入电阻高、噪声小、功耗低、动态范围大、易于集成、无二次击穿现象、安全工作区域宽等优点,现已成为双极型晶体管和功率晶体管的强大竞争者。

### 6.1.1 场效应晶体管的分类

场效应晶体管分为结型、绝缘栅型两大类。结型场效应晶体管(JFET)因有两个 pn 结而得名,绝缘栅型场效应晶体管(JGFET)则因栅极与其他电极完全绝缘而得名。目前在绝缘栅型场效应晶体管中,应用最为广泛的是 MOS 场效应晶体管,简称 MOS 管(金属氧化物半导体场效应晶体管,MOSFET);此外还有 pMOS、nMOS 和 VMOS 功率场效应晶体管,以及 πMOS 场效应晶体管、VMOS 功率模块等。

按沟道半导体材料的不同,结型和绝缘栅型各分 n 沟道和 p 沟道两种。若按导电方式来划分,场效应晶体管又可分成耗尽型和增强型。结型场效应晶体管均为耗尽型,绝缘栅型场效应晶体管既有耗尽型的,也有增强型的。

结型场效应晶体管的输入电阻虽然可达 $10^6 \sim 10^9\ \Omega$,但在要求输入电阻更高的场合,还是不能满足要求。而且,由于它的输入电阻是 pn 结的反偏电阻,在高温条件下工作时,pn 结反向电流增大,反偏电阻的阻值明显下降。与结型场效应晶体管不同,MOS 管的栅极与半导体之间隔有 $SiO_2$ 绝缘介质,使栅极处于绝缘状态(故又称绝缘栅场效应晶体管),因而它的输入电阻可高达 $10^{15}\ \Omega$。它的另一个优点是制造工艺简单,适于制造大规模及超大规模集成电路。

### 6.1.2 金属氧化物半导体场效应晶体管

MOS 管也有 n 沟道和 p 沟道之分,而且每一类又分为增强型和耗尽型两种,两者的区别是增强型 MOS 管在栅-源电压 $V_{GS}=0$ 时,漏-源极之间没有导电沟道存在,即使加上电压

$V_{DS}$（在一定的数值范围内），也没有漏极电流产生（$I_D=0$）。而耗尽型MOS管在$V_{GS}=0$时，漏-源极间就有导电沟道存在。

在一块掺杂浓度较低的p型硅衬底上，用光刻、扩散工艺制作两个高掺杂浓度的$n^+$区，并用金属铝引出两个电极，分别作漏极D和源极S。然后在半导体表面覆盖一层很薄的$SiO_2$绝缘层，在漏-源极间的绝缘层上再装上一个Al电极，作为栅极G。另外在衬底上也引出一个电极B，这就构成了一个n沟道增强型MOS管（图6.1.1），其栅极与其他电极间是绝缘的。

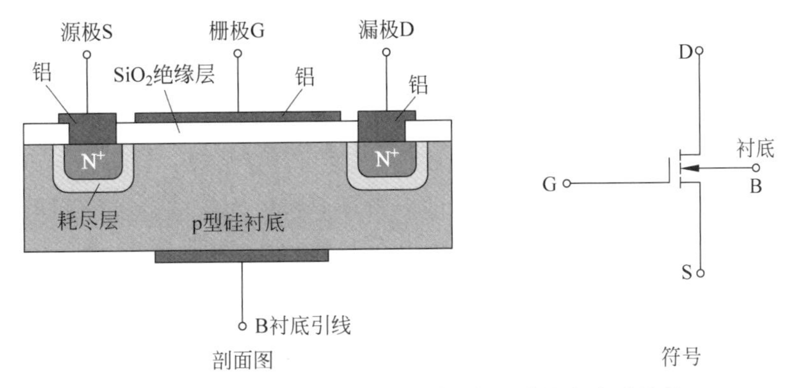


图6.1.1　n沟道增强型MOS管结构示意图和电路符号

### 6.1.3　栅-源电压$V_{GS}$对$I_D$及沟道的控制作用

MOS管的源极和衬底通常是接在一起的（大多数管子在出厂前已连接好）。从图6.1.2(a)可以看出，增强型MOS管的漏极D和源极S之间有两个背靠背的pn结。当栅-源电压$V_{GS}=0$时，即使加上漏-源电压$V_{DS}$，不论$V_{DS}$的极性如何，总有一个pn结处于反偏状态，漏-源极间没有导电沟道，所以这时漏极电流$I_D\approx0$。

若在栅-源极间加上正向电压，即$V_{GS}>0$，则栅极和衬底之间的$SiO_2$绝缘层中便产生一个垂直于半导体表面的由栅极指向衬底的电场，这个电场能排斥空穴而吸引电子，因而使栅极附近的p衬底中的空穴被排斥，剩下不能移动的受主离子（负离子）形成耗尽层，同时p衬底中的电子（少子）被吸引到衬底表面。当$V_{GS}$较小，吸引电子的能力不强时，漏-源极之间仍无导电沟道出现，如图6.1.2(b)所示。$V_{GS}$增加时，吸引到p衬底表面层的电子就增多，当$V_{GS}$达到某一数值时，这些电子在栅极附近的p衬底表面便形成一个n型薄层，且与两个$n^+$区相连通，在漏-源极间形成n型导电沟道，其导电类型与p衬底相反，故又称为反型层，如图6.1.2(c)所示。$V_{GS}$越大，作用于半导体表面的电场就越强，吸引到p衬底表面

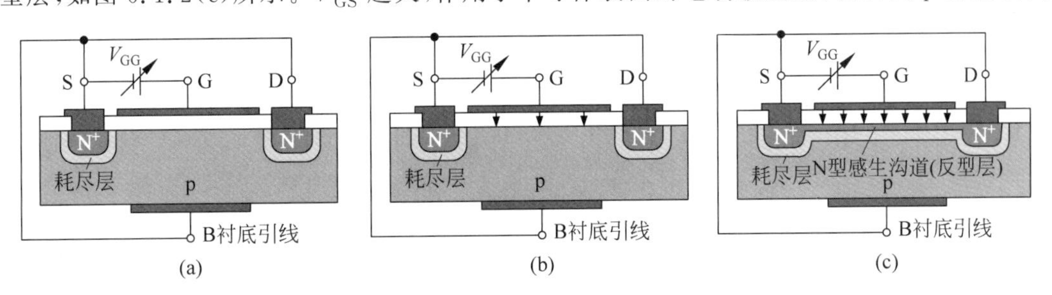


图6.1.2　栅-源电压$V_{GS}$对沟道的影响

的电子就越多,导电沟道越厚,沟道电阻越小。把开始形成沟道时的栅-源极电压称为开启电压,用 $V_T$ 表示。

由上述分析可知,n 沟道增强型 MOS 管在 $V_{GS}<V_T$ 时,不能形成导电沟道,管子处于截止状态。只有当 $V_{GS}\geqslant V_T$ 时,才有沟道形成,此时在漏-源极间加上正向电压 $V_{DS}$,才有漏极电流产生。而且 $V_{GS}$ 增大时,沟道变厚,沟道电阻减小,$I_D$ 增大。这种必须在 $V_{GS}\geqslant V_T$ 时才能形成导电沟道的 MOS 管称为增强型 MOS 管。

### 6.1.4 漏-源电压 $V_{DS}$ 对 $I_D$ 及沟道的影响

如图 6.1.3(a)所示,当 $V_{GS}>V_T$ 且为一确定值时,漏-源电压 $V_{DS}$ 对导电沟道及电流 $I_D$ 的影响与结型场效应晶体管相似。漏极电流 $I_D$ 沿沟道产生的电压降使沟道内各点与栅极间的电压不再相等,靠近源极一端的电压最大,这里沟道最厚;而漏极一端电压最小,其值为 $V_{GD}=V_{GS}-V_{DS}$,因而这里沟道最薄。但当 $V_{DS}$ 较小($V_{DS}<V_{GS}-V_T$)时,它对沟道的影响不大,这时只要 $V_{GS}$ 一定,则沟道电阻几乎也是一定的,所以 $I_D$ 随 $V_{DS}$ 近似呈线性变化。

随着 $V_{DS}$ 的增大,靠近漏极的沟道越来越薄,当 $V_{DS}$ 增加到使 $V_{GD}=V_{GS}-V_{DS}=V_T$(或 $V_{DS}=V_{GS}-V_T$)时,沟道在漏极一端出现预夹断,如图 6.1.3(b)所示。再继续增大 $V_{DS}$,夹断点将向源极方向移动,如图 6.1.3(c)所示。由于 $V_{DS}$ 的增加部分几乎全部降落在夹断区,故 $I_D$ 几乎不随 $V_{DS}$ 增大而增加,管子进入饱和区,$I_D$ 几乎仅由 $V_{GS}$ 决定。

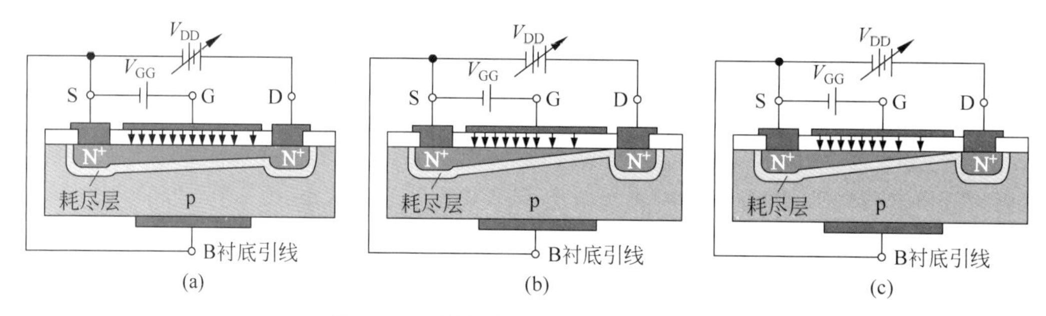


图 6.1.3 漏源电压 $V_{DS}$ 对沟道的影响

### 6.1.5 特性曲线和电流方程

n 沟道增强型 MOS 管的输出特性曲线如图 6.1.4(a)所示。与结型场效应晶体管一样,其输出特性曲线也可分为可变电阻区、饱和区、截止区和击穿区几部分。转移特性曲线如图 6.1.4(b)所示,由于场效应晶体管作放大器件使用时是工作在饱和区(恒流区),此时 $I_D$ 几乎不随 $V_{DS}$ 而变化,即不同的 $V_{DS}$ 所对应的转移特性曲线几乎是重合的,所以可用 $V_{DS}$ 大于某一数值($V_{DS}>V_{GS}-V_T$)后的一条转移特性曲线代替饱和区的所有转移特性曲线,与结型场效应晶体管相类似。在饱和区内,$I_D$ 与 $V_{GS}$ 的近似关系式为

$$I_D=I_{DO}\left(\frac{V_{GS}}{V_T}\right)^2 \tag{6.1.1}$$

式中,$I_{DO}$ 是 $V_{GS}=2V_T$ 时的漏极电流 $I_D$。

MOS 管的主要参数与结型场效应晶体管基本相同,只是增强型 MOS 管中不用夹断电

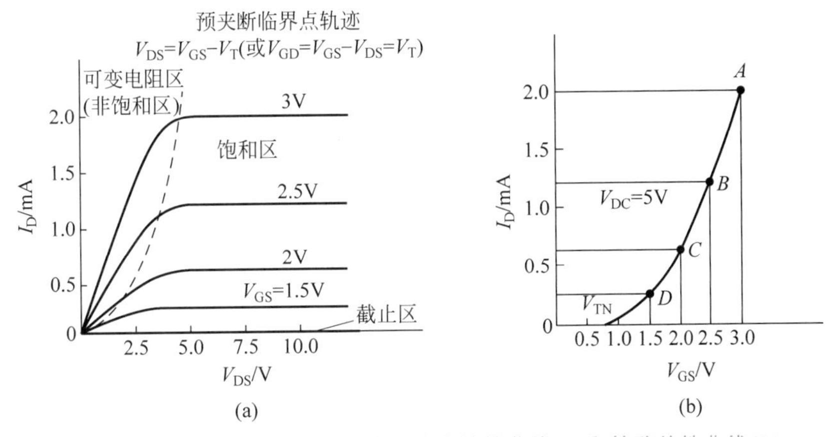


图 6.1.4 n 沟道增强型 MOS 管的输出特性曲线(a)和转移特性曲线(b)

压 $V_P$，而用开启电压 $V_T$ 表征管子的特性。

从结构上看，n 沟道耗尽型 MOS 管与 n 沟道增强型 MOS 管基本相似，其区别仅在于栅-源极间电压 $V_{GS}=0$ 时，耗尽型 MOS 管中的漏-源极间已有导电沟道产生，而增强型 MOS 管要在 $V_{GS}\geqslant V_T$ 时才出现导电沟道。原因是制造 n 沟道耗尽型 MOS 管时，在 $SiO_2$ 绝缘层中掺入了大量的碱金属正离子 $Na^+$ 或 $K^+$(制造 p 沟道耗尽型 MOS 管时掺入负离子)，如图 6.1.5 所示。因此即使 $V_{GS}=0$ 时，在这些正离子产生的电场作用下，漏-源极间的 p 衬底表面也能感应生成 n 沟道(称为初始沟道)，只要加上正向电压 $V_{DS}$，就有电流 $I_D$。如果加上正的 $V_{GS}$，栅极与 n 沟道间的电场将在沟道中吸引来更多的电子，沟道加宽，沟道电阻变小，$I_D$ 增大。反之 $V_{GS}$ 为负时，沟道中感应的电子减少，沟道变窄，沟道电阻变大，$I_D$ 减小。当 $V_{GS}$ 负向增加到某一数值时，导电沟道消失，$I_D$ 趋于零，管子截止，故称为耗尽型。沟道消失时的栅-源电压称为夹断电压，仍用 $V_P$ 表示。与 n 沟道结型场效应晶体管相同，n 沟道耗尽型 MOS 管的夹断电压 $V_P$ 也为负值，但是前者只能在 $V_{GS}<0$ 的情况下工作。而后者在 $V_{GS}=0$，$V_{GS}>0$，$V_P<V_{GS}<0$ 的情况下均能实现对 $I_D$ 的控制，而且仍能保持栅-源极间有很大的绝缘电阻，使栅极电流为零。这是耗尽型 MOS 管的一个重要特点。

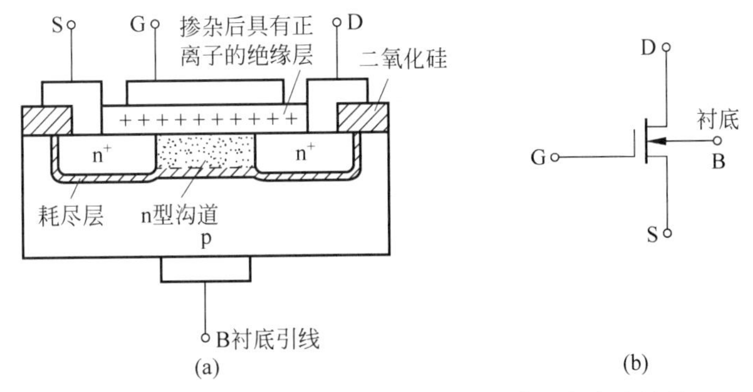


图 6.1.5 n 沟道耗尽型 MOS 管结构示意图和电路符号

在饱和区内，耗尽型 MOS 管的电流方程与结型场效应晶体管的电流方程相同，即

$$I_D=I_{DS}\left(1-\frac{V_{GS}}{V_P}\right)^2 \tag{6.1.2}$$

表 6.1.1 给出了各种场效应晶体管特性的比较。

表 6.1.1 各种场效应晶体管特性比较

| 结构种类 | 工作方式 | 符号 | 电压极性 | | 转移特性 $I_D=f(V_{GS})$ | 输出特性 $I_D=f(V_{DS})$ |
|---|---|---|---|---|---|---|
| | | | $V_P$ 或 $V_T$ | $V_{DS}$ | | |
| n 沟道 MOSFET | 耗尽型 | 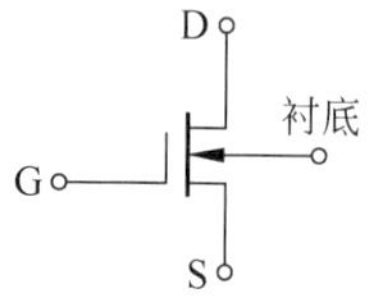 D, G, S, 衬底 | (－) | (＋) | 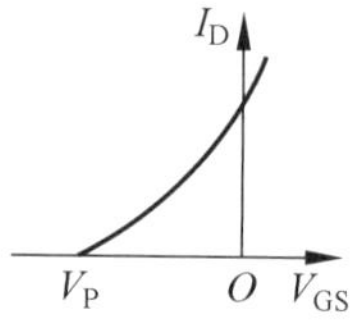 $I_D$, $V_P$, $O$, $V_{GS}$ | 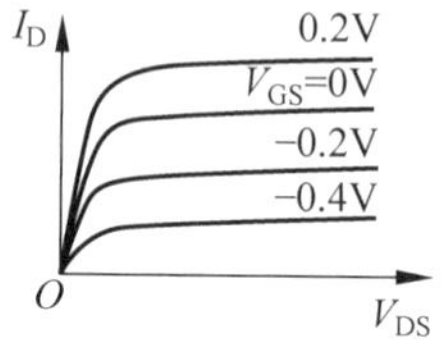 $I_D$, 0.2V, $V_{GS}$=0V, −0.2V, −0.4V, $O$, $V_{DS}$ |
| | 增强型 | 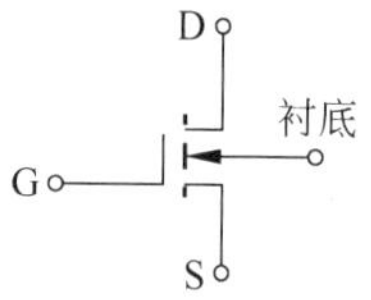 D, G, S, 衬底 | (＋) | (＋) | 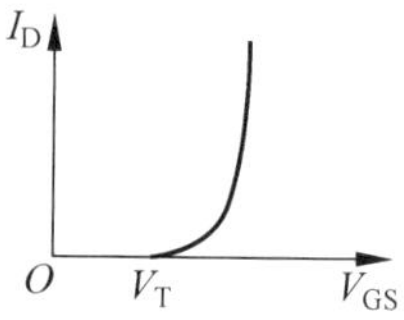 $I_D$, $O$, $V_T$, $V_{GS}$ | 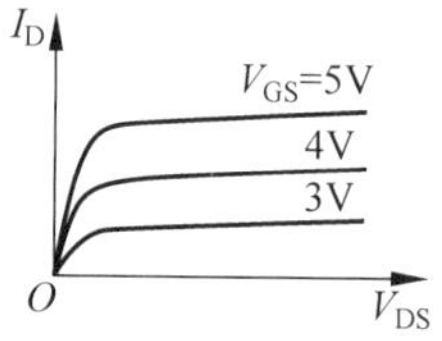 $I_D$, $V_{GS}$=5V, 4V, 3V, $O$, $V_{DS}$ |
| p 沟道 MOSFET | 耗尽型 | 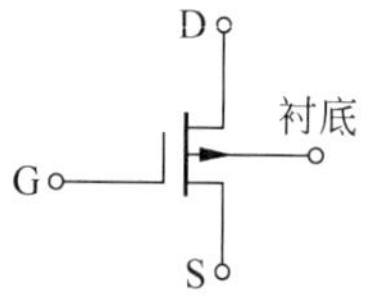 D, G, S, 衬底 | (＋) | (－) | 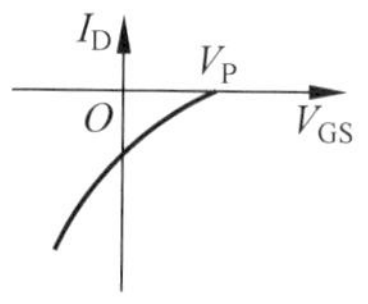 $I_D$, $V_P$, $O$, $V_{GS}$ | 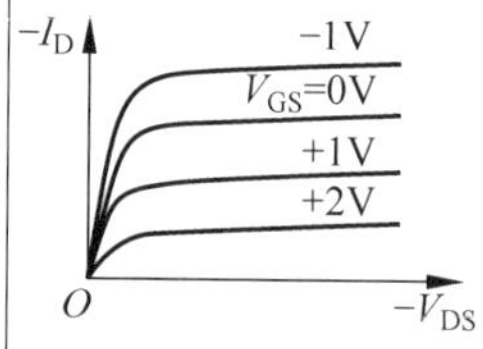 $-I_D$, −1V, $V_{GS}$=0V, +1V, +2V, $O$, $-V_{DS}$ |
| | 增强型 | 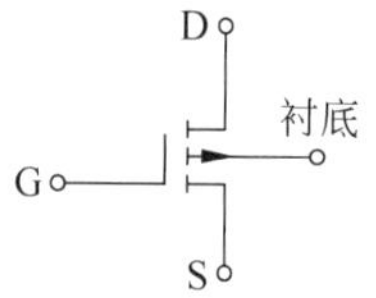 D, G, S, 衬底 | (－) | (－) | 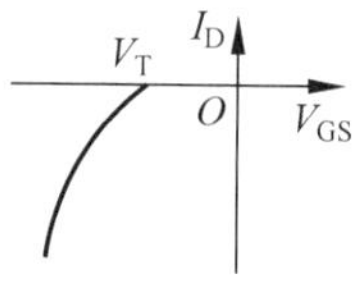 $V_T$, $I_D$, $O$, $V_{GS}$ | 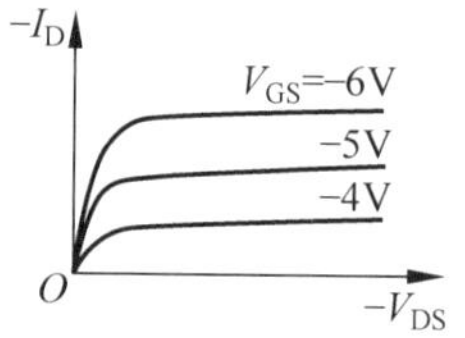 $-I_D$, $V_{GS}$=−6V, −5V, −4V, $O$, $-V_{DS}$ |

## 6.2 高迁移率场效应晶体管

MOSFET 以一个 MOS 的电容为核心，MOS 电容的特性决定了 MOSFET 的特性。近半个世纪以来，以硅为首的半导体行业一直在追求摩尔定律持续发展，通过缩减硅器件的物理尺寸，实现不断降低成本和提高性能。2020 年，台积电发布了基于 7nm 技术的苹果手机处理器，并于 2023 年 2 月 5 日开始大规模量产。但是，随着集成电路器件尺寸的进一步减小，短沟道效应会急剧恶化，纳米尺度下新的物理现象会对器件性能产生严重的影响，从而制约器件集成度的提升。

如图 6.2.1(a)所示，传统 Si MOSFET 器件尺寸的减小主要是提高了器件的开态饱和电流($I_D$)，由于器件微缩化遇到了瓶颈，器件性能难以持续提高，所以根据 MOSFET 器件 $I_D$ 的理论计算公式：

$$I_D = \mu_{eff} \frac{W}{L_G} C_{ox} \left( V_G - V_{th} - \frac{V_D}{2} \right) V_D \tag{6.2.1}$$

在不改变器件栅极长度的条件下，通过提升载流子迁移率来提高器件的 $I_D$ 实现集成电路器件的等效微缩化(图 6.2.1(b))。在 90nm 技术节点中通过引入沟道应变在 Si MOSFET 器件中获得了更高的载流子迁移率，有效增大了器件的 $I_D$。因此，采用新型的高迁移率沟道材料制备 MOSFET 器件是一种解决未来集成电路制造发展的有效方案。目前研究较多的高迁移率材料主要有 Ge、Ⅲ-Ⅴ族半导体化合物，表 6.2.1 列出部分半导体材料的参数。

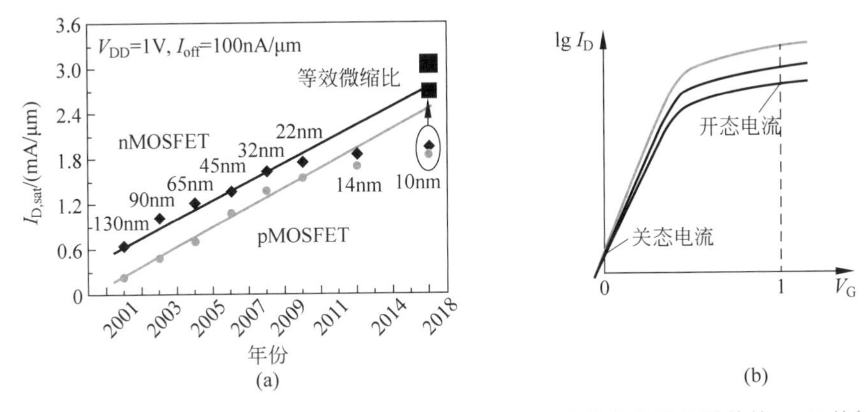


图 6.2.1　传统 Si MOSFET 器件在不同工艺节点的 $I_D$(a)，及等效微缩化器件的 $I_D$-V 特性(b)

表 6.2.1　Si、Ge 及Ⅲ-Ⅴ族半导体材料参数

| | Si | Ge | GaAs | InP | GaN | 4H-SiC |
|---|---|---|---|---|---|---|
| 禁带宽度 $E_g$/eV | 1.12 | 0.66 | 1.424 | 1.344 | 3.4 | 3.26 |
| 空穴迁移率 $\mu_h$/(cm$^2$/(V·s)) | 450 | 1900 | 400 | 150 | 10～20 | 115 |
| 电子迁移率 $\mu_e$/(cm$^2$/(V·s)) | 1500 | 3900 | 800 | 4600 | 900 | 1000 |
| 晶格常数 $a$/nm | 0.543 | 0.566 | 0.564 | 0.587 | 0.389 | 0.307 |
| 相对介电常数 $\kappa$ | 11.9 | 16.0 | 12.9 | 12.23 | 9.0 | 9.7 |
| 熔点 $T_m$/℃ | 1412 | 937 | 1240 | 1070 | 1700 | 3100 |

与 Si 相比，Ge 和Ⅲ-Ⅴ族半导体材料在电子传输特性和空穴传输特性上表现出明显的优越性。另外，截止频率与载流子传输特性的关系是判断一个器件的重要指标，可以用式(6.2.2)表示：

$$\frac{1}{2\pi f_T} = \frac{C_0 VWL}{I} = \frac{C_0 WL}{g_m} = \frac{L}{V_{eff}} \tag{6.2.2}$$

式中，$L$ 为有效沟道长度；$V_{eff}$ 为沟道载流子有效传输速度。式(6.2.2)表明，高迁移率半导体材料优良的载流子传输特性可以使晶体管高速运行。此外，针对高性能低功耗的器件，还有一个重要的性能指标，即能量延时(energy-delay)＝动态功耗×延时时间(power dissipation * delay)，其中第一项是晶体管开关转换时消耗的动态功耗，第二项是器件本身的延时时间 $f_T$。Ⅲ-Ⅴ族半导体材料的这两项指标都已经被证实优于现行的 Si 场效应晶体管。如图 6.2.2 所示，在相同功耗下，由Ⅲ-Ⅴ族半导体材料制备的场效应晶体管速度是传统 Si 场效应晶体管速度的 1.5 倍；而在同等速度条件下，Ⅲ-Ⅴ族场效应晶体管的功耗只有 Si 场效应晶体管的十分之一。

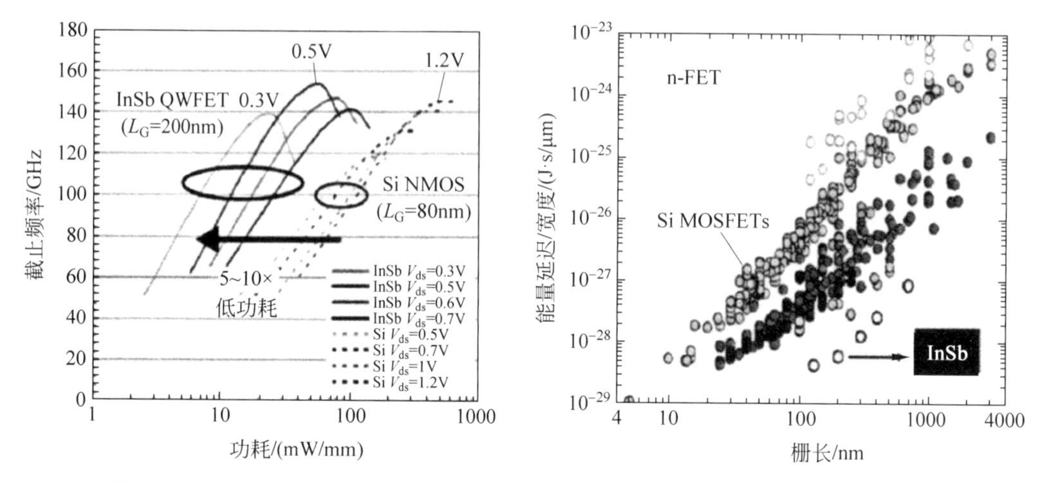


图 6.2.2 Si-MOSFET 和 InSb-MOSFET 器件上能量延时与截止频率的基准示意图

## 6.3 Ge 基场效应器件

硅(Si)互补金属氧化物半导体(CMOS)技术随着高 κ 栅介质、金属栅和应变等新材料和新技术的不断发展，克服了物理尺度的限制。p 型沟道场效应晶体管(p-FET)中的沟道材料被有效空穴质量更小的硅锗(SiGe)所取代。从硅 CMOS 工艺中沟道材料的角度来看，由于 Ge 具有比 Si 和 SiGe 更小的电子和空穴有效质量，并且属于Ⅳ族元素，与硅具有很高的工艺兼容性，而被认为是替代 Si 沟道材料的最佳候选材料。虽然 Ge 的氧化物具有热力学不稳定性和水溶性等缺点，但许多研究依然是基于块状 Ge 性能的优势来实现高性能 Ge-FET。Chui 等和 Shang 等在 2002 年对 Ge 栅堆栈进行氮钝化，得到了性能优于硅的高性能 p 型 Ge-FET。此后，随着对 Ge 堆栈设计认识的深入，Ge-FET 的性能都得到了很大的提升。图 6.3.1 总结了近 20 年来 FET 通道有效移动性改善的进展。图中 Si 对应的是在(100)面制备的 Si-FET 的迁移率。可以看出，与 p 型 Ge-FET 相比，n 型 Ge-FET 的性能在初始阶段比 n 型 Si-FET 差，但经过改进后性能提高了 2 倍。然而，Ge-FET 也存在其他挑战，如低 DOS 导致的反转通道电容小、与 Si 的工艺兼容性、化学计量比的控制等。关于 Ge 栅介质层的等效氧化层厚度，已被证明可降至约 0.5nm。此外，鳍式晶体管(FinFET)和环栅晶体管(gate-all-around FET，GAAFET)结构的 Ge-FET 也进一步缩小了器件尺寸。但是在设计高性能 Ge-FET 时，依然还必须考虑由于 Ge 介电常数较高而导致的漏极诱导势垒降低，以及气氛退火后导致的结构色散等方面带来的不利影响。

另外，在实际放大的 FET 器件中，降低性能的一个典型因素是寄生电阻的增加。寄生电阻由互连和接触的金属电阻、源/漏周围的半导体电阻和恰好在金属/半导体界面处的接触电阻组成，而接触电阻由于器件的缩小变得更加突出。必须尽可能地减小接触电阻使其低于 $10^{-9}\Omega$ 来满足高级节点的需要。金属/半导体界面处的接触电阻率为

$$\rho \propto \exp\left(C\frac{\Phi_b}{\sqrt{N}}\right) \tag{6.3.1}$$

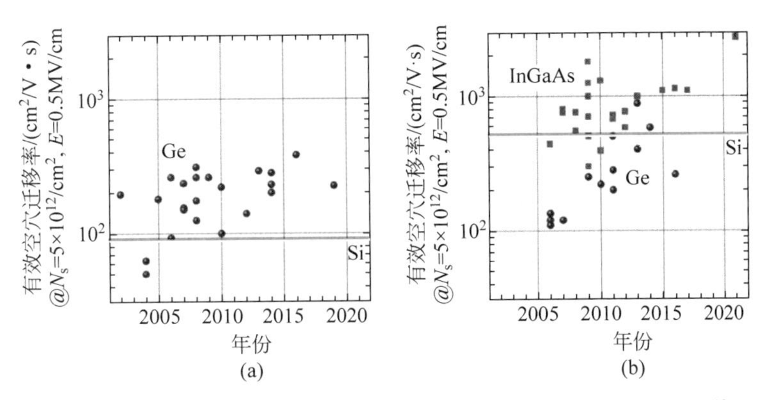


图 6.3.1 p-FET(a)和 n-FET(b)在反转通道(反转载流子密度 $N_s=5\times10^{12}/cm^{-2}$ 或有效电场 $E=0.5MV/cm$)中有效载流子迁移率

式中,$\Phi_b$ 和 $N$ 分别为界面处的肖特基势垒高度和半导体中电激活杂质的密度。因此,为了降低接触电阻率,需要在精确控制肖特基势垒高度和杂质活化扩散率的同时,降低肖特基势垒高度,增加活化杂质密度。

## 6.3.1 金属/Ge 界面费米能级钉扎

肖特基势垒高度是金属/半导体界面带位排列参数之一,在不发生电荷转移的理想界面处导带势垒($\Phi_{bn}$)描述为

$$\Phi_{bn}=\Phi_m-\chi \tag{6.3.2}$$

式中,$\Phi_m$ 和 $\chi$ 分别为半导体的金属和电子亲和力的真空功函数。这种情况也称为肖特基极限(Schottky limit),$\Phi_{bn}$ 的减小(增大)程度与 $\Phi_m$ 的减小(增大)程度相同(图 6.3.2(a))。然而,在实际金属/半导体界面的大多数情况下,$\Phi_{bn}$ 对 $\Phi_m$ 不那么敏感,它被称为费米能级

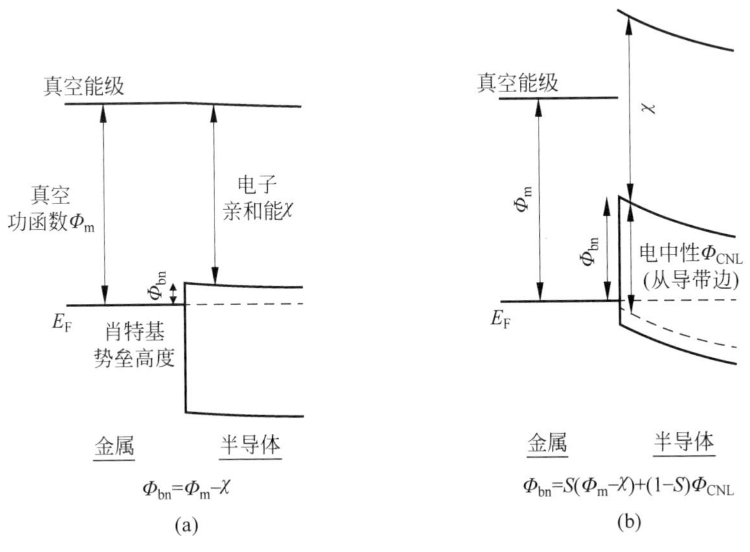


图 6.3.2 无电荷转移(无 FLP)的金属/半导体界面能带示意图(a),及金属/半导体界面的 FLP 能带示意图(b)

钉扎(Fermi level pinning,FLP),通常被描述为半导体带隙中通过界面态($D_{it}$)的金属和半导体之间的电荷转移(图 6.3.2(b))。假设半导体能隙中的 $D_{it}$ 为常数,可将能带排列描述为

$$\Phi_{bn} = S(\Phi_m - \chi) + (1 - S)\Phi_{CNL}, \quad S = \frac{1}{1 + \frac{q\delta D_{it}}{\varepsilon}} \tag{6.3.3}$$

式中,$q$、$\delta$ 和 $\varepsilon$ 分别为界面处的基本电荷、偶极子长度和介电常数;$\Phi_{CNL}$ 是从半导体导带边缘出发的半导体在界面处的电荷中性能级(CNL)。由式可知,$S$ 是对 $\Phi_m$ 的敏感参数,取值范围在 0～1。$S$ 和 $\Phi_{CNL}$ 可分别视为 FLP 强度和 FLP 能级。当 $S$ 为 0 时,肖特基势垒高度为与 $\Phi_m$ 无关的常数,$q\phi_{bn} = E_g - E_F$,这种情况对应于巴登极限。

## 6.3.2 Ge 沟道场效应晶体管的源漏问题

与传统 Si MOSFET 器件类似,Ge MOSFET 器件的源漏通常也是通过离子注入并退火激活形成的。但是,由于掺杂离子在 Ge 中的固溶度低、扩散系数大,很难形成掺杂浓度高、结深浅的 Ge 基源漏结,这会使 Ge MOSFET 器件的源漏电阻增大,当 Ge MOSFET 器件微缩化到纳米尺度时,难以调控的源漏结深会加剧短沟道效应。近年来,金属源漏结构被提出,用来实现具有低寄生电阻的高性能 Ge MOSFET 器件。但是,由于金属/Ge 界面存在严重的费米能级钉扎效应,很难获得适用于 Ge n-MOSFET 器件的金属源漏。因此,在源漏结中有效调控金属/Ge 肖特基势垒高度和获得高掺杂的超浅结,成为制备高性能 Ge MOSFET 器件的两个关键问题。图 6.3.3 列举了各种不同功函数的金属沉积在 Ge 衬底上之后的肖特基势垒高度,并与 Si 衬底上的情况做了比较。对于 Ge 来说,所有金属的费米能级都被钉扎在靠近价带附近的禁带中,这与金属诱导带隙态(metal induced gap states, MIGS)预测的理论结果一致。因此,金属很难与 n-Ge 衬底形成寄生电阻很小的欧姆接触,但是可以在没有任何掺杂的情况下很容易地获得低阻态的金属/p-Ge 欧姆接触。

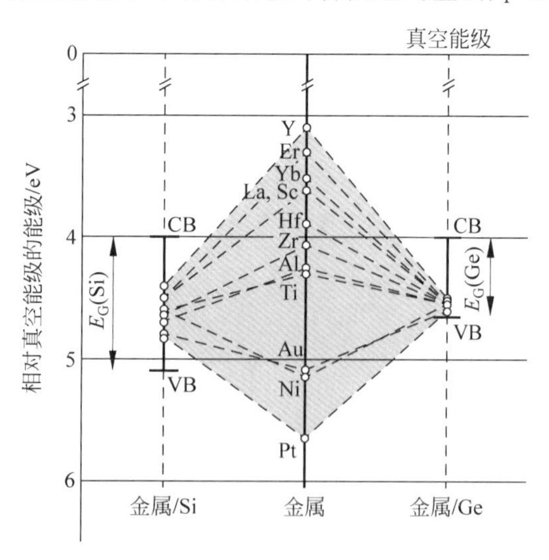


图 6.3.3 不同功函数的金属与 Si 和 Ge 形成接触时的肖特基势垒高度
对于 Ge 来说,费米能级都钉扎在价带附近

为了消除金属诱导带隙态导致的 FLP 效应，研究人员提出在金属/Ge 界面处插入一层很薄的氧化物来抑制金属向 Ge 中的渗透。此时，插入的氧化物薄层可以将金属/p-Ge 接触从欧姆接触变为肖特基接触，将金属/n-Ge 接触从肖特基接触变为欧姆接触，如图 6.3.4(a)所示。但是，这种插入薄层氧化物的方法也存在缺点，即由于薄层氧化物的存在，金属/Ge 接触的导通电流会明显减小。另一种解决 Ge MOSFET 器件源漏问题的方法是在传统 Si 工艺中形成金属硅化物时常用的杂质分凝技术。图 6.3.4(b)描述了 Ge 中的杂质分凝技术，掺杂离子注入 Ge 衬底之后，在高温退火的条件下 Ni 与 Ge 合金化形成 NiGe 的同时，掺杂离子由于在 NiGe 和 Ge 中的扩散速度不同，会在 NiGe/Ge 界面发生堆积，从而可以在较低的温度下获得高掺杂的 Ge。利用杂质分凝技术可以获得具有不同肖特基势垒高度的金属/Ge 接触，目前实现的最小电子肖特基势垒高度只有 0.1eV。同时，杂质分凝技术也适用于超浅结深的源漏结制备，已有文献报道，利用杂质分凝技术在超薄绝缘体上锗衬底上实现了同时适用于 p-MOSFET 和 n-MOSFET 器件的超浅源漏结。因此，杂质分凝技术是实现高性能 Ge MOSFET 器件的有效手段。

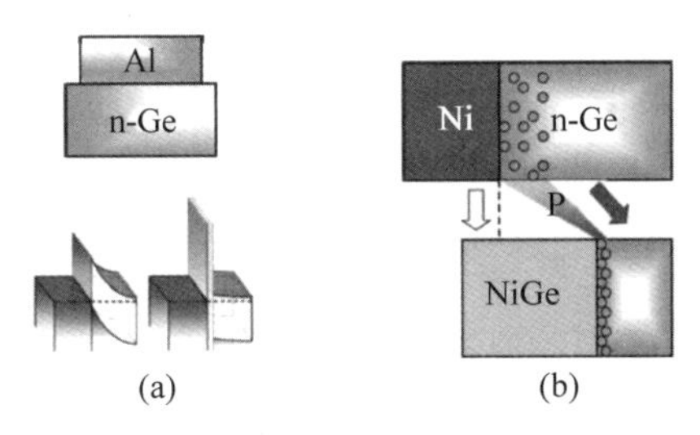


图 6.3.4　Al/n-Ge 结的器件结构示意图和插入薄层氧化物前后的能带示意图(a)，及形成杂质分凝 NiGe/n-Ge 结的过程示意图(b)

### 6.3.3　Ge 沟道场效应晶体管的 MOS 界面

高 κ 介质层对于制备高性能 Ge MOSFET 器件具有重要的意义。研究表明，Ge 与高 κ 的界面层比 Si 与高 κ 的界面层更薄，这既可以减小栅氧化层的等效氧化层厚度，也可以减少 Ge 自然氧化层形成过程中引入的界面缺陷。但是，即使高 κ/Ge 具有较好的界面特性，Ge 的表面也会不可避免地存在一些 Ge-O 键，在经过高温工艺之后，高 κ/Ge 界面会发生退化，引入界面缺陷。因此，需要研究 $GeO_2$/Ge 界面的稳定性和高 κ/Ge 界面的兼容性。

研究表明，$GeO_2$ 本身是很好的钝化材料，其内部缺陷很少，形成的 $GeO_2$/Ge 界面具有很低的界面态密度，约 $10^{11}cm^{-2}\cdot eV^{-1}$。但是，当 $GeO_2$/Ge 界面经过高温处理后，$GeO_2$ 和 Ge 会反应分解为缺陷密度大、禁带宽度小的 GeO，使 GeO/Ge 界面质量发生退化。近年来，研究人员提出在 $GeO_2$ 中掺杂 N、Y 等元素，从而提高 Ge 表面氧化物的稳定性，更好地钝化 Ge 的界面态。另外，改进 $GeO_2$ 形成的工艺，例如高压氧化、等离子体后氧化等方法，也有利于抑制 GeO/Ge 的界面缺陷。Lee 等提出利用高压氧化(high pressure oxidation，HPO)和低温氧退火(low-temperature oxygen annealing，LOA)方法、结合 Y 掺杂获得了高质量的 GeO/Ge 界面，图 6.3.5(a)和(b)分别是该 $GeO_2$/Ge MOS 的界面缺陷密度和有效电子/空穴载流子迁移率。我们可以看到，通过优化工艺，$GeO_2$/Ge MOS 可以实现约 $10^{11}cm^{-2}\cdot eV^{-1}$ 的界面缺陷密度和 $1920cm^2/(V\cdot s)$的有效电子迁移率。

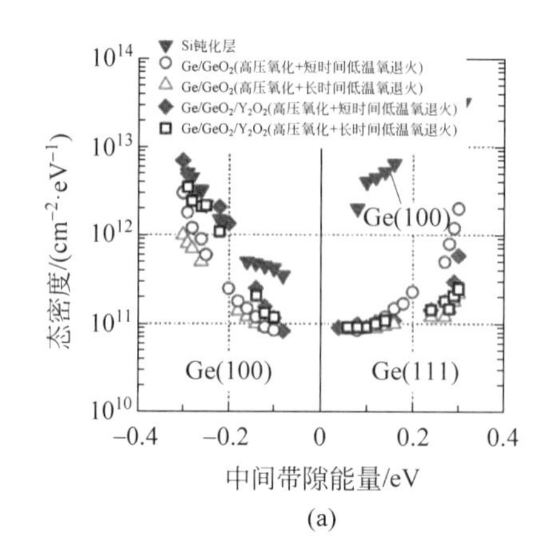

(a)

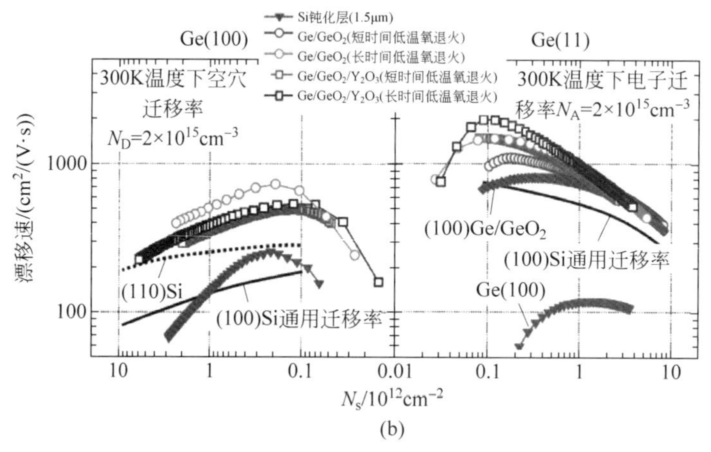

(b)

图 6.3.5 采用不同界面钝化方法获得的 Ge MOS 界面缺陷的能带分布图(a),及不同 Ge MOS 界面钝化方法对电子/空穴有效迁移率的影响(b)

## 6.4 GaAs 基场效应晶体管

同 Si 材料相比,Ⅲ-Ⅴ族化合物半导体 GaAs 具有大的带隙、高的电子迁移率,其电子迁移率在低场、常温下比硅中大 5 倍,电子峰值漂移速度比硅中大 1 倍,所以寄生电阻较小,跨导较大,电子在高场区内渡越时间较短,因此 GaAs 器件能够获得比硅更高的工作频率、增益和效率。和 Si、Ge 材料本征电阻率相比,本征 GaAs 电阻率可达 $10^8\Omega\cdot cm$,便于低损耗互连和高密度封装下的隔离,集成方便。其在−200～200℃的温度范围内可正常工作,所以将其用作半导体材料,制成的器件可以展现出更好的温度特性和频率特性以及速度特性。GaAs 材料具有的这些优势,可以使得以 GaAs 作为衬底制成的 MOS 器件具有更好的发展前景。

### 6.4.1 GaAs 场效应晶体管的发展历程

美国射频公司(Radio Corporation of America)的 Becke 和 White 在 1965 年报道了第一个 GaAs MOSFET 器件。但是之后在相当长时间里由于介质材料生长的限制,化合物半导体的 MOSFET 器件研究陷入困境，随着近几年来各方面技术的发展进步，高迁移率Ⅲ-Ⅴ族化合物半导体 nMOS 技术无论是在平面器件，还是在 3D FinFET，乃至 4D 结构的 MOSFET 器件都已经取得了一系列突破性进展。

美国普渡(Purdue)大学的 Ye 等 2004 年在 GaAs 衬底上实现了以 $Al_2O_3$ 为栅介质的耗尽型 GaAs 沟道 MOSFET，栅极漏电流小于 $1\times10^{-4}A/cm^2$，最大输出电流达到 $160mA/mm^2$，是当时报道的最好性能Ⅲ-Ⅴ族半导体 MOSFET 器件；在 2009 年研究发表了首个使用〈111〉晶向的 GaAs 衬底 MOSFET 器件，栅长 0.75μm，其最大漏端电流为 $15mA/mm^2$；2013 年报道了利用 $La_{1.8}Y_{0.2}O_3$ 和 $Al_2O_3$ 的复合氧化介质层结构的 GaAs 增强型 MOSFET 器件，栅极漏电流小于 $1\times10^{-7}A/cm^2$，电流开关比高达 $10^7$，最大输出电流可达 $350mA/mm^2$。2014 年，Ye 等利用在〈100〉晶向 GaAs 衬底上腐蚀 V 型槽的方法得到〈111〉晶向的表面，并制备了以 $La_2O_3$ 为氧化介质层的 GaAs WaveFET 器件，其漏端电流值大于相同材料结构的平面器件。

中国台湾清华大学团队在 2013 年研究发表的利用分子束外延 $Al_2O_3$ 在 GaAs 表面作为氧化介质层，所制备的器件漏端电流达到 $92\mu A/\mu m^2$，界面态密度低至 $2\times10^{12}cm^{-2}\cdot eV^{-1}$。2009 年，中国科学院微电子研究所开始研究Ⅲ-Ⅴ族半导体 MOSFET 器件，现已在器件制备和高 κ 介质制备等方面都取得了重要进展，成功制备完成了在 GaAs 半绝缘衬底上以 InGaAs 为 n 型沟道材料、InGaP 为势垒层的 n-MOSFET 器件。

### 6.4.2 GaAs 场效应晶体管栅介质的选择

选取合适的栅介质对制备性能优异的 GaAs MOS 器件至关重要。由于 $Ga_2O_3$ 易分解且 κ 值低，而 $Gd_2O_3$ 则具有好的绝缘性和热稳定性，且 κ 值较高，所以有研究者采用两者的结合物，即合金形式的 $Ga_2O_3(Gd_2O_3)$(GGO)作为 GaAs MOS 器件的栅介质。例如，Hong 等先在 580～600℃温度下对 n 型 GaAs 晶片进行表面氧化物的热脱附，然后通过电子束蒸发制备 GGO 栅介质，最终获得了在 $10^{10}cm^{-2}\cdot eV^{-1}$ 量级的界面态密度。而 Kwo 等则进一步研究了 GGO 中 Gd 含量对器件性能的影响，发现增加 Gd 含量能有效减小栅极漏电，而相比于其他含量，当 Gd 含量为 14％和 20％时，制备的 MOS 器件在带隙中间处的界面态密度达到最佳，且低于 $10^{11}cm^{-2}\cdot eV^{-1}$，由此认为，Gd 的含量应该超过 14％。此外，$Gd_2O_3$ 也可被单独用作栅介质，中国台湾清华大学洪铭辉教授课题组就是采用电子束蒸发淀积的 $Gd_2O_3$ 作为栅介质来制备 GaAs MOS 器件。目前，Hf 基栅介质已经在硅基平台上获得了成功，因此研究者也希望采用 $HfO_2$ 作为栅介质来制备 GaAs MOS 器件。而 $ZrO_2$ 具有与 $HfO_2$ 相似的特性，其 κ 值约为 24，与 GaAs 的导带偏移约为 1.4eV，价带偏移约为 3.0eV，因此也可被用作 GaAs MOS 器件的栅介质。此外，Konda 等人则在不同温度下通过原子层淀积，在 n 型 GaAs(100)晶片上淀积 $ZrO_2$ 栅介质来制备 MOS 电容器。研究发现，提高栅介质淀积温度及进行退火能减小界面态密度，但会使栅极漏电增大，因此在改善界面特性和减小栅极漏电之间需要一个平衡，最佳的栅介质淀积温度应在 250～275℃。$TiO_2$ 由于具有非常高的 κ 值(80 左右)也受到研究者的青睐。例如，Yen 等通过 MOCVD 在 p 型 GaAs(100)晶片上制备多晶 $TiO_2$ 作为栅介质，并研究有无硫钝化及不同的金属化退火对器件性能的影响。研究发现，硫钝化能有效改善器件界面特性及电特性，而进行350℃的金属化退火则能进一步改善器件的性能，最终获得的 $\kappa$ 值为52，等效电容厚度则为0.53nm。鉴于 $TiO_2$ 的高 $\kappa$ 值，研究者希望将其掺入其他材料中以保证所制备的MOS器件具有较高的 $\kappa$ 值。He等在 $Ar/N_2/O_2$ 的气氛下通过射频反应溅射在n型GaAs(100)晶片上制备了HfTiON栅介质，并对比研究了N元素的引入及淀积后退火温度对器件性能的影响。研究发现，N的引入能有效去除衬底表面的氧化物，从而改善界面质量，而600℃下的退火则能导致更好的电特性，最终获得的器件 $\kappa$ 值为25.8。由于 $Al_2O_3$ 具有非常好的热稳定性，将其掺入 $HfO_2$、$TiO_2$ 等材料中则有助于热稳定性的提高。Suri等在p型GaAs(100)晶片上通过原子层沉积交替沉积 $Al_2O_3$(先)和 $HfO_2$(后)制备了HfAlO栅介质，并对比研究交替沉积的每层膜的厚度，以及沉积后退火温度和时间对器件性能的影响。研究发现，通过 $Al_2O_3$(3循环)/$HfO_2$(3循环)的方式沉积栅介质并在500℃的 $N_2$ 下退火60s制备的样品具有最佳的性能，其频率色散特性在耗尽区为38mV，在积累区为7%，而获得的等效氧化物厚度则为1.6nm。XPS测试显示，衬底表面As氧化物被清除，Ga氧化物的生长和Ga元素的向外扩散也被抑制。Dalapati等则通过原子层沉积制备了TiAlO/GaAs MOS电容器。研究发现，原子层沉积的TiAlO能有效地阻止Ga/As元素向外扩散，最终测得的电容回滞仅为5mV，而界面态密度则为 $6\times10^{11}cm^{-2}\cdot eV^{-1}$。

### 6.4.3 GaAs表面钝化技术

高 $\kappa$/GaAs栅堆叠结构将高 $\kappa$ 材料的高介电常数与GaAs的高迁移率相结合，来获得较低的等效氧化层厚度和提高MOSFET的电学性能。然而，GaAs易与空气中的氧发生反应，形成不稳定的砷/镓氧化物和表面不饱和的键。由于缺少稳定的界面氧化物而导致较高的氧空位和高界面态密度($D_{it}$)。由高界面态密度引起的库仑散射将导致费米能级钉扎效应和沟道载流子迁移率退化，将阻碍GaAs-MOSFET的发展。研究人员发现，高界面态密度主要来源于GaAs表面处存在的 $As_2O_3$、$As_2O_5$、$Ga_2O_3$ 和As单质等，因此，有效抑制费米能级钉扎现象的关键问题是如何去除GaAs表面的本征氧化物。

研究者也一直在尝试采用GaAs的本族氧化物作为栅介质来制备MOS器件。例如，Callegari等先对GaAs表面依次进行 $H_2$ 和 $N_2$ 射频等离子体清洗，然后通过在 $O_2$ 射频等离子体环境下用原位电子束蒸发(electron beam evaporation，EBE)Ga元素的方式反应生成 $Ga_2O_3$ 作为栅介质，最终获得了界面特性良好的GaAs MOS电容器，并成功地阻止了界面费米能级钉扎。据研究者预计，界面态密度在 $10^{11}cm^{-2}\cdot eV^{-1}$ 左右。而Passlack等则采用原位分子束外延(MBE)沉积 $Ga_2O_3$ 作为栅介质，并同时在p型和n型GaAs衬底上制备MOS电容器，最终获得的界面态密度为n衬底低至 $2\times10^{10}cm^{-2}\cdot eV^{-1}$，p衬底低至 $6\times10^{10}cm^{-2}\cdot eV^{-1}$。此外，Passlack等还系统地研究了 $Ga_2O_3$/GaAs的界面特性，发现其带隙中的界面态呈U型分布，这对于抑制费米能级在带隙中间的钉扎非常有利。然而，GaAs的本族氧化物很容易分解，且 $\kappa$ 值很低，并不适合充当栅介质。此外，大量的研究工作也表明，GaAs表面很容易被自然氧化，而生成Ga和As的混合氧化物，这些氧化物分解之后很容易形成含有Ga和As的多种价态氧化物及As-As二聚物的混合体。此混合体是

GaAs 表面缺陷的重要来源。因此，采用 GaAs 本族氧化物作为栅介质制备 MOS 器件具有诸多困难。因此，对于制备性能优异的 GaAs MOS 器件，寻找新的栅介质材料，以及减少或清除衬底表面氧化物和二聚物也变得异常关键。

采用硫钝化、$NH_4OH$ 钝化，进行气体处理以及选取合适的栅介质材料，能够有效地抑制或清除 GaAs 表面的自然氧化物，从而使器件具有好的界面特性和电特性。所谓硫钝化，是指采用含硫的物质对 GaAs 表面进行处理，这种方式能很好地钝化 GaAs 表面缺陷并生成 Ga—S、As—S、S—S 键以防止表面再次氧化。当前，比较常用的方式就是采用$(NH_4)_2S$ 溶液浸泡 GaAs 晶片。1991 年，Sugahara 等采用同步加速辐射光电子能谱分析仪(synchrotron radiation photoemission spectroscopy)对在 60℃的$(NH_4)_2S_x$ 溶液中浸泡 1h 的 GaAs 晶片进行表面成分分析，发现在晶片表面生成了含有 Ga—S、As—S、S—S 键的硫化层，在 360℃的温度下退火之后发现，As—S、S—S 键被破坏而 Ga—S 键被保留下来，同时发现 Ga—S 键具有更高的稳定性，因此 Ga—S 键是钝化 GaAs 表面的关键。

$NH_4OH$ 溶液也可用于 GaAs 表面钝化，在其中浸泡能有效去除衬底表面的氧化物和元素 As。Yang 等在 $NH_4OH$ 溶液浸泡过的 n 型和 p 型 GaAs 晶片上通过原子层沉积制备了 $Al_2O_3/HfO_2$ 纳米叠层栅介质，研究发现，相比于纯的 $HfO_2$ 栅介质，采用纳米叠层栅介质能有效降低栅极漏电并提高栅介质击穿场强，且沉积后退火能进一步改善器件的界面特性。此外还发现，相比于 p 衬底，采用 n 衬底会导致更大的电容频率色散。He 等则先使用 $NH_4OH$ 溶液浸泡 n 型 GaAs(100)晶片，再通过 MOCVD 制备 AlON 作为界面钝化层(interfacial passivation layer，IPL)，最后通过溅射(sputtering)制备 $HfO_2$ 作为高 κ 栅介质。研究发现，$NH_4OH$ 处理能有效去除 Ga 氧化物，但衬底表面仍会选择性地氧化生成 As 氧化物。而采用 AlON 界面钝化层能有效防止栅介质沉积过程中的衬底表面氧化，并能去除 $NH_4OH$ 处理时未能清理掉的 As 氧化物。

采用不同形式的气体处理也能有效地改善 GaAs 器件的性能。研究发现，H 等离子体处理能有效去除衬底表面的 C 元素污染以及 As 氧化物和元素 As，但仍会残留少量的 Ga 氧化物，其中采用 n 衬底制备的 MOS 器件的电容回滞低达 10mV，栅电容频率色散则为 3%，获得的界面态密度为 $7\times10^{11}cm^{-2}\cdot eV^{-1}$。$N_2$-Ar 等离子体处理能有效抑制 GaAs 表面氧化物并在栅介质与 GaAs 的界面处生成 GaN 夹层，但这种处理方式会在界面及其附近诱导产生施主型缺陷而大大增加栅极漏电，不过在 400℃的 $N_2$ 下退火能有效修复这些缺陷。$N_2$-Ar 等离子体处理能阻止费米能级在带隙中间的钉扎，但其诱导产生的施主型缺陷会导致费米能重新钉扎在导带以下 0.2～0.3eV 的位置。同时，热氮化处理还能诱导衬底费米能级向导带移动，并增大 GaAs 和 $AlO_xN_y$ 之间的导带偏移。除了表面处理，在栅介质沉积后采用气体处理(退火)也能获得很好的钝化效果。相比于 $N_2$ 退火，采用 $NH_3$ 退火不仅能够向栅介质引入更多的 N 元素以改善其质量，还能更加有效地去除衬底表面的氧化物和 As 元素以改善界面特性，从而改善 MOS 器件的电特性。由于 F 原子能钝化氧化物中的氧空位以改善氧化物的质量，因此在 GaAs MOS 器件制备过程中 F 等离子体处理也可用来提高的器件性能。

# 6.5 其他高迁移率场效应晶体管

## 6.5.1 InP场效应晶体管

InP是另一种常用的化合物半导体，在电子、光电子和光子器件中有着广泛的应用。它比Si具有更高的电子迁移率和更高的击穿场等有前途的优点。因此，InP在MOS电容器和MOSFET器件中的应用也备受关注。与InGaAs($In_{0.53}Ga_{0.47}As$带隙为0.74eV)相比，InP带隙更大(1.34eV)，因此InP基MOSFET具有高驱动电流密度和小夹断电流密度。n型MOS器件的蒙特卡罗模拟表明，在相同的等效沟道长度下，InP沟道可以实现比Si、Ge或GaAs高60%的高场跨导。通过原子层沉积在n型InP(100)上沉积$HfAlO_x/HfO_2$叠层栅介质以制备InP MOSFET器件。与仅沉积$HfO_2$相比，$HfAlO_x/HfO_2$堆栈的使用使得与InP衬底之间的界面质量更好，如图6.5.1所示，频率色散更小，漏电流密度更低。

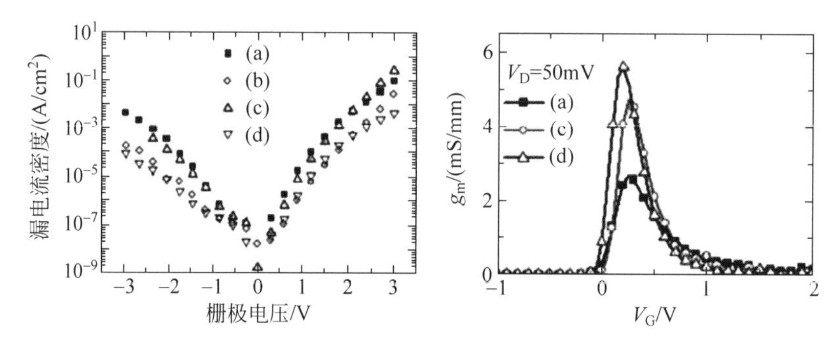


图6.5.1 具有不同栅介质的InP MOSFET的漏电流密度及跨导与栅极电压的关系
(a) 35Å $HfO_2$；(b) 30Å $HfAlO_x$；(c) 6Å $HfAlO_x$/25Å $HfO_2$；(d) 10Å $HfAlO_x$/25Å $HfO_2$

在InP和$HfO_2$之间使用界面钝化层可获得更高质量的界面和更小的EOT。例如，使用原子层沉积$HfO_2$栅介质，Si界面钝化层可以改善InP上MOSCAP和MOSFET的电学性能。如图6.5.2所示，与$HfO_2$相比，Si界面钝化层使得与InP衬底界面质量更好，频率

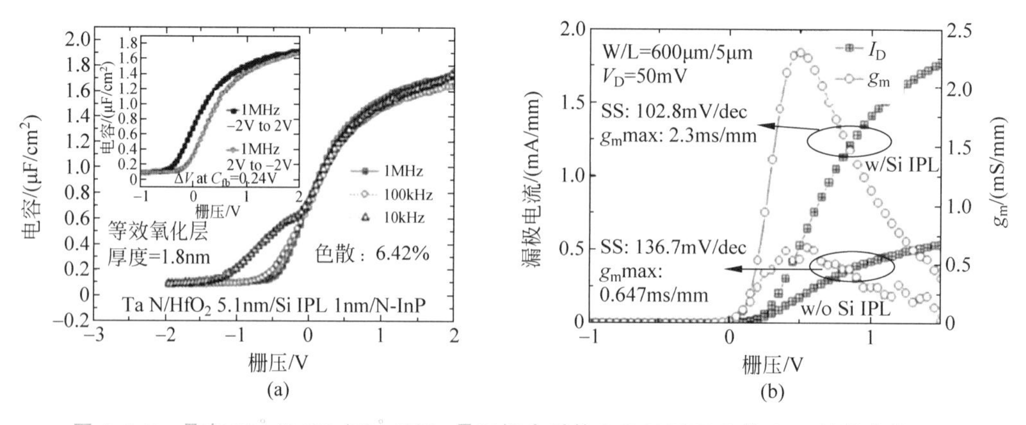


图6.5.2 具有10Å Si IPL/50Å $HfO_2$叠层栅介质的InP MOSCAP的CFV特性曲线(a)、$I_D$-$V_G$特性曲线(b)和$I_G$-$V_G$特性曲线(c)

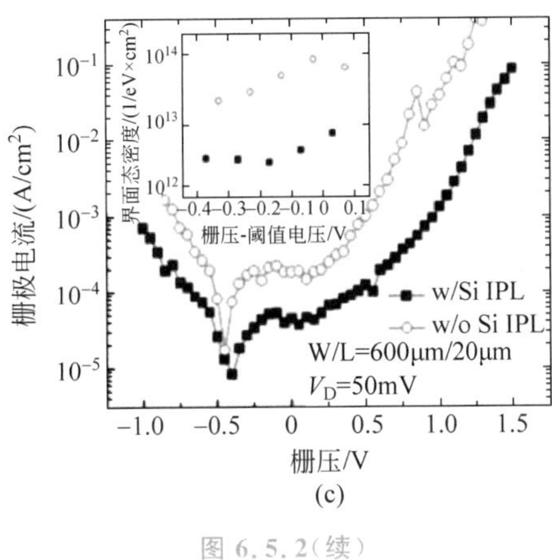


图 6.5.2(续)

色散更小，迟滞减小；具有 Si 界面钝化层的 MOSFET 显示出更高的驱动电流和跨导，改善的亚阈值摆幅、界面陷阱密度和栅极漏电流，EOT 缩小到 1.8nm。Ge 和 S 界面钝化层还改善了基于 $HfO_2$ 的 n 沟道 MOSFET 和 InP 上的 MOSCAP 的电学性能。这些样品通过 $(NH_4)_2S$ 对 InP 进行硫钝化后，使用 HF 清洗，随后沉积 Ge 和 $HfO_2$ 薄膜来制备。如图 6.5.3 所示，在 $V_D=2V$ 和 $V_G=V_{th}+2V$ 时，获得了优异的电特性，如大的跨导(9.3mS/mm)和 12.3mA/mm 的大漏极电流。研究发现，p 型 InP 衬底上的 MOS 器件出现费米能级钉扎，而对于 n 型 Si/InP 衬底，没有出现费米能级钉扎。

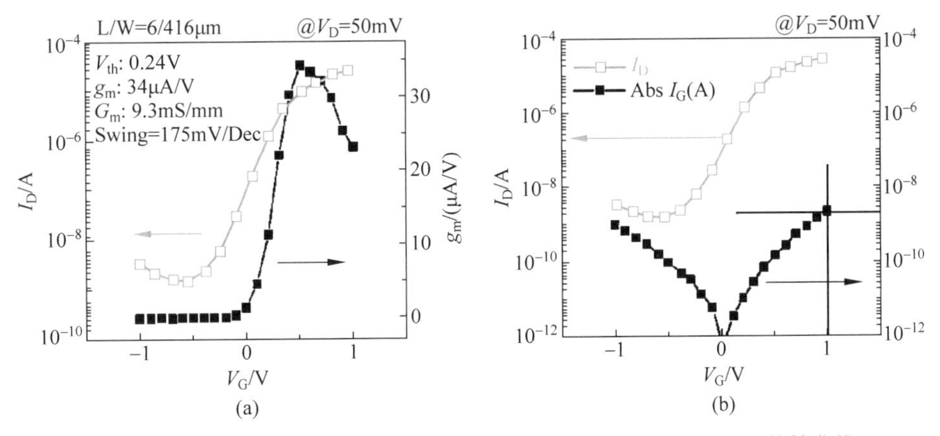


图 6.5.3 n 型 MOSFET 的 $I_G(g_m)$-$V_G$ 特性曲线(a)和 $I_G(\mathrm{Abs}I_G)$-$V_G$ 特性曲线(b)

## 6.5.2 GaN 场效应晶体管

GaN 基材料具有宽带隙($Al_xGa_{1-x}N$：3.4～6.2eV)、高击穿电场(约 $10^6$ V/cm)、高电子饱和速度(约 $10^7$ cm/s)和高表面载流子浓度(约 $10^{13}$ cm$^{-2}$)，以及 AlGaN/GaN 异质界面上的强极化场，使得 AlGaN/GaN 高电子迁移率晶体管(HEMT)可以在高速、高温和大功率器件中具有很好的应用前景。以 $HfO_2$ 为栅介质的 GaN 基 MOS 器件也得到了广泛的研究。

如图 6.5.4 所示，在 $HfO_2$/GaN 异质结处存在 GaON 界面层。该栅堆的电学和结构特性与高 κ/Si 和高 κ/GaAs 堆栈类似，在 600℃退火后具有良好的热力学稳定性，在等效厚度为 2.1nm，场强为 1MV/cm 时，具有较低的态密度（$2\times10^{11}cm^2\cdot eV^{-1}$）、漏电流密度（$10^7\sim10^8A/cm^2$），以及可忽略的 $C$-$V$ 频散。研究发现，各种 GaN 表面处理方法，包括 KOH、HCl 和缓冲氧化物刻蚀(BOE)，都会影响界面和相应的电学性能，介电常数略有降低，但平带电压增加，消除了电容电压测量中的滞后现象，与未经表面处理的漏电流相比，漏电流数量级相似。

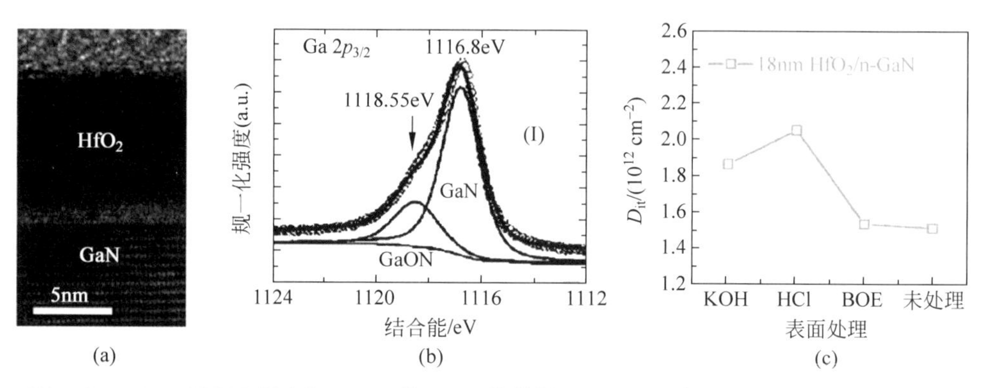


图 6.5.4 GaN 衬底上厚度为 8.8nm 的 $HfO_2$ 横截面 HRTEM 图像(a)、Ga $2p_{3/2}$ 芯能级 XPS 谱(b)、及不同表面处理方法的 GaN-MOS 电容器的界面陷阱密度(c)

沉积后退火(PDA)化学性质和温度对 $HfO_2$/GaN 界面的电性能也有显著影响。如图 6.5.5 所示，当样品在 600℃退火 20min 时，获得了最高的 $HfO_2$ 介电常数(17)；而当样品在 800℃退火 40min 时，得到了最低的界面陷阱密度（$5.3\times10^{11}cm^{-2}$）。漏电流、平带电压、界面陷阱密度、介电常数和有效氧化物电荷随着退火时间的增加而单调减少。

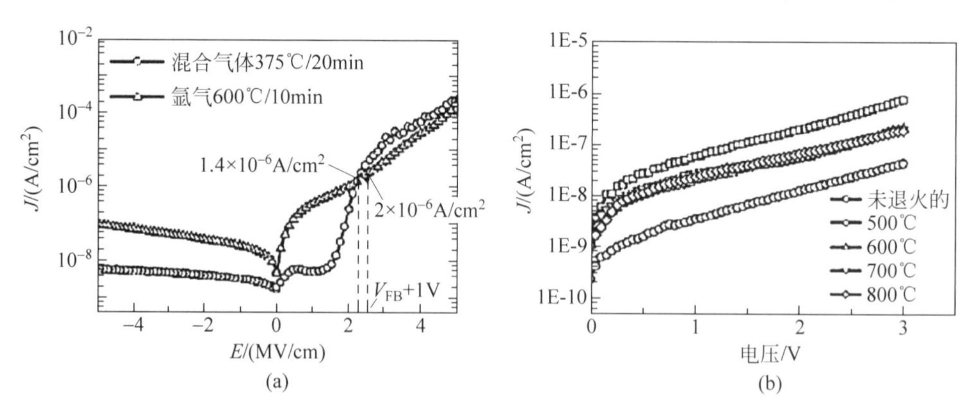


图 6.5.5 具有不同气氛热处理的 TiN/$HfO_2$/GaN MOS 器件的 $J$-$V$ 曲线(a)、及 $HfO_2$ 在 500～800℃退火 40min 的 GaN MOS 电容器的 $J$-$V$ 曲线(b)

最后，PDA 条件对 $HfO_2$/GaN 界面的能带弯曲和能带对准也有显著影响。如图 6.5.6 所示，在 650℃时，PDA 后能带弯曲和价带偏置分别发生 0.6eV 和 0.4eV 的变化。最终退火的 $HfO_2$/GaN 界面的价带偏移为 0.3eV，导带偏移为 2.1eV，如图 6.5.6 所示。

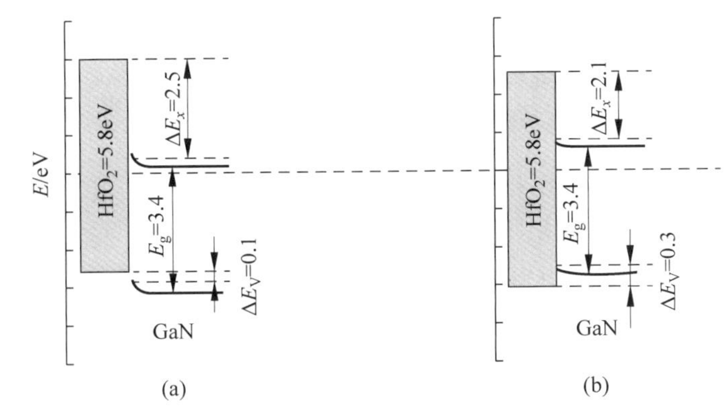


图 6.5.6 在 650℃ 退火前后 n 型 GaN 和 $HfO_2$ 之间的界面的能带偏移

### 6.5.3 SiC 场效应晶体管

在 SiC 材料的众多多型体中，最具代表性的是 4H-SiC 和 6H-SiC。其由于单晶生长工艺的成熟性及重复性而被广泛应用在半导体极端电子器件的研制中。6H-SiC 带隙较宽，因而在光电子、高温及抗辐射电子学和大功率器件领域具有应用价值。在 6H-SiC 衬底上制作的大功率器件至少能使固态电路的密度提高 4 个数量级，并且显著提高器件的工作温度。4H-SiC 的禁带宽度（3.26eV）比 6H-SiC（3.0eV）的更宽，拥有更高的电子饱和漂移速率。随着高质量单晶材料制备技术上的突破，它被认为是大功率器件方面最有前途的材料。

SiC 材料具有优异的电子学特性及物理化学特性。首先，SiC 化学性质十分稳定，在表面生成的 $SiO_2$ 层能阻止 SiC 进一步氧化，室温下不受任何化学腐蚀剂腐蚀，只有在高温下才能溶解于熔融的氧化剂物质或者碱性溶液中；其次，电子的饱和漂移速度是 Si 的 2 倍，这对微波器件跨导、FET 输出增益及功率 FET 的导通电阻等输出特性的改善有重要意义；热导率是 Si 的三倍，而临界击穿电场是 Si 的 10 倍，显著提高了 SiC 基器件的最大功率输出能力及耐压特性。除上述所述的优越特性，SiC 最大的优势在于，它是唯一能够通过热氧化生成氧化绝缘膜 $SiO_2$ 的化合物半导体材料。众所周知，Si 基 MOSFET 中氧化层质量的好坏，对器件的可靠性有着非常重要的影响。实验证明，在 SiC 上热生长的 $SiO_2$ 的击穿场强与在硅上热生长的 $SiO_2$ 相当，都接近理论值 10MV/cm，从而降低了 MOS 器件的栅极漏电流，提高了器件的可靠性。

由于 SiC 功率 MOSFET 具有栅极驱动电路简单、开关速度快、功率密度高等优势，其在各种电力电子系统有着广泛的应用前景。然而，SiC MOS 结构中存在多种类型的陷阱，使其氧化层（$SiO_2$）质量较低，这严重阻碍了 SiC 功率 MOSFET 器件商业化应用水平的提升。目前业界主流的栅氧钝化方法是在热氧化后采用一氧化氮（nitric oxide，NO）退火工艺，该方法可以降低界面态密度，从而提高 MOS 结构器件的界面质量。然而，有研究表明，氮退火工艺会增加 4H-SiC/$SiO_2$ 界面处的空穴陷阱，这可能会对器件负向的阈值稳定性带来严重的影响。通常采用 NO 退火引入空穴陷阱来解决这一问题。但若采用 n 型 4H-SiC MOS 电容器，需要额外的辐照条件才能产生足够的空穴，则难以实现对空穴陷阱的有效表征。利用 p 型 MOS 电容时发现，增加氮钝化时间会增大近界面空穴陷阱的含量，氮钝化对平带电压漂移和栅介质可靠性方面的影响也有待研究。因此，要获得高性能 SiC 功率 MOSFET，关键在于如何消除介质层中的缺陷。

## 6.6 高迁移率场效应器件的优势与挑战

为了使集成电路在 65nm 技术节点以后能继续工作在低电压、低功耗状态下,需要按照等比例缩小的原则减小栅氧的有效厚度。现在研究人员将传统的 $SiO_2$ 介质材料替代为高 κ 材料作为栅介质,以保证栅端的漏电流不再恶化,但是高 κ 介质材料也会带来一系列问题。其一是无论采用 MOCVD 还是原子层沉积技术,得到的衬底和氧化物的界面质量都低于硅衬底和 $SiO_2$,这可能导致器件的电流回滞、阈值电压不稳定,以及在 n 型和 p 型器件之间高度不对称的平带电压漂移。其二是很难避免在沉积过程中高 κ 材料和硅衬底之间界面生长,这种界面生长会降低栅电容密度。

由于上述原因,对高迁移率衬底如 GaAs、InP、GaN 等材料进行了更多的应用。在低场条件下,GaAs 可提供比硅高 5～6 倍的电子迁移率和近乎相同的空穴迁移率。此外,由 GaAs 演变而来的 InGaAs 和 InAs 等材料,其电子迁移率甚至可达到硅的 20～30 倍。高迁移率的Ⅲ-Ⅴ族化合物虽然在替代 n 型 MOSFET 沟道材料中具有很大潜力,但由于如 InAs 等材料的禁带宽度较窄,在获得低电压控制的同时也会带来漏电流,所以必须在迁移率与禁带宽度之间作出权衡。

## 课后习题

6.1 场效应晶体管有哪些种类?

答:场效应晶体管分为结型场效应管(JFET)和绝缘栅场效应晶体(MOS)管两大类。按沟道半导体材料的不同,结型和绝缘栅型各分 n 沟道和 p 沟道两种。按导电方式可分为耗尽型与增强型,结型场效应晶体管均为耗尽型,绝缘栅型场效应管既有耗尽型的,也有增强型的。

6.2 简述栅源电压 $V_{GS}$ 对 $I_D$ 及沟道的影响。

答:在栅-源极间加上正向电压($V_{GS}>0$),栅极和衬底之间的绝缘层中便产生一个垂直于半导体表面的由栅极指向衬底的电场,这个电场排斥空穴、吸引电子,使栅极附近的 p 衬底中的空穴被排斥,剩下不能移动的受主离子(负离子)形成耗尽层,同时 p 衬底中的电子(少子)被吸引到衬底表面。当 $V_{GS}$ 较小,吸引电子的能力不强时,漏-源极之间仍无导电沟道出现。$V_{GS}$ 增加时,吸引到 p 衬底表面层的电子就增多,当 $V_{GS}$ 达到某一数值时,这些电子在栅极附近的 p 衬底表面便形成一个 n 型薄层,且与两个 $n^+$ 区相连通,在漏-源极间形成 n 型导电沟道,其导电类型与 p 衬底相反,故又称为反型层。$V_{GS}$ 越大,作用于半导体表面的电场就越强,吸引到 p 衬底表面的电子就越多,导电沟道越厚,沟道电阻越小。把开始形成沟道时的栅-源极电压称为开启电压,用 $V_T$ 表示。n 沟道增强型 MOS 管在 $V_{GS}<V_T$ 时,不能形成导电沟道,管子处于截止状态。当 $V_{GS}\geqslant V_T$ 时,才有沟道形成,此时在漏-源极间加上正向电压 $V_{DS}$,才有漏极电流产生。而且 $V_{GS}$ 增大时,沟道变厚,沟道电阻减小,$I_D$ 增大。

6.3 简述漏-源电压 $V_{DS}$ 对 $I_D$ 及沟道的影响。

答:当 $V_{GS}>V_T$ 且为一确定值时,漏-源电压 $V_{DS}$ 对导电沟道及电流 $I_D$ 的影响与结型场效应管相似。漏极电流 $I_D$ 沿沟道产生的电压降使沟道内各点与栅极间的电压不再相等，靠近源极一端的电压最大，这里沟道最厚；而漏极一端电压最小，其值为 $V_{GD}=V_{GS}-V_{DS}$，因而这里沟道最薄。但当 $V_{DS}$ 较小（$V_{DS}<V_{GS}-V_T$）时，它对沟道的影响不大，这时只要 $V_{GS}$ 一定，沟道电阻几乎也是一定的，所以 $I_D$ 随 $V_{DS}$ 近似呈线性变化。随着 $V_{DS}$ 的增大，靠近漏极的沟道越来越薄，当 $V_{DS}$ 增加到使 $V_{GD}=V_{GS}-V_{DS}=V_T$（或 $V_{DS}=V_{GS}-V_T$）时，沟道在漏极一端出现预夹断。再继续增大 $V_{DS}$，夹断点将向源极方向移动。由于 $V_{DS}$ 的增加部分几乎全部降落在夹断区，故 $I_D$ 几乎不随 $V_{DS}$ 增大而增加，管子进入饱和区，$I_D$ 几乎仅由 $V_{GS}$ 决定。

6.4　Ge 基场效应晶体管和 GaAs 基场效应晶体管与 Si 基场效应晶体管相比有哪些优势？

答：(1) Ge 的电子迁移率是 Si 的 2.6 倍，空穴迁移率是 Si 的 4.2 倍，同所有Ⅳ族半导体材料和Ⅲ-Ⅴ族半导体材料相比，Ge 都具有最高的空穴迁移率，较高的电子和空穴迁移率有利于构筑更加对称的 p-MOSFET 和 n-MOSFET。而且，Ge 具有比 Si 更小的带隙，使得高 κ 和 Ge 之间的导带偏移和价带偏移更大，能够有效降低载流子跨越势垒而引起的漏流。另外，Ge 和 Si 同属于Ⅳ族元素，具有和 Si 相似的物理化学性能，可以与 Si CMOS 工艺平台高度兼容。这些优点使得 Ge 材料成为最受关注的新沟道候选材料。

(2) 同 Si 材料相比，GaAs 具有大的带隙，高的电子迁移率，电子迁移率在低场、常温下比硅中大 5 倍，电子峰值漂移速度比 Si 中大 1 倍，所以寄生电阻较小，跨导较大，电子在高场区内渡越时间较短，因此 GaAs 器件能够获得比 Si 更高的工作频率、增益和效率。和 Si、Ge 材料本征电阻率相比，本征 GaAs 电阻率可达 $10^8\Omega\cdot cm$，便于低损耗互联和高密度封装下的隔离，集成方便。在 −200～200℃ 的温度范围内正常工作，所以将它用作半导体材料制成的器件可以展现出更好的温度特性和频率特性以及速度特性。

总而言之，Ge 和 GaAs 族半导体材料比 Si 具有更优异的电子传输特性和空穴传输特性。在相同功耗下，Ge 和 GaAs 场效应晶体管速度比 Si 基场效应晶体管速度高；在同等速度条件下，Ge 和 GaAs 场效应晶体管的功耗比 Si 基场效应晶体管低。

6.5　对于长沟道 MOSFET，$L_g=1\mu m$，$W=10\mu m$，$N_A=5\times10^{16}cm^{-3}$，$\mu_{eff}=500cm^3/(V\cdot s)$，$C_{ox}=3.45\times10^{-7}F/cm^2$ 且 $V_{th}=0.7V$，计算 $V_g=5V$，$V_D=4V$ 时的 $I_D$。

解：$I_D=\mu_{EFF}\dfrac{W}{L_g}C_{ox}\left(V_g-V_{th}-\dfrac{V_d}{2}\right)V_d=1.587\times10^{-2}A$

6.6　简述费米能级钉扎效应。

答：费米能级不能因为掺杂等而发生位置变化的话，即虽然掺杂大量的施主或者受主，这些杂质也不能激活，也不能提供载流子，从而也不能改变费米能级的位置，这种情况称为费米能级钉扎效应。

6.7　描述消除 GeO/Ge 界面费米能级钉扎效应的常用方法及优缺点。

答：(1) 对 Ge 界面进行 S 化、F 化、N 化和界面层控制法等。通过以上方法对 Ge 表面进行钝化，可以减少 Ge 表面的本征氧化物，抑制 Ge 扩散。但是这些钝化技术将会引入较厚的低 κ 界面层，大大增加了有效氧化层厚度。

(2) 在 $GeO_2$ 中掺杂 N 元素，N 原子与扩散的 O 原子形成 N-O 键，抑制氧扩散，得到更小的 EOT、漏电流和更高的沟道载流子迁移率，同时有效减小硼等掺杂剂的扩散。但是，过量N原子的引入会造成载流子迁移率的下降，阈值电压的漂移，平带电压偏移值增大，高κ带隙值减小，近而导致漏电流增加。

（3）利用原子层沉积前驱体的“自清洁”效应对Ge表面进行钝化。前驱体TMA可以有效减少Ge表面的Ge-O键，提高Ge的界面特性，减小Ge/高κ界面间的界面态和电压迟滞，降低漏电流。但是TMA与Ge氧化物反应，会在Ge表面形成富含Al的界面层，将会降低介电常数，增加等效氧化层厚度。因此，利用前驱体TMA的“自清洁”效应对Ge表面进行钝化，需要严格控制含Al界面层。

（4）改进$GeO_2$形成的工艺，例如高压氧化、等离子体后氧化等方法，结合元素掺杂法获得了高质量的GeO/Ge界面，降低界面缺陷密度，提高有效电子和空穴载流子迁移率。

6.8 GaAs表面有哪些缺陷？主要来源于什么？

答：GaAs易与空气中的氧发生反应，形成不稳定的砷/镓氧化物和表面不饱和的键。由于缺少稳定的界面氧化物而导致较高的氧空位和高界面态密度（$D_{it}$），这些高界面态密度主要来源于GaAs表面处存在的$As_2O_3$、$As_2O_5$、$Ga_2O_3$和$As_0$等，因此有效抑制费米能级钉扎现象的关键问题是如何去除GaAs表面本征氧化物。

6.9 有效抑制或清除GaAs表面本征氧化物有哪些主要技术？各有什么优缺点？

答：（1）S钝化、F钝化、$NH_4OH$钝化进行气体处理等表面处理法能够有效抑制或清除GaAs表面的自然氧化物，从而使器件具有好的界面特性和电特性。硫钝化GaAs表面缺陷并生成Ga-S、As-S、S-S键以防止表面再次氧化。F原子能钝化GaAs氧化物中的氧空位以改善氧化物的质量，因此F钝化处理可用来提高器件性能。$NH_4ON$钝化有效去除Ga氧化物，但衬底表面仍会选择性地氧化生成As氧化物。而采用AlON IPL能有效防止栅介质淀积过程中的衬底表面氧化，并能去除$NH_4OH$处理未能清理掉的As氧化物。

（2）等离子体清洗可以有效去除GaAs表面的本征氧化物。H等离子体处理有效去除衬底表面的C元素污染及As氧化物和元素As，但仍会残留少量的Ga氧化物。$N_2$-Ar等离子体处理能有效抑制GaAs表面氧化并在栅介质与GaAs的界面处生成GaN夹层，但这种处理方式会在界面及其附近诱导产生施主型缺陷而大大增加栅极漏电。

（3）气体处理（退火）也能获得很好的钝化效果。$N_2$退火可以有效修复界面及其附近产生施主型缺陷降低栅极漏电，但会诱导衬底费米能级向导带移动并增大GaAs和$AlO_xN_y$之间的导带偏移。相比于$N_2$退火，采用$NH_3$退火不仅能够向栅介质引入更多的N元素以改善其质量，还能更加有效地去除衬底表面的氧化物和As元素以改善界面特性，从而改善MOS器件的电特性。

## 参考文献

[1] WILK R M，ANTHONY J M. High-κ dielectrics：Current status and materials properties considerations[J]. J. Appl. Phys.，2001，89：5243-5275.

[2] CHAU R，DATTA S，DOCZY M，et al. Benchmarking nanotechnology for high-performoule and 1000-power logic transistor applications[J]. IEEE T. Nanotechnol.，2005，4(2)：153-158.

[3] FISCHETTI M V，LAUX S E. Band structure，deformation potentials，and carrier mobility in strained Si，Ge，and SiGe alloys[J]. Jap. J. Appl. Phys.，1996，80：2234-2252.

[4] NAGASHIO K, LEE C H, NISHIMURA T, et al. Thermodynamics and kinetics for suppression of GeO desorption by high pressure oxidation of Ge[J]. MRS Proc., 2009, 1155: C06-02.

[5] KITA K, SUZUKI S, NOMURA H, et al. Direct evidence of GeO volatilization from $GeO_2$/Ge and impact of its suppression on $GeO_2$/Ge metal insulator semiconductor characteristics[J]. Jap. J. Appl. Phys., 2008, 47: 2349-2353.

[6] WANG S K, KITA K, LEE C H, et al. Desorption kinetics of GeO from $GeO_2$/Ge structure[J]. J. Appl. Phys., 2010, 108: 054104.

[7] WANG S K, KITA K, NISHIMURA T, et al. Kinetic effects of O-vacancy generated by $GeO_2$/Ge interfacial reaction[J]. J. Appl. Phys., 2011, 50: 10PE04.

[8] MURTHY M K, HILL H. Studies in germanium oxide systems: Ⅲ, solubility of germania in water [J]. J. Am. Ceram. Soc., 1965, 48: 109-110.

[9] CHUI C O, KIM H, CHI D, et al. A sub-400℃ germanium MOSFET technology with high-κ dielectric and metal gate[C]. Proceedings of the Digest. International Electron Devices Meeting, San Francisco, CA, USA, 2002: 437-440.

[10] SHANG H, OKORN-SCHMIDT H, CHAN K K M, et al. High mobility P-channel germanium MOSFETs with a thin Ge oxynitride gate dielectric[C]. Proceedings of the Digest. International Electron Devices Meeting, San Francisco, CA, USA, 2002: 441-444.

[11] WHANG S J, LEE S J, GAO F, et al. Germanium p- & n-MOSFETs fabricated with novel surface passivation (plasma-$PH_3$/ and thin AlN) and TaN/$HfO_2$/ gate stack[C]. Proceedings of the IEDM Technical Digest. IEEE International Electron Devices Meeting, San Francisco, CA, USA, 2004: 307-310.

[12] KAMATA Y, KAMIMUTA Y, INO T, et al. Dramatic improvement of Ge P-MOSFET characteristics realized by amorphous Zr-silicate/Ge gate stack with excellent structural stability through process temperatures[C]. Proceedings of the IEEE International Electron Devices Meeting, IEDM Technical Digest, Washington, DC, USA, 2005: 429-432.

[13] ZIMMERMAN P, NICHOLAS G, DE JAEGER B, et al. High-performance Ge PMOS devices using a Si-compatible process Flow[C]. Proceedings of the 2006 International Electron Devices Meeting, San Francisco, CA, USA, 2006: 26. 1. 1-26. 1. 4.

[14] RITENOUR A, HENNESSY J, ANTONIADIS D A, et al. Investigation of carrier transport in germanium MOSFETs with WN/$Al_2O_3$/AlN gate stacks[J]. IEEE Electron Device Lett., 2007, 28: 746-749.

[15] YAMAMOTO T, YAMASHITA Y, HARADA M, et al. High performance 60 nm gate length germanium P-MOSFETs with Ni germanide metal source/drain[C]. Proceedings of the 2007 IEEE International Electron Devices Meeting, Washington, DC, USA, 2007: 1041-1043.

[16] XU J P, ZHANG X F, LI C X, et al. Improved electrical properties of Ge P-MOSFET with $HfO_2$ gate dielectric by using $TaO_xN_y$ interlayer[J]. IEEE Electron Device Lett., 2008, 29: 1155-1158.

[17] XIE R, PHUNG T H, HE W, et al. High mobility high-κ/Ge PMOSFETs with 1N · m EOT—new concept on interface engineering and interface characterization[C]. Proceedings of the 2008 IEEE International Electron Devices Meeting, San Francisco, CA, USA, 2008: 16. 2. 1-16. 2. 4.

[18] HASHEMI P, CHERN, LEE W, et al. Ultrathin strained-Ge channel P-MOSFETs with high-κ/metal gate and sub-1-nm equivalent oxide thickness[J]. IEEE Electron Device Lett., 2012, 33: 943-945.

[19] ZHANG R, CHERN W, YU X, et al. High mobility strained-Ge PMOSFETs with 0. 7-nm ultrathin EOT using plasma post oxidation $HfO_2$/$Al_2O_3$/$GeO_x$ gate stacks and strain modulation[C]. Proceedings of the 2013 IEEE International Electron Devices Meeting, Washington, DC, USA, 2013: 26. 1. 1-26. 1. 4.

[20] WITTERS L, ARIMURA H, SEBAAI F, et al. Strained germanium gate-all-around PMOS device demonstration using selectivewire release etch prior to replacement metal gate deposition[J]. IEEE Trans. Electron Devices 2017, 64: 4587-4593.

[21] KUZUM D, PETHE A J, KRISHNAMOHAN T, et al. Ge (100) and (111) n- and p-FETs with high mobility and low-T mobility characterization[J]. IEEE Trans. Electron Devices, 2009, 56: 648-655.

[22] ZHANG R, HUANG P C, LIN J C, et al. High-mobility Ge p- and n-MOSFETs with 0.7-nm EOT using $HfO_2/Al_2O_3/GeO_x$/Ge gate stacks fabricated by plasma postoxidation[J]. IEEE Trans. Electron Devices, 2013, 60: 927-934.

[23] LEE C H, NISHIMURA T, TABATA T, et al. Reconsideration of electron mobility in Ge NMOSFETs from Ge substrate side—Atomically flat surface formation, layer-by-layer oxidation, and dissolved oxygen extraction[C]. Proceedings of the 2013 IEEE International Electron Devices Meeting, Washington, DC, USA, 2013: 2.3.1-2.3.4.

[24] DAL M J H, DURIEZ B, VELLIANITIS G, et al. N-channel FinFET with optimized gate stack and contacts[C]. Proceedings of the 2014 IEEE International Electron Devices Meeting, San Francisco, CA, USA, 2014: 9.5.1-9.5.4.

[25] LU C, LEE C H, NISHIMURA T, et al. Thin film as alternative high-permittivity dielectric for germanium gate Stack formation[J]. Appl. Phys. Lett., 2015, 107: 072904.

[26] LIN C M, CHANG H C, WONG I H, et al. Interfacial layer reduction and high permittivity tetragonal $ZrO_2$ on germanium reaching ultrathin 0.39nm equivalent oxide thickness[J]. Appl. Phys. Lett., 2013, 102: 232906.

[27] RACHMADY W, AGRAWAL A, SUNG S H, et al. 300 mm heterogeneous 3D integration of record performance layer transfer germanium PMOS with silicon NMOS for low power high performance logic applications [C]. Proceedings of the 2019 IEEE International Electron Devices Meeting (IEDM), San Francisco, CA, USA, 2019: 29.7.1-29.7.4.

[28] LIN Y W, CHANG H H, HUANG Y H, et al. Tightly stacked 3D diamond-shaped Ge nanowire gate-all-around FETs with superior NFET and PFET performance[J]. IEEE Electron Device Lett., 2021, 42: 1727-1730.

[29] NISHIMURA T, KABUYANAGI S, ZHANG W, et al. Atomically flat planarization of Ge (100), (110), and (111) surfaces in $H_2$ annealing[J]. Appl. Phys. Express., 2014, 7: 051301.

[30] MORITA Y, OTA H, MASAHARA M, et al. Impact of $H_2$, $O_2$, and $N_2$ anneals on atomic-scale surface flattening for 3-D Ge channel architecture [C]. Proceedings of the 2015 Silicon NanoelectronicsWorkshop (SNW), Kyoto, Japan, 2015: 1-2.

[31] NISHIMURA T, TAKEMURA S, WANG X, et al. Atomically flat interface formation on Ge (111) in oxidation process. [C]. Proceedings of the 2018 International Conference on Solid State Devices and Materials, Kyoto, Japan, 2018: 349-350.

[32] DATTA S, PANDEY R, AGRAWAL A, et al. Impact of contact and local interconnect scaling on logic performance [C]. Proceedings of the 2014 Symposium on VLSI Technology (VLSI-Technology): Digest of Technical Papers, Honolulu, HI, USA, 2014: 16.1.

[33] ARGHAVANI R, YANG P, ASHTIANI K, et al. Low resistance contacts to enable 5nm node technology: Patterning, etch, clean, metallization and device performance[C]. Proceedings of the 2016 IEEE International Electron Devices Meeting Short Course, San Francisco, CA, USA, 2016.

[34] SCHRODER D K. Semiconductor material and device characterization[M]. 3rd ed. Hoboken, NJ, USA: Wiley-IEEE Press, 2015.

[35] COWLEY A M, SZE S M. Surface states and barrier height of metal-semiconductor systems[J]. Appl. Phys., 1965, 36: 3212-3220.

[36] TRUMBORE F A. Solid solubilities of impurity elements in germanium and silicon[J]. Bell Syst. Tech. J. ,1960 39,1: 205-233.

[37] CHRONEOS A,BRACHT H. Diffusion of n-type dopants in germanium[J]. App. Phys. Rev. ,2014, 1: 011301.

[38] TORIUMI A,TABATA T,LEE C H,et al. Opportunitiesand challenges for Ge CMOS-Control of interfacing field on Ge is a key[J]. Microelectron. Eng. ,2009,86: 1571-1576.

[39] NISHIMURA T,KITA K,TORIUMI A. Evidence for strong Fermi-level pinning due to metal-induced gap states at metal/germanium interface[J]. Appl. Phys. Lett. ,2007,91: 123123.

[40] ZHOU Y,OGAWA M,HAN X,et al. Alleviation of Fermi-level pinning effecton metal/germanium interface by insertion of an ultrathin aluminum oxide[J]. Appl. Phys. Lett. ,2008,93: 202105.

[41] NISHIMURA T,KITA K,TORIUMI A. A significant shift of Schottky barrier heights atstrongly pinned metal/germanium interface by inserting an ultra-thin insulating film[J]. Appl. Phys. Express, 2008,1: 051406.

[42] LKEDA K,YAMASHITA Y,SUGIYAMA N,et al. Modulation of NiGe/Ge Schottky barrier height by sulfur segregation during Ni germanidation[J]. Appl. Phys. Lett. ,2006,88(15): 152115.

[43] MUELLER M,ZHAO Q,URBAN C,et al. Schottky-barrier height tuning of NiGe/n-Ge contacts using As and P segregation[J]. Mat. Sci. Eng. B-Adv. ,2008,154: 168-171.

[44] ANG K W,YU M B,ZHU S Y,et al. Novel NiGe MSM photodetector featuring asymmetrical Schottky barriers using sulfur co-implantation and segregation[J]. IEEE Electron Device Lett. ,2008, 29(7): 708-710.

[45] NISHIMURA T,SAKATA S,NAGASHIO K,et al. Low temperature phosphorus activation in germanium through nickel germanidation for shallow n+/p junction[J]. Appl. Phys. Express,2009, 2(2): 021202.

[46] KOIKE M,KAMIMUTA Y,TEZUKA T. Modulation of NiGe/Ge contact resistance by S and P co-introduction[J]. Appl. Phys. Express,2011,4(2): 021301.

[47] HAN G,SU S,ZHOU Q,et al. Dopant segregation and nickel stanogermanide contact formation on $p^+ Ge_{0.947}Sn_{0.053}$ Source/Drain[J]. IEEE Electron Device Lett. ,2012,33(5): 634-636.

[48] TONG Y,LIU B,LIM P S Y,et al. Selenium segregation for effective Schottky barrier height reduction in NiGe/n-Ge contacts[J]. IEEE Electron Device Lett. ,2012,3(6): 773-775.

[49] TSUI B Y,SHIH J J,LIN H C,et al. A study on NiGe-Contacted Ge n(+)/p Ge Shallow junction prepared by dopant segregation technique[J]. Solid State Electron. ,2015,107: 40-46.

[50] DUAN N,LUO J,WANG G,et al. Reduction of NiGe/n- and p-Ge specific contact resistivity by enhanced dopant segregation in the presence of carbon during nickel germanidation[J]. IEEE Trans. Electron Devices,2016,63(11): 4546-4549.

[51] MATSUBARA H,SASADA T,TAKENAKA M,et al. Evidence of low interface trapdensity in GeO/Ge metal-oxide-semiconductor structures fabricated by thermaloxidation[J]. Appl. Phys. Lett. , 2008,93(3): 032104.

[52] YANG M,WU R,CHEN Q,et al. Impact of oxide defects on band offset at GeO/Ge interface[J]. Appl. Phys. Lett. ,2009,94(14): 142903.

[53] LIN L,XIONG K,ROBERTSON J. Atomic structure,electronic structure,and bandoffsets at Ge: GeO: $GeO_2$ interfaces[J]. Appl. Phys. Lett. ,2010,97(24): 242902.

[54] SHANG H,OKORN-SCHIMDT H,OTT J,et al. Electrical characterization of germanium p-channel MOSFETs[J]. IEEE Electron Device Lett. ,2003,24(4): 242-244.

[55] KE M,TAKENAKA M,TAKAGI S. Reduction of slow trap density of $Al_2O_3$/GeO/n-Ge MOS interfaces by inserting ultrathin $Y_2O_3$ interfacial layers[J]. Microelectronic Eng. , 2017, 178:

132-136.

[56] LEE C, NISHIMURA T, TABATA T, et al. Ge MOSFETs performance: Impact of Ge interface passivation[C]. 2010 IEEE International Electron Devices Meeting, 2010: 18.1.1-18.1.4.

[57] BECKE H, HALL R, WHITE J. Gallium arsenide MOS transistors[J]. Solid State Electron, 1965, 8(10): 813-818.

[58] WU Y Q, WANG R S, SHEN T, et al. First experimental demonstration of 100 nm inversion-mode InGaAs FinFET through damage-free sidewall etching[C]. IEEE International Electron Devices Meeting (IEDM), 2009: 331-334.

[59] GU J J, WANG X W, YE P D. Ⅲ-Ⅴ Gate-all-around nanowire MOSFET process technology: from 3D to 4D[C]. IEEE International Electron Devices Meeting (IEDM), 2012: 529-532.

[60] GU J J, WANG X W, YE P D. Ⅲ-Ⅴ 4D Transistors[C]. IEEE International Electron Devices Meeting (IEDM), 2013.

[61] YE P D, WILK G D, YANG B. GaAs-based metal-oxide semiconductor field-effect transistors with $Al_2O_3$ gate dielectrics grown by atomic layer deposition[J]. J. Electron. Mater., 2004, 8: 912-915.

[62] XU M, WU Y Q, YE P D. Metal-cxide-semiconductor field-effect transistors on GaAs(111)A sarface with atornic-lager-deposited $Al_2O_3$ as gate dielectrics[J]. Appl. Phys. Lett., 2009(94): 212104.

[63] DONG L, WANG X W, YE P D. GaAs enhancement-mode NMOSFETs enabled by atomic layer epitaxial $La_{1.8}Y_{0.2}O_3$ as dielectric[J]. IEEE Electron Device Lett., 2013(4): 487-489.

[64] ZHANG J Y, LOU X B, YE P D. Inversion-mode GaAs wave-shaped field-effect transistor on GaAs (100) substrate[J]. Appl. Phys. Lett., 2015(106): 073506.

[65] CHANG Y C, CHANG W H, MERCKLING C, et al. Inversion-channel GaAs (100) metal-oxide-semiconductor field-effect-transistors using molecular beam deposited $Al_2O_3$ as a gate dielectric on different reconstructed surfaccs[J]. Appl. Phys. Lett., 2013(102): 093506.

[66] 常虎东. 高迁移率 InGaAs 沟道 MOSFET 器件研究[D]. 北京: 中国科学院大学微电子研究所, 2013.

[67] HONG M, MANNAERTS J P, BOWER J E. Novel $Ga_2O_3$ ($Gd_2O_3$) passivation techniques to produce low *Dit*, oxide-GaAs interfaces[J]. J. Cryst. Growth, 1997, 175/176: 422-427.

[68] KWO J, MURPHY D W, HONG M, et al. Passivation of GaAs using $(Ga_2O_3)_{1-x}(Gd_2O_3)_x$, $0 \leqslant x \leqslant 1.0$ films[J]. Appl. Phys. Lett., 1999, 75 (8): 1116-1118.

[69] KONDA R B, WHITE C, THOMAS D, et al. Electrical characteristics of $ZrO_2$/GaAs MOS capacitor fabricated by atomic layer deposition[J]. J. Vac. Sci. Technol. A, 2013, 31 (4): 041505.

[70] YEN C F, LEE M K. Low equivalent oxide thickness of $TiO_2$/GaAs MOS capacitor[J]. Solid State Electron., 2012, 73: 56-59.

[71] HE G, LIU J, CHEN H, et al. Interface control and modification of band alignment and electrical properties of HfTiO/GaAs gate stacks by nitrogen incorporation[J]. J. Mater. Chem. C, 2014, 2(27): 5299-5308.

[72] SURI R, LEE B, LICHTENWALNER D J, et al. Electrical characteristics of metal-oxide-semiconductor capacitors on p-GaAs using atomic layer deposition of ultrathin HfAlO gate dielectric [J]. Appl. Phys. Lett., 2008, 93(19): 193504.

[73] DALAPATI G K, CHIA C K, TAN C C, et al. Surface passivation and interface properties of bulk GaAs and epitaxial-GaAs/Ge using atomic layer deposited TiAlO alloy dielectric[J]. ACS Appl. Mater. Interfaces, 2013, 5(3): 949-957.

[74] NAKAHARAI S, TEZUKA T, SUGIYAMA N, et al. Characterization of 7-nm-thick strained Ge-on-insulator layer fabricated by Ge-condensation technique[J]. Appl. Phys. Lett., 2003(83): 3516.

[75] CALLEGARI A, HOH P D, BUCHANAN D A. Unpinned gallium oxide/GaAs interface by

hydrogen and nitrogen surface plasma treatment[J]. Appl. Phys. Lett.,1989,54(4): 332-334.

[76] PASSLACK M,HONG M,MANNAERTS J P. Quasistatic and high frequency capacitance-voltage characterization of $Ga_2O_3$-GaAs structures fabricated by in situ molecular beam epitaxy[J]. Appl. Phys. Lett.,1996,68(8): 1099-1101.

[77] PASSLACK M, DROOPAD R, BRAMMERTZ G. Suitability study of oxide/gallium arsenide interfaces for MOSFET applications[J]. IEEE Trans Electron Devices,2010,57(11): 2944-2956.

[78] SUGAHARA H, OSHIMA M, OIGAWA H. Synchrotron radiation photoemission analysis for $(NH4)_2S_x$-treated GaAs[J]. J. Appl. Phys.,1991,69(8): 4349-4353.

[79] SCIMECA T, MURAMATSU Y, OSHIMA M. Temperature-dependent changes on the sulfur-passivated GaAs (111) A,(100),and (111) B surfaces[J]. Phys. Rev. B,1991,44(23): 927-932.

[80] YANG J K,KANG M G,PARK H H. Chemical and electrical characterization of $Gd_2O_3$/GaAs interface improved by sulfur passivation[J]. J. Appl. Phys.,2004,96(9): 4811-4816.

[81] JAOUAD A,AIMEZ V,AKTIK C,et al. Fabrication of$(NH_4)_2S$ passivated GaAs metal-insulator-semiconductor devices using low-frequency plasma-enhanced chemical vapor deposition[J]. J. Vac. Sci. Technol. A,2004,22(3): 1027-1030.

[82] SHAHRJERDI D, TUTUC E, BANERJEE S K. Impact of surface chemical treatment on capacitance-voltage characteristics of GaAs metal-oxide-semiconductor capacitors with $Al_2O_3$ gate dielectric[J]. Appl. Phys. Lett.,2007,91(6): 063501.

[83] SHAHRJERDI D,GARCIA-GUTIERREZ D I,AKYOL T,et al. GaAs metal-oxide-semiconductor capacitors using atomic layer deposition of $HfO_2$ gate dielectric: Fabrication and characterization[J]. Appl. Phys. Lett.,2007,91(19): 193503.

[84] LIU C,ZHANG Y M,ZHANG Y M,et al. Effect of atomic layer deposition growth temperature on the interfacial characteristics of $HfO_2$/p-GaAs metal-oxide-semiconductor capacitors[J]. J. Appl. Phys. ,2014,116(22): 222207.

[85] KUNDU S, ROY S, BANERJI P, et al. Studies on Al/$ZrO_2$/GaAs metal-oxide-semiconductor capacitors and determination of its electrical parameters in the frequency range of 10 kHz-1 MHz[J]. J. Vac. Sci. Technol. B,2011,29(3): 031203.

[86] BYUN Y C,AN C H,CHOI J Y,et al. Interfacial self-cleaning during PEALD $HfO_2$ process on GaAs using TDMAH/$O_2$ with different$(NH_4)_2S$ cleaning time[J]. J. Electrochem. Soc. ,2011,158 (6): G141-G145.

[87] SANDROFF C J,NOTTENBURG R N,BISCHOFF J C,et al. Dramatic enhancement in the gain of a GaAs/AlGaAs heterostructure bipolar transistor by surface chemical passivation[J]. Appl. Phys. Lett.,1987,51(1): 33-35.

[88] SPINDT C J,LIU D,MIYANO K,et al. Vacuum ultraviolet photoelectron spectroscopy of$(NH_4)_2S$-treated GaAs (100) surfaces[J]. Appl. Phys. Lett.,1989,55(9): 861-863.

[89] MERCKLING C,CHANG Y C,LU C Y,et al. Defect density reduction of the $Al_2O_3$/GaAs(001) interface by using $H_2S$ molecular beam passivation[J]. Surf. Sci.,2011,605(19-20): 1778-1783.

[90] YANG T,XUAN Y,ZEMLYANOV D,et al. Interface studies of GaAs metal-oxide-semiconductor structures using atomic-layer-deposited $HfO_2$/$Al_2O_3$ nanolaminate gate dielectric[J]. Appl. Phys. Lett.,2007,91(14): 142122.

[91] HE G, ZHANG L D, LIU M, et al. $HfO_2$-GaAs metal-oxide-semiconductor capacitor using dimethylaluminumhydride-derived aluminum oxynitride interfacial passivation layer[J]. Appl. Phys. Lett.,2010,97(6): 062908.

[92] DAS P S,DALAPATI G K,CHI D Z,et al. Characterization of $Y_2O_3$ gate dielectric on n-GaAs substrates[J]. Appl. Surf. Sci.,2010,256(7): 2245-2251.

[93] DAS P S,BISWAS A. Influence of post deposition annealing on $Y_2O_3$-gated GaAs MOS capacitors and their reliability issues[J]. Microelectron. Eng.,2011,88(3):282-286.

[94] DAS P S,BISWAS A,MAITI C K. Effects of an ultrathin Si passivation layer on the interfacial properties of RF-sputtered $HfYO_x$ on n-GaAs substrates[J]. Semicond. Sci. Technol.,2009,24(8):085026.

[95] DAS P S,BISWAS A. Interface properties,physical and electrical characterization of sputtered $TaAlO_x$ on silicon-passivated n-GaAs substrates[J]. Appl. Phys. A,2015,118(3):967-974.

[96] XUAN Y,LIN H C,YE P D,Simplified surface preparation for GaAs passivation using atomic-layer-deposited high-κ dielectrics[J]. IEEE Trans. Electron. Devices,2007,54(8):1811-1817.

[97] LU Z,SCHMIDT M T,CHEN D. GaAs-oxide removal using an electron cyclotron resonance hydrogen plasma[J]. Appl. Phys. Lett.,1991,58(11):1143-1145.

[98] MARCHIORI C,WEBB D J,ROSSEL C,et al. H plasma cleaning and a-Si passivation of GaAs for surface channel device applications[J]. J. Appl. Phys.,2009,106(11):114112.

[99] WADA S,KANAZAWA K,OKAMOTO N,et al. Effect of short-time helicon-wave excited $N_2$-Ar plasma treatment on the interface characteristic of GaAs[J]. J. Vac. Sci. Technol. B,1999,17(4):1516-1524.

[100] LU H L,SUN L,DING S J,et al. Characterization of atomic-layer-deposited $Al_2O_3$/GaAs interface improved by $NH_3$ plasma pretreatment[J]. Appl. Phys. Lett.,2006,89(15):152910.

[101] GAO F,LEE S J,CHI D Z,et al. GaAs metal-oxide-semiconductor device with $HfO_2$/TaN gate stack and thermal nitridation surface passivation[J]. Appl. Phys. Lett.,2007,90(25):252904.

[102] HE G,ZHANG L D,LIU M,Thermal nitridation passivation dependent band offset and electrical properties of $AlO_xN_y$/GaAs gate stacks[J]. Appl. Phys. Lett.,2009,95(11):112905.

[103] DALAPATI G K,SRIDHARA A,WONG A S W,et al. $HfO_xN_y$ gate dielectric on p-GaAs[J]. Appl. Phys. Lett.,2009,94(7):073502.

[104] WANG L S,XU J P,LIU L,et al. Nitrided HfTiON/$Ga_2O_3$($Gd_2O_3$) as stacked gate dielectric for GaAs MOS applications[J]. Appl. Phys. Express,2014,7(6):061201.

[105] TSE K,ROBERTSON J. Defect passivation in $HfO_2$ gate oxide by fluorine[J]. Appl. Phys. Lett.,2006,89(14):142914.

[106] LIU L,CHOI H W,LAI P T,et al. Passivation of oxide traps in gallium arsenide (semiconductor) metal-oxide-semiconductor capacitor with high-k dielectric by using fluorine incorporation[J]. J. Vac. Sci. Technol. B,2015,33(5):050601.

[107] KIM H S,OK I,ZHANG M,et al. $HfO_2$-based InP n-channel metal-oxide-semiconductor field-effect transistors and metal-oxide-semiconductor capacitors using a germanium interfacial passivation layer[J]. Appl. Phys. Lett.,2008,93:102906.

[108] WU Y Q,XUAN Y,SHEN T,et al. O-vacancy as the origin of negative bias illumination stress instability in amorphous In-Ga-Zn-O thin film transistors[J]. Appl. Phys. Lett.,2007,91:022108.

[109] FISCHETTI M V,LAUX S E. Monte Carlo simulation of transport in technologically significant semiconductors of the diamond and zinc-blende structures. Ⅱ. Submicrometer MOSFET's[J]. IEEE Trans. Electron Devices,1991,38:650-660.

[110] ZHAO H,SHAHRJERDI D,ZHU F,et al. Inversion-type indium phosphide metal-oxide-semiconductor field-effect transistors with equivalent oxide thickness of 12Å using stacked $HfAlO_x$/$HfO_2$ gate dielectric[J]. Appl. Phys. Lett.,2008,92:253506.

[111] CHEN Y T,ZHAO H,YUM J H,et al. Metal-oxide-semiconductor field-effect-transistors on indium phosphide using $HfO_2$ and silicon passivation layer with equivalent oxide thickness of 18Å[J]. Appl. Phys. Lett.,2009,94:213505.

[112] LIU C, CHOR E F, TAN L S. Enhanced device performance of AlGaN/GaN HEMTs using $HfO_2$ high-$\kappa$ dielectric for surface passivation and gate oxide[J]. Semicond. Sci. Technol., 2007, 22: 522-527.

[113] CHANG Y C, CHIU H C, LEE Y J, et al. Structural and electrical characteristics of atomic layer deposited high-$\kappa$ $HfO_2$ on GaN[J]. Appl. Phys. Lett., 2007, 90: 232904.

[114] SHIH C F, HUNG K T, HSIAO C Y, et al. Investigations of GaN metal-oxide-semiconductor capacitors with sputtered $HfO_2$ gate dielectrics[J]. J. Alloys Compd., 2009, 480: 541.

[115] COOK T E, FULTON C C, MECOUCH W J, et al. Band offset measurements of the GaN(0001)/$HfO_2$ interface[J]. J. Appl. Phys., 2003, 94: 7155.

# 第7章

# 高$\kappa$栅介质与金属氧化物薄膜晶体管器件集成

平板显示(flat panel display,FPD)诞生于20世纪60年代,被誉为“20世纪最后几项高新技术之一”。FPD的出现改变了信息传递方式,极大地提高了信息传递效率,也在很大程度上改变了人们的交流方式。在日常消费电子和信息技术(IT)产品中随处可见FPD的身影。凭借体积小、功耗低等优势,FPD在军事(如坦克、导弹火控系统、电子战系统等)、航天和医疗等领域有着广泛的应用。FPD技术大致有两种实现形式:一种是有源矩阵有机发光二极管(AMOLED或TFT-OLED),另一种是有源矩阵液晶显示(AMLCD或TFT-LCD)。近年来出现了一些新的FPD技术,如量子点电视(quantum dot TV,Q-TV)、电子纸(E-paper)等。

薄膜晶体管(TFT)是FPD中有源驱动阵列的核心开关元件,其性能优劣直接决定产品的显示质量。随着平板显示技术、半导体集成电路的快速发展以及新兴电子产品的不断涌现,TFT的应用领域也不断拓展。随着柔性显示器件和基于电池供电的便携式、可穿戴电子产品正快速进入人们的日常生活,产品对TFT提出了更高的要求,如低温制备、低压驱动、低功耗、高迁移率、高稳定性等。

$SiO_2$作为TFT的栅绝缘层传统材料具有优秀的绝缘性和热稳定性,并且与硅衬底完美兼容,为集成电路和微电子器件的发展做出巨大贡献。然而,面对市场对TFT的低温制备、低压驱动、低功耗、高迁移率等需求,基于$SiO_2$栅介质的TFT已显得力不从心,寻找具有更高介电常数的高$\kappa$材料替代$SiO_2$已是必然趋势。

## 7.1 薄膜晶体管

### 7.1.1 TFT发展历程

TFT的诞生和发展对现代电子产品的商业开发和应用影响巨大,其在平板显示、存储器、传感器、集成电路和人工智能等领域都有广泛的应用。1947年12月23日,美国贝尔实验室诞生了世界上第一个基于锗半导体的晶体管,随后晶体管的结构和性能不断得到优化。

晶体管的使用大大提升了计算机的综合性能，将计算机从电子管的1.0时代推进到晶体管的2.0时代。晶体管计算机的耗电量只有当时电子管计算机的约1/1700，而运算速度提升了200倍。晶体管的应用显著提升了计算机的经济效益和商用价值，这也为后来的个人计算机的出现奠定了基础。此后围绕着缩小体积和提高性能方面，人们在晶体管的结构设计和新材料应用方面做了大量研究。

1925年，J. E. Lilienfeld第一个明确描述了场效应晶体管的工作原理，并于1930年申报专利，这便是今天结型场效应晶体管的雏形，这也成为后来TFT的理论模型。由于当时对半导体材料缺乏足够的了解和受工艺水平限制，起初TFT的研制并不顺利。直到1962年，第一个TFT实物才被制备出来。1962年，美国RCA实验室的Weimer等采用蒸发方式首次制备出了基于多晶硫化镉(CdS)半导体的绝缘栅TFT，迁移率最高可达140cm$^2$/(V·s)，并被应用到计算机的触发器和与或门电路中。相比电子管和锗晶体管，TFT凭借低功耗、长寿命和低故障率等优势被认为在集成电路中将大有作为。但是，后来高性能晶体硅绝缘栅场效应晶体管(MOSFET)的横空出世使TFT的低成本优势黯然失色，并逐渐取代TFT成为集成电路的新宠儿。这一度让TFT的研究停滞不前。1964年，Klasens和Koelmans公布了一种以热蒸发手段制备的$SnO_2$金属氧化物半导体作为有源层材料的金属氧化物薄膜晶体管(metal oxide thin film transistor，MOTFT)，拉开了MOTFT的研究序幕。

1968年，RCA实验室在液晶领域取得重大突破，提出了平板显示概念，开发出了基于液晶显示技术的图片、动态图像的薄屏显示器。液晶显示技术的出现，很快让人们发现TFT在其中的应用潜力。1971年，Lechner等通过理论分析得出TFT在液晶显示器中应用的可行性，这一研究成果再次点燃人们对TFT的研究热情。很快，基于CdSe TFT可寻址晶体管矩阵阵列的6in×6in液晶显示(LCD)面板便被Brody等于1973年成功制备出来，这标志着世界上第一个TFT LCD的诞生。这一研究成果从实践角度证明了TFT在平板显示领域的潜在应用前景，自此基于TFT的平板显示应用研究如火如荼地展开。1979年，Comber和Spear等制备出以氢化非晶硅(α-Si:H)作为有源层的TFT，获得了$10^3$的开关电流比，并得出α-Si:H TFT符合有源寻址矩阵开关在液晶显示器中应用要求的结论。1980年，Depp和Juliana等制备出基于多晶硅(p-Si)半导体的TFT，获得了远高于非晶硅TFT的载流子迁移率，并实现了显示电路应用。凭借在制备工艺、制备成本和器件性能等方面的优势，α-Si和p-Si的研究成果很快在平板显示中被广泛应用。在随后很长一段时间，基于α-Si和p-Si TFT的可寻址矩阵阵列液晶显示面板成为平面显示领域的主流技术。

随着平板显示器件的不断发展，对TFT器件的要求也水涨船高，α-Si和p-Si TFT的缺点也逐渐暴露出来，例如，α-Si的迁移率太低；p-Si在大尺寸应用中均一性难以保证。另外，α-Si的带隙为1.5～2eV，所以光稳定性非常差，需要覆盖一层挡光板，导致显示器件的开口率难以提升，这对高分辨显示器件来说是无法接受的。特别是全彩色液晶显示技术出现后，平板显示对高亮度、高对比度、高响应速度、高开口率和大尺寸的强烈需求加速了TFT的研究进程。

1990年，在有源层材料上取得了新的突破，Garnier成功制备出有机半导体材料，并将其应用到TFT中，制得有机半导体薄膜晶体管(organic TFT，OTFT)。OTFT的突出优点就是大尺寸均一性。OTFT还有一项重要优势就是使得基于空穴导电的p型TFT的制备成为可能。此后基于n型和p型TFT的互补型半导体器件被应用到逻辑电路中，使TFT

重返集成电路应用成为可能。另外,OTFT 的柔性可伸展特性为柔性显示和可穿戴电子产品的开发提供了解决方案,此后基于 OTFT 的各类传感器相继面世。随着有机发光二极管(OLED)的问世,OTFT 固有的柔性可伸展特性得到充分利用,掀起了柔性显示技术的研究热潮。OTFT 具有的柔性可伸展、大面积均一性和制备方法简单等优点,满足了低成本、大尺寸商用平板显示器和传感器的需求,但是其仍然遭受低迁移率的钳制(约 $1cm^2/(V \cdot s)$),并且有机材料易受环境影响而发生变性,导致器件性能退化。

1991 年,Little 等采用低温晶化工艺实现非晶硅的低温晶化,制备出高迁移率低温多晶硅(low temperature poly-silicon,LTPS)TFT,但大尺寸均一性仍不够理想。低温多晶硅的出现为高端显示器件提供了更多的选择,但是由于制备工艺复杂、成本高昂,当时主要在小尺寸高端显示设备中应用,近年来随着 LTPS TFT 的不断优化,基于 LTPS TFT 的大尺寸、高分辨率平板显示产品相继被推出。

在透明显示概念被提出后,金属氧化物薄膜晶体管(MOTFT)又回到人们视线中。MOTFT 在经过近 40 年的发展后,第一个高性能全透明 MOTFT 于 2003 年诞生。2003 年,Hoffman、Carcia 和 Masuda 等相继报道了基于溅射沉积透明 ZnO 薄膜制备的 TFT,其迁移率最高可达 $2.5cm^2/(V \cdot s)$。2004 年,日本 Hideo Hosono 课题组在 *Nature* 杂志上报道了室温下成功制备出高迁移率、高透射率的非晶铟镓锌氧化物(amorphous $InGaZnO_4$,α-IGZO)半导体薄膜,迁移率比 α-Si 高出一个数量级,达到 $10cm^2/(V \cdot s)$,并在柔性衬底聚对苯二甲酸乙二酯(polyethylene terephthalate,PET)上构建了基于 α-IGZO 的全透明、高稳定性的 TFT,迁移率达到 6~$9cm^2/(V \cdot s)$,如图 7.1.1 所示。

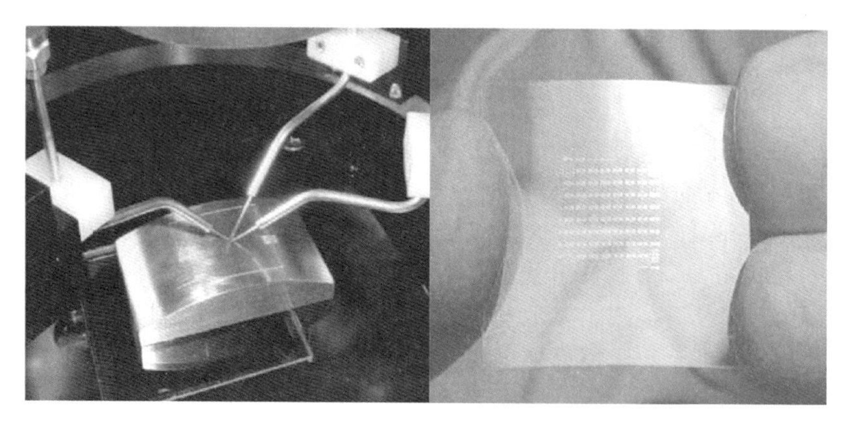

图 7.1.1 在 PET 衬底上制备的 α-IGZO TFT

近年来关于 α-IGZO TFT 的研究报道层出不穷,器件的性能也不断提升。α-IGZO TFT 的载流子迁移率屡创新高,从开始的个位数迅速增加到 $40cm^2/(V \cdot s)$以上,甚至有研究报道达到 $130cm^2/(V \cdot s)$以上。α-IGZO TFT 表现出的优异性能激起了非晶金属氧化物半导体薄膜晶体管(amorphous metal oxide semiconductor thin film transistor,AMOS TFT)的研究热潮。非晶氧化物薄膜半导体由于制备工艺简单、宽带隙(约 3eV)、可低温制备、高迁移率等优点而作为沟道层材料被广泛研究。α-IGZO TFT 诞生后迅速被应用到平板显示中,很快一批基于 α-IGZO TFT 的商用平板显示器原型机被开发出来,并在一定范围内实现商用。AMOS TFT 表现出的优异性能,使其在 AMLCD 和 AMOLED 显示应用中表现出强大的竞争力。非晶氧化物沟道层材料的发展使其在柔性显示、存储器、传感器、神经突触和逻辑电路等领域都有广泛的应用。

### 7.1.2　TFT结构及工作原理

作为场效应晶体管的一种，传统的薄膜晶体管主要由衬底、栅极、栅介质、有源层和源-漏电极等五个不同功能模块构成。随着薄膜晶体管应用领域的不断扩展，其结构也发生了一些变化。有些薄膜晶体管由于特殊需要会覆盖一层钝化层，如有机薄膜晶体管。柔性TFT在溅射沉积栅介质前，会在柔性衬底上沉积一层保护层来保护衬底免受溅射沉积过程造成的损害。还有为了获得更好的界面性能和稳定性，设计了叠栅结构或双沟道层等多种结构。总体上来说，根据薄膜晶体管各功能模块空间位置不同，薄膜晶体管大致可以分为交叠结构和共面结构。交叠结构中根据栅介质与有源层的位置关系还可以分为顶栅底接触型和底栅顶接触型。共面结构中根据栅介质与有源层的位置关系也可以分成两类：正共面型和反共面型。有些薄膜晶体管为了获得特殊应用功能，采用电解质作为栅介质而将栅极设计在源漏电极的一侧或四周，形成侧栅结构。薄膜晶体管的结构示意图如图7.1.2所示。

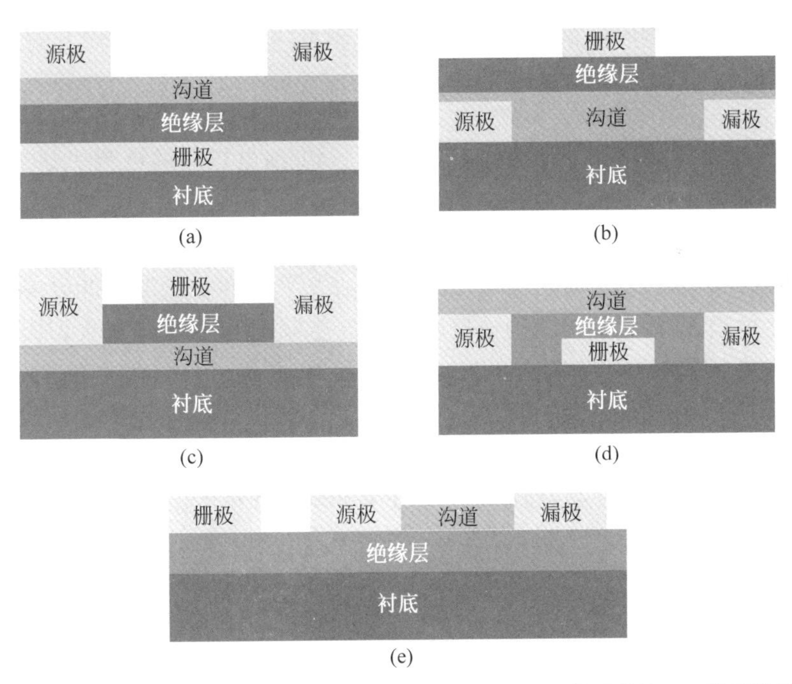


图7.1.2　底栅顶接触(a)、顶栅底接触(b)、正共面结构(c)、反共面结构(d)、及侧栅结构(e)

对于不同结构的TFT，其工作原理基本相同。TFT简单来说就相当于一个开关，通过栅极施加的电压来控制源-漏电极间电流的通和断。根据有源层半导体载流子种类不同，TFT可以分为p型和n型两种。对于n型TFT来说，有源层半导体材料的多子为电子，但电子浓度较低，费米能级位于导带下方的禁带中。虽然热激发会有少量电子跃迁至导带，但是导带中的载流子数量非常低，所以源极和漏极间的电流 $I_{DS}$ 非常小，可视为断路。当栅极电压 $V_{GS}>0V$ 时，有源层中电子在栅极电场的诱导下向有源层与栅介质的界面处聚集。当

$V_{GS}$ 超过一定阈值电压($V_{TH}$)时，在有源层靠近界面处，电子的积累形成一定浓度的电子沟道层。随着电子浓度的增大，沟道层中的费米能级向上抬升。同时在栅极电场的作用下，导带向下弯曲并进入费米能级以下，此时在费米能级以下的导带底(conduction band minimum, CBM)被电子占据。在源-漏极电压 $V_{DS}$ 驱动下形成 $I_{DS}$，且 $I_{DS}$ 随着 $V_{DS}$ 的增大而增大，此时 TFT 处于开启状态。但是随着 $V_{DS}$ 的增大，漏极电势增加导致栅极与漏极的电势差 $V_{GD}$ 减小，当 $V_{GD}<V_{TH}$ 时，沟道层出现预夹断，此时 $I_{DS}$ 达到饱和值，即 $I_{DS}$ 不随 $V_{DS}$ 的增大而增大。$I_{DS}$ 的饱和值随着 $V_{GS}$ 的增大而增大。

p 型 TFT 的工作原理与 n 型基本相同，由于载流子为空穴，所以需要施加负的栅极电压才能形成导电沟道层。薄膜晶体管的源-漏极间电流大小与栅极电压大小密切相关。当栅极电压未达到阈值时，在界面附近积累的载流子浓度不足以形成导电沟道层，则源-流电极间电流非常小。只有当栅极电压超过某一域值时才能在源-漏极间形成满足外部电路工作需求的电流。这个栅极电压的阈值称为阈值电压($V_{TH}$)。有源层和栅介质层的材料性能对 TFT 器件性能的影响巨大，故而 TFT 器件的研究大多集中在对有源层和栅介质层的研究上。

### 7.1.3 TFT 器件电学特性曲线及参数提取

#### 1. TFT 电学特性曲线

TFT 器件的输出、转移曲线如图 7.1.3 所示。源-漏电极间的电流 $I_{DS}$ 实际上受到漏极电压 $V_{DS}$ 和栅极电压 $V_{GS}$ 的双重调控。在输出特性曲线中，当 $V_{GS}$ 小于阈值电压 $V_{TH}$ 时，TFT 处于关闭状态，而当 $V_{GS}$ 大于 $V_{TH}$ 时，TFT 开启。在 TFT 开启状态下，当 $V_{DS}$ 远小于栅压与阈值电压的差值($V_{GS}-V_{TH}$)时，$I_{DS}$ 随着 $V_{DS}$ 的变化可以近似看作线性关系，并且随着 $V_{DS}$ 的增大，靠近漏极的沟道层厚度开始变薄，沟道层电阻增大，$I_{DS}$ 对 $V_{DS}$ 的输出曲线斜率呈减小趋势。而当 $V_{DS}$ 等于 $V_{GS}-V_{TH}$ 时，在沟道层中出现了类似于 MOSFET 的预夹断现象。在漏极附近的沟道层厚度变为零，形成电子被耗尽区，从输出曲线可以看出，$I_{DS}$ 对 $V_{DS}$ 的斜率迅速减小为零，输出电流达到饱和。当 $V_{DS}$ 进一步增大时，电子耗尽区逐渐扩大，夹断点向源极移动，增加的 $V_{DS}$ 主要施加在耗尽区。图 7.1.3(a)为 TFT 器件的输出曲线。

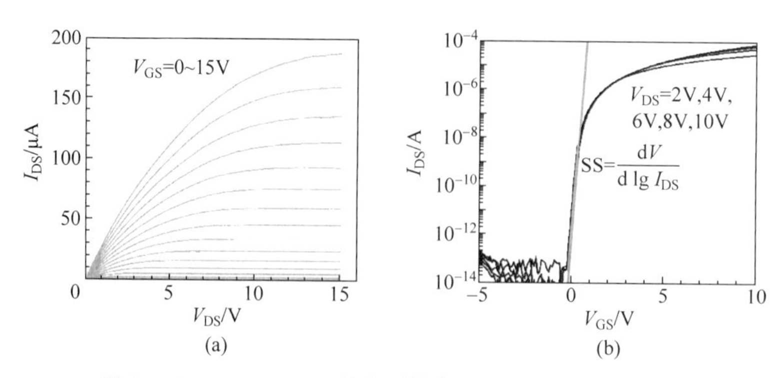


图 7.1.3 α-IGZO TFT 的典型输出(a)和转移(b)电学特性

## 2. TFT 电学性能参数

表征 TFT 电学性能的参数主要有：载流子迁移率 $\mu$、亚阈值摆幅 SS、阈值电压 $V_{TH}$、开关态电流比 $I_{ON}/I_{OFF}$ 等，这些参数可以从转移特性曲线中提取，如图 7.1.3(b)所示。

### 1）载流子迁移率 $\mu$

载流子迁移率是 TFT 器件的重要性能参数之一，是表征载流子在电场作用下整体移动快慢的物理量。载流子迁移率主要影响 TFT 两方面性能：一是输出电流和功耗，二是 TFT 的工作截止频率。载流子迁移率越大，则 TFT 可以获得更大的输出电流，这对于基于电流驱动的 AMOLED 的平板显示器来说非常重要。另外，高迁移率能够实现在较低的栅极电压下获得所需的工作电流，有利于降低器件的功耗。载流子迁移率越大，则 TFT 的开关转换速度越大，这可以让 TFT 稳定工作在更高频率的数字电路中。载流子迁移率可以通过场效应管缓变沟道近似方程来提取。根据 TFT 工作在线性区与饱和区的不同，载流子迁移率也可分为场效应迁移率 $\mu_{FE}$ 和饱和迁移率 $\mu_{sat}$，如图 7.1.4 所示。

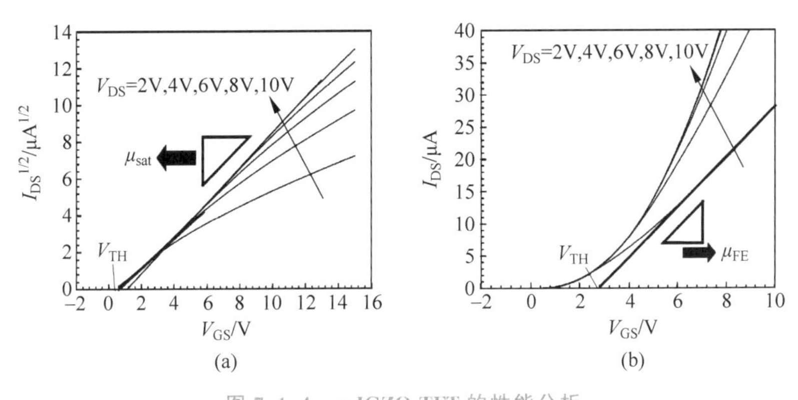


图 7.1.4 α-IGZO TFT 的性能分析

(a) 饱和迁移率 $\mu_{sat}$；(b) 场效应迁移率 $\mu_{FE}$

饱和区($V_{DS} \geqslant V_{GS}-V_{TH}$)，$I_{DS}$ 与 $V_{DS}$、$V_{GS}$ 的关系式可近似表示为

$$I_{DS}^{1/2}=\sqrt{\frac{W}{2L}\mu_{sat}C_{ox}}(V_{GS}-V_{TH}) \tag{7.1.1}$$

则饱和迁移率计算公式如下：

$$\mu_{sat}=\frac{2Lk^2}{WC_{ox}} \tag{7.1.2}$$

式中，$k$ 为$(I_{DS})^{1/2}$-$V_{GS}$ 曲线线性拟合的斜率，如图 7.1.4(a)所示，计算表达式如下：

$$k=\frac{\partial(I_{DS})^{1/2}}{\partial V_{GS}} \tag{7.1.3}$$

线性区($V_{DS} \ll V_{GS}-V_{TH}$)，$I_{DS}$ 与 $V_{DS}$、$V_{GS}$ 的关系式可近似表示为

$$I_{DS}=\frac{W}{L}\mu_{FE}C_{ox}V_{DS}(V_{GS}-V_{TH}) \tag{7.1.4}$$

式中，$W$ 为沟道层宽度；$L$ 为沟道层长度；$C_{ox}$ 为栅介质层电容密度。则场效应迁移率可通过下面公式计算得到：

$$\mu_{FE} = g_m(V_{GS}) \frac{L}{WC_{ox}V_{DS}} \tag{7.1.5}$$

式中，$g_m(V_{GS})$为转移曲线中 $I_{DS}$ 对 $V_{GS}$ 的跨导，如图 7.1.4(b)所示，表达式如下：

$$g_m(V_{GS}) = \left.\frac{\partial I_{DS}}{\partial V_{GS}}\right|_{V_{DS}=\text{const}} \tag{7.1.6}$$

**2）阈值电压 $V_{TH}$**

阈值电压 $V_{TH}$ 可以被定义为在有源层内靠近与栅介质的界面处诱导产生有效的导电沟道层所需的最小栅极电压。栅介质若具有高的电容密度则可以增强 $V_{GS}$ 对沟道层中载流子的诱导效率，从而既可以增大开态电流，又有利于降低阈值电压。如同场效应迁移率和饱和迁移率一样，根据 TFT 的工作区域不同(线性区或饱和区)$V_{TH}$ 的提取方法也分为两种，即可以通过对 $I_{DS}$-$V_{GS}$ 曲线或者$(I_{DS})^{1/2}$-$V_{GS}$ 曲线的线性拟合后与横坐标轴的截距来获得阈值电压 $V_{TH}$，如图 7.1.4 所示。

**3）亚阈值摆幅 SS**

SS 是用来评价 TFT 在关态与开态之间相互切换对栅极电压变化敏感性的参量。它反映了在亚阈值区域沟道层中电流随栅极电压变化的快慢程度。SS 值越小，说明 $V_{GS}$ 对 $I_{DS}$ 的调控能力强，TFT 的开启与关断对 $V_{GS}$ 响应越灵敏。在大尺寸高分辨率平板显示应用中，驱动电路的充电时间常数($\tau$)越来越小，这需要 TFT 具有更低的 SS。在 $\lg(I_{DS})$-$V_{GS}$ 曲线中取线性区域斜率最大值倒数，如图 7.1.3(b)所示，其计算表达式为

$$SS = \left.\frac{dV_{GS}}{d\lg I_{DS}}\right|_{max} \tag{7.1.7}$$

**4）开关态电流比 $I_{ON}/I_{OFF}$**

开关态电流比 $I_{ON}/I_{OFF}$ 定义为开态电流与关态电流的比值。它体现了 TFT 开态与关态时电流的区分度，也反映了 $V_{GS}$ 对 $I_{DS}$ 的调控能力。高开关态电流比是实现平板显示中高对比度的前提条件。关态电流越小则功耗越低，而大的开态电流，对实现高分辨率的 AMOLED 显示十分重要。

### 7.1.4 TFT 与 MOSFET 的比较

TFT 与 MOSFET 同属于场效应晶体管，在工作原理上两者大同小异，都是通过电场效应诱导沟道层来导电。MOSFET 是应用最多的绝缘栅场效应晶体管，具有输入阻抗高、制造工艺简单、使用灵活方便等特点，适合高度集成化应用。TFT 可以看作是特殊的绝缘栅场效应晶体管。两者主要区别是工作机制上略有不同，从而导致在制备工艺、应用领域等方面存在差异。具体区别如下所述。

(1) 工作机制差异。TFT 通过栅极电压在专门制备的半导体(有源层)中诱导出导电沟道层来为源/漏电极间电流提供传输通道。MOSFET 直接在衬底上通过栅极电压诱导出导电沟道层。

(2) 对衬底的要求不同。TFT 的衬底材料选择较多，可以是刚性材料如 Si、玻璃等，也可以是柔性材料如塑料等。MOSFET 对衬底要求较高，通常是单晶硅。

(3) 绝缘栅介质材料差异较大。MOSFET 的绝缘栅通常是 $SiO_2$。TFT 的绝缘栅介质

材料选择非常广泛，除了 $SiO_2$，还可以是金属氧化物、有机栅介质、混合电介质材料等。

(4) 载流子来源不同。TFT 以半导体沟道层中的多子作为载流子实现导电。MOSFET 则是以单晶硅衬底中的少子为载流子来实现导电。

(5) 制备工艺差异显著。由于单晶硅的制备温度较高，并且 $SiO_2$ 绝缘层的热氧化温度也很高，这导致 MOSFET 的制备温度较高，通常在 1000℃以上。在单晶硅表面氧化生成 $SiO_2$ 绝缘栅后，通过光刻蚀和扩散工艺在单晶硅中形成两个高掺杂区(n 区或 p 区)作为源、漏电极。TFT 的沟道材料选择广泛，且大多数半导体有源层的制备温度较低，一些有源层材料和绝缘栅介质材料甚至可以在接近室温下完成制备。TFT 的制备工艺也相对较为简单，根据结构设计在衬底上依次沉积栅电极、绝缘栅、有源层和源/漏电极。电极通常采用金属电极，如铝、金等，也有使用氧化铟锡(ITO)作为电极。

(6) 应用领域不同。作为电子开关，MOSFET 广泛应用于逻辑电路和集成电路中；作为模拟放大元件，MOSFET 在能量和信号处理的模拟电路方面也有广泛应用。TFT 主要应用在平板显示领域。近年来，随着柔性 TFT 等一批新型 TFT 研究取得重大突破，TFT 在传感器、可穿戴电子产品、人工智能等领域的应用研究也呈逐年递增趋势。

## 7.2　金属氧化物薄膜晶体管

### 7.2.1　硅基薄膜晶体管

硅基薄膜晶体管包括以非晶硅为有源层的非晶硅薄膜晶体管(α-Si TFT)和以多晶硅为有源层的多晶硅薄膜晶体管(p-Si TFT)。α-Si 具有成本低廉和大面积制备等优点，但载流子迁移率很低(小于 $1cm^2/(V\cdot s)$)，同时，α-Si 在制备过程中残存的氢(H)导致 TFT 器件的阈值电压稳定性退化。p-Si 的载流子迁移率远高于 α-Si 的，并且构筑的 p-Si TFT 稳定性也显著提升，但是 p-Si 的制备需要激光退火工艺，使得工艺复杂度和成本远高于 α-Si，同时，p-Si 的多晶结构导致大面积均一性较差。

非晶硅的低迁移率与其非晶结构密切相关。对于共价半导体来说，随着结晶度的提升，载流子迁移率也逐渐增大。硅基半导体中硅原子之间的共价键实际上是由 $s$ 轨道与 $p$ 轨道杂化后形成的 $sp^3$ 杂化轨道。硅原子之间通过 $sp^3$ 杂化轨道形成了正四面体结构。对于非晶硅、多晶硅和单晶硅，此类共价键半导体电子的 $sp^3$ 轨道(反键态)是电子传输的主要通道，如图 7.2.1(a)所示。对于长程有序的晶体硅来说，$sp^3$ 轨道首尾相连无中断，为电子提供

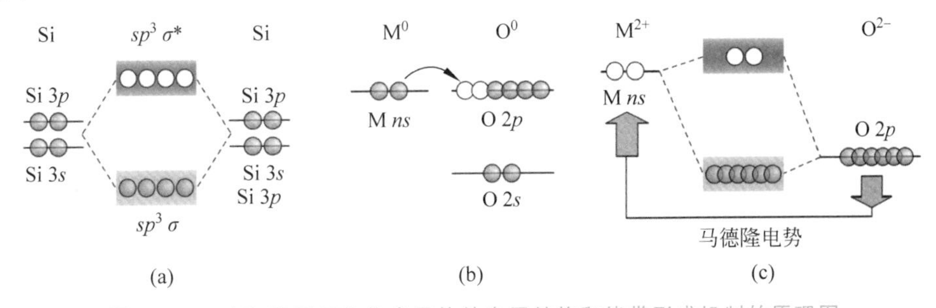


图 7.2.1　硅和离子氧化物半导体的电子结构和能带形成机制的原理图

通畅的传输路径，故而拥有较高的载流子迁移率。而对于长程无序的非晶硅来说，$sp^3$ 轨道的连贯性被打破，并出现了大量悬挂键，导带底(CBM)出现大量的带尾定域态。电子被约束在一个个定域态中，很难越过定域态间的势垒来跨域传输。这导致 α-Si TFT 的迁移率非常小。

### 7.2.2 氧化物薄膜晶体管

MOTFT 是以金属氧化物半导体为有源层材料构筑的薄膜晶体管。与硅基半导体不同，金属氧化物半导体的 CBM 是由金属阳离子的空 $ns$ 轨道构成，如图 7.2.1(b)和(c)所示。金属原子与氧原子形成离子键后，阳离子的 $ns$ 轨道失去电子后能级抬升，而 O $2p$ 轨道获得电子达到饱和状态，能级降低。如此一来，抬升的空 $ns$ 轨道构成导带底，而下降的 O $2p$ 轨道构成了价带顶(valence band maximum，VBM)。与 $sp^3$ 轨道不同，$ns$ 轨道具备各向同性，电子的传输不受键角约束。如果保持 $ns$ 轨道的高重叠度，则即使是非晶结构也可以获得高迁移率。例如，基于 ZnO 半导体的第一个高性能全透明氧化物 TFT，其载流子迁移率高达 $2.5\text{cm}^2/(\text{V}\cdot\text{s})$，远高于非晶硅，而由室温下构筑的非晶铟镓锌氧化物(amorphous $InGaZnO_4$，α-IGZO)半导体薄膜构筑的 α-IGZO TFT，载流子迁移率比 α-Si TFT 高出一个数量级。

重金属氧化物中相邻阳离子的 $ns$ 轨道空间分布非常广，彼此之间相互重叠，则 $ns$ 轨道的空间扩展大于相互作用的距离，故而电子的有效质量很小，这促进了电子在不同阳离子的 $ns$ 轨道上的输运。这也对阳离子的主量子数和电子结构提出了要求。基于实验结果得出论断，凡符合$(n-1)d^{10}ns^0(n\geqslant5)$电子结构的阳离子构建的离子半导体，非晶态拥有与晶态相近的高载流子迁移率。相比于晶态半导体，在制备工艺和成本方面，非晶半导体具有显著的优势。图 7.2.2 展示了传统共价半导体和后过渡期金属氧化物(heavy post transition metal oxide，HPMO)半导体的晶态和非晶态轨道示意图。

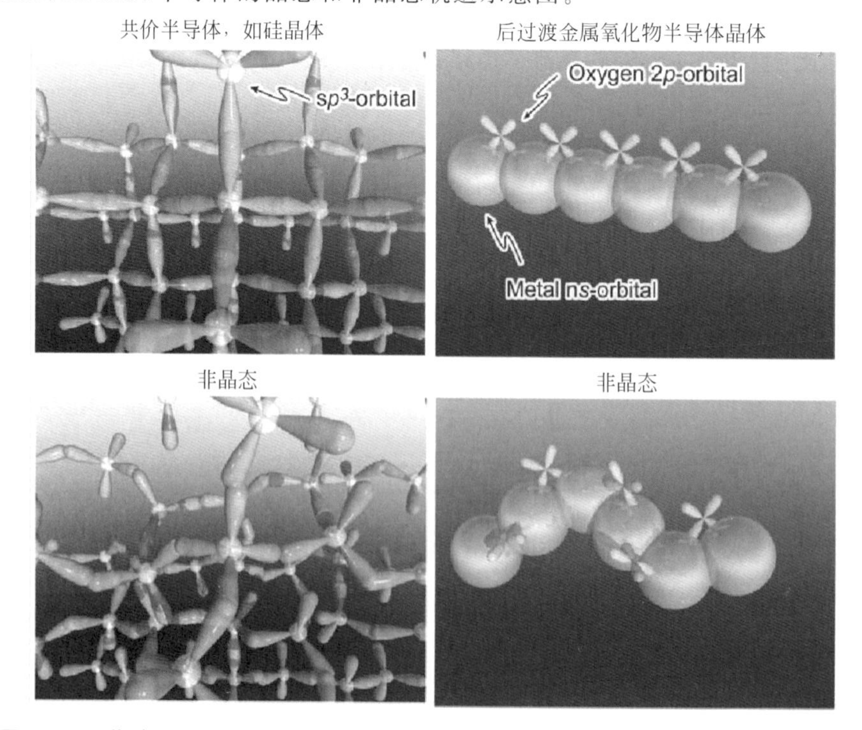


图 7.2.2 传统化合物半导体和离子氧化物半导体中电子路径(导带底部)的轨道示意图

符合$(n-1)d^{10}ns^0(n\geqslant5)$电子结构的$In^{3+}(4d^{10}5s^0)$和$Sn^{4+}(4d^{10}5s^0)$成为非晶氧化物半导体(AOS)的研究热点。对于晶态结构氧化物半导体,$n$值可降低到4,如$Zn^{2+}(3d^{10}4s^0)$。得益于$ns$轨道传输特性的金属氧化物半导体还有$Ga_2O_3(Ga^{3+}(3d^{10}4s^0))$,在非晶态下依然可以获得足够的迁移率。作为宽禁带半导体,$Ga_2O_3$迁移率在大范围内可调,能够在绝缘体和高迁移率半导体之间自由切换。$Ga_2O_3$半导体被认为是下一代芯片技术中最有可能替代Si的候选者。

近年来,人们对纯$In_2O_3$、$Ga_2O_3$、ZnO及其复合物进行了深入的研究。纯$In_2O_3$和纯ZnO易结晶,$Ga_2O_3$呈现非晶态。将$Ga_2O_3$掺入$In_2O_3$或ZnO中,可以获得非晶态复合物,如图7.2.3(a)所示。在$In_2O_3$-$Ga_2O_3$-ZnO复合物中,载流子迁移率随着$In_2O_3$含量的增大而增大,这可能与$In^{3+}$具有更大的$ns$轨道半径有关,另外,正3价的$In^{3+}$可以为导带提供更多的电子。复合物中的载流子浓度随着$Ga_2O_3$含量的增加而减小,如图7.2.3(b)所示。这可能与$Ga^{3+}$具有较大的电负性有关,能够有效锁住氧原子,减少氧空位的形成。所以在复合物中$Ga_2O_3$扮演了载流子抑制剂的角色。而ZnO的易结晶特性起到了稳定剂的效果,使整个非晶体系更加稳固。

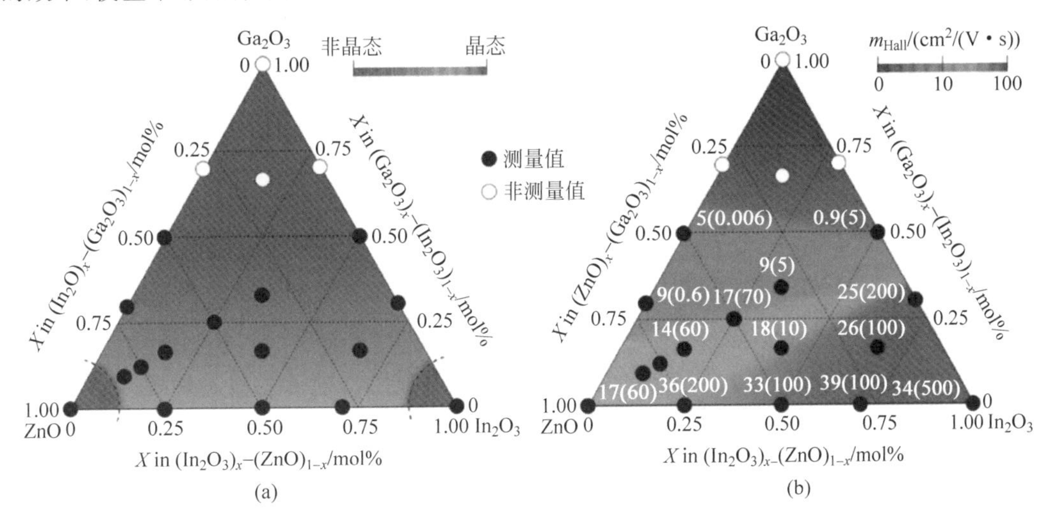


图7.2.3　$In_2O_3$、$Ga_2O_3$、ZnO薄膜的非晶形成(a)和电子输运性能(b)

(b)中的值表示电子霍尔迁移率($cm^2/(V\cdot s)$),括号中数字为密度(单位:$10^{18}cm^{-3}$)

在$In_2O_3$、$SnO_2$、$Ga_2O_3$和ZnO的基础上,通过更广泛的掺杂研究,人们发展出ZnSnO、InGaO、InZnO、InZnSnO、InGaZnO、ZrInZnO、HfInZnO等多元金属氧化物沟道层材料,并构筑了高性能AMOS TFT。其中α-IGZO TFT被研究得最充分,获得了良好的整体性能,并在平板显示、逻辑电路和传感器应用中表现优秀。

非晶硅虽然技术成熟,但迁移率太低,无法实现高清显示。多晶硅迁移率高,但电学均一性差,无法满足大面积显示需求。有机薄膜晶体管(OTFT)虽然在大面积制备和柔性应用方面具备优势,但其存在与非晶硅同样的低迁移率问题,难以胜任高分辨率、高速AMOLED应用要求。另外OTFT的化学稳定性较差。得益于有源层材料的先天结构优势,非晶氧化物半导体薄膜晶体管(AOS TFT)在众多类型TFT中显示出明显的优势,使得AOS TFT成为近年来的研究热点,见表7.2.1。

表 7.2.1 基于不同沟道层材料的薄膜晶体管性能比较

| 性能指标 | α-Si:H | p-Si | OTFT | AOS TFT |
|---|---|---|---|---|
| $\mu$/($cm^2$/(V·s)) | <1 | 100~200 | <1 | 10~100 |
| SS/(V/dec) | 0.4~0.5 | 0.2~0.3 | 0.1~1.0 | 0.1~0.6 |
| $I_{OFF}$/A | ~$10^{-12}$ | ~$10^{-12}$ | ~$10^{-12}$ | ~$10^{-13}$ |
| 稳定性 | 差 | 好 | 差 | 好 |
| 载流子类型 | n | p/n | p | n |
| 均一性 | 好 | 差 | 差 | 好 |
| 透光 | 否 | 否 | 否 | 是 |
| 成本 | 低 | 高 | 低 | 低 |
| 良品率 | 高 | 低 | 高 | 高 |
| 制备温度 | 约 523 | <873 | 室温 | 室温 |
| 显示应用 | LCD | LCD,LED | LCD,电子纸 | LCD,LED,电子纸 |
| 衬底 | 玻璃,金属,塑料 | 玻璃,金属,塑料 | 玻璃,金属,塑料 | 玻璃,金属,塑料 |

金属氧化物半导体,尤其是非晶态金属氧化物(α-MO)半导体,是一种非常有前途的电子材料。由于其优异的电学和光学性能、显著的大面积均一性和机械韧性,α-MO 不仅在传统的显示和能源应用方面挑战了非晶硅和多晶硅半导体,而且在柔性显示(如电子纸等)和可穿戴电子产品等新兴电子领域的应用前景广阔。相比于传统的非晶硅、多晶硅,α-MO 半导体薄膜制备方法灵活多样,既可以采用传统的加工方法,如溅射和 MOCVD,也可以运用低成本的溶液法加工,如旋涂和印刷法等。

### 7.2.3 α-IGZO 半导体的导电机制

作为金属氧化物半导体的典型代表,α-IGZO 在非晶相结构下仍然具有较高迁移率,这与其特殊的内部结构密不可分。α-IGZO 薄膜虽然不具备长程有序,但在短程结构上与晶态 IGZO 薄膜相似。并且非晶态阳离子的配位结构也与晶态的十分相似,只是平均配位数比晶态的小(这也是缺陷的主要来源之一)。α-IGZO 薄膜中通常存在部分 In-O 多面体仍然像晶体中那样维持着“边共享”的网络结构,另外还有一些是“角共享”结构。Hosono 课题组的 Nomura 等通过实验和从头算法(ab initio calculations)获得了 α-IGZO 半导体的局部配位结构和电子结构。研究认为,α-IGZO 的导带底主要是由 In 离子的 5$s$ 轨道拓展而成,并且正是由于 In 离子的 5$s$ 轨道产生 0.32~0.40nm 的较大扩展,使得电子具有较小的有效质量,约为 0.2$m_e$,这与晶态的 $In_2O_3$ 半导体中电子的有效质量 0.3$m_e$ 很接近。值得注意的是,α-IGZO 半导体中的价带扩展却十分小,这说明价带中的空穴出现了严重的定域化,所以 α-IGZO 半导体为典型的 n 型半导体,很难实现空穴导电。晶态的 $In_2O_3$ 就是具有极高载流子迁移率的 n 型半导体。5$s$ 轨道的大重叠度和各向同性特性成就了 α-IGZO 半导体的高迁移率。

虽然 α-IGZO 半导体在载流子输运机制上与晶态 IGZO 半导体相似,但是载流子迁移率与载流子浓度间的关系却与传统晶体半导体截然相反。实验发现,α-IGZO 半导体的载流子迁移率随载流子浓度的增大而增大。晶体中由于电离施主和受主的散射作用,载流子迁移率随载流子浓度呈负增长关系。α-IGZO 半导体的迁移率、载流子浓度和温度三者间的关系如图 7.2.4 所示。

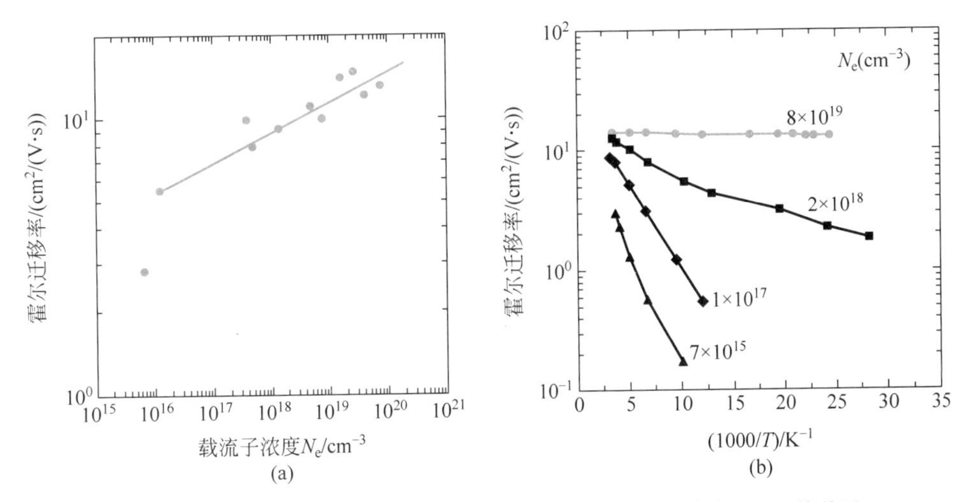


图 7.2.4 α-$InGaZnO_3$ 中的霍尔迁移率与载流子浓度(a)和温度(b)的关系

理论模型计算显示，非晶态 IGZO 半导体在迁移率边上方势垒的平均高度为 0.03～0.1eV，分布宽度为 0.005～0.02eV。势垒的分布与原子结构和沉积条件有关。高质量的 α-IGZO 薄膜具有最低的势垒。这一分析结果揭开了 α-IGZO 薄膜的迁移率随载流子浓度的增大而增大的秘密。

渗流导电模型可以帮助解释这一现象，如图 7.2.5 所示。在高温时电子会选择直接越过势垒，沿着相对较短、较直的路径传输，因而迁移率较高；而在低温下，电子会选择低势垒高度的路径（电子的传输概率受到玻尔兹曼因子的限制），这使得路径变得弯曲且更长，导致了迁移率的下降。当载流子浓度较大时，费米能级与势垒间的高度差较小，电子的活化能也较小，电子更容易通过热激发越过势垒而沿又短又直的路径传输，从而获得较大的迁移率。而载流子浓度较低时，费米能级与势垒间的高度差更大，电子的活化能也更大，电子通过热激发越过势垒的难度也增大，故而电子更大概率是沿着低势垒的曲折路径传输，迁移率自然要低。所

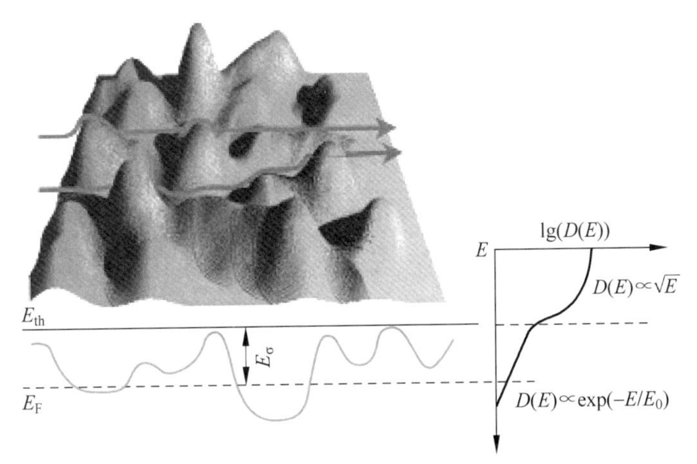


图 7.2.5 导带边缘周围电子结构和传导的示意图

箭头是电子传导路径；左下角为电势分布截面，$E_{th}$ 和 $E_F$ 分别表示载流子自由运动的阈值能量和费米能级，右图为态密度

以载流子浓度的增大,大大提高了电子通过热激发越过势垒的概率,提升了载流子迁移率。

通过渗流导电模型,就不难理解图 7.2.4(b)中迁移率-载流子浓度-温度三者间的关系了。随着载流子浓度的增大,电子的活化能逐渐减小,通过热激发越过势垒传输的电子增多,所以在相同温度下载流子浓度越高,迁移率越高。同样,载流子浓度越高,则电子克服势垒高度差时需要从外界获取的能量也越少,迁移率对温度的依赖也越小。当载流子浓度足够高时,费米能级超过迁移率边,则表现为迁移率对温度曲线的斜率绝对值趋近于零。另外,在较低载流子浓度下,费米能级位于迁移率边下方的带尾态中。在 TFT 的栅极电压作用下,位于价带顶上方的深能级子隙态可能会引起费米能级钉扎,这可能加剧迁移率对温度的依赖性。

通过前面分析可知,α-IGZO 半导体中的缺陷对其电学性能产生重要影响。无序排列导致了迁移率边上方出现势垒分布(通常认为是由 $Ga^{3+}$ 和 $Zn^{2+}$ 的随机分布造成的),使得在低载流子浓度下,电子难以越过势垒直接传输。松散的薄膜结构会降低薄膜的致密度,增大阳离子间距,导致 *ns* 轨道的重叠度下降。电子有效质量增大并出现严重的定域化,这使得 *ns* 轨道的载流子输运机制的优势难以显现。另外,对于金属氧化物半导体来说,还有一个非常重要的缺陷——氧空位缺陷。

氧空位,兼具"天使与魔鬼"的双重身份,是金属氧化物半导体中载流子的主要来源,也是缺陷陷阱的重要源头。根据其周围金属阳离子配位结构的不同,氧空位形成的缺陷态在能带中的位置也不同。在能带中氧空位既能形成浅施主态,又能形成深的或浅的定域态,如图 7.2.6 所示。如果氧空位正好位于角共享结构的中心,如图 7.2.7(a)所示,周围只有少

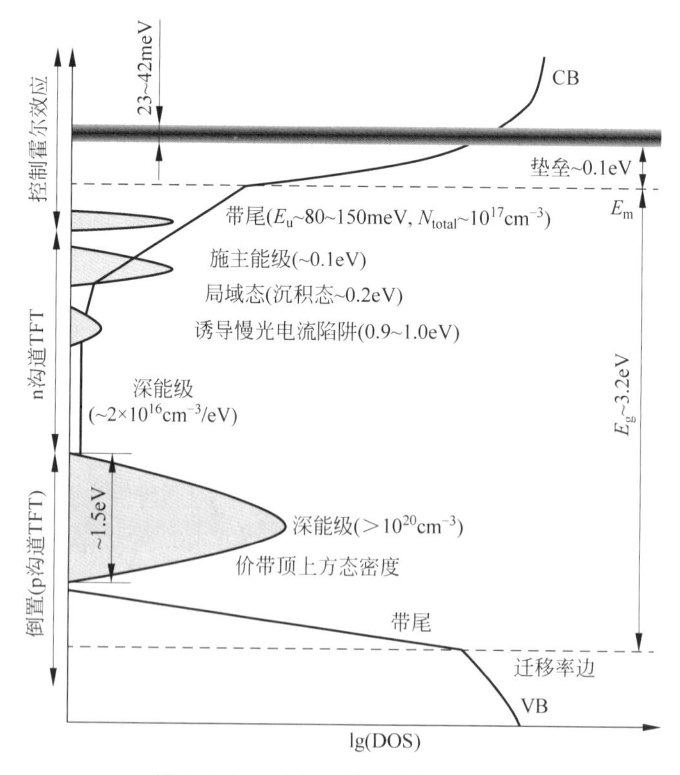


图 7.2.6 α-IGZO 的电子结构示意图

量的配位阳离子，抑或是氧空位周围存在较大的开放空间（free space），如图7.2.7(b)所示，则配位阳离子更少。局域态密度近似（LDA）计算表明，氧空位缺陷（$V_O$）会形成满占的深能级定域态，其位置在价带顶上方0.4～1eV附近。这可以部分解释在HX-PES谱（hard X-ray photoemission spectra）中观测到的位于价带顶上方子隙态的产生。另外，由于配位阳离子过少，破坏了导带扩展结构的连贯性，故而也会在导带底附近形成浅能级定域态。这可能是TFT表征中观察到的引起阈值电压（$V_{TH}$）增大和偏压稳定性（positive bias stability，PBS）退化的电子陷阱的来源。当氧空位处于由阳离子通过边/面共享形成的网络结构中时，由于周围阳离子数量众多，氧空位便会形成浅施主态，如图7.2.7(c)所示。虽然这只是通过理论计算获得的推断，但是大量的计算和实验结果验证了这个总体趋势。

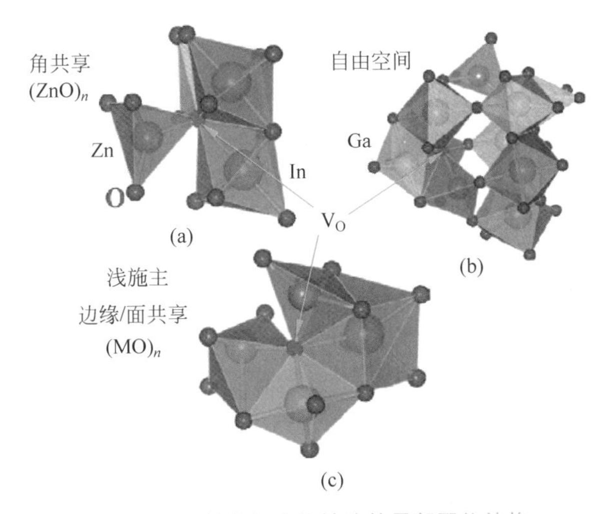


图7.2.7　某些氧空位缺陷的局部配位结构

红色的小球代表O离子，绿色的小球代表Ga离子，灰色的小球代表Zn离子，粉色的小球代表In离子；箭头所指的红色球体是氧空位；角共享、自由空间和边缘/面共享描述了氧空位周围的结构

由此可见，消除开放空间，提高致密度，对于制备缺陷较少的高质量α-IGZO应该是个有效方法。例如，高温退火就是最常用的优化手段。经退火处理的α-IGZO薄膜构筑的TFT往往具有更小的亚阈值摆幅，这得益于对缺陷的有效抑制。通过退火处理来消除开放空间，这增加了氧空位周围的阳离子配位数，故而氧空位形成的深/浅能级缺陷陷阱在退火后转变成浅施主态。这可以解释退火后载流子浓度、关态电流和迁移率一般都会显著增大的缘由。

### 7.2.4　α-IGZO TFT研究现状

自2004年Hosono课题组首次成功制备出α-IGZO TFT以来，经过近20年的发展，α-IGZO TFT的各项性能和制备工艺逐渐趋于成熟。凭借高迁移率、高透射率、大面积均一性、低温制备等优势，α-IGZO TFT成为下一代平板显示技术中像素驱动元件的最有力竞争者，并且基于α-IGZO TFTs的平板显示器件已经面世并实现商用，如图7.2.8所示。

2012年，基于α-IGZO TFT技术的AMLCD平板显示器首次开始大规模生产，并获得

| 面板规格 | |
|---|---|
| 屏幕尺寸 | 85.09in |
| 分辨率 | 7680×RGB×4320 |
| 像素大小 | 81.75μm×RGB×245.25μm |
| 像素密度 | 103.6ppi |
| LC模式 | VA模式(光对准) |
| 晶体管 | IGZO5-TFT |
| TFT薄膜晶体管 | 底栅 |
| 频率 | 120Hz |
| 信号输入 | 1G2D |
| 数据线 | 未拆分 |

图 7.2.8 85in 8k，用于 120Hz 驱动监视器（原型）

了长足发展，如图 7.2.9 所示。如今平板显示已从全高清（FHD）走向 4k 和 8k 的超高清。分辨率的提升不仅体现在像素点的减小（TFT 尺寸降低），同时也造成留给线路充电的时间常数减小，这就要求 TFT 具有更高迁移率、更大栅电容和更低的亚阈值摆幅值。近年来，α-IGZO TFT 的研究更多地集中在实际问题的解决，例如提高迁移率、低温制备、柔性应用、降低功耗、提升光偏压稳定性，以及在新兴电子产品中的应用等。

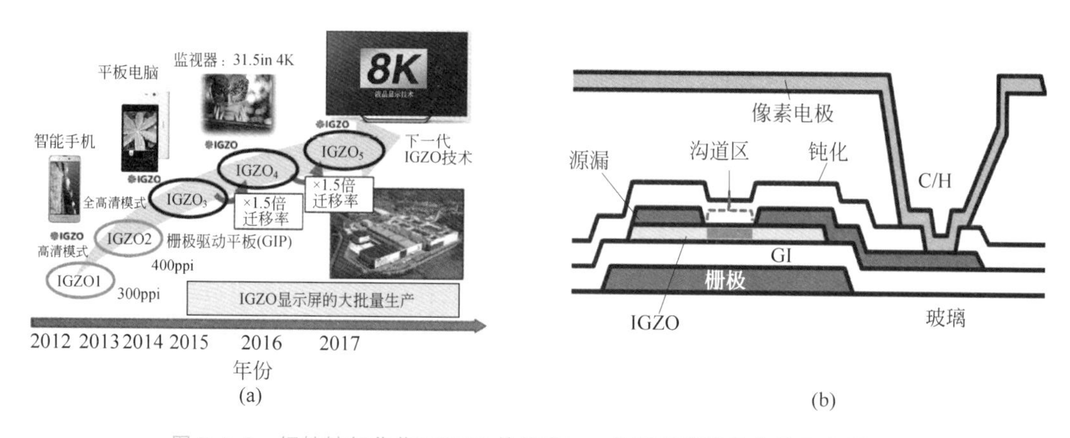


图 7.2.9 铟镓锌氧化物（IGZO）的演变(a)，及新型薄膜晶体管示意图(b)

高温退火处理是消除缺陷、提高薄膜质量的有效手段，但这与 α-IGZO TFT 的低温柔性应用相冲突。如何有效抑制低温制备的 α-IGZO 薄膜内的氧缺陷，提高薄膜的致密度，实现高稳定性 α-IGZO TFT 的低温制备，这有着实际意义。有研究显示，采用深紫外照射手段在低于 150℃条件下制备出高质量 α-IGZO 半导体薄膜，构筑的 α-IGZO TFT 获得了 $10^8$ 的高开关电流比和 95.8mV/dec 的低亚阈值摆幅值；采用紫外照射与热退火同时进行的处理手段，能有效优化溅射沉积 α-IGZO 薄膜中的松散结构，并调控氧空位缺陷。在 150℃条件下构筑的 α-IGZO TFT，其载流子迁移率高达 $29.6cm^2/(V \cdot s)$。

高浓度的载流子可以快速填充沟道层中的缺陷陷阱，实现强渗流和简并传导，从而获得更高的场效应迁移率。所以，通过提高栅绝缘层电容并由栅电容耦合足够体量的沟道层电荷来平衡低温制备 α-IGZO 薄膜的带尾态问题，不失为一个方法。有研究将 $Al_2O_3$ 薄膜与

具有超高 $\kappa$ 值的钙钛矿材料组成叠层栅介质，充分利用钙钛矿材料的高介电常数和 $Al_2O_3$ 的宽带隙，在优化界面质量的同时获得足够高的栅电容，使得室温制备的 α-IGZO TFT 在获得高迁移率的同时也获得高开关电流比。类似的 $HfO_2/Er_2O_3/HfO_2$、$Ta_2O_5/Al_2O_3$ 和 $Y_2O_3/TiO_2/Y_2O_3$ 等叠层材料的应用均获得了高电容密度和优化界面的效果，器件的迁移率分别高达 $15.8cm^2/(V \cdot s)$、$26.66cm^2/(V \cdot s)$和 $40cm^2/(V \cdot s)$。

在平板显示应用中，图像对 TFT 的稳定性非常敏感，目前主要是采用电流或电压补偿方法来弥补 α-IGZO TFT 的稳定性问题。近年来在器件稳定性退化的产生机制方面，人们做了大量研究，虽然对具体的细节仍有分歧，但总体上在器件的偏压稳定性形成机制方面有大致统一的认识，即电荷俘获现象被认为是引起阈值电压偏移($\Delta V_{TH}$)的主要机制，但是不同界面质量和栅介质材料引起的 $\Delta V_{TH}$ 的时间依赖性存在差异。有研究发现，阈值电压变化与栅偏压的持续时间呈对数关系，界面处的电荷隧穿机制导致被俘获的负电荷对栅极电压的场诱导作用产生了屏蔽效应，这使得阈值电压随着偏压作用时间而逐渐增大。也有研究发现，基于高 $\kappa$ 栅介质的 MOTFT 其阈值电压随偏压时间的变化规律能更好地符合拉伸指数函数关系(stretched-exponential equation)。拉伸指数函数模型相比于对数关系模型的不同之处在于，对数时间依赖模型推测在界面处被捕获的电荷不会进一步重新分布到体电介质中，而拉伸指数时间依赖模型则假定在长偏压时间或大应力场下，被捕获的电荷会向体电介质中的深能级发射。造成 α-IGZO TFT 稳定性退化的因素除了来自于器件本身的缺陷，还有环境的影响。研究发现，环境中的氧气、湿度、温度和光照等条件的变化都会对器件的稳定性产生负面影响。

随着现代电子技术的不断发展，α-IGZO TFT 除了在平板显示领域表现抢眼，其在传感器、柔性、可穿戴电子器件和便携式个人消费电子产品等领域的应用研究呈逐年上升趋势，为人们的工作、生活带来便利。有研究团队在聚合物中加入 $Al_2O_3$ 纳米颗粒制备出混合栅介质，并在柔性衬底聚萘二甲酸乙二醇酯(polyethylene naphthalate，PEN)上构建了基于复合栅介质的 α-IGZO TFT。器件在超过 100 次半径为 4mm 的弯曲试验后仍然保持迁移率、亚阈值摆幅和开关电流比不变。有研究团队在帕利灵膜(parylene membrane)衬底上以 $Al_2O_3$ 为栅绝缘层构建柔性可伸展 α-IGZO TFT。器件表现出非常好的机械弹性，可包裹在蒲公英种子上。器件的迁移率比有机半导体和非晶硅的迁移率高出 2 个数量级，达到 $11.3cm^2/(V \cdot s)$，阈值电压仅为 0.4V，并且器件在伸长大于 200%和经过 4000 次拉伸、松弛循环后仍具有功能，如图 7.2.10 所示。

有研究团队设计了一种基于 α-IGZO TFT 的轻盈、可弯曲、一致性好的生物组织压力传感器，可用于检测青光眼患者的眼压，如图 7.2.11 所示。在实际的人造眼球隐形眼镜应用中，α-IGZO TFT 的实测迁移率达到 $7.2cm^2/(V \cdot s)$，亚阈值摆幅为 172mV/dec。

近年来，α-IGZO 半导体器件在人工智能领域的应用研究热度也呈逐年递增趋势，例如低温制备的 α-IGZO 器件电学性能退化特性正好符合赫布型学习规则(Hebbian learning)，基于 IGZO 薄膜器件开发了细胞神经网络，并证实该神经网络可以学习简单的逻辑函数。

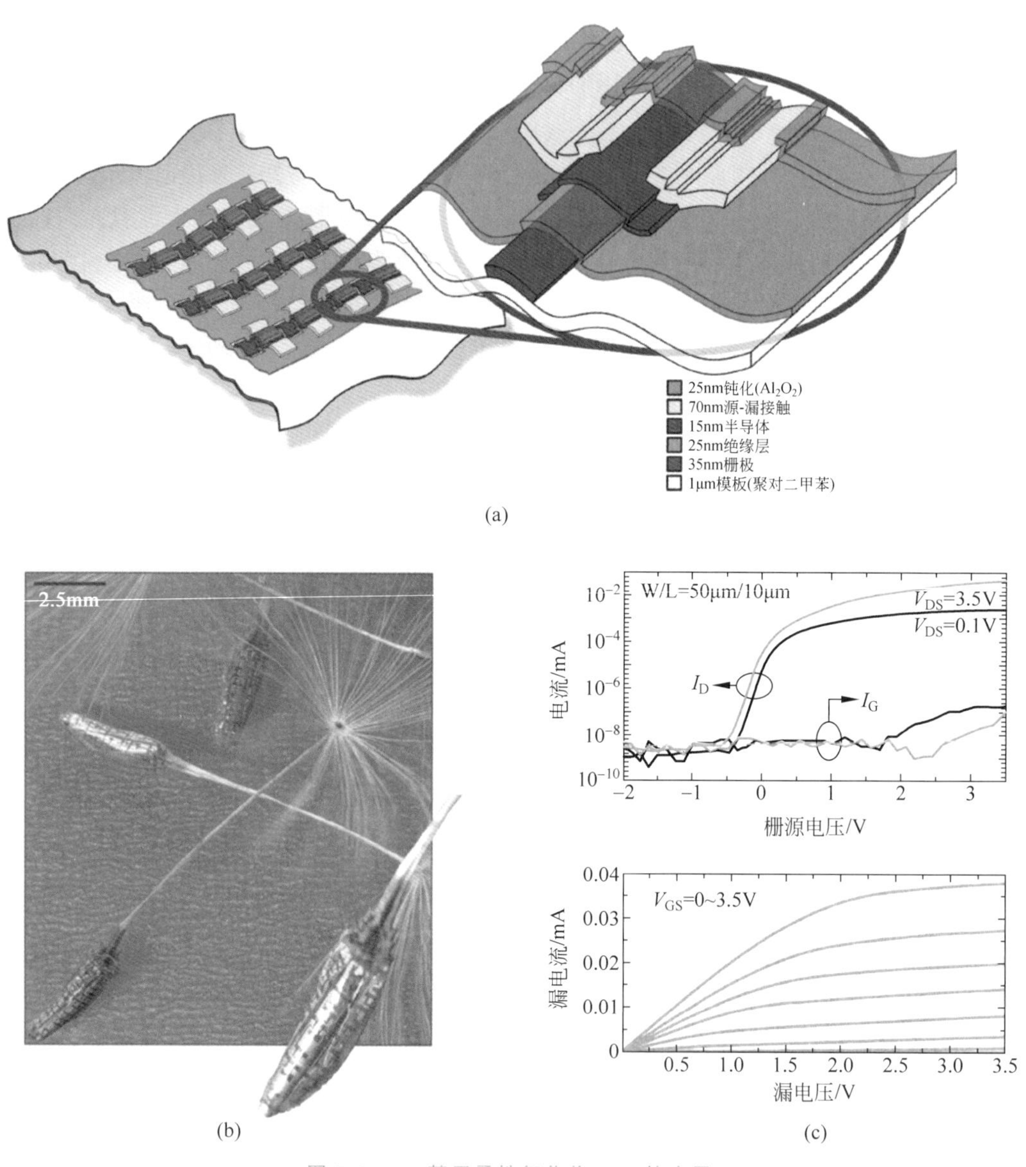


图 7.2.10 基于柔性氧化物 TFT 的应用

(a) 柔性氧化物 TFT 的结构、材料和层厚度，采用倒置交叠底栅几何结构制造，最高工艺温度为 150℃；(b) 高柔性(电子膜厚度 1μm)和轻质量(约 2.6g/$m^2$)使电子器件可集成到几乎任何物体，如蒲公英种子上的全功能 TFTs；(c) 附着在蒲公英种子上的 IGZO TFT 的特性，IGZO TFT 的阈值电压为 0.4V，载流子迁移率为 11.3$cm^2$/(V·s)，亚阈值摆幅为 180mV/dec，开/关电流比大于 $10^7$

在实际应用中，无论是硅基 TFT 还是非晶 MOTFT，它们的绝缘栅介质主要是 $SiO_2$。$SiO_2$ 栅介质有诸多优点，但是在 TFT 的低温制备、低压驱动、高集成度和低成本需求背景下，$SiO_2$ 作为绝缘栅介质面临诸多挑战。

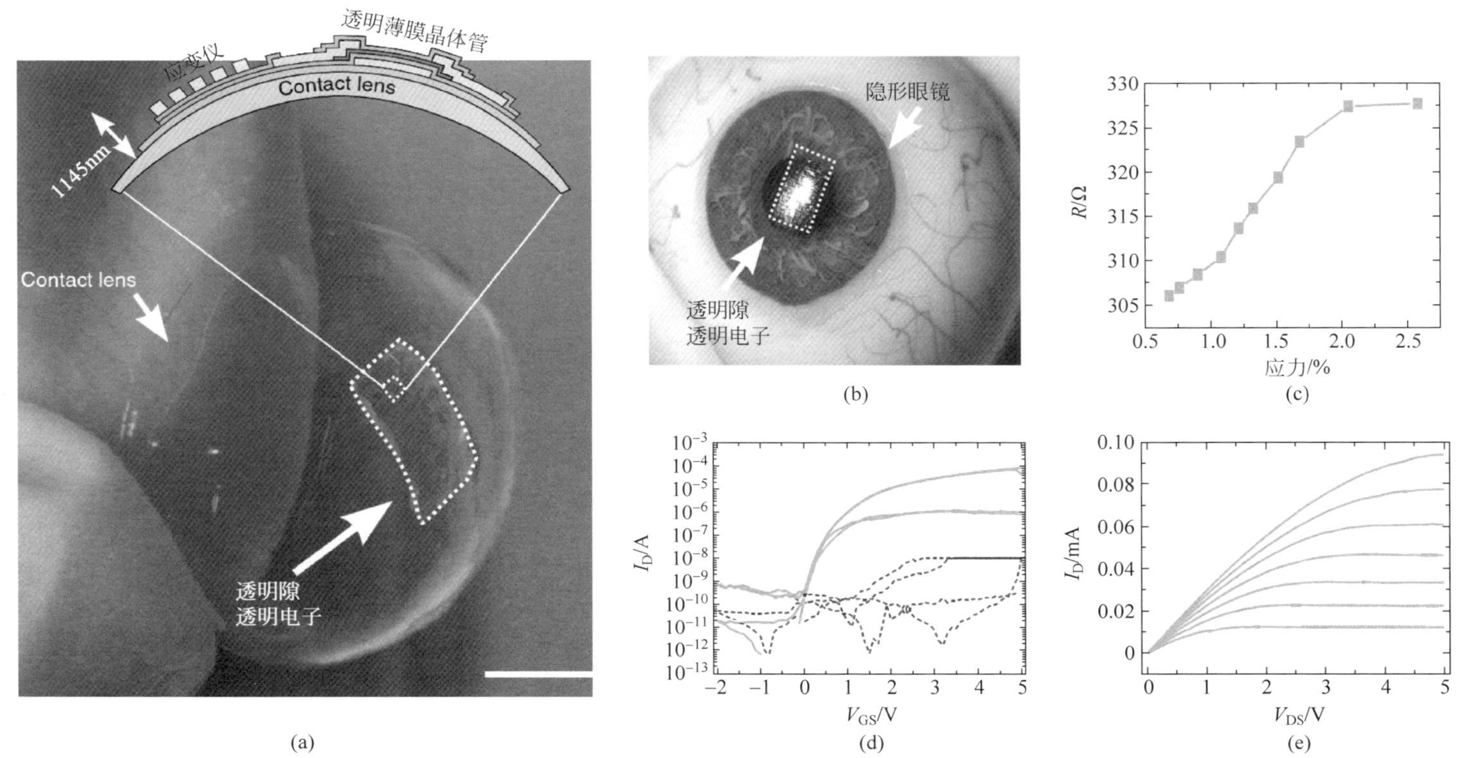


图 7.2.11 用于智能隐形眼镜的透明光电子元件

(a) 带有顶部透明 TFT 和金应力传感器的薄膜转移到两个手指之间的塑料隐形眼镜上(标尺 2.5mm)；(b) 移植在人造眼睛上的薄膜电子元件；(c) 应力传感器对施加应力的响应，该传感器可用于监测眼内压；(d)，(e) 对放置位于人工眼睛上隐形眼镜的透明 TFT($W/L=280$mm/80mm)测量，转移特性曲线分别在 $V_{DS}=0.1$V 和 5V 下获得，而输出特性曲线中 $V_{GS}$ 从 2V 递增到 5V，间隔为 0.5V，TFT 的迁移率约为 7.2cm$^2$/(V·s)，开关电流比大于 $10^5$，亚阈值摆幅为 172mV/dec，阈值电压为 0.34V，$V_{GS}=$ 5V 时的跨导约为 0.15$\mu$S/$\mu$m

## 7.3 基于高 κ 栅介质的 MOTFT

### 7.3.1 MOTFT 中的绝缘栅介质

MOTFT 中的绝缘栅介质的主要作用是阻断晶体管的半导体有源层与栅电极之间的电流传输通道，起到绝缘作用，所以绝缘栅介质的绝缘性能直接影响 MOTFT 器件性能。理想的绝缘栅介质可以完全阻断有源层与栅电极之间的电流，但实际上，在栅极电压作用下穿过绝缘栅的电流仍然存在。有源层与栅电极间的电流称为漏电流，是造成晶体管器件性能退化的重要因素之一，也是器件能耗增高的主要原因。

MOTFT 本质上就是由栅极电压控制的电子开关元件，如果漏电流过大，将导致栅极电压对源-漏电极间的电流失去调控作用，导致开关功能失效。漏电流随着栅极电压的增大而增大，当栅极电压增大到一定值（击穿电压）时，漏电流呈指数迅速增大，此时栅介质被击穿。具有高击穿电压（或击穿场强）的电介质是实现晶体管正常功能的必要条件，通常要求击穿电压大于器件工作电压的 15 倍。低漏电流也是衡量绝缘栅介质的重要参数之一，以 50nm 厚的绝缘栅介质而言，在 2MV/cm 的电场下漏电流应不大于 $100\text{nA/cm}^2$。通常漏电流随绝缘栅介质厚度的增加而减小，但在实际应用中，MOTFT 的绝缘栅介质的厚度往往受其他因素的限制而不可能随意增加。

位于栅极与有源层之间的绝缘栅介质除了起到绝缘作用，还起到增强栅极电压诱导导电沟道层的作用。由 TFT 的工作原理可知，MOTFT 的源-漏电极间电流 $I_{DS}$ 的通和断是由有源层中靠近绝缘栅介质的界面附近的导电沟道层的形成和消失来控制的，而导电沟道层的形成及其中载流子浓度大小，与栅极电压和绝缘栅介质的电容密度（或相对介电常数 $\kappa$）密切相关。

MOTFT 中栅极-绝缘栅介质-半导体有源层可以近似看作添加了电介质的平行板电容器，高 $\kappa$ 栅介质对栅极电压诱导导电沟道层的夹持效果可以通过平行板电容器模型来解释，如图 7.3.1(a)所示。根据简单电容器模型：

$$C_0 = \frac{Q_0}{U} = \frac{\varepsilon_0 S}{d} \tag{7.3.1}$$

式中，$C_0$ 为真空电容器电容；$Q_0$ 为电容器极板诱导的电荷量；$U$ 为施加在电容器上的电压；$d$ 为电容器两极板间距（绝缘栅介质的厚度）；$S$ 为栅电极面积；$\varepsilon_0$ 为真空介电常数。在相同 $U$ 下，$C_0$ 越大，$Q_0$ 越大。

在电容器的极板间加入电介质，在电场作用下电介质发生极化（位移极化、转向极化、空间电荷极化等），从而在电介质的表面产生极化电荷面密度（$\sigma'$），$\sigma'$ 的出现增加了对极板上异号电荷的诱导能力，如图 7.3.1(b)所示。极板上电荷量由添加电介质前的 $Q_0$ 变为 $Q$（$Q=Q_0+\Delta Q$），式(7.3.1)变为

$$C = \frac{Q_0 + \Delta Q}{U} = \frac{\varepsilon S}{d} \tag{7.3.2}$$

式中，$C$ 为电介质极化后的电容；$\varepsilon$ 为电介质的介电常数。

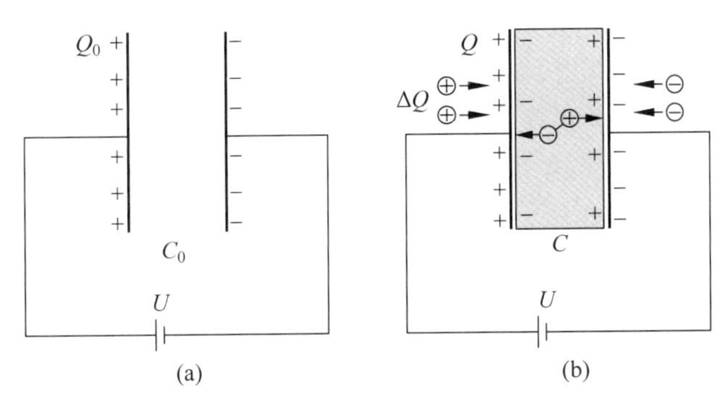


图 7.3.1　栅介质对平行板电容器极板电荷的影响

$$k=\frac{\varepsilon}{\varepsilon_0}=\frac{Q+\Delta Q}{Q}=\frac{C}{C_0}=\frac{C_{\mathrm{ox}}}{C_{\mathrm{ox0}}} \tag{7.3.3}$$

式中，$\kappa$ 为电介质的相对介电常数（电介质相对于真空的介电常数）；$C_{\mathrm{ox0}}$ 和 $C_{\mathrm{ox}}$ 分别是添加电介质前、后的电容面密度。

由平行板电容器原理可知，绝缘栅介质的相对介电常数 $\kappa$ 越大，则其电容密度越大，在相同栅极电压 $V_{\mathrm{GS}}$（相当于平行板电容器 $U$）下，就会在有源层靠近界面处诱导出更高体量的自由电荷 $Q$，从而形成高电荷密度的导电沟道层。由此可见，绝缘栅介质的 $\kappa$ 越大，栅极电压 $V_{\mathrm{GS}}$ 对沟道层内电荷的诱导能力越强，则在相同栅极电压 $V_{\mathrm{GS}}$ 和源漏极电压 $V_{\mathrm{DS}}$ 下 MOTFT 的开态电流 $I_{\mathrm{DS}}$ 越大。另外，由式(7.3.2)可知，绝缘栅介质的电容密度与栅介质的厚度 $d$ 成反比，所以绝缘栅介质的厚度 $d$ 不能过大。

## 7.3.2　传统 $SiO_2$ 栅介质面临的困境

随着平板显示技术的快速发展，市场对大尺寸、高分辨率、高解析度、高开口率和高帧率的显示需求日益增强，这对 TFT 提出了更高的要求，除了要求迁移率越来越高，要求 TFT 的尺寸也越来越小。伴随 TFT 尺寸不断减小的同时，漏电流($I_{\mathrm{GS}}$)也在不断增大。TFT 漏电流的增大导致器件的稳定性退化和能耗的显著增大。

$SiO_2$ 作为 TFT 的绝缘栅介质，凭借良好的热稳定性、与硅衬底的完美兼容以及优秀的表面性能，为集成电路和微电子器件的发展做出巨大贡献。然而在摩尔定律的推动下，器件面积不断减小，$SiO_2$ 绝缘栅的漏电流问题愈加突出。根据平行板电容器原理式(7.3.1)可知，在栅极面积 $S$ 减小的情况下，要保持绝缘栅介质的电容密度 $C_{\mathrm{ox}}$ 不变，有两种方法：一种是降低绝缘栅介质的厚度 $d$，另一种就是提高绝缘栅介质的介电常数 $\kappa$。当栅介质薄膜物理厚度低于 3nm 时，直接隧穿和 F-N 隧穿将显著增强，产生不可忽略的漏电流；而当膜厚小于 1.5nm 时，器件性能将严重退化，无法正常工作。在当前集成电路水平下，$SiO_2$ 薄膜厚度即将达到物理极限。虽然现在采取了多种新的工艺（如 FinFET 等）来延续摩尔定律，但是寻找具有更高介电常数的高 $\kappa$ 栅介质($k>3.9$)来替换 $SiO_2$ 已是必然趋势。

为衡量高 $\kappa$ 栅介质材料替代 $SiO_2$ 获得的实际物理膜厚增强效果，这里通常采用等效氧化层厚度（EOT）的方法。计算方法如下：

$$\mathrm{EOT}=\frac{3.9\times t_{\mathrm{H}}}{\kappa} \tag{7.3.4}$$

式中,3.9 为 $SiO_2$ 的相对介电常数;$t_H$ 和 $\kappa$ 分别是高栅介质材料的厚度和相对介电常数。从式(7.3.4)中可以很容易看出,在保持相同栅电容的前提下,高 $\kappa$ 栅介质材料的 $\kappa$ 值越大,其等效氧化层厚度越小(可以获得更大物理膜厚),这对抑制漏电流非常有利。

## 7.3.3 MOTFT 中的高 κ 栅介质

采用高 $\kappa$ 栅介质作为 MOTFT 的绝缘栅介质材料,不仅可以延续推动集成电路发展的摩尔定律,同时高介电常数对应的高电容密度可以有效降低 MOTFT 的工作电压,从而有效降低基于 MOTFT 技术的平板显示器件的功耗,实现 AMLCD 和 AMOLED 像素电路的低压驱动,这对受电池容量限制的移动显示来说特别重要。另外,将高 $\kappa$ 栅介质材料引入 MOTFT,可以利用高 $\kappa$ 栅介质电容密度耦合足量的沟道层电荷,从而显著增大 MOTFT 的开态电流和载流子迁移率,这对于实现高亮度、高对比度、高分辨率的平板显示非常有利。

### 1. MOTFT 中的高 κ 栅介质的极化、频率依赖和介电损耗

电介质在电场作用下会发生极化现象,即在电场作用下,电介质相对电极两面出现极化电荷的现象,电介质的极化程度随着外电场的增强而加深。集成于 MOTFT 中的高 $\kappa$ 栅介质在栅极电压作用下发生的极化现象对 MOTFT 器件的性能会产生重要影响。高 $\kappa$ 栅介质的极化大致包括电子位移极化、离子位移极化、转向极化和空间电荷极化等。

组成电介质的原子由带正电的原子核和核外电子组成,在无外电场情况下电子云的中心与原子核重合,即正负电荷的中心重合,而在外电场作用下电子运动轨道发生偏移,导致正负电荷的中心不再重合,产生电偶极矩,这种极化称为电子位移极化。栅介质在外电场改变后,从已建立的极化状态转变到新的极化平衡态所需要的时间称为弛豫时间,不同极化形式对应的弛豫时间不同。电子位移极化的弛豫时间非常短($10^{-15}$~$10^{-14}$s),过程中没有能量损失。离子位移极化指的是组成电介质的阴阳离子在外电场作用下朝相反方向偏移,导致电偶极矩增加的现象。离子位移极化发生的时间也较短($10^{-13}$~$10^{-12}$s),过程几乎没有能量损失。电子位移极化和离子位移极化发生的时间非常短,几乎瞬间完成,它们对外电场变化频率不敏感,除非外电场频率高达 $10^{12}$ Hz 以上。

有极分子电介质在无外电场情况下,其分子电偶极矩取向杂乱无章,而在外电场作用下极性分子发生转向,分子电偶极矩的方向趋向外电场方向,称为转向极化。转向极化所需时间相对较长($10^{-6}$~$10^{-2}$s),极化过程存在能量损失。含有杂质离子的不均匀电介质中正负离子在外电场作用下移动,产生电偶极矩,这种极化称为空间电荷极化。空间电荷极化导致正负离子在夹层界面处堆积,极化过程所需时间很长(数秒到数小时不等),伴随有明显能量损失。由于空间电荷极化弛豫时间较长,在交变电场中很难建立极化平衡态,故而在交变电场中对介电常数贡献有限。

极化强度 $\boldsymbol{P}$ 反映电介质的极化程度(各种极化形式共同作用的结果),即电介质中单位体积内分子电偶极矩矢量和:

$$\boldsymbol{P}=\lim_{\Delta V\to 0}\frac{\sum_i \boldsymbol{p}_i}{\Delta V} \tag{7.3.5}$$

由于极化过程需要时间,且与外电场有关,极化强度又可以表示为

$$P(t)=\varepsilon_0\int_{-\infty}^{t}\chi_e(t-t')E(t)\mathrm{d}t' \tag{7.3.6}$$

式中，$\varepsilon_0$ 为真空介电常数；$\chi_e$ 为电介质的极化率。在各向同性均匀介质中，式(7.3.6)可简化为

$$P=\varepsilon_0\chi_e E \tag{7.3.7}$$

极化率 $\chi_e$ 与相对介电常数 $\kappa$ 有如下关系：

$$\kappa=\chi_e+1 \tag{7.3.8}$$

由式(7.3.7)和式(7.3.8)可得

$$P=\varepsilon_0(\kappa-1)E \tag{7.3.9}$$

由式(7.3.9)可知，电介质的极化程度与相对介电常数 $\kappa$ 成正比。对于各向同性均匀电介质，极化强度大小与介质表面出现的极化电荷面密度 $\sigma'$ 成正比($P\propto\sigma'$)。故而电介质的相对介电常数 $\kappa$ 值越高，其极化后表面极化电荷面密度 $\sigma'$ 越大。转向极化、空间电荷极化等极化形式的弛豫时间虽然相对较长，但其极化平衡建立后对 $\sigma'$ 的贡献也十分明显。结合图 7.3.1 和式(7.3.6)可知，栅介质极化程度越深，介电常数越高，栅介质电容密度越高，则 MOTFT 栅极电压耦合沟道层电荷量越大。由此可见，MOTFT 器件中高 $\kappa$ 栅介质在栅极电压作用下发生的极化现象对 MOTFT 器件性能的影响，是通过极化后的高电容密度来增强栅极电压耦合沟道层电荷效果而实现的，如图 7.3.2 所示。

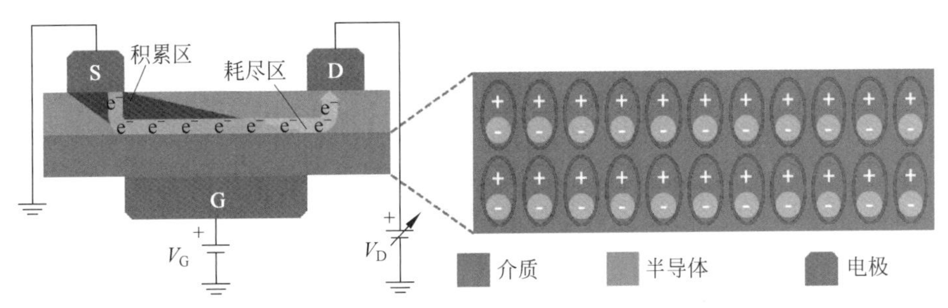


图 7.3.2　MOTFT 中的绝缘栅介质

电介质的极化虽然对提高栅电容密度有利，但是在高频交变电场下会出现电容密度随频率增大而降低的情况，这跟栅介质发生极化时出现的介电弛豫有关。电子位移极化和离子位移极化的弛豫时间极短，所以受频率影响很小，但是转向极化的弛豫时间相对较长，而对于具有较高 $\kappa$ 值的栅介质，其中的官能团转向极化和空间电荷极化的弛豫时间则更长。所以在高频电场下，具有较高 $\kappa$ 值的栅介质，其极化过程跟不上电场的变化，导致极化过程对电容密度的贡献显著下降，从而导致在高频电场下栅介质的介电常数出现显著下降，称为介电常数频率依赖现象，如图 7.3.3 所示。对于高质量的高 $\kappa$ 材料，电容面密度 $C_{ox}$ 通常在低频时保持稳定，但在高频时显著下降，然而，对于高质量的低 $\kappa$ 材料，在整个频率范围内，电容面密度的变化并不显著，因为对 $\kappa$ 的主要贡献来自电子极化。

MOTFT 中栅介质的极化不仅可能会引起栅介质介电常数的频率依赖现象，还会引起能量损耗，即介电损耗。栅介质的位移极化、转向极化和空间电荷极化会将电能转换为热能，引起栅介质本身温度升高，而温度升高会增强肖特基发射和 P-F 发射，从而引起栅介质的漏电流增大。高 $\kappa$ 栅介质在交变电场下由介电损耗引起的能量损失不容忽视，转化产生

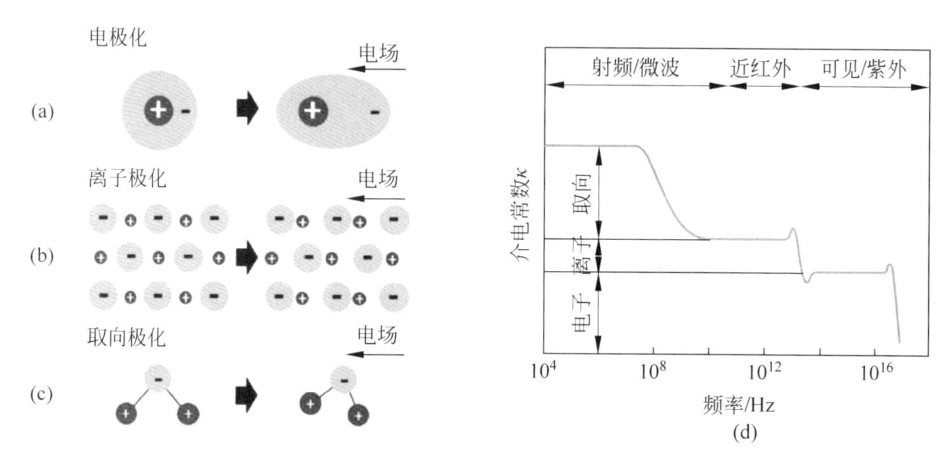


图 7.3.3 栅介质的极化及介电常数随频率变化关系

的热能在严重情况下会造成热击穿。

## 2. 适用 MOTFT 的高κ栅介质应满足的条件

虽然相对于 $SiO_2$ 来说，高κ栅介质材料在提升 MOTFT 性能方面优势明显，但并不是说高κ栅介质材料的介电常数越大越好，也不是任何高κ栅介质材料都可以用作 MOTFT 的栅绝缘层材料。在选择高κ栅介质材料时需符合以下几个要求。

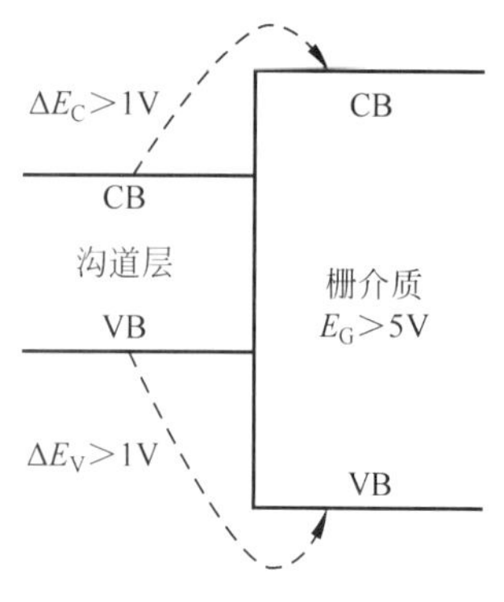


图 7.3.4 栅介质与半导体沟道层间的能带偏移示意图

(1) 具有足够大的禁带宽度。MOTFT 的栅介质与有源层至少要形成不小于 1eV 的导带能级差和价带能级差，如图 7.3.4 所示。这样可以有效避免来自半导体材料间的肖特基发射所引起的漏电流。另外，宽禁带高κ栅介质材料能减少由热/光激发过程而产生的自由电荷，提高绝缘性。一般用作 MOTFT 栅介质的高κ栅介质材料的带隙($E_G$)应大于 5eV。

(2) 具有合适的相对介电常数(κ)。研究发现，二元金属氧化物高κ材料的相对介电常数与光学带隙($E_G$)大致呈反比例关系。即κ值越大，其 $E_G$ 越小，如图 7.3.5 所示。通常采用掺杂的方法来制备多元氧化物以实现κ值与 $E_G$ 的同步提高。然而过高的κ值(大于 40)往往伴随着显著的偶极子转向极化、空间电荷极化等，不可避免地存在着高介电损耗、高 $C$-$V$ 曲线迟滞，以及介电常数随频率变化等问题。一般认为，相对介电常数介于 20～40 较为合适。

(3) 具备良好的热稳定性。在薄膜沉积过程中，高κ栅介质材料与衬底之间会有一定的界面缺陷态分布。界面缺陷态的出现会损害器件的性能，尤其是稳定性。金属氧化物高κ栅介质材料与硅衬底间往往会形成低介电常数的硅酸盐界面层。低介电常数的界面层与高κ栅介质材料形成等效的串联电容器电路，降低了栅绝缘层的单位面积电容，导致 MOTFT 阈值电压的增大。另外，界面态会对沟道层中电子产生俘获和散射作用，导致器件的偏压稳定性退化。很少有高κ栅介质材料能像 $SiO_2$ 那样与硅衬底完美兼容。大多数

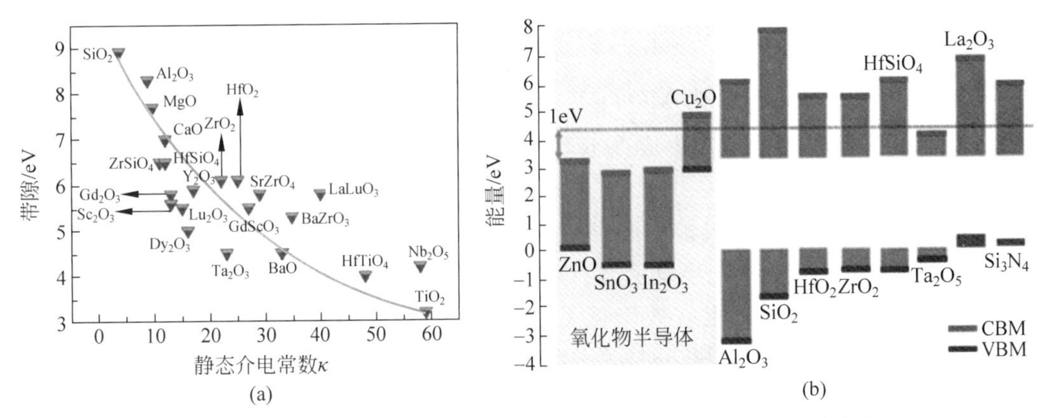


图 7.3.5　用广泛的沉积方法生长的栅介质氧化物的静态介电常数与带隙的关系(a),及以 ZnO 价带顶为标准计算潜在的电介质导带偏移(b)

高 κ 栅介质材料与硅衬底间的界面态密度为 $10^{11} \sim 10^{13}\,\text{cm}^{-2}$,而 $SiO_2$ 仅有约 $10^{10}\,\text{cm}^{-2}$。探索界面缺陷的产生机制和优化途径,一直是高 κ 栅介质 MOTFT 的研究热点之一。

(4) 具有低表面粗糙度。高表面粗糙度会引起栅介质层与有源层间的界面缺陷增多,电子在靠近界面的沟道层中传输时受到的散射、俘获作用增强,损害器件性能。一般认为,高 κ 栅介质的表面粗糙度 $\sigma_{RMS} < 1\text{nm}$ 最佳。

(5) 呈非晶相结构。受制备工艺或是材料本身属性约束,高 κ 栅介质材料往往需要经历高温退火处理来提升薄膜质量。多数氧化物高 κ 栅介质材料在高温退火后会出现结晶现象。相比于非晶态薄膜,结晶后薄膜的表面粗糙度会明显增大。多晶薄膜中的晶界是载流子传输的天然通道,导致漏电流增大。另外,晶界内含有大量杂质和缺陷,在电场作用下,杂质离子沿着晶界迁移和高缺陷态所引起的 P-F 发射增强,都会造成漏电流增大。多晶结构薄膜中,由于结晶不充分,晶粒的排列和分布不均匀,引起薄膜中 κ 值分布不均匀,这些问题会损害电学均一性,不利于大尺寸应用。

(6) 低电荷缺陷和杂质。薄膜内的缺陷和杂质一方面会造成带隙 $E_G$ 降低,另一方面在电场作用下陷阱中心的电子库仑势能减小,因此电子被热激发出陷阱的概率增大。这会增强薄膜内的 P-F 发射和欧姆传导(Ohmic conduction)。另外,高电荷缺陷还会诱发基于隧穿效应的跳跃传导(hopping conduction)。这些都会导致栅介质的漏电流增大。由于高 κ 栅介质薄膜在制备过程产生的膜内缺陷明显多于热生长的 $SiO_2$ 薄膜,所以如何抑制高 κ 栅介质薄膜缺陷,提高薄膜质量,也成为制备高性能高 κ 栅介质 MOTFT 需要克服的一个难题。

(7) 具备与栅电极、有源层薄膜制备工艺的兼容性。对于不同结构的 MOTFT,高 κ 栅介质层所处的位置不同,在沉积高 κ 栅介质薄膜时需考虑对其他结构的影响。高 κ 栅介质薄膜的沉积手段不能损害衬底、电极和有源层。例如,对于顶栅结构的 MOTFT,后沉积的高 κ 栅介质层的退火温度不能高于先沉积的有源层温度等。

此外还要具备高表面能。薄膜表面能越高,当薄膜作为高 κ 栅介质与有源层叠加时,在界面处形成化学键的概率就越高,界面性能会得到提高,制备的 MOTFT 性能更优。还有,高 κ 栅介质材料要具备高环境稳定性,例如低吸水性、不易氧化、不易变质(如有机高 κ 栅介质材料)等。

### 3. 高 κ 栅介质对 MOTFT 关键性能参数的影响

高 $\kappa$ 栅介质替代 $SiO_2$ 作为 MOTFT 的绝缘栅介质，不仅是在相同栅电容下获得了更低的等效氧化层厚度，解决了高集成度下器件的高漏电流问题，还对 MOTFT 器件整体性能产生显著的影响。

高 $\kappa$ 栅介质对 MOTFT 性能的影响与其高电容密度密不可分。首先，高 $\kappa$ 栅介质的高电容密度大大降低了等效氧化层厚度，使得在高集成度下器件栅绝缘层的实际物理厚度增加，在降低漏电流 $I_{GS}$ 同时也有效降低了 MOTFT 器件的关态电流 $I_{OFF}$。MOTFT 的 $I_{OFF}$ 实际上由两部分组成：一部分是关态下($V_{GS} \leqslant 0V$)源-漏电极间的电流 $I_{DS\text{-}OFF}$，另一部分是栅极通过栅介质与源-漏电极间的漏电流 $I_{GS}$，$I_{OFF}$ 的减小对应着器件能耗的降低。

其次，高 $\kappa$ 栅介质的高电容密度使得栅极电压 $V_{GS}$ 耦合导电沟道层内载流子浓度和沟道层厚度明显增大。沟道层中载流子浓度和沟道层厚度的增大导致电导率增大，在相同源漏极电压 $V_{DS}$ 下获得更大的开态电流 $I_{ON}$，$I_{ON}$ 的增加和 $I_{OFF}$ 的减小，意味着 MOTFT 的开关态电流比 $I_{ON}/I_{OFF}$ 相应增大，基于高 $\kappa$ 栅介质 MOTFT 的 $I_{ON}/I_{OFF}$ 可达到 $10^9$ 以上。同时，沟道层中载流子浓度和沟道层厚度的增大，使得 MOTFT 在较小栅极偏压下便可开启，相应的阈值电压 $V_{TH}$ 减小，MOTFT 可以工作在更低的栅偏压下。对于非晶 MOTFT 来说，根据渗流导电模型，随着沟道层中载流子浓度的增大，载流子迁移率也增大。基于 $SiO_2$ 栅介质的 MOTFT 载流子迁移率通常不高于 $10cm^2/(V \cdot s)$。例如，基于 $SiO_2$ 栅介质的 α-IGZO TFT 的迁移率约为 $10cm^2/(V \cdot s)$，而集成高 $\kappa$ 栅介质的 α-IGZO TFT 的迁移率可达 $150cm^2/(V \cdot s)$以上。

最后，高 $\kappa$ 栅介质的高电容密度使得 MOTFT 拥有更低的亚阈值摆幅(SS)。SS 与栅介质电容密度存在如下关系：

$$SS = \ln 10 \cdot \frac{K_B T}{e}\left(1 + \frac{eN_{it}}{C_{ox}}\right) \tag{7.3.10}$$

式中，$e$ 是电子的电量；$k_B$ 是玻尔兹曼常量；$T$ 是热力学温度；$N_{it}$ 为有源层与栅介质之间界面态密度。另外，低关态电流 $I_{OFF}$ 也对降低 SS 有利，根据亚阈值摆幅的计算公式(7.1.7)可得

$$SS = \frac{V_{GS2} - V_{GS1}}{\lg(I_{OFF} + I_{DS\text{-}ind}(V_{GS2})) - \lg(I_{OFF} + I_{DS\text{-}ind}(V_{GS1}))} \tag{7.3.11}$$

式中，$V_{GS1}$ 和 $V_{GS2}$ 分别为两个不同栅极电压；$I_{OFF}$ 为关态电流；$I_{DS\text{-}ind}(V_{GS1})$ 和 $I_{DS\text{-}ind}(V_{GS2})$分别是栅极电压 $V_{GS1}$ 和 $V_{GS2}$ 诱导的漏-源极电流。从式(7.3.11)可以看出，在相同的条件下，SS 随着 $I_{OFF}$ 的减小而减小。

由此可见，高 $\kappa$ 栅介质替换 $SiO_2$ 作为 MOTFT 栅介质，除了可以减小漏电流，还可以增大 $I_{ON}$、增加 $I_{ON}/I_{OFF}$、减小 $V_{TH}$、增大载流子迁移率和降低亚阈值摆幅。高载流子迁移率和低亚阈值摆幅可以减小基于 MOTFT 的 AMLCD 和 AMOLED 像素驱动电路的充电时间，实现高帧率、高分辨率的平板显示。

过高 $\kappa$ 值的栅介质在交变电场虽然会出现介电弛豫、介电损耗等问题，但是高介电常数的栅介质在提高电容密度方面的诱人效果，使人们很难放弃对高介电常数栅介质的应用研

究，并且研究发现，通过在高κ材料表面添加表面涂层、与低κ材料混用及多层叠栅结构设计等方法，可以降低介电损耗和迟滞，提高器件偏压稳定性。

## 7.4 高κ栅介质在MOTFT中的应用

高κ材料用作MOTFT器件栅介质，引起栅绝缘层的电容面密度增加，沟道层内电子传输的激活能随之降低。这有利于电子快速填充半导体禁带中的缺陷态，从而使更多的电子能够参与导带的传输行为。这使得非晶MOTFT可以获得更高的器件性能。

在MOTFT器件应用中，高κ材料的介电常数和禁带宽度是两个非常重要的性能指标。综合考虑介电常数κ和能带偏移(导带偏移$\Delta E_C$，价带偏移$\Delta E_V$)的要求则大大缩小了潜在高κ栅介质材料的选择范围。表7.4.1列出了常见无机高κ栅介质的性能。

表7.4.1 不同高κ材料的k、带隙($E_g$)、导带偏移($\Delta E_C$)和价带偏移($\Delta E_V$)

| 材　料 | κ | $E_g$/eV | $\Delta E_C$/eV | $\Delta E_V$/eV |
|---|---|---|---|---|
| Si | 11.5 | 1.1 | — | — |
| $SiO_2$ | 3.9 | 9.0 | 3.2 | 4.7 |
| $Si_3N_4$ | 7 | 5.3 | 2.4 | 1.8 |
| $Al_2O_3$ | 9 | 8.8 | 2.8 | 4.9 |
| $La_2O_3$ | 30 | 6.0 | 2.3 | 2.6 |
| $Y_2O_3$ | 15 | 6.0 | 2.3 | 2.6 |
| $ZrO_2$ | 25 | 5.8 | 1.5 | 3.2 |
| $Ta_2O_5$ | 22 | 4.4 | 0.35 | 2.95 |
| $HfO_2$ | 25 | 5.8 | 1.4 | 3.3 |
| $HfSiO_4$ | 11 | 6.5 | 1.8 | 3.6 |
| $TiO_2$ | 80 | 3.5 | 0 | 2.4 |
| α-$LaAlO_3$ | 30 | 5.6 | 1.8 | 2.7 |
| $SrTiO_3$ | 2000 | 3.2 | 0 | 2.1 |

### 7.4.1 基于氮化物高κ栅介质的MOTFT

用作栅介质的氮化物主要包括$Si_3N_4$、$SiO_xN_y$、AlN等。$SiO_2$是优秀的栅介质材料，但是在低等效氧化层厚度条件下，$SiO_x$在热氧化过程中形成的悬挂键会在界面处形成的界面缺陷陷阱引起明显的F-N隧穿和直接隧穿，从而导致漏电流的显著增大和击穿场强的降低，需要高温处理来抑制界面缺陷，降低漏电流。但是高温处理工艺不适用于玻璃和柔性衬底，同时存在热预算(thermal budget)问题。随着柔性显示的发展和简化工艺的需要，越来越多的TFT器件采用了低温制备工艺。相比于$SiO_x$，$Si_3N_4$显示出更好的低温特性，有研究报道，在120℃的温度下用等离子体增强化学气相沉积法(PECVD)沉积$SiN_x$薄膜，并用作TFT栅介质层。$Si_3N_4$的$k$值约为7，禁带宽度为5.3eV，具有结构致密、化学稳定性好、对运动离子阻挡能力强等优点，并且与Si形成明晰的界面，不存在过渡层，作为非晶绝缘材料其介电性能优于$SiO_x$。$Si_3N_4$中稳固的Si≡N键，对提高MOTFT性能有利，但$Si_3N_4$有难以克服的硬度和脆性问题，且在硅基片上界面态密度较高，因此单一$Si_3N_4$薄膜并不是十分理想的栅介质材料。有研究报道，采用PECVD在200℃低温下沉积$SiN_x$栅介质制备α-IGZO TFT，通过栅偏压(PBS和NBS)及光偏压(PBIS和NBIS)测试发现，$SiN_x$栅介质与有源层界面处缺陷陷阱对电荷俘获机制是造成MOTFT器件稳定性退化的主要原因，其中在1000s栅极正偏压下阈值电压偏移($\Delta V_{TH}$)高达8V以上，1000s NBIS测试显示$\Delta V_{TH} \approx -7V$。

将$SiN_x$与$SiO_x$组合成叠层栅介质，可以获得更好的抗击穿特性和应力诱生漏电流特性(在高电场下产生中性的氧化层陷阱(neutral oxide-traps)引起电子隧穿(electron tunneling)，导致漏电流)。$Si_3N_4$是一种可以有效阻挡金属杂质的钝化材料，因此在$SiO_x$和金属栅极之间设置一层薄的$SiN_x$层，可以有效阻挡游离金属杂质的渗入，从而提高了MOTFT的偏压稳定性和栅介质层的击穿电压。此外，化学气相沉积的$SiN_x$中含有较多的H，退火时H容易扩散至$SiO_x$中补偿悬挂键，有利于降低平带电压($V_{fb}$)，从而降低MOTFT的阈值电压。

$SiO_xN_y$一般通过$N_2O$等离子体使多晶硅表面氮氧化来得到，氮的掺入提高了薄膜的介电常数，在相同等效氧化层厚度下具有更大物理厚度，能够抑制漏电流。有研究表明，在氧化硅里面引入1%～2%原子百分比的N原子可以减少固定氧化物电荷，5%的N原子可以有效减少硼渗透(boron penetration)。N的加入也不是万能的，$SiO_xN_y$也有界面问题、固定电荷问题，以及降低载流子迁移率等问题，同时因为氮氧化层的自限制效应和等离子体轰击带来的影响，薄膜的厚度往往无法增加至足够抵挡栅极高压的程度，通常也会有较大的漏电流。另外，$SiO_xN_y$薄膜的等效氧化层厚度极限是1.3nm，其应用前景十分有限。

AlN作为Ⅲ族氮化物宽带隙绝缘材料，具导热系数高、电阻率大、击穿场强高、化学和热稳定性能好、热膨胀系数与Si相近等优异性能，特别是AlN的热导率几乎是$SiO_2$的200多倍，使它有希望代替$SiO_2$成为集成电路中SOI(绝缘体上硅，silicon on insulator)结构中的绝缘层，并在MOTFT中得到一定应用。AlN的制备方法灵活多样，如射频磁控反应溅射、离子束增强溅射(IBED)及电子束蒸发合成等物理气相沉积，以及各种化学气相沉积方法。研究显示，采用低温(小于100℃)溅射沉积的AlN具有高电阻率($(5\sim8)\times10^{14}\Omega\cdot cm$)、大击穿场强(6.7MV/cm)和低界面态密度等特性，适合作MOTFT栅介质层材料，并且经过高温(1000℃)快速退火后可以进一步提高薄膜的抗电性能，击穿场强可达13～15MV/cm；原子层沉积的AlN薄膜，光学带隙为6.2eV，介电常数为8.9，呈现良好的低漏电流特性，构筑的MOTFT开关电流比高达$3.3\times10^8$。溅射沉积的AlN薄膜表面形貌平整，600℃下RTA处理后表面粗糙度小于0.7nm，并且AlN薄膜与ZnO薄膜良好的晶格匹配，使得沟道/栅介质的界面态密度得到有效抑制，有研究团队对比了基于AlN和$Al_2O_3$两种电介质的ZnO TFT，发现AlN与ZnO的界面性能优于$Al_2O_3$与ZnO的界面，ZnO/AlN TFT的转移特性迟滞比ZnO/$Al_2O_3$ TFT减小了0.3V。与$Al_2O_3$一样，AlN虽然有具有宽带隙、低漏电流的诸多优秀特性，但是较低的κ值使其难以获得高电容密度，这严重限制了其在MOTFT中的应用。

### 7.4.2 基于金属氧化物高κ栅介质的MOTFT

考虑到碱金属氧化物和碱土金属氧化物具有很强的吸湿性和严重的稳定性限制，用作金属氧化物栅介质的金属元素通常来自ⅢA族、ⅢB族(稀土金属)、ⅣB族和ⅤB族。

### 1. ⅢA族金属氧化物栅介质

用作MOTFT栅介质的ⅢA族金属氧化物主要有$Al_2O_3$、$Ga_2O_3$。氧化铝($Al_2O_3$)是研究最早、最多的高κ栅介质材料之一,其具有诱人的宽带隙(约9eV),但是相对介电常数κ值低于理想值。采用原子层沉积的方法可获得介电性能优异的高质量$Al_2O_3$薄膜。在2MV/cm的电场下漏电流密度可低于$10^{-9}A/cm^2$,并且薄膜呈现优良的表面性能,表面粗糙度可低于0.4nm。研究发现,采用溅射法同样可以获得具有良好化学计量比、光滑表面形貌的非晶态$Al_2O_3$薄膜。然而$Al_2O_3$的一个重要缺点就是相对介电常数较低,介于9~10,远小于理想值(20~40),这使得$Al_2O_3$在保持低栅极漏电流的情况下很难实现高栅电容密度来获得高开态电流,器件的迁移率也不尽如人意。这大大限制了其在依赖电流驱动的AMOLED平板显示器件中的应用,也不符合低功耗逻辑电路的应用需求。然而凭借低漏电流、良好的表面性能、超宽带隙和对水分子、氧气的有效阻断性能,$Al_2O_3$在界面钝化以及与高介电常数材料组成的叠栅结构中有不俗的表现。

氧化镓($Ga_2O_3$)的相对介电常数$\kappa \approx 10$,禁带宽度4.5~4.9eV,$Ga^{3+}$具有较大的电负性,能够有效锁住氧原子,减少氧空位的形成,所以未掺杂的$Ga_2O_3$薄膜具有较好的绝缘性,理论击穿电场高达8MV/cm,在MOTFT中作为绝缘栅介质或钝化材料而被广泛研究。采用原子层沉积的方法可以获得高质量$Ga_2O_3$栅介质薄膜,例如以三异丙醇镓(GTIP)作为镓源,$H_2O$作为氧源,在150℃低温下原子层沉积生长的40nm厚$Ga_2O_3$栅介质薄膜,κ值为9.2,表面粗糙度$\sigma_{RMS}<0.4nm$,在2MV/cm栅极电场下漏电流密度极低(约$10^{-9}A/cm^2$),击穿电场在6.5~7.6MV/cm。有研究团队在GaAs衬底上制备出表面形貌十分平滑的$Ga_2O_3$薄膜,表面粗糙度$\sigma_{RMS}<0.2nm$,相对介电常数为$\kappa=15$,漏电流密度低至$10^{-8}$~$10^{-9}A/cm^2$。$Ga_2O_3$是一种特殊的材料,通常情况下呈现绝缘性,迁移率很低,掺杂后的$Ga_2O_3$导电性提升表现出半导体特性。近年来,随着$Ga_2O_3$晶体生长技术的突破性进展,$Ga_2O_3$材料及器件的研究与应用成为国际上超宽禁带半导体领域的研究热点。

### 2. ⅢB族稀土金属氧化物栅介质

用作MOTFT栅介质的稀土金属氧化物包括$La_2O_3$、$Pr_2O_3$、$Gd_2O_3$、$Er_2O_3$、$Y_2O_3$、$Sc_2O_3$等,其中$Er_2O_3$、$Gd_2O_3$、$La_2O_3$备受关注。稀土金属元素的性质十分相似,它们的氧化物一般都具有较大的相对介电常数(约20),其中$La_2O_3$、$Pr_2O_3$较为特殊,相对介电常数高达25~27。稀土元素氧化物能与Si衬底形成明晰的界面和较大的能带偏移,且漏电流较小,热稳定性好。但是稀土元素氧化物存在的问题主要是吸水性和对有机气体的吸附,容易导致MOTFT器件的稳定性退化。一般很少单独将稀土元素氧化物作为MOTFT的栅绝缘层材料,而是将稀土元素与其高κ材料复合形成优势互补,如GdTaO、HfLaO、ZrGdO、ErTiO、HfGdO等。

$Sc_2O_3$的介电常数约为17,禁带宽度约为6.0eV,有研究团队发现,采用原子层沉积在290℃沉积的薄膜具有平滑的表面形貌($\sigma_{RMS}\approx 0.23nm$),X射线衍射分析显示非常小的晶格反射。电学测试表明,5.5nm的超薄$Sc_2O_3$栅介质薄膜具有$\kappa=17$的高介电常数,在1MV/cm下的漏电流密度为$3\times10^{-6}A/cm^2$。通过掺杂可以有效抑制$Sc_2O_3$薄膜结晶,进一步降低表面粗糙度和漏电流。有研究显示采用 Al 和 Gd 掺杂 $Sc_2O_3$ 通过原子层沉积制备的 $Gd_xSc_{2-x}O_3$ 和 $Al_xSc_{2-x}O_3$ 薄膜均为非晶态，在 2MV/cm 下漏电流密度低至 $1\times10^{-8}$ A/cm$^2$，介电常数分别为 21 和 19。有研究文献报道，采用水诱导方法制备 $Sc_2O_3$ 薄膜，350℃退火为非晶态，厚度为 23nm，表面粗糙度 $\sigma_{RMS}$ 仅为 0.2nm。优化后的 $ScO_x$ 薄膜在 2MV/cm 电场下的漏电流密度仅为 $2\times10^{-10}$ A/cm$^2$，击穿电场高达 9MV/cm，在 20Hz 下表现出 460nF/cm$^2$ 的高电容密度。由优化后的 $ScO_x$ 栅介质薄膜构筑的 InZnO/$ScO_x$ MOTFT 表现出优异的性能，包括 27.7cm$^2$/(V·s)的高电子迁移率、$2.7\times10^7$ 的大开关态电流比($I_{ON}/I_{OFF}$)和良好的正偏压稳定性(PBS)。基于优化的 $ScO_x$ 栅介质薄膜构筑的 p 型 CuO/$ScO_x$ MOTFT 在 3V 的工作电压下 $I_{ON}/I_{OFF}\approx10^5$，空穴迁移率可达 0.8cm$^2$/(V·s)。实现了由基于 $Sc_2O_3$ 栅介质的 n 型和 p 型 MOTFT 构筑的互补金属氧化物半导体器件(CMOS)。

### 3. ⅣB 族和ⅤB 族金属氧化物栅介质

用作 MOTFT 栅介质的ⅣB 族和ⅤB 族金属氧化物中研究热点主要集中在 $ZrO_2$、$HfO_2$、$TiO_2$ 和 $Ta_2O_5$。$TiO_2$ 的介电常数和禁带宽度与晶相结构有关，非晶态 $TiO_2$ 介电常数较低，禁带宽度为 3.5eV；锐钛矿相时禁带宽度为 3.2eV，相对介电常数 $\kappa=48$；金红石相时禁带宽度为 3.0eV，金红石相的介电常数随 $TiO_2$ 晶体的方向而不同，当与 $C$ 轴相平行时，介电常数 $\kappa=180$，呈直角时 $\kappa=90$，其粉末相对介电常数平均值 $\kappa\approx114$。不同物相 $TiO_2$ 中以氧空位形式出现的 Ti 离子可能充当载流子陷阱和漏电流通道，所以 $TiO_2$ 的漏电流很大，虽然 $TiO_2$ 的介电常数较高，但是单一的 $TiO_2$ 薄膜并不是理想的栅介质材料。近年来的研究主要集中在通过掺杂或构筑叠栅结构来获得高性能栅介质。如通过掺杂(如 Hf、Pt、Nd、Tb 和 Dy)可以减小漏电流。有研究显示，采用溅射法通过 Pt 掺杂极大地改善了 $TiO_2$ 质量。将 $TiO_2$ 与 $Al_2O_3$ 组合成多层叠栅结构可发挥两种氧化物的互补优势，一方面显著降低了漏电流，另一方面在保留晶体 $TiO_2$ 的高 $\kappa$ 值优势的同时发挥 $Al_2O_3$ 优良的表面性能来优化栅介质与半导体沟道层的界面，实现 MOTFT 器件整体性能的显著提升。

$Ta_2O_5$ 具有较高的 $\kappa$ 值(约 26)，作为栅介质可以获得很高的栅极电容密度，但是禁带宽度较低约 4eV，常规手段(电子束蒸发、脉冲激光沉积、原子层沉积等)制备的 $Ta_2O_5$ 薄膜，漏电流密度较大，难以满足 MOTFT 应用需求。研究显示，$FN_2O$ 氛围熔炉退火对抑制 $Ta_2O_5$ 薄膜的漏电流非常有效，击穿电压也显著提升。有研究报道，原子层沉积 $Ta_2O_5$ 栅介质薄膜漏电流密度高达 $2\times10^{-5}$ A/cm$^2$，基于 $Ta_2O_5$ 栅介质构筑 ZnO TFT 的载流子迁移率仅约为 0.1cm$^2$/(V·s)，开关态电流比仅约为 $10^5$，而在 ZnO 与 $Ta_2O_5$ 之间添加超薄 $Al_2O_3$ 薄膜构筑的 ZnO/$Al_2O_3$/$Ta_2O_5$ TFT，载流子迁移率增大到 13.3cm$^2$/(V·s)，开关态电流比增加到约 $10^8$。$Al_2O_3$/$Ta_2O_5$ 叠层栅介质的漏电流密度降到 $2\times10^{-8}$ A/cm$^2$。均匀致密的宽带隙 $Al_2O_3$ 薄膜与 $Ta_2O_5$ 薄膜形成优势互补，有文献报道，基于 $Al_2O_3$/$Ta_2O_5$ 叠层栅介质的 IGZO TFT 的载流子迁移率高达 26.6cm$^2$/(V·s)，开关态电流比为 $8\times10^7$。

从表 7.4.1 中可以发现，$ZrO_2$ 与 $HfO_2$ 都具有合适的带隙和 $\kappa$ 值，可作为 MOTFT 高 $\kappa$ 栅介质候选材料。$ZrO_2$ 与 $HfO_2$ 的性能十分相似，具有较高的介电常数的同时也具有高电荷陷阱密度，都容易与硅衬底形成硅酸盐界面层，导致器件性能退化。$ZrO_2$ 作为栅介质，存在与稀土金属氧化物类似的问题——吸水性。$ZrO_2$ 在吸水反应后吉布斯自由能的变化量（$\Delta G$）为负数，如图 7.4.1 所示，这使得吸水反应更易发生。吸水反应生成的 $Zr(OH)_x$ 降低了介电常数，并且由于膨胀系数不同导致薄膜表面粗糙度增大，从而导致构建的 MOTFT 界面态密度增大。另外，$ZrO_2$ 薄膜的结晶度较高，$ZrO_2$ 晶粒导致粗糙的表面形貌和大的晶界密度，这使得漏电流显著增大。这些问题严重限制了 $ZrO_2$ 在 MOTFT 中的应用。随着高 κ 材料在 MOTFT 中应用的兴起，人们对 $ZrO_2$ 的关注也越来越多，提出了诸多优化措施，进而制备出基于 $ZrO_2$ 的多种锆基高 κ 栅介质。相对而言，$HfO_2$ 在吸水反应后吉布斯自由能变化量为正数，这对吸水反应具有较强的抑制作用。

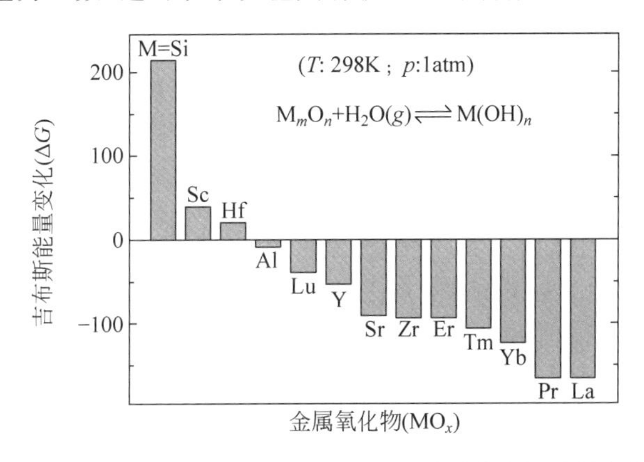


图 7.4.1　标准条件下高 κ 氧化物中吸湿反应的吉布斯能量变化（$\Delta G$）

作为高 κ 材料，$HfO_2$ 具有显著的化学惰性并表现出良好的防潮性，有研究认为，$HfO_2$ 是最有可能替换 $SiO_2$ 成为 TFT 栅介质层最具竞争力的高 κ 材料。2007 年，英特尔公司宣布在 45nm 制程的芯片中，采用高 κ 材料金属铪的氧化物（$HfO_2$）来代替传统 SiON 作为栅介质层，此后铪基高 κ 材料成为半导体行业的研究热点。虽然 $HfO_2$ 的性能表现不俗，但是其存在的问题也很明显。①$HfO_2$ 易结晶。$HfO_2$ 在退火过程很容易结晶，晶界的存在为电荷传输提供了天然通道，使得漏电流难以控制。另外晶界中存在大量的缺陷和杂质，这对器件的稳定性十分不利。②$HfO_2$ 具有高电荷陷阱密度。在退火处理过程中，$HfO_2$ 易与硅衬底反应生成低介电常数的铪硅化合物而形成硅酸盐界面层，导致界面态密度增大和器件功耗增大。栅绝缘体和沟道层之间的界面态密度越高，其对载流子的俘获、散射作用越强，导致 TFT 性能和稳定性退化。③$HfO_2$ 的介电常数与结晶度密切相关。由于结晶度低，低温制备的非晶 $HfO_2$ 具有较低的介电常数，体现不出高 κ 栅介质的应用价值。这些问题钳制了基于 $HfO_2$ 栅介质的 MOTFT 器件性能的进一步提升。

为了优化 $HfO_2$ 栅介质的性能，人们做了诸多尝试，如掺入 Al、Gd、Ti 等元素。Al 元素的掺入对于栅极电子注入和热电子发射有一定抑制效果。Ti 的掺入对薄膜结晶有一定抑制作用，另外随着 Ti 掺杂浓度的增加，$HfO_2$ 与硅衬底间的界面层厚度呈减小趋势。有文献报道，采用低温溅射沉积手段实现 Ti 掺杂 $HfO_2$ 薄膜的制备，并且通过调节掺杂比有效抑制了陷阱电荷和界面态密度，降低了栅极漏电流，但是 HfTiO 薄膜表现出的漏流性能还是无法满足 MOTFT 的实际应用需求。稀土元素 Gd 的掺入可以显著提高 $HfO_2$ 薄膜的结晶温度。由于 Gd 具有更低的电负性，能有效抑制氧空位的形成，提高薄膜的化学计量比，起到载流子抑制剂的作用，可以显著增强薄膜的绝缘性。另外 Gd 的掺入还可以明显增大 $HfO_2$ 与 Si 衬底的导带偏移，从而有效抑制了电子热激发射形成的漏电流。

研究表明，通过优化叠层栅介质结构设计和后期处理工艺可进一步优化铪基高 $\kappa$ 栅介质的界面性能，在有效抑制漏电流的同时兼具高介电常数性能。有研究显示，采用结合原子层沉积和溅射沉积的方法在相对较低的温度下(250℃)制备出 $HfO_2$ 与 $Er_2O_3$ 叠层结构的 TFT 栅介质层，制备的叠层栅介质优化了界面质量，实现了器件性能参数和稳定性的提升；采用紫外同步热处理(SUT)的手段可以用来抑制溅射沉积 $HfO_2$ 薄膜中的氧空位缺陷，提高薄膜的氧化程度和致密度，并且经 SUT 处理后的 $HfO_2$ 表面能更高，使其在界面处形成化学键的概率更高，提高了界面的稳定性；将 $Si_3N_4/HfO_2$ 叠层结构的栅介质应用到非晶硅光 TFT 中，结果显示，$Si_3N_4/HfO_2$ 晶体管产生的光电流较高，且捕获电荷较少；采用 $SiO_2/HfO_2/SiO_2$ 三明治结构的栅介质可以实现在较低温度下(300℃)制备低电压驱动、高开态电流的 MOTFT。

### 7.4.3 基于钙钛矿高 $\kappa$ 栅介质的 MOTFT

由于晶格内的强极化，晶体钙钛矿材料表现出极高的介电常数(大于 1000)。晶体钙钛矿虽然 $\kappa$ 值很高但是带隙却较小(通常小于 4eV)，很难与半导体有源层形成大于 1eV 的导带偏移和价带偏移。同时其内部大量存在的晶界为电子迁移提供了通道，这些使得晶体钙钛矿的漏电流也很大，并且高结晶度导致的粗糙表面形貌使得栅介质与有源层间的界面缺陷态密度过大，故而晶体钙钛矿材料并不适合单独作为 MOTFT 的栅介质材料。然而钙钛矿材料极高 $\kappa$ 值对应的高栅电容密度，仍然吸引人们对其进行了大量的深入研究。

研究发现，钙钛矿材料 $\kappa$ 值和结晶度随制备温度升高而升高，同时漏电流也随温度升高而增大，采用合适的制备方法，如溅射沉积等，可以在较低温度或室温下制备非晶态钙钛矿薄膜。非晶态钙钛矿的 $\kappa$ 值(10～50)也比大多数金属氧化物高 $\kappa$ 栅介质的 $\kappa$ 值要高。若能降低漏电流和减小薄膜表面粗糙度，则低温制备的非晶态钙钛矿材料依然是 MOTFT 应用中非常有希望的候选材料之一，并且在柔性显示应用中具有一定优势。

近年来，在将钙钛矿集成到 MOTFT 的研究取得了一定进展。随着制备方法的改进，钙钛矿薄膜的表面形貌得到了有效改善，比如溅射沉积的 $Ba_{0.7}Sr_{0.3}TiO_3$(BST)薄膜，表面粗糙度高达 2.6nm，而采用脉冲激光沉积的非晶 BST 薄膜，表面粗糙度低达 0.2nm，这明显小于作为栅介质应用所需小于 1nm 的要求。有研究团队发现，通过掺杂可以有效抑制由制备温度升高引起的漏流增大问题，同时还可以降低表面粗糙度。例如，3mol%锰掺杂的 BST 薄膜表面粗糙度比未掺杂的 BST 薄膜小 0.2nm。对于未掺杂的 BST 薄膜，室温制备的样品与在 400℃退火后样品相比，在 5V 栅极电压下漏电流从约 $3\times10^{-8}A/cm^2$ 增加到约 $8\times10^{-7}A/cm^2$，而 3mol%锰掺杂的 BST 薄膜的漏电流几乎没有变化。$Al_2O_3$ 是良好的表面钝化材料，同时也是优良的绝缘材料，采用 $Al_2O_3$ 来钝化钙钛矿薄膜表面，既可以优化栅介质表面形貌也可以降低漏电流。有研究团队在 $CaCu_3Ti_4O_{12}$(CCTO)薄膜的上、下表面分别沉积 $Al_2O_3$ 薄膜，构筑 $Al_2O_3$/CCTO/$Al_2O_3$ 三明治叠层栅介质，使得栅极漏电流明显降低，同时栅介质与有源层的界面质量得到显著提升，从而实现 MOTFT 整体性能的平衡提升。采用优化的后处理手段也可以明显提升钙钛矿薄膜的性能，有研究发现，采用紫外臭氧处理后的非晶态 BST 薄膜构筑的 TFT 表现出较低的关态电流(约 $1\times10^{-9}$A)和较高的开关电流比。在将钙钛矿应用到 MOTFT 中,为了获得足够低的漏电流,钙钛矿薄膜的厚度通常较大,然而非晶态钙钛矿的介电常数相比晶态明显减小,这使得厚度增大的情况下钙钛矿薄膜并不能获得高电容密度,甚至明显小于大多数金属氧化物栅介质的电容密度,从而失去高 $\kappa$ 优势。如脉冲激光沉积制备的 96nm 厚 BST 薄膜,在 1kHz 时电容面密度仅为 $180nF/cm^2$,对应的介电常数是 19.5;旋涂法制备的 250nm 厚 $Ba_{1.2}Ti_{0.8}O_3$(BT)薄膜电容密度更是低至 $55.12nF/cm^2$,对应的介电常数为 15.6,在 1MV/cm 栅极电场下的漏电流密度为 $4.8\times10^{-8}A/cm^2$。为了摆脱这一尴尬困境,有研究团队将高 $\kappa$ 晶体钙钛矿与低 $k$ 材料(如 $SiO_2$、$Al_2O_3$、$Si_3N_4$ 等)组合成复合栅介质,在降低漏电流的同时也获得足够的栅极电容密度。

### 7.4.4 基于聚合物、电解质及混合电介质等高 κ 栅介质的 MOTFT

除了前面介绍的几类常见电介质材料可用于 MOTFT 的栅介质,还有一些有机混合物电介质也可以用作 MOTFT 的栅介质层材料,如聚合物、电介质以及混合电介质等。

电解质栅介质是一种在电场的作用下,离子在电解质/电极界面处以相反电荷(阴阳离子)置换的材料。这样就形成了两个薄的离子层,称为双电层(EDL,约 1nm 厚)。每个双电层的特定电容可通过亥姆霍兹方程(Helmholtz equation)估算:$C\sim k\varepsilon_0/\lambda$,其中 $\lambda$ 是德拜屏蔽长度,即双电层的厚度;$\varepsilon_0$ 是真空的介电常数;$k$ 为双电层的相对介电常数。当 $\lambda$ 在 1nm 量级时,$k\approx10$,电解质通常可达到 $1\sim10\mu F/cm^2$ 的巨大电容密度,这比传统电介质至少高出一个量级。因此,它们可以在半导体-电介质界面处产生异常大的电荷载流子密度,这成为在 TFT 中使用电解质栅极的主要动机。然而,由于它们的电容密度强烈依赖于频率(电容密度随频率增大而迅速降低),致使许多基于电解质栅介质的 TFT 迁移率被严重高估。因为 TFT 迁移率通常是从准静态特性曲线中提取的,故而无法体现高频下的迁移率的实际情况。最常见的电解质材料包括离子液体、离子凝胶、聚电解质和聚合物电解质等。近年来,多糖、固态电解质、水盐甚至水被证明是有效的栅介质。与无机和聚合物电介质不同,这些电解质的电容密度受其厚度的影响很小,主要取决于在电场作用下电解质中形成的双电层 EDL,这与电解质的种类密切相关。然而,为了防止不可接受的大漏电流,需要使用非常厚的电解质薄膜($1\sim10\mu m$)。因此,大多数研究忽略了它们作为栅介质使用的必要参数,如薄膜厚度、电流密度和击穿强度。

离子凝胶是常用电解质栅绝缘体之一,与无机电介质相比,离子凝胶电介质除了具有高电容密度,还具有高度的可拉伸性,其在柔性 TFT 中有广泛应用。有研究团队使用商用气溶胶喷墨打印机在最高加工温度 250℃下沉积所有功能材料,包括离子凝胶栅介质、ZnO 半导体和 PEDOT:PSS 触点。离子凝胶墨水包括聚苯乙烯三嵌段共聚物(PS-PMMA-PS)、1-乙基-3-甲基咪唑双(三氟甲基磺酰)酰亚胺离子液体([EMIM][TFSI])和乙酸乙酯,其比例为 1:9:90(质量百分比),获得的离子凝胶栅电容密度高达 $3.8\mu F/cm^2$。构筑的 ZnO TFT 表现出 $1.6cm^2/(V\cdot s)$的平均电子迁移率,1V 的阈值电压和 $10^7$ 的高开/关电流比。并且 ZnO TFT 表现出良好机械韧性,比如,在 2.5cm 弯曲半径下弯曲 5000s 后输出电流 $I_{DS}$ 几乎保持稳定,阈值电压在 10000 次重复弯曲后几乎保持不变。

基于聚合物的介电薄膜具有一些与传统无机材料互补的特性,如轻质、低温溶液可加工性和机械柔韧性。此外,大多数聚合物是无定形的或结晶性差的,它们的薄膜表现出光滑的表面形貌。高κ聚合物电介质的发展较为缓慢,最初的低κ聚合物栅介质的栅电容密度低,导致高操作电压(大于10V)和低载流子迁移率(约 $1cm^2/(V \cdot s)$),在MOTFT中没有实际应用价值。例如,将285nm聚丙烯腈(PAN)和35nm聚苯乙烯(PS)薄膜组成热键合双层电介质,在1MV/cm栅极电场下,PAN/PS电介质的漏电流高达 $10^{-6}A/cm^2$,单位面电容仅为 $8.9nF/cm^2$。采用新型高κ聚合物材料和优化工艺后,栅电容密度得到了明显提升,例如在PET衬底上蒸发的铝被用作栅极,而聚合物栅介质由旋涂的160nm的P(VDF-TrFE-CFE)薄膜和5nm厚的聚合物薄膜(PS、PMMA、PVP或PVP-co-PMMA)作为表面修饰剂组成,表面修饰剂改善聚合物栅介质的绝缘性能,并优化聚合物栅介质电介质与半导体的界面性能。所制备的叠层电介质在1kHz下表现出显著的高电容密度(约 $200nF/cm^2$),对应的平均介电常数为37。

为进一步提高聚合物栅介质的电容密度,则将聚合物电介质与其他材料混合组成混合电介质可获得较好性能。在聚合物中加入无机纳米粒子可以增大 $k$ 值并显著提升绝缘性能,例如在聚乙烯吡咯烷酮(PVP)中加入锆酸钡(BZ)纳米粒子,可获得具有高度柔性的混合物栅介质,且相对介电常数在4.7~6.7范围内可调,电学检测显示混合物表现出优异的绝缘性能,在2MV/cm电场下的漏电流密度为 $10^{-8}A/cm^2$。可采用耦合剂提升金属氧化物在聚合物中的分散性,由此制备的混合电介质其相对介电常数能够得到有效提升,例如,使用c-缩水甘油醚-丙基-三甲氧基硅烷(c-glycidoxypropyl-trimethoxysilane)作为耦合剂来改善 $Al_2O_3$ 纳米颗粒(约50nm)在PVP溶液中的分散性,运用旋涂法制备混合介电薄膜,相对介电常数从纯PVP的4.9单调增加到混合电介质的7.2(24vol% $Al_2O_3$ 含量)。有研究报道,将 $Al_2O_3$ 纳米颗粒(小于50nm)加入溶有PVP和聚三聚氰胺-甲醛(PMF)的正丁醇中来制备混合物栅介质,并将制备的混合物栅介质薄膜集成到α-IGZO TFT中。在最优 $Al_2O_3$ 负载量下,α-IGZO TFT获得最佳性能,其中载流子迁移率高达 $5.1cm^2/(V \cdot s)$,阈值电压约为2.5V,亚阈值摆幅约为0.7V/dec,并且拉伸应变测试后器件的性能参数几乎不变。随着高κ聚合物电介质研究的突破,基于高κ聚合物的混合电介质的性能得到有效提升。通过高κ P(VDF-TrFE)聚合物和基于P(VDF-HFP)的离子凝胶与[EMIM][TFSI]的可控混合来制备固态电解质栅极绝缘体(solid-state electrolyte gate insulators,SEGI)。所得SEGI膜的平均厚度和表面粗糙度,随着离子凝胶含量的增加而增加,同时SEGI膜的电容密度也随离子凝胶含量增加而显著提升。纯PVDF膜在1kHz下的电容密度为 $36.8nF/cm^2$,在最佳配比下的SEGI膜的电容密度高达 $4.16\mu F/cm^2$。有报道显示,在综合考虑SEGI薄膜的电容密度和表面粗糙度的情况下确定最佳混合比,并将优化的SEGI薄膜集成到α-IGZO TFT中,获得了超高的TFT迁移率(大于 $10cm^2/(V \cdot s)$)。

高κ材料与MOTFT的结合,带来了器件性能的显著提升,但是高κ材料对应的窄带隙与较高的膜内缺陷合并作用会引起不可忽略的漏电流,使得高κ材料的制备常伴随着高温退火或其他复制处理过程,这对基于高κ栅介质MOTFT的应用研究多有掣肘,尤其是在基于电流驱动的AMOLED柔性显示领域。另外,在制备高性能高κ材料的工艺中采用湿化学方法居多,而当前平板显示器件生产中大多采用气相沉积手段来制备有源层材料(如α-IGZO薄膜),两者工艺兼容性较差,不利于商业推广。所以,探索低温条件下制备符合高性能 MOTFT 栅介质应用需求的高 $\kappa$ 薄膜，成为近年来 MOTFT 研究热点之一。

## 课后习题

7.1　MOTFT 中的“MO”代表什么？

答：MOTFT 是英文 metal oxide thin film transistor（金属氧化物薄膜晶体管）的首字母缩写，其中的“MO”代表金属氧化物。薄膜晶体管（TFT）的种类很多，通常把 TFT 按照其有源层（active layer）的材料种类不同来进行分类，如果有源层材料是有机材料，则称为有机薄膜晶体管（organic thin film transistor，OTFT）；如果有源层材料是金属氧化物，则称为金属氧化物薄膜晶体管（MOTFT）。

7.2　增强型 TFT 的导电沟道层如何形成？

答：以 n 型薄膜晶体管为例，TFT 中的金属栅电极（metal）、栅介质层（insulation）和半导体有源层（semiconductor）构成了类似于电容器的 MIS 结构，即金属-绝缘层-半导体（metal-insulator-semiconductor）结构，其中金属栅电极和半导体层相当于电容器的两个“极板”。在栅电极施加正电压时，在电场驱动下电容器“极板”上会聚集电荷，n 型半导体中的自由电荷（n 型半导体中的多子，即电子）在电场的诱导下向半导体与栅绝缘层的界面处聚集，从而在半导体中靠近界面处形成一层高浓度的自由电荷层。自由电荷层的电导率随载流子浓度增大而增大。当栅极电压达到阈值电压（$V_{th}$）时，自由电荷层中的自由电荷浓度达到可以承担电流传输所需的浓度，这时导电沟道层形成，在 TFT 的源极（S）和漏极（D）施加电压，并可形成电流（$I_{DS}$）通路。对于 p 型薄膜晶体管，由于半导体有源层多子为空穴，要形成导电沟道层，则需要在栅电极施加负电压，形成反向电场，诱导空穴在界面处聚集，从而形成以空穴为载流子的导电沟道层。

7.3　如何获取 TFT 的载流子迁移率？

答：薄膜晶体管的漏极电流 $I_{DS}$ 取决于器件几何形状（沟道宽度 $W$、长度 $L$ 和厚度 $t_c$）、栅介质材料（介电常数 $\varepsilon_i$ 和栅极电容 $C_{ox}$）和施加的电压（$V_{DS}$、$V_{GS}$）。因此可采用归一化迁移率 $\mu$ 使用缓变沟道近似方程来讨论。从薄膜晶体管转移曲线可以发现，漏电流 $I_{DS}$ 随 $V_{GS}$ 变化大致可以分成两个区域：线性区域和饱和区域。描述 TFT 的载流子迁移率对应分为饱和迁移率 $\mu_{sat}$（转移曲线的饱和区域）和场效应迁移率 $\mu_{FE}$（转移曲线的线性区域）。

（1）饱和区域

根据缓变沟道近似方程饱和区域 $I_{DS}$ 可表示为

$$I_{DS}^{1/2}=\sqrt{\frac{W}{2L}\mu_{sat}C_{ox}}(V_{GS}-V_{TH}) \tag{1}$$

由实测 TFT 的转移曲线数据绘制$(I_{DS})^{1/2}\sim V_{GS}$曲线，通过线性拟合提取曲线的斜率 $k$，由（1）式可知，斜率 $k$ 与饱和迁移率 $\mu_{sat}$ 有如下关系：

$$k=\sqrt{\frac{W}{2L}\mu_{sat}C_{ox}} \tag{2}$$

则饱和迁移率计算公式如下：

$$\mu_{sat}=\frac{2Lk^2}{WC_{ox}} \tag{3}$$

(2) 线性区域

根据缓变沟道近似方程线性区域 $I_{DS}$ 可表示为

$$I_{DS}=\frac{W}{L}\mu_{FE}C_{ox}V_{DS}(V_{GS}-V_{th}) \tag{4}$$

由实测 TFT 的转移曲线数据绘制 $I_{DS}\sim V_{GS}$ 曲线，并由曲线提取跨导 $g_m$

$$g_m=\left.\frac{\partial I_{DS}}{\partial V_{GS}}\right|_{V_{DS}=\text{const}} \tag{5}$$

由(4)式可知，$g_m(V_{GS})$与场效应迁移率 $\mu_{FE}$ 有如下关系：

$$\mu_{FE}=g_m\frac{L}{WC_{ox}V_{DS}} \tag{6}$$

7.4 如何理解后过渡金属非晶氧化物半导体中载流子迁移率随载流子浓度增大而增大？

答：后过渡金属非晶氧化物半导体中相互重叠的空 ns 轨道为电子提供了畅通的传输路径。相比于晶体半导体，非晶金属氧化物半导体中存在大量缺陷，在电子传输路径上分布着大量的势垒。渗流导电模型可以帮助解释载流子迁移率随载流子浓度增大而增大的现象。电子的传输概率受到玻尔兹曼因子的限制，在高温时电子会选择直接越过势垒，沿着相对较短、较直的路径传输，因而迁移率较高；而在低温下，电子会选择低势垒高度的路径，这使得路径变的弯曲且更长，导致迁移率的下降。当载流子浓度较大时，费米能级升高与势垒间的高度差较小，电子的活化能也较小，电子更容易通过热激发越过势垒而沿又短又直的路径传输，从而获得较大的迁移率。而载流子浓度较低时，费米能级与势垒间的高度差增大，电子的活化能也更大，电子通过热激发越过势垒的难度也增大，故而电子更大概率是沿着低势垒的曲折路径传输，迁移率自然要低。所以载流子浓度的增大，大大提高了电子通过热激发越过势垒的概率，提升载流子迁移率。

7.5 如何理解基于高 κ 栅介质的 MOTFT 中栅极电容密度的频率依赖现象？

答：MOTFT 中栅电极-高 κ 绝缘栅介质-半导体有源层可以近似看作添加了电介质的平行板电容器。由栅极电容密度 $C_{ox}=k\varepsilon_0/d$ 可知，MOTFT 中栅极电容密度随栅介质的 κ 值密切相关。高 κ 栅介质在栅极电场作用下会发生极化现象，由 $\kappa=1+\chi_e$ 可知，电介质的 κ 值受极化率($\chi_e$)影响。电介质在电场中发生的极化包括电子位移极化、离子位移极化、转向极化和空间电荷极化等。栅介质在外电场改变后从已建立的极化状态转变到新的极化平衡态需要的时间称为弛豫时间，不同极化形式对应的弛豫时间不同。电子位移极化和离子位移极化的弛豫时间极短，所以受频率影响很小，但是转向极化的弛豫时间相对较长，而对于具有较高 κ 值的栅介质，其中的官能团转向极化和空间电荷极化的弛豫时间则更长。所以在高频电场下，具有较高 κ 值的栅介质极化过程跟不上电场的变化，无法建立稳定的极化平衡状态，导致极化过程对电容密度的贡献显著下降，从而导致在高频电场下电介质的 κ 出现显著下降的现象，相应的栅极电容密度也出现随频率增大而减小的现象，即电容密度的频率依赖现象。这种现象通常发生在高频情况下。

7.6 为什么高 κ 材料替代 $SiO_2$ 可以提高 TFT 的载流子迁移率和开态电流？

答：由薄膜晶体管的工作原理可知，薄膜晶体管的载流子迁移率和开态电流与半导体有源层靠近栅介质界面附近的导电沟道层密切相关。高 κ 值意味着高栅极电容密度，高栅极电容诱导的大量电子可以填充由无序结构诱导的载流子陷阱，从而减小沟道层中电荷受到的散射作用，并且随着导电沟道层中载流子浓度费米能级与势垒高度差减小，电子更容易越过势垒沿着相对较短、较直的路径传输，使传输效率更高。所以高 $\kappa$ 材料替代 $SiO_2$ 通过增加栅极电容密度来提高 TFT 的载流子迁移率。另外随着导电沟道层中载流子浓度的增大和载流子迁移率的提高，沟道层的电导增大，在相同的漏/源电压 $V_{DS}$ 下可以获得更大的开态电流 $I_{ON}$。

## 参考文献


[1] 蔡旻熹. 非晶 InGaZnO 薄膜晶体管的模型及特性研究[D]. 广州：华南理工大学，2019.

[2] WEIMAR P K. The TFT：a new thin-film transistor[J]. Proceedings of the IRE，1962，50(6)：1462-1469.

[3] KLASENS H A，KOELMANS H. A tin oxide field-effect transistor[J]. Solid State Electronics，1964，7(9)：701-702.

[4] LECHNER B J，MARLOWE F J，NESTER E O，et al. Liquid crystal matrix displays[J]. Proceedings of the IEEE，1971，59(11)：1566-1579.

[5] 周康健. 基于阳极氧化制备绝缘层的 IGZO-TFT 的制备与研究[D]. 成都：电子科技大学，2020.

[6] BRODY T P，ASARS J A，DIXON D G. A 6 × 6 inch 20 lines-per-inch liquid-crystal display panel[J]. IEEE Transactions on Electron Devices，1973，ED-20(11)：995-1001.

[7] COMBER P G L，SPEAR W E，GHAITH A. Amorphous-silicon field-effect device and possible application[J]. Electronics Letters，1979，15(6)：179-181.

[8] DEPP S W，JULIANA A，HUTH B G. Polysilicon FET devices for large area input/output applications[C]. NewYork：International Electron Devices Meeting，1980.

[9] JULIANA J，DEPP S W，HUTH B，et al.Thin-film polysilicon devices for flat panel display circuitry[C]. San Jose：Society for Information Display，1982.

[10] GARNIER F，HOROWITZ G，PENG X，et al. An all-organic "soft" thin film transistor with very high carrier mobility[J]. Advanced Materials，1990，2(12)：592-594.

[11] 韩世蛟. 有机薄膜晶体管的界面特性对其气敏性能的影响[D]. 成都：电子科技大学，2018.

[12] 解海艇. 掺氮非晶氧化物半导体薄膜晶体管物理机理及制备工艺的研究[D]. 上海：上海交通大学，2018.

[13] 刘奥. 金属氧化物薄膜的低温溶液法制备及其在薄膜晶体管中的应用[D]. 青岛：青岛大学，2017.

[14] LITTLE T W，KOIKE H，TAKAHARA K，et al. A 9.5 inch，1.3 mega-pixel low temperature poly-Si TFT-LCD fabricated by SPC of very thin films and an ECR-CVD gate insulator[C]. San Diego，CA，USA：Conference Record of the 1991 International Display Research Conference，1991：219-222.

[15] HOFFMAN R L，NORRIS B J，WAGER J F. ZnO-based transparent thin-film transistors[J]. Applied Physics Letters，2003，82(5)：733-735.

[16] CARCIA P F，MCLEAN R S，REILLY M H，et al. Transparent ZnO thin-film transistor fabricated by RF magnetron sputtering[J]. Applied Physics Letters，2003，82(7)：1117-1119.

[17] MASUDA S，KITAMURA K，OKUMURA Y，et al. Transparent thin film transistors using ZnO as an active channel layer and their electrical properties[J]. Journal of Applied Physics，2003，93(3)：1624-1630.

[18] NOMURA K，OHTA H，TAKAGI A，et al. Room-temperature fabrication of transparent flexible thin-Film transistors using amorphous oxide semiconductors[J]. Nature，2004，432：488-492.

[19] HU S, FANG Z Q, NING H L, et al. Effect of post treatment for Cu-Cr source/drain electrodes on a-IGZO TFTs[J]. Materials, 2016, 9(8): 623.

[20] ABLIZ A, GAO Q, WAN D, et al. Effects of nitrogen and hydrogen codoping on the electrical performance and reliability of InGaZnO thin-film transistors [J]. ACS Applied Materials & Interfaces, 2017, 9(12): 10798-10804.

[21] LIU X Q, WANG C L, XIAO X H, et al. High mobility amorphous InGaZnO thin film transistor with single wall carbon nanotubes enhanced-current path [J]. Applied Physic Letters, 2013, 103(22): 223108.

[22] 马鹏飞. 铟镓锌氧薄膜晶体管和非易失性存储器的制备及性能研究[D]. 济南：山东大学，2020.

[23] 谭子婷. 界面改性在柔性器件中的应用[D]. 合肥：中国科学技术大学，2021.

[24] ZHANG Y C, LING Y J, HE G, et al. Balanced performance improvement of InGaZnO thin-film transistors using ALD-derived $Al_2O_3$-passivated high-κ $hfGdO_x$ dielectrics [J]. ACS Applied Electronic Material, 2020, 2: 3728-3740.

[25] ZHANG Y C, HE G, WANG W H, et al. Aqueous-solution-driven $HfGdO_x$ gate dielectrics for low-voltage-operated-inGaZnO transistors and inverter circuits [J]. Journal of Material Science & Technology, 2020, 50: 1-12.

[26] 黄传鑫. 高稳定性氧化物与碳纳米管场效应晶体管的研究及其在反相器中的应用[D]. 上海：上海大学，2018.

[27] 胡令祥. 基于 ZnO/ZnS 忆阻器神经突触仿生器件研究[D]. 上海：上海大学，2017.

[28] 陈斌杰. $Sr_2IrO_4$ 双电层薄膜晶体管的制备及其神经突触仿生研究[D]. 上海：华东师范大学，2018.

[29] BEOM K, YANG B, PARK D, et al. Single- and double-gate synaptic transistor with $TaO_x$ gate insulator and IGZO channel layer[J]. Nanotechnology, 2018, 30(2): 025203.

[30] JUNG S Y, HAN S C, MOHANTY B C, et al. Balanced performance enhancements of InGaZnO thin film transistors by using all-amorphous dielectric multilayers sandwiching high-κ $CaCu_3Ti_4O_{12}$[J]. Advanced Electronic Materials, 2019, 5(10): 1900322.

[31] LI J, ZHANG J H, DINGA X W, et al. A strategy for performance enhancement of HfInZnO thin film transistors using a double-active-layer structure[J]. Thin Solid Films, 2014, 562: 592-596.

[32] JANG J, DOLZHNIKOV D S, LIU W, et al. Solution-processed transistors using colloidal nanocrystals with composition-matched molecular"Solders": Approaching single crystal mobility[J]. Nano Letters, 2015, 15: 6309-6317.

[33] KAMIYA T, NOMURA K, HOSONO H. Present status of amorphous In-Ga-Zn-O thin-film transistors[J]. Science and Technology of Advanced Materials, 2010, 11(4): 44305.

[34] 温喜章. IGZO-TFT 器件的制备工艺探索及性能优化[D]. 深圳：深圳大学，2016.

[35] HOSONO H. Ionic amorphous oxide semiconductors: Material design, carrier transport, and device application[J]. Journal of Non-Crystalline Solids, 2006, 352(9): 851-858.

[36] KAMIYA T, HOSONO H. Material characteristics and zpplications of transparent amorphous oxide semiconductors[J]. NPG Asia Materials, 2010, 2(1): 15-22.

[37] NOMURA K, OHTA H, TAKAGI A, et al. Room-temperature fabrication of transparent flexible thin-film transistors using amorphous oxide semiconductors[J]. Nature, 2004, 432: 488-492.

[38] YANG B, HE G, ZHU L, et al. Low-voltage-operating transistors and logic circuits based on water-driven $ZrGdO_x$ dielectric with low cost ZnSnO[J]. ACS Applied Electronic Materials, 2019, 1(4): 625-636.

[39] ZHANG C, HE G, FANG Z B, et al. Performance modulation in all-solution-driven $InGaO_x/HfGdO_x$ thin film transistors and exploration in low-voltage-operated logic circuits[J]. IEEE Transactions on Electron Devices, 2020, 67(10): 4238-4244.

[40] YANG B, HE G, GAO Q, et al. Illumination interface stability of aging-diffusion-modulated high performance InZnO/$DyO_x$ transistors and exploration in digital circuits[J]. Journal of Materials Science & Technology, 2021, 87: 143-154.
[41] PAN T M, PENG B J, HER J L, et al. Effect of In and Zn content on structural and electrical properties of in ZnSnO thin-film transistors using an $Yb_2TiO_5$ gate dielectric[J]. IEEE Transactions on Electron Devices, 2017, 64(5): 2233-2238.
[42] PAN T M, PENG B J, WANG H C, et al. Impact of Ti content on structural and electrical characteristics of high-κ $Yb_2TiO_5$ α-InZnSnO thin-film transistors[J]. IEEE Electron Device Letters, 2017, 38(3): 341-344.
[43] SU J, YANG H, MA R L, et al. Annealing atmosphere-dependent electrical characteristics and bias stability of N-doped InZnSnO thin film transistors[J]. Materials Science in Semiconductor Processing, 2020, 113: 105040.
[44] ZHANG Y C, HE G, ZHANG C, et al. Oxygen partial pressure ratio modulated electrical performance of amorphous InGaZnO thin film transistor and inverter[J]. Journal of Alloys and Compounds, 2018, 765: 791-799.
[45] DING X W, ZHANG J H, LI J, et al. Influence of the InGaZnO channel layer thickness on the performance of thin film transistors[J]. Superlattices and Microstructures, 2013, 63(11): 70-78.
[46] YABUTA H, SANO M, ABE K, et al. High-mobility thin-film transistor with amorphous $InGaZnO_4$ channel fabricated by room temperature RF-magnetron sputtering[J]. Applied Physics Letters, 2006, 89(11): 112123.
[47] LI L, XUE T, SONG Z, et al. Effect of sputtering pressure on surface roughness, oxygen vacancy and electrical properties of a-IGZO thin films[J]. Rare Metal Materials and Engineering, 2016, 45(8): 1992-1996.
[48] SONG Y H, EOM T Y, HEO S B, et al. Characteristics of IGZO/Ni/IGZO tri-layer films deposited by DC and RF magnetron sputtering[J]. Materials Letters, 2017, 205: 122-125.
[49] PARK J S, KIM K S, PARK Y G, et al. Novel ZrInZnO thin-film transistor with excellent stability [J]. Advanced Materials, 2009, 21(3): 329-333.
[50] KWON D W, KIM J H, CHANG J S, et al. Temperature effect on negative bias-induced instability of HfInZnO amorphous oxide thin film transistor[J]. Applied Physics Letters, 2011, 98(6): 063502.
[51] ABLIZ A, RUSUL A, DUAN H, et al. Investigation of the electrical properties and stability of HfInZnO thin-film transistors[J]. Chinese Journal of Physics, 2020, 68: 788-795.
[52] NOMURA K, KAMIYA T, OHTA H, et al. Local coordination structure and electronic structure of the large electron mobility amorphous oxide semiconductor In-Ga-Zn-O: Experiment and ab initio calculations[J]. Physical Review B, 2007, 75(3): 35212.
[53] KAMIYA T, NOMURA K, HOSONO H. Electronic structures above mobility edges in crystalline and amorphous InGaZnO: Percolation conduction examined by analytical model[J]. Journal of Display Technology, 2009, 5(12): 462-467.
[54] KAMIYA T, NOMURA K, HOSONO H, Origins of high mobility and low operation voltage of amorphous oxide TFTs: Electronic structure, electron transport, defects and doping[J]. Journal of Display Technology, 2009, 5(12): 468-483.
[55] NOMURA K, KAMIYA T, OHTA H, et al. Carrier transport in transparent oxide semiconductor with Intrinsic structural randomness probed using single-crystalline $InGaO_3(ZnO)_5$ films[J]. Applied Physic Letters, 2004, 85(11): 1993-1995.
[56] KAMIYA T, NOMURA K, HIRANO M, et al. Electronic structure of oxygen deficient amorphous oxide semiconductor a-$InGaZnO_{4-x}$ optical analyses and first-principle calculations[J]. Physica

Status Solidi(c),2008,5(9): 3098-3100.
[57] KAMIYA T, NOMURA K, HOSONO H. Electronic structure of the amorphous oxide semiconductor a-$InGaZnO_{4-x}$: Tauc-Lorentz optical model and origins of subgap states[J]. Physica Status Solidi A,2009,206(5): 860-867.
[58] ZHANG J, LI X F, LU J, et al. Performance and stability of amorphous InGaZnO thin film transistors with a designed device structure[J]. Journal of Applied Physics,2011,110(8): 084509.
[59] HARA Y,KIKUCHI T,KITAGAWA H,et al. IGZO-TFT technology for large-screen 8K display [J]. Journal of the Society for Information Display,2018,26(3): 169-177.
[60] KIM Y H, HEO J S, KIM T H, et al. Flexible metal-oxide devices made by room-temperature photochemical activation of sol-gel films[J]. Nature,2012,489: 128-132.
[61] TAK Y J,KIM S J,KWON S,et al. All-sputtered oxide thin-film transistors fabricated at 150℃ using simultaneous ultraviolet and thermal treatment[J]. Journal of Material Chemistry C,2018,6: 249-256.
[62] LEE S,NATHAN A. Localized tail state distribution in amorphous oxide transistors deduced from low temperature measurements[J]. Applied Physics Letters,2012,101: 113502.
[63] PAN T M,CHEN F H,SHAO F H,High-performance InGaZnO thin-film transistor incorporating a $HfO_2/Er_2O_3/HfO_2$ stacked gate dielectric[J]. RSC Advances,2015,5: 51286.
[64] GENG G Z,LIU G X,SHAN F K,et al. Improved performance of InGaZnO thin film transistors with $Ta_2O_5/Al_2O_3$ stack deposited using pulsed laser deposition[J]. Current Applied Physics,2014,14: S2-S6.
[65] HSU H H,CHANG C Y,CHENG C H,et al. Room-temperature flexible thin film transistor with high mobility[J]. Current Applied Physics,2013,13: 1459-1462.
[66] SURESH A,MUTH J F. Bias stress stability of indium gallium zinc oxide channel based transparent thin film transistors[J]. Applied Physic Letters,2008,92(3): 033502.
[67] LEE J M,CHO I T,LEE J H,et al. comparative study of electrical instabilities in top-gate InGaZnO thin film transistors with $Al_2O_3$ and $Al_2O_3/SiN_x$ gate dielectrics[J]. Applied Physic Letters,2009, 94: 222112.
[68] LIBSCH F R, KANICKI J. Bias-stress-Induced stretched-exponential time dependence of charge injection and trapping in amorphous thin-film transistors[J]. Applied Physic Letters,1993,62: 1286.
[69] LAI H C,PEI Z,JIAN J R,et al. Alumina nanoparticle/polymer nanocomposite dielectric for flexible amorphous indium-gallium-zinc oxide thin film transistors on plastic substrate with superior stability [J]. Applied Physics Letters,2014,105(3): 033510.
[70] MÜNZENRIEDER N,CANTARELLA G,VOGT C,et al. Stretchable and conformable oxide thin-film electronics[J]. Advanced Electronic Material,2015,1: 1400038.
[71] SALVATORE G A,MÜNZENRIEDER N,KINKELDEI T,et al. Wafer-scale design of light weight and transparent electronics that wraps around hairs[J]. Nature Communications,2014,5: 3982.
[72] KIMURA M,KOGA Y,NAKANISHI H,et al. In-Ga-Zn-O thin-film devices as synapse elements in a neural network[J]. IEEE Journal of the Electron Devices Society,2018,6: 100-105.
[73] LIU A,ZHU H H,SUN H B,et al. Solution processed metal oxide high-κ dielectrics for emerging transistors and circuits[J]. Advanced Materials,2018: 30(33): 1706364.
[74] WANG B H, HUANG W, CHI L F, et al. High-κ gate dielectrics for emerging flexible and stretchable electronics[J]. Chemical Reviews,2018,118: 5690-5754.
[75] ZHU L,HE G,LI W D,et al. Nontoxic,eco-friendly fully water-Induced ternary Zr-Gd-O dielectric for high-performance transistors and unipolar inverter[J]. Advanced Electronic Materials, 2018, 4: 1800100.

[76] ZHAO Y P,WANG G C,LU T M. Surface-roughness effect on capacitance and leakage current of an insulating film[J]. Physical Review B,1999,60: 9157

[77] 张纪稳. 铪基高 K 栅的制备、物性及 MOS 器件性能研究[D]. 合肥：安徽大学,2016.

[78] LEE E,KO J,LIM K H,et al. Gate capacitance-dependent field-effect mobility in solution-processed oxide semiconductor thin-film transistors[J]. Advanced Functional Materials, 2014, 24(29): 4689-4697.

[79] LOCQOET J P,MARCHIORI C,SOUSA M,et al. High-κ dielectrics for the gate stack[J]. Journal of Applied Physics,2006,100: 051610.

[80] 崔璨,蔡明谚,张鼎张,等. $SiN_x$ 介质层非晶 IGZO 薄膜晶体管的光照稳定性研究[J]. 真空科学与技术学报,2015,35(7): 807-812.

[81] 卢振伟,吴现成,徐大印,等. 高 κ 栅介质的研究进展[J]. 材料导报,2008,22(S3): 234-238.

[82] 李松举. $SiO_x/SiN_x$ 栅极绝缘层及其 LTPS-TFT 研究[D]. 广州：华南理工大学,2020.

[83] 胡利民. 周继承. AlN 薄膜的制备与绝缘性能研究[J]. 武汉理工大学学报,2008,30(1): 17-20.

[84] 刘付德. 低温生长氮化铝薄膜栅介质电性的研究[J]. 西安交通大学学报,1990,24(2): 127-130.

[85] LEE M J,CHOI B H,JI M J,et al. The improved performance of a transparent ZnO thin-film Transistor with Aln/$Al_2O_3$ double gate dielectrics[J]. Semiconductor Science and Technology,2009, 24: 055008.

[86] GRONER M D,ELAM J W,FABREGUETTE F H,et al. Electrical characterization of thin $Al_2O_3$ films grown by atomic layer deposition on silicon and various metal substrates[J]. Thin Solid Films, 2002,413: 186-197.

[87] GRONER M D,FABREGUETTE F H,ELAM J W,et al. Low-temperature $Al_2O_3$ atomic layer deposition[J]. Chemistry of Materials,2004,16: 639-645.

[88] HA W H,CHOO M H,IM S,Electrical properties of $Al_2O_3$ film deposited at low temperatures[J]. Journal of Non-Crystalline Solids,2002,303: 78-82.

[89] HUANG Y L,CHANG P,YANG Z K,et al. Thermodynamic stability of $Ga_2O_3$($Gd_2O_3$)/GaAs interface[J]. Applied Physics Letters,2005,86: 191905.

[90] LESKELÄ M, KUKLI K, RITALA M. Rare-earth oxide thin films for gate dielectrics in microelectronics[J]. Journal of Alloys and Compounds,2006,418: 27-34.

[91] NIGRO L R,RAINERI V,BONGIORNO C,et al. Dielectric properties of $Pr_2O_3$ high-κ films grown by metalorganic chemical vapor deposition on silicon[J]. Applied Physics Letter,2003,83: 129.

[92] LIU A,LIU G,ZHU H,et al. Water-induced scandium oxide dielectric for low-operating voltage N- and P-type metal-oxide thin-film transistors[J]. Advanced Functional Materials, 2015, 25: 7180-7188.

[93] JIANG S,YANG X,ZHANG J,et al. Solution-processed stacked $TiO_2$ and $Al_2O_3$ dielectric layers for high mobility thin film transistor[J]. AIP Advances,2018,8: 085109.

[94] BAEK Y,LIM S,KIM L H,et al. $Al_2O_3/TiO_2$ nanolaminate gate dielectric films with enhanced electrical performances for organic field-effect transistors[J]. Organic Electronics, 2016, 28: 139-146.

[95] SUN S C,CHEN T F. Reduction of leakage current in chemical-vapor-deposited $Ta_2O_5$ thin films by furnace $N_2O$ annealing[J]. IEEE Transactions on Electron Devices,1997,44(6): 1027-1029.

[96] ALSHAMMARI F H,NAYAK P K,WANG Z,et al. Enhanced ZnO thin-film transistor performance using bilayer gate dielectrics[J]. ACS Applied Materials & Interfaces,2016,8: 22751-22755.

[97] ROBERTSON J,WALLACE R M,High-κ materials and metal gates for CMOS applications[J]. Materials Science and Engineering R,2015,8: 1-41.

[98] GAO J,HE G,SUN Z Q,et al. Modification of electrical properties and carrier transportation

mechanism of ALD-derived $HfO_2$/Si gate stacks by $Al_2O_3$ incorporation[J]. Journal of Alloys and Compounds,2016,667: 352-358.

[99] JE S Y, SON B G, KIM H G, et al. Solution-processable $LaZrO_x$/$SiO_2$ gate dielectric at low temperature of 180℃ for high-performance metal oxide field-effect transistors[J]. ACS Applied Materials & Interfaces,2014,6: 18693-18703.

[100] JIANG S S,HE G,GAO J,et al. Microstructure,optical and electrical properties of sputtered HfTiO high-κ gate dielectric thin films[J]. Ceramics International,2016,42: 11640-11649.

[101] LI W D,HE G,ZHENG C Y,et al. Solution-processed HfGdO gate dielectric thin films for CMOS application: Effect of annealing temperature[J]. Journal of Alloys and Compounds, 2018, 731: 150-155.

[102] XIONG Y,TU H,DU J,et al. Band structure and electrical properties of Gd-doped $HfO_2$ high κ gate dielectric[J]. Applied Physics Letters,2010,97: 012901.

[103] BELKACEMI S,HAFDI Z. An amorphous silicon photo TFT with $Si_3N_4$/$Al_2O_3$ or $HfO_2$ double layered insulator for digital imaging applications[J]. Journal of Microwaves, Optoelectronics and Electromagnetic Applications,2019,18(1): 43-69.

[104] ZHANG H,ZHANG Y,CHEN X,et al. Low-voltage-drive and high output current InGaZnO thin-film transistors with novel $SiO_2$/$HfO_2$/$SiO_2$ structure[J]. Molecular Crystals & Liquid Crystals, 2017,651: 228-234.

[105] KIM S H,HONG K,XIE W,et al. Electrolyte-gated transistors for organic and printed electronics [J]. Advanced Materials,2012,25: 1822-1846.

# 第8章

# 高$\kappa$栅介质与垂直有机场效应晶体管集成

## 8.1 引言

有机场效应晶体管(organic field effect transistor,OFET)等有机开关器件是未来柔性电子器件的关键元件。1986年,Tsumura等提出了第一个OFET。从那时起,OFET取得了巨大的进步,根据OFET理论,OFET的性能很大程度上取决于晶体管的几何形状和材料参数,特别是沟道长度$L$和电荷载流子迁移率$\mu$。例如,饱和电流随$\mu/L$线性增加,工作频率跟$\mu/L^2$成正比。研究人员在开发电荷载流子迁移率大于$5cm^2/(V\cdot s)$的新型有机半导体方面取得了很大进展,迁移率已经从最初的$10^{-5}cm^2/(V\cdot s)$提高到接近$100cm^2/(V\cdot s)$。尽管这个数值高于非晶硅的,并可与多晶硅和氧化物器件相媲美,但这种迁移率仍然大大低于硅的载流子迁移率,大约是硅的空穴迁移率的1/18,是硅的电子迁移率的1/56。

传统平面结构OFET包括栅极、源漏极、绝缘层和有机半导体层,其中源漏极水平排列,如图8.1.1(a)所示。当施加栅极电压时,OFET中与绝缘层相邻的有机半导体层中产生相反的电荷载流子,通过调节电荷载流子的密度,从而实现对源漏电流的调制,此时电流方向垂直于栅极电场方向。传统平面OFET的固有缺点是它们的沟道相对较长(通常为微

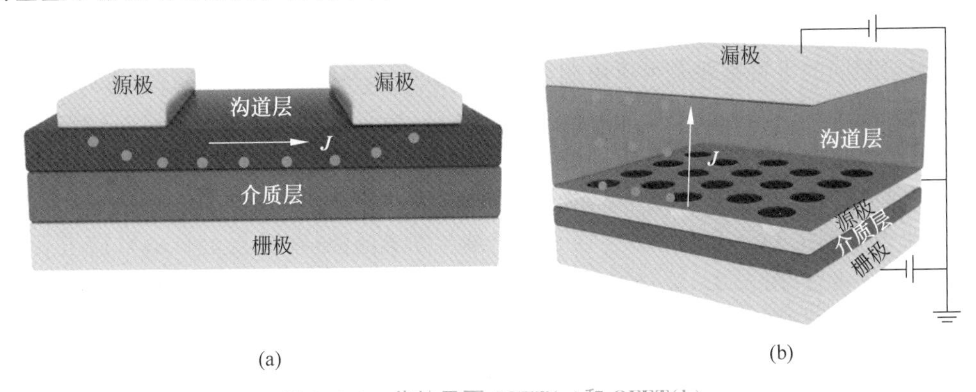


图8.1.1 传统平面OFET(a)和OFET(b)

米量级)。由于器件几何形状和加工技术的限制,很难将沟道缩短到更小尺寸,这通常会导致低的电流密度和较慢的工作速度(低频),进而严重限制了其在许多领域的潜在应用。目前最好的有机电路只能达到较低的兆赫兹工作频率范围,同时必须在几十伏电压条件下才能获得更高的频率,这与现在的低功耗和低压电源不兼容。垂直OFET(VOFET)可以克服平面OFET的这些局限性,特别是那些由长沟道引起的局限性。

如图8.1.1(b)所示,VOFET器件是垂直结构,电流方向垂直于基板。器件的有效沟道长度由有机半导体层的厚度决定,可以控制到纳米精度。因此在没有亚微米制备工艺的情况下,100nm范围内的有效沟道长度也很容易获得。相关应用方面,例如高清显示或者具有通信功能的柔性器件要求晶体管具有较高的刷新频率,OFET的刷新频率与$\mu/L^2$有关。虽然在平面OFET中已实现亚微米沟道长度,但是对应的频率仍低于许多实际应用的要求,因此增加刷新频率的最直接方法是缩短沟道长度$L$。Klauk等曾指出,可以通过利用亚微米量级短沟道实现吉赫兹(GHz)有机晶体管。

有机肖特基势垒晶体管(organic Schottky barrier transistor,OSBT)作为最有前途的一类VOFET,近年来备受关注。在这类晶体管中,从源电极到有机半导体的电荷注入是由源极和漏极下的第三个电极(栅极)施加的电场调控的。有机静电感应晶体管和栅环绕型垂直晶体管(VFET)以及其他特殊类型垂直晶体管,这里不作详细描述。

## 8.2 VOFET——肖特基势垒晶体管

在本节介绍的肖特基势垒晶体管中,栅极被置于由源极和漏极形成的肖特基二极管之外。由于源极与有机半导体之间的肖特基势垒对器件的工作至关重要,所以使用“有机肖特基势垒晶体管”这个术语来命名这类垂直有机场效应晶体管(VOFET)。

垂直OSBT在2004年由Ma和Yang首次报道,其器件设计如图8.2.1(a)所示,可以用来解释该类晶体管的结构布局。在OSBT中,源极、有源层和漏极相对于栅极垂直排列,栅极与有机半导体之间由源极和栅介质隔开。然而,由于金属在纳米范围内短的德拜屏蔽长度(数量级小于普遍的源极厚度10nm),连续的金属源极完全屏蔽了有源层中的栅极电场。

这就要求中间的源极对栅极电场具有透过性,从而使栅极电场能够控制沟道区域。源极和有源层之间的肖特基势垒可以限制源漏电流处于关(OFF)状态,通过施加栅极电场可以调控注入势垒从而调制源漏电流。

本节对迄今为止的研究报道中制备源极的不同方法进行了比较。如图8.2.1(a)所示,Yang团队的最初工作是使用一个薄而粗糙的铝源极,其粗糙度与电极厚度相当。后来Tessler小组采用了OSBT概念并引入了金属纳米图案的源极(图8.2.1(b)),而Rinzler小组侧重于碳纳米管(图8.2.1(c))和石墨烯(图8.2.1(d))源极的研究。

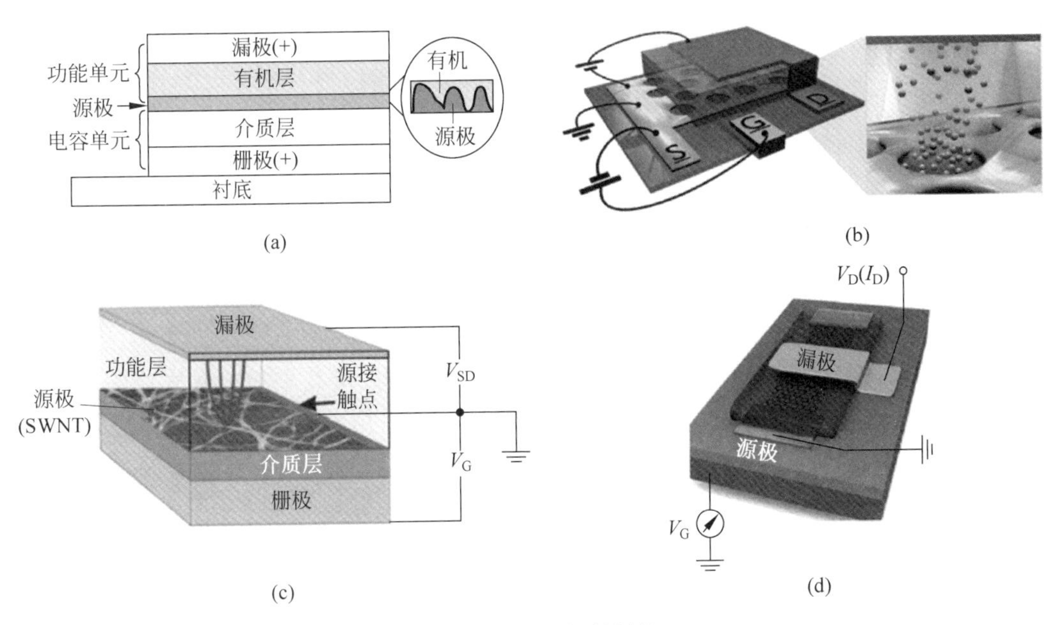


图 8.2.1　基于不同源极材料的 VOFEF

(a) LiF 电容层上采用粗糙的金属电极的 VOFEF；(b) 使用纳米图案化金属电极的 VOFEF；(c) 基于单壁碳纳米管(SWCNT)网络的 VOFEF；(d) 基于单层石墨烯的 VOFEF

## 8.3　器件结构

### 8.3.1　不连续金属源极

由 Ma 和 Yang 实现的第一个 OSBT 的结构如图 8.2.1(a)所示，包括垂直堆叠的铜栅极、栅介电层(氟化锂(LiF)，240nm)、源极(20nm 铜)、缓冲层(10nm 铝或者 2nm LiF)、有源层($C_{60}$，60～90nm)和漏极(铝)。在原子力显微镜(AFM)测量中发现，源极表现出最大的粗糙度为 19nm，并且更有可能被部分氧化。在纯铜电极的总厚度为 20nm 时，源极具有一定的开口。器件选择的 n 型有机半导体的 LUMO(4.0eV)与源极(4.7eV)的功函数不匹配，这导致了在零栅极偏压下明显的注入势垒和低关态电流。该器件使用铝作为源极，由于天然氧化铝层的形成，在有机半导体上形成了额外的注入势垒。在没有铝层的器件中，薄的 LiF 缓冲层作为附加绝缘层。通过在栅极上施加一个正向电压，有效电荷注入势垒，源漏电流增加了几个数量级。这些晶体管在栅压仅为 5V 时表现出优异的性能，开态电流密度为 $4A/cm^2$，开关比为 $4\times10^6$。

基于相同设计的其他研究，主要使用薄的和部分氧化的铝源极，包括具有并五苯和 P3HT 的 p 型和双极型器件。然而，所有这些器件都依赖于具有非常高电容的栅介质 LiF ($25\mu F/cm^2$、25Hz、2V 偏置电压、44%相对湿度)。该器件仅在由于介电层中可移动的 Li 离子而产生少量的栅源电流的潮湿环境中工作。通过将温度降低到 270K 以下，由于在栅介质中的锂离子的迁移率降低，晶体管的开态可以被冻结。在 0 湿度($0.01\mu F/cm^2$、25Hz、0V 偏置电压)下的电容太低，无法显著调控注入势垒。因此，虽然这种结构可以在低电压和高电流密度方面胜过平面 OTFT，但它们也固有地局限于低频，因为该栅介质层是一种离子基的电容器。

### 8.3.2 图案化金属源极

Ben-Sasson 等提出用纳米图案化的金属电极替代粗糙的金属源极，可以消除最开始的垂直晶体管设计的缺点。新挑战则是制备源极的尺寸（低于 100nm）需要接近源极的厚度（8～15nm）。这可以通过在剥离工艺中使用自组装的块状聚合物层作为掩模版来构造源极，从而形成平面金属网格结构。电极结构制备的各个步骤的 AFM 表面分析如图 8.3.1(a)所示。首先，将聚苯乙烯-聚（甲基丙烯酸甲酯）(PS-PMMA) 嵌段共聚物溶液旋涂于基板上，随后的溶剂退火步骤导致在 PMMA 基质中形成垂直取向的 PS 圆柱体。在去除 PMMA 基质后，使用 PS 圆柱作为掩模版构造金属电极，最终源极的直径在 50～100nm 的范围内，以及 30%的填充因子（孔洞和整个器件的面积比）。

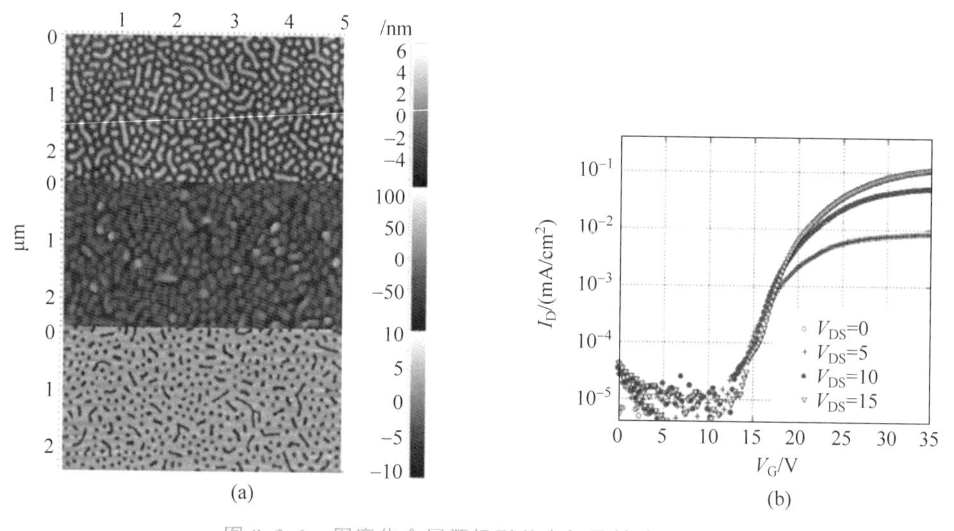


图 8.3.1 图案化金属源极形貌表征及性能测试图

(a) 纳米图案化电极的 AFM 图像（上部：PS-PMMA 混合层的相分离结构；中部：去除 PMMA 后 $SiO_2$ 上的 PS；底部：图案化后的 10nm 厚的源电极）；(b) 纳米图案化 10nm 金源电极的 OSBT 器件的转移特性

图案化的电极结构减小了源极的屏蔽效应，因此不需要很高的 LiF 电容。这就可以在覆盖有作为栅介质的 $SiO_2$ 或原子层沉积的 $Al_2O_3$ 的高掺杂 Si 衬底上构建晶体管。由于在栅介质中没有可移动的离子，这些器件的工作频率显著增加。此外，这种结构化方法选择源极材料的依据是通过它的功函数和与有机半导体间的势垒，而不是通过它在薄膜中的生长和氧化特性。因此，可以采用各种有机半导体材料制备 n 型或 p 型晶体管。最后，明确的源极图案可以获得详细的数值模拟结果。由于对源极大小、密度、源极厚度和注入势垒的单独控制，从而有可能优化器件，并比较实验和模拟中的参数变化。

第一个具有纳米图案化的 10nm 金源极、250nm $C_{60}$ 作为有源层材料和铝作为漏极的器件，在 30V 以上的栅压下，开关比达到 $10^4$，开态电流密度被限制在 0.1mA/cm$^2$，如图 8.3.1(b)所示。在进一步的研究中，通过使用溶液法加工的有机半导体 P(NDI2OD-T2)

制备了无孔洞的亚100nm沟道的OSBT，开态电流密度为50mA/$cm^2$。另外，通过将栅电介质从100nm $SiO_2$替换成由原子层沉积制备的8nm $Al_2O_3$层，对于10mA/$cm^2$的开态电流密度，所需的栅压降低到仅3V。使用原位、自组装、溶液法加工的金属(Au/Ag)纳米线源极可以获得更高的开关比($10^5$)。

### 8.3.3 碳纳米管源极

优化多孔电极的另一种方法是使用碳纳米管网络或石墨烯作为源极。如图8.2.1(c)所示，纳米管网络中的电场渗透可以在不同的纳米管密度条件下实现，同时高长径比的纳米管间的孔洞区域允许栅电场渗透而不需要进一步构造。纳米管网络是通过过滤/转移脉冲激光汽化生长得到的纳米管形成的，形成的纳米管网络由直径范围分布在1～9nm、峰值在5nm的纳米管束组成。这些碳纳米管网络直接转移到以$SiO_2$作为栅电介质的硅衬底上，有机半导体薄层作为沟道，如图8.3.2所示，N，N-di(1-naphthyl)-N，N′-diphenyl-1，1′-dipheny-1，4′-diamine(NPD)和poly[(9，9-dioctyl-fluorenyl-2，7-diyl)-alt-co-(9-hexyl-3，6-carbazole)](PF-9HK)作为有源层的器件能够实现两个数量级的源漏电流调制。

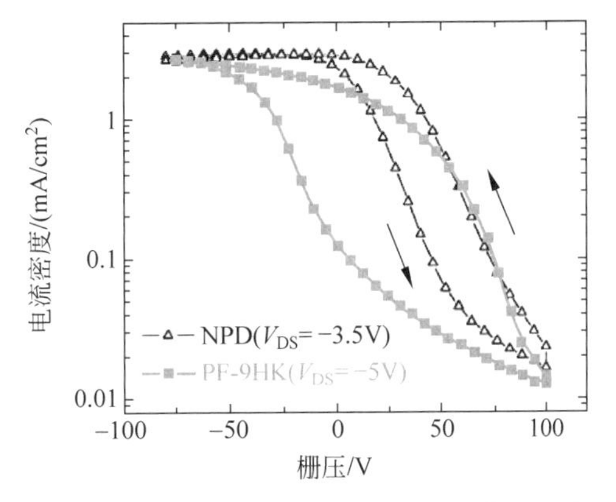


图8.3.2 基于碳纳米管源极OSBT，有源层分别为NPD和PF-9HK时器件的转移特性

由于碳纳米管的特性，碳纳米管源极不同于结构化金属源极。最重要的是，纳米管(以及石墨烯)表现出较低的态密度(DOS)。因此，碳纳米管源极除了可以通过对器件施加栅极电场来调节肖特基势垒的高度，还可以调节势垒宽度。此外，与薄金属电极相比，碳纳米管电极被认为对电子迁移更不敏感。另外，虽然使用具有固定功函数的碳基源极可以减少材料选择，从而确保注入势垒足够高，以便晶体管工作能够适应有机半导体的变化，但是沉积纳米管网络通常会形成粗糙的电极，因此就需要一个厚的半导体层。

基于碳纳米管源极构筑的首个VOFET获得了仅3mA/$cm^2$的开态电流密度。在进一步研究中，迟滞可以通过在栅介质层和碳纳米管电极之间添加额外的有机电荷存储层来调控。如果在一个小的栅压范围内操作，则OSBT的开关比高达$10^4$，同时该器件可作为迟滞窗口超过100V的非易失性有机存储器件。通过将栅电介质替换为$Al_2O_3$，这些OSBT的工作电压大大降低，栅压范围为4V内时器件的开关比为$10^5$，开态电流密度为50mA/$cm^2$。

同样，石墨烯也可以作为OSBT的源极。由于石墨烯较低的态密度，没有孔洞的石墨烯源极的器件也能实现对源漏电流的调控。另外，在石墨烯源电极上增加开口可以进一步增强开态电流，因为它同时结合了对肖特基势垒高度和宽度的调制。

### 8.3.4 MXene源极

如图8.3.3所示，Li等介绍了一种MXene材料$Ti_3C_2T_x$作为VOFET的源极，并制备

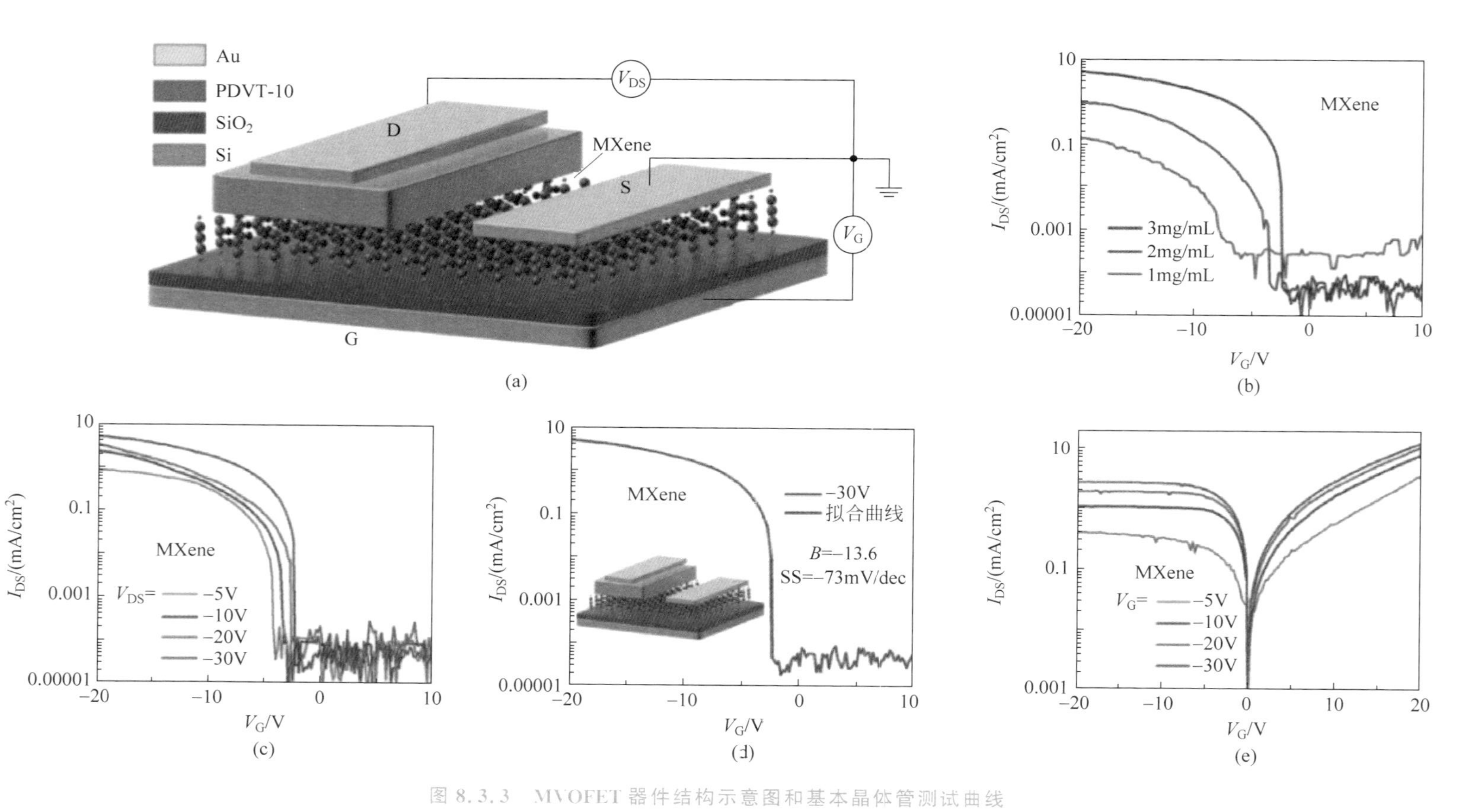


图 8.3.3 MVOFET 器件结构示意图和基本晶体管测试曲线

(a) 器件结构示意图；(b) 不同 MXene 浓度对应的转移曲线；(c) MXene 浓度为 3mg/mL 时，不同 $V_{DS}$ 下的转移曲线；(d) $V_{DS}=-30V$ 时的转移曲线，此时开关比高于 $10^5$，阈值电压为 $-1.2V$，亚阈值摆幅为 73mV/dec；(e) 输出特性表现出显著的饱和电流

了相应的垂直晶体管器件，即 MVOFET。MVOFET 利用石墨烯的肖特基势垒调制模式和网状金属电极的特性，以及 MXene 薄膜的超薄厚度和穿孔特性，极大地提高了器件的栅极可控性。MVOFET 实现了 73mV/dec 的亚阈值摆幅和 −1.2V 的阈值电压，这与传统的基于 Ag 纳米线的垂直晶体管相比是非常低的。此外，COMSOL 模拟结果表明，由于 MXene 的超薄厚度和自然氧化作用，VOFET 中常见的输出特性不饱和现象消失。此外，MVOFET 具有从紫外到可见光的广谱检测性能，在紫外(10ms)和可见光(0.21s)照射下具有较高的光检测性能和快速响应速度。

## 8.4 工作原理

OSBT 的工作原理近年来得到了深入的研究。虽然各个研究小组对不同类型的 OSBT 的解释尚未统一，但是 OSBT 工作的基本原理是调控源极和半导体层之间的注入势垒。

平面 FET 和垂直 FET(VFET)的三维结构和截面图如图 8.4.1 所示，两种器件结构具有相同的功能层：栅极 G、栅介质层、源极 S、半导体层 SC 和漏极 D。在平面器件中，沟道长度 $L$ 也许是最重要的结构参数，是由光刻工艺决定的；而在垂直设计中，它是由半导体层厚度决定的。因此，在垂直结构中 $L$ 可以很容易地缩小到几十纳米，同时可以平衡有机半导体的低迁移率，消除复杂的光刻过程。

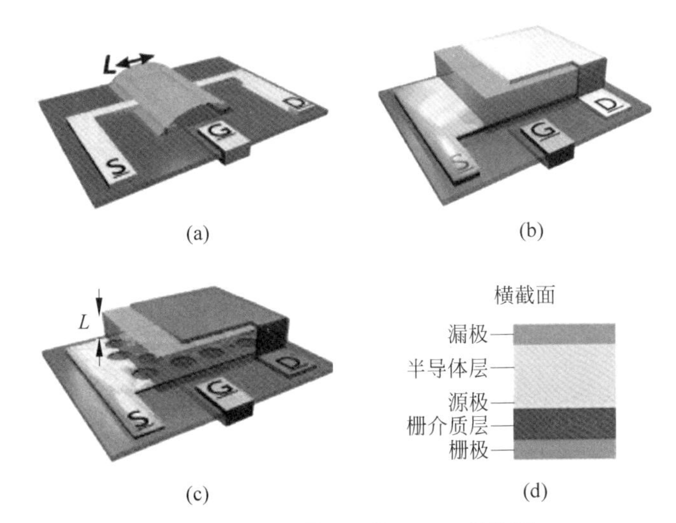


图 8.4.1　平面 FET 和 VFET 结构图

(a) 底栅底触的平面 FET 三维结构图；(b) Ma 和 Yang 发明的垂直结构；(c) 改进的(超薄源极被多孔电极取代)图案化源极 VFET 结构；(d) VFET 截面图

由于源极对栅极场的屏蔽，在栅极/栅极氧化物和半导体之间放置金属层，几乎不可能在半导体中引起任何效应。如图 8.4.1(b)所示，在 Ma 和 Yang 的器件架构中，通过使用超薄金属层作为源极并结合超级电容器，在金属界面处实现非常高的电场，从而避免了这个问题。另一种克服源极屏蔽的方法是通过制备多孔(图案化)电极，如图 8.4.1(c)所示，使得栅极电场可以穿透孔洞进入导体层中，从而减轻对超级电容器的需求。同样，通过使用碳纳米管网、石墨烯和 MXene 电极也实现了更简单的电极设计。尽管使用纳米管等电极提供了更为简单的工艺,但是多孔金属电极的使用可以更好地控制电极的性能,适合于详细建模,可用于增强器件性能,并为基于半标准光刻的设计开辟道路。

如前所述,为了使栅极电场能够调控晶体管,必须克服源极的自然屏蔽。在 Ma 和 Yang 提出的结构中,电极是非常薄的,而且在此基础上,栅介质层中含有可移动的离子,使得栅电容器充当了超级电容器,所有的栅极偏压都落在电极界面上。在 Ben-Sasson 等提出的结构中,电极是非连续的或多孔的,在开口处就可以实现对注入电荷的调控。图 8.4.2 展示了图案化源极 VOFET 的基本原理。如图 8.4.2(a)所示,该晶体管结构中图案化的电极具有圆孔。图 8.4.2(b)中放大其中一个孔洞并显示电荷将流入的区域,从而定义了 VFET 的基本单元。图 8.4.2(c)和(d)分别展示了一个单孔的横截面和环绕它的源极。如图 8.4.2(c)所示,如果栅极偏压不够大,无法打开器件($V_G<V_T$),那么器件就像一个金属-半导体-金属肖特基二极管,此时高的注入势垒使得关态下电流保持在低水平。该图还定义了两个重要的结构参数:孔洞宽度/直径($D$)和源极的厚度($h_S$)。开状态下的 VFET 工作原理则如图 8.4.2(d)所示。仅考虑栅电介质上的源极,器件结构类似于传统的底栅底接触 OFET。与平面 OFET 类似,外加的栅极电场由于能带弯曲(在源极开口处)而使肖特基势垒降低,可以将电荷载流子从金属源极的侧面注入半导体层中,并在栅极介电界面处形成一个电荷累积层,这个累积层被认为是垂直电荷载流子输运的"虚拟接触"。高电荷载流子密度导致电荷载流子向漏极扩散,并远离栅极电介质。通过施加漏极电压,在源极和漏极之间产生一个电场,从而将从栅介质层扩散出去的电荷拉出,最终在形成的垂直沟道中产生垂直方向的电流,此时孔洞开口的中间具有最高的电流密度。

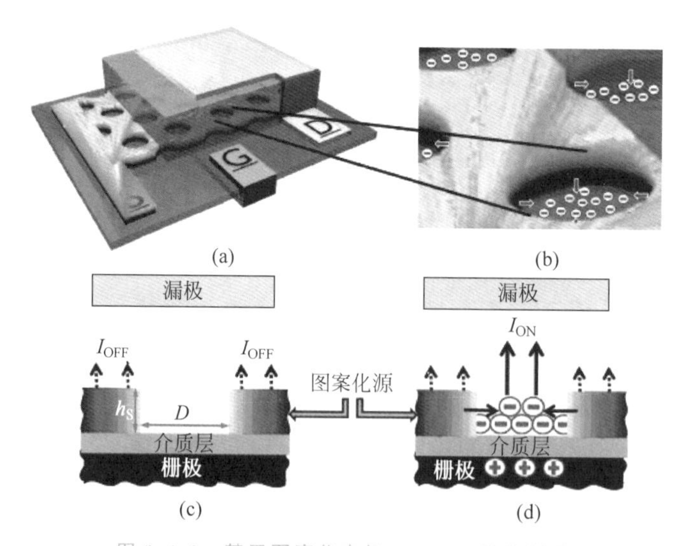


图 8.4.2 基于图案化电极 OSBT 工作机原理

(a) VOFET 结构;(b) 孔洞区域局部放大图;(c) 关态下的器件截面图;(d) 开态下的器件截面图

VFET 在开状态下电荷密度分布的二维数值模拟结果如图 8.4.3 所示。电荷密度从栅介质层开始向上以指数方式衰减,直到电荷密度变为常数,指数衰减表示该区域中扩散占主导地位。几乎恒定密度的区域(垂直沟道)是由漂移电流控制的。这表明,漏极电场在接近介质层的位置就开始拉电荷，因此，为了获得更高的电流，需要漏极产生的电场能够到达孔洞的底部。由于电场线终止在源金属电极上，源极可能会阻碍这一点，所以孔洞的纵横比($D/h_S$)显得尤为重要。如果这个纵横比不够大，那么电场就不能到达孔洞内部并拉动足够高的电荷密度，这种效应在图 8.4.4(a)中通过模拟具有不同源极厚度的器件可以看出。如图 8.4.4(b)所示，分别使用 7nm 和 13nm 的源金属层制作了两个相同的 VFET。通过数值模拟中结构参数的系统变化(基于泊松、连续性和漂移扩散方程)，该模型可以用来确定它们对器件性能的影响。由于用于实现多孔金属源极的构造方法允许相应参数的变化，所以模拟结果可以在实验中得到验证。根据这些结果，人们得出了开孔尺寸、源极厚度、开孔长宽比、肖特基势垒高度和半导体厚度的设计规则。

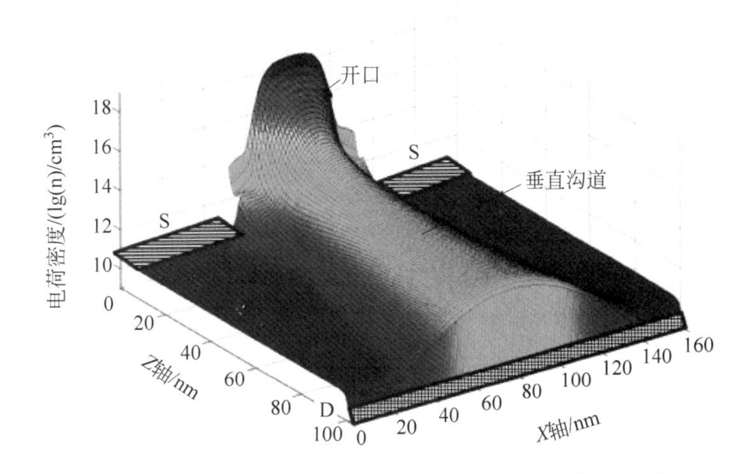


图 8.4.3　对于结构参数为 $D=60\mathrm{nm}$，$h_S=6\mathrm{nm}$ 的器件，在偏压条件为 $V_G=5\mathrm{V}$，$V_S=0\mathrm{V}$，$V_D=2\mathrm{V}$ 的情况下电荷浓度分布情况

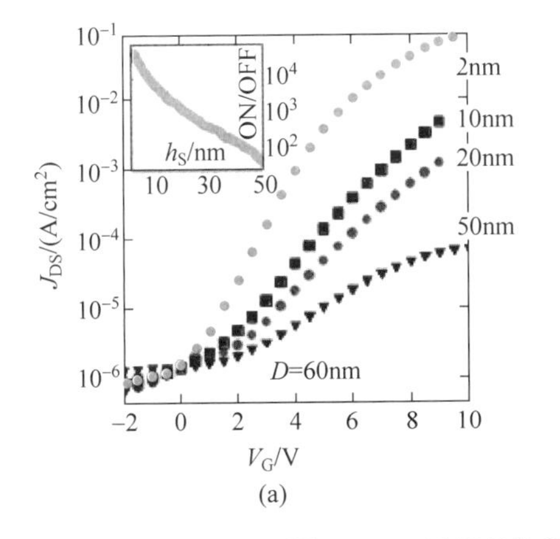


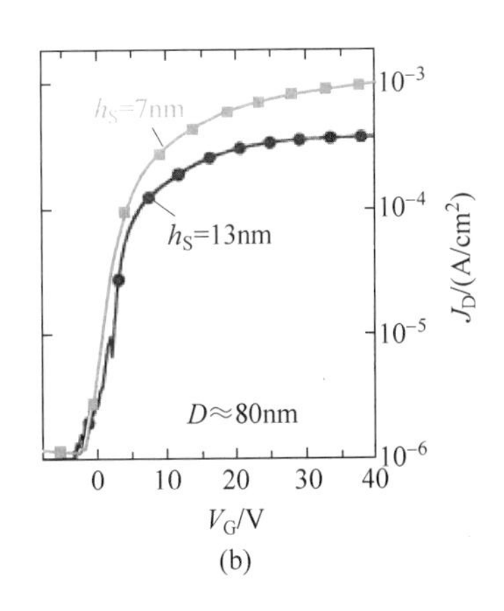


图 8.4.4　不同参数条件下的转移特性曲线

(a) 具有不同源电极厚度($h_S$)值的器件的模拟转移特性(插图：开关比与源极厚度关系图)；(b) 源极厚度为 7nm 和 13nm 的 n 型 VFET 的转移特性

## 8.5 材料选择与制备工艺

### 8.5.1 栅介质层

选择合适的栅介质层材料是制造高性能 VFET 的关键因素。介电材料的形态、表面粗糙度和表面能直接影响覆盖有机半导体层薄膜的物理特性，进而影响发生在有机半导体层靠近栅介质层的 2～3 个单分子层内的电荷载流子的传输。传统的无机材料，如 $SiO_2$，由于其坚硬和易碎的特性，很难用作柔性介电层。而聚合物电介质显示出更理想和更有利的特性，包括高度的机械柔韧性、低的薄膜密度、可控的分子结构、可低温溶液加工以及低成本效益。最常用的柔性和可拉伸聚合物电介质包括聚（α-甲基苯乙烯）（PαMS）、PMMA、PVA、PS 和 PDMS。

聚合物介电材料的重要特性之一是其介电常数，通常要求介电常数足够高，以便 OFET 器件可以在低电压下工作，符合下一代柔性和可穿戴应用的要求。一种有效提高介电常数的方法是在聚合物基质中加入导电填充物和金属离子。此外，聚合物电介质较差的耐溶剂性和带电缺陷也是正在进行的研究课题，克服这些问题的常用策略依赖于聚合物电介质的交联（如 SEBS 的叠氮化物交联和 PVA 的重铬酸铵交联）。考虑到某些生物应用的要求，在某些情况下，还需要使用具有生物相容性和生物降解性的非常规基质。例如，Fortunato 等在高迁移率柔性 OFET 中使用纤维素电介质，然而由于介质层的厚度较厚（75μm），OFET 器件工作在相对较高的电压下（20V）。Qian 等用壳聚糖电介质制造柔性 OFET，展示低压操作（2V）和高迁移率（约 0.97$cm^2/(V \cdot s)$）。同样，Ko 等使用角蛋白电介质（电容密度大于 1.27$\mu F/cm^2$）制备的柔性 OFET，在 2V 栅压下获得 0.35$cm^2/(V \cdot s)$的迁移率。

### 8.5.2 电极

VFET 器件的制造还应包括电极材料，常用的工艺涉及利用金属（例如 Au、Ag 和 Al）作为电极材料，因为它们具有高导电性和透明度。为了在柔性电子产品中使用刚性金属，常规方法是减小它们的厚度，从而实现一定程度的机械弯曲和拉伸。然而，金属薄膜的沉积会导致孤立的金属岛的形成，从而影响导电性。为了避免此类问题，包括离子导体、导电聚合物、金属纳米粒子和金属纳米线等在内的导电材料已被提出作为柔性电极材料。离子导体通常表现出超高透明度（约 100%）和高拉伸应变（100%～1000%），然而它们相对较高的薄层电阻和不可避免的脱水限制了它们在柔性电子产品中的应用。另外，导电聚合物，如聚苯胺和 PEDOT：PSS 更受欢迎，因为它们具有极好的机械柔韧性、电稳定性、光学透射率、薄膜均匀性和生物相容性。PEDOT：PSS 薄膜的图案化可以很容易地使用光刻、喷墨印刷、丝网印刷等方法进行，然而 PEDOT：PSS 容易受到湿度和拉伸应变的影响。解决这一难题的一些可行方案可以通过结构工程、微/纳米结构的形成，以及表面活性剂或弹性材料的结合来实现。

金属纳米粒子和金属纳米线也被认为是有效的电极材料，因为它们具有出色的导电性和合适的机械性能。金属纳米粒子是零维导电纳米材料，因此通常需要将它们掺入弹性体基质中。例如，Kim 等通过在 PDMS 基质中掺入 Ag 纳米粒子实现了高度可拉伸和导电电极的制备，所得柔性金属电极具有高拉伸性(电导率下降极少)和 $0.91\Omega/m^2$ 的低表面电阻。在金属纳米线中，银纳米线(Ag NW)最常用作柔性电极材料，因为它们具有很好的抗应变性、出色的透光率(约 89%)和高长径比。重要的是，Ag 纳米线油墨和薄膜的商业化使它们成为柔性 OFET 应用的最有前途的候选者。值得一提的是，金属纳米线薄膜通常表现出高薄层电阻，在弯曲/拉伸变形下，由于线-线连接处的断裂，电阻会显著增加。考虑到这个问题，Lee 等使用低温连续多步生长方法制备超长 Ag 纳米线，高长径比的 Ag 纳米线有助于平衡电学和机械性能。

### 8.5.3 有机半导体层材料

用于制造 OFET 器件的最常用的有机半导体层材料是共轭小分子和聚合物。根据应用，这些材料是根据其最高占据分子轨道(HOMO)和最低未占据分子轨道(LUMO)能级，以及其与金属功函数的接近程度来选择的。

相比之下，共轭聚合物已被证明易于使用滴涂、旋涂和喷涂等技术进行加工。同时，小分子薄膜的形成通常需要热蒸发等复杂的沉积系统。后者可以通过控制沉积速率和基板温度以实现均匀性和高薄膜质量。对于气体传感器等应用，有机半导体层薄膜需要具有特定的结合特性，因为这些材料通常使用表面功能化策略进行改性处理。

有机化学和材料科学领域不断进步的一个关键优势是，已经开发的用于平面 OFET 器件的有机半导体材料无需任何修改即可用于 VOFET。对于 VOFET，有机半导体材料的选择应取决于有机半导体和源极之间的势垒。例如，2015 年，Kvitschal 等使用 CuPc(HOMO：－5.2eV)作为沟道材料和 Sn(功函数：－4.4eV)作为源极材料制备 VOFET。由于 Sn/CuPc 界面处的高能垒，这些器件表现出较低的关态电流密度(约 $15mA/cm^2$)。因此这可能是 VOFET 器件选择有机半导体材料时的一个重要考虑因素。然而，不断进步的 VOFET 制备工艺表明，可以通过在源极表面上沉积一层薄的绝缘层来降低关态电流。因此，在有机半导体层和源极之间保持高能垒，只有在无法使用绝缘层覆盖源极表面的情况下才会加以考量。

关于聚合物有机半导体层内电荷载流子的传输，在平面 OFET 器件中，聚合物分子排列的方向最好垂直于基板(排列)。这样施加纵向电场后将导致电荷载流子通过链间和链内路径传输，获得更高的器件迁移率和输出电流。在 VOFET 器件中，聚合物分子的垂直取向可能会阻碍垂直方向的电荷传输，因为电荷载流子很容易通过链间路径的垂直方向传输，因此平行于基板取向可能更合适。此类概念已经在相关文献中报道，其通过优化有机半导体沉积方法或通过对有机半导体材料的合成进行必要的修改，可能有利于在 VOFET 中获得更高的电流密度。

### 8.5.4 制备工艺

VOFET 的制备采用与平面 OFET 相似的制造方法，但在这种情况下，要重点强调用于形成多孔源极、有机半导体层和顶部电极的方法。关于源极，除了显示出与柔性基板的兼容性，制造方法还需要能够产生可重现的电极空间结构，该结构还允许栅极电场有效渗透到沟道层中。Huang 等使用胶体光刻工艺制备柔性 VOFET 的多孔源电极，其中使用了随机分布的 PS 球体(直径为 100～200nm)。将基板浸入由带负电的悬浮 PS 球体组成的乙醇溶液中。90s 后将基板转移到沸腾的异丙醇溶液中以去除残留的 PS 球体。干燥后，吸附在基板上的 PS 球用作沉积底部电极的掩模版。另一种方法是 Ben-Sasson 等最初提出的使用金属纳米线形成多孔源电极，同时他们证明了 Au/Ag 纳米线的表面密度可以通过控制相应的溶液浓度来实现，由此产生的基于 n 型聚合物的 VOFET 在 5V 工作电压下表现出 $1mA/cm^2$ 的高电流密度。此后该团队发表了一系列关于优化实验方法和理论模型的文章，用于指导制备优异的金属纳米线电极。Yang 等则以钙钛矿量子点为电荷俘获层，Ag 纳米线为源电极，制备了 VOFET 非易失性存储器件，器件制备流程如图 8.5.1 所示。该器件在短的光写入时间和低光照强度下，表现出良好的存储性能：存储窗口可达 42V，存储时间长达至少 3 年。Chen 等使用直径为 40nm 的 Ag 纳米线制备柔性 VOFET 的源电极，如图 8.5.2 所示，该垂直量子点发光晶体管器件成功发光，并实现了 37cd/A 的最大电流效率。

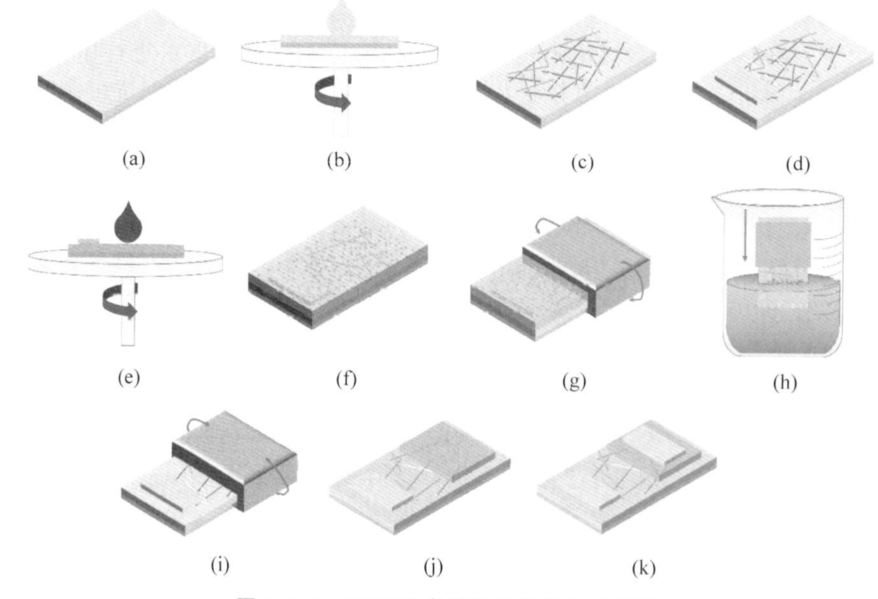


图 8.5.1 VOFET 存储器制备流程示意图

(a) 预清洗 $SiO_2$ 基板；(b) 旋涂银纳米线前驱体溶液；(c) 沉积银纳米线；(d) 热蒸发金作为源电极；(e) 旋涂 PDVT-10/钙钛矿量子点前驱体溶液；(f) PDVT-10/钙钛矿量子点混合薄膜成型；(g) 用高温胶带覆盖要保留的部分；(h) 样品浸入氯仿中除去不需要的混合薄膜部分以获得裸露的源电极；(i) 撕去高温胶带，不损坏底部的有源层；(j) 裸露的网状源电极和完整的有源层；(k) 热蒸发金作为漏电极

作为取代金属纳米线的另一方案，光刻技术已经被提出用于多孔源电极的图案化加工，该方法不仅可以获得饱和漏电流，还可以提高整体器件性能。采用光刻技术对 VOFET 源电极的图案化是为了实现不同批次间的高再现性和与工业制造方法的兼容性。此外，这种技术具有确定源电极图案的可能性，从而改善对源电极孔洞的大小/形状和密度的控制。Kleemann 等使用正交光刻技术获得了图案化后的 Au 源电极，随后使用磁控溅射通过同一掩模版沉积了一层 $SiO_2$ 绝缘层，从而防止源电极和漏电极之间的电流泄漏。在类似的工作中，如图 8.5.3 所示，Nawaz 等使用反向光刻步骤获得了金属纳米薄膜 VOFET 的源电极，然后通过电子光束蒸发按顺序沉积 Cr、Au 和 $SiO_2$。在这种情况下，微米大小的相同的

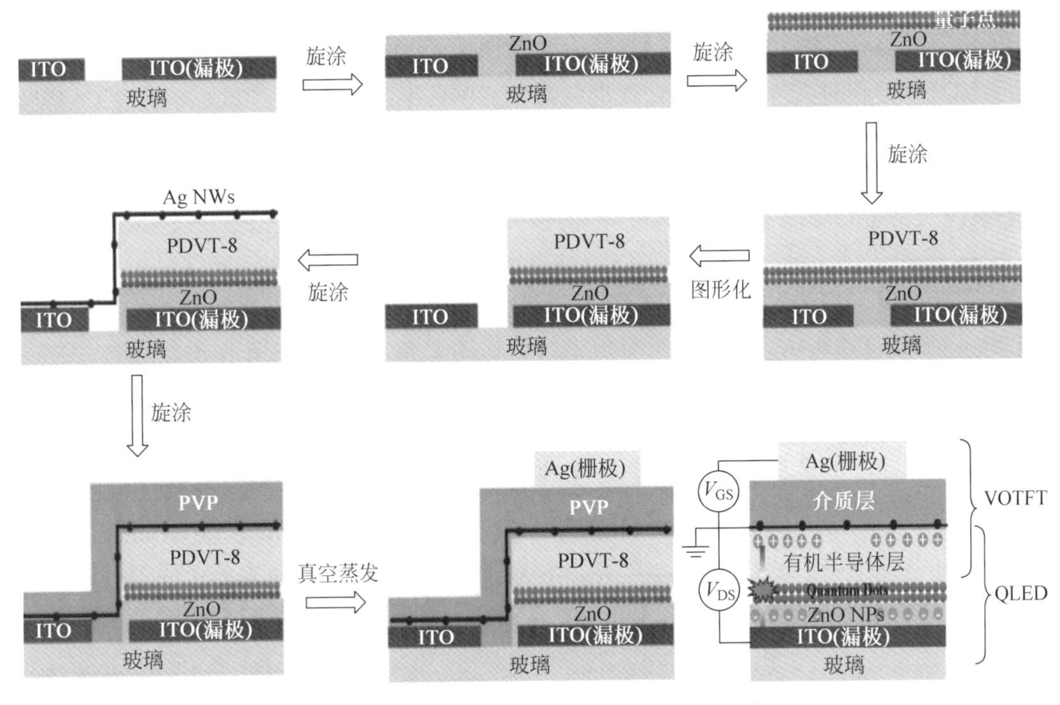


图 8.5.2 垂直量子点发光晶体管制备工艺流程图

源极图案是圆形或矩形，典型的孔洞间隙为 3μm 和 9μm。同时研究发现，将源极边缘的数量从 26 增加到 68，会导致电流密度显著增加(从约 $10mA/cm^2$ 增加到约 $500mA/cm^2$)。当源极边缘个数达到 960 个后，电流密度将达到约 $10A/cm^2$。因此，在高性能 VOFET 的提升中发挥重要作用的因素之一是使用纳米加工工具(例如电子束光刻)来精确控制源极的空间几何形状。

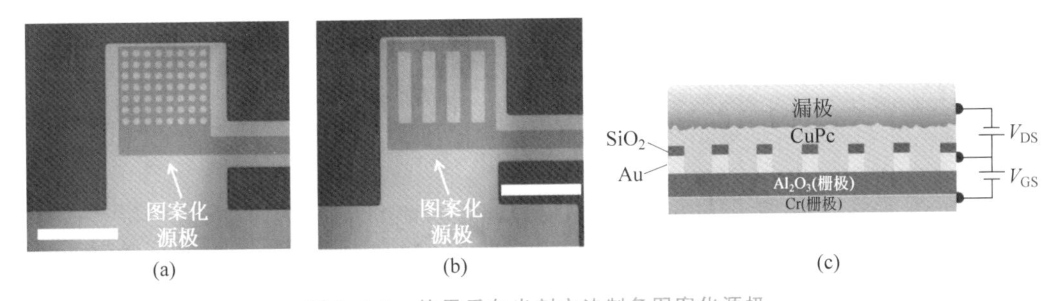


图 8.5.3 使用反向光刻方法制备图案化源极

(a) 图案化源电极的圆形孔洞；(b) 矩形孔洞(比例尺对应于 100μm)；(c) 基于金属纳米膜的 VOFET 的截面图

制造高性能和稳定的 VOFET 的另一个关键步骤涉及短沟道长度(是由有机半导体层的厚度确定的)，以便可以获得更高的电流密度。然而，沟道长度收缩到低于 100nm 时，对覆盖其上的漏极金属层有严格要求。若通过传统蒸发方法沉积金属层，会破坏底部有机半导体层的形态，甚至会产生针孔，这会导致源极和漏极电极之间的短路。为了规避此类问题，研究人员不断致力于开发替代解决方案。例如，在制造纳米柱 VOFET 时，Dogan 等在沉积顶部漏极之前，在有机半导体层上沉积了一层薄的绝缘层($SiO_2$)。绝缘中间层可以阻止金属原子扩散到有机半导体层中，使用该方法的一个重要考虑因素是足够薄的绝缘层基本不会影响半导体/电极界面特性。Dogan 等发现，$SiO_2$ 中间层的最佳厚度约为 3nm，它保留了界面特性并促进费米能级脱钉，促进电荷载流子的准欧姆注入。Chen 等制备了倒置结构 VOFET，如图 8.5.2 所示，最开始沉积漏极，最后沉积栅极，使用这种方法的优点是顶部金属层沉积在绝缘层上，消除了有机半导体层形貌被破坏的风险，最终成功地利用较薄的有机半导体层(50nm)实现了约 66mA/$cm^2$ 的最大电流密度。

Fang 等报道了一种基于硬性和柔性衬底的垂直结构晶体管，这项工作第一次通过喷墨打印成功地实现了溶液处理 VOFET 阵列的制造，如图 8.5.4 所示。与传统的 OFET 制备方法相比，喷墨打印被认为是一种更有前途的替代制造技术，因为它具有按需喷墨、无掩模和高分辨率 TFT 阵列直写等特点。除了用溶液工艺快速图案化有机半导体层，源极和漏极也可以单步沉积，这极大地简化了器件制备过程。此外，为了研究喷墨印刷 VOFET 阵列在柔性集成电路中的潜在应用，该工作还设计了一种具有多点可见光检测和图像识别的柔性图像传感器。

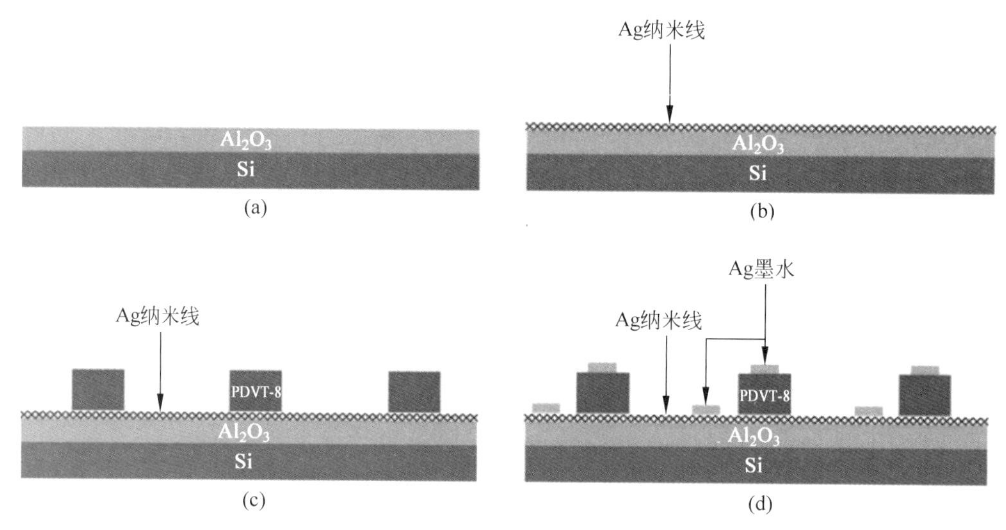


图 8.5.4 喷墨打印 VOFET 阵列的制备流程

(a) 原子层沉积 $Al_2O_3$；(b) 旋涂 Ag 纳米线；(c) 喷墨打印 PDVT-8 有机半导体阵列；(d) 喷墨打印源接触电极和漏电极

Thomas Weitz 团队则开发了一种全新的晶体管结构，可以认为是真正的 3D 垂直有机晶体管。该新型晶体管结构的制备流程如图 8.5.5 所示，源极和漏极的电极是通过电子束光刻形成的，沟道长度由漏极和源极接触之间的栅介质层(此处为 $SiO_2$)的厚度确定。此外在 $SiO_2$ 和金电极之间增加了薄层钛，达到更好的附着效果。接着用 1% 氢氟酸蚀刻掉金电极之间的 $SiO_2$ 和钛层，深度 $d_c$ 由蚀刻时间确定。然后旋涂有机半导体材料二酮吡咯并吡咯-三噻吩供体-受体聚合物(PDPP)，利用反应离子刻蚀去除多余的半导体材料，最后将一滴液体电解质 1-乙基-3-甲基咪唑鎓双(三氟甲基磺酰基)亚胺([EMIM][TFSI])滴涂到晶体管上获得成品器件。采用这种结构，获得的沟道长度为 40μnm。由于电解质栅极的高电容，器件在 −0.3V 偏压下，获得了超过 2MA/$cm^2$ 的电流密度，开关比为 $10^8$。此外，该晶体管在低电压(低至 10μV)下的操作令人印象深刻。另外，电解质电双层的高电容意味着器件的开关频率很小(约 1kHz)。

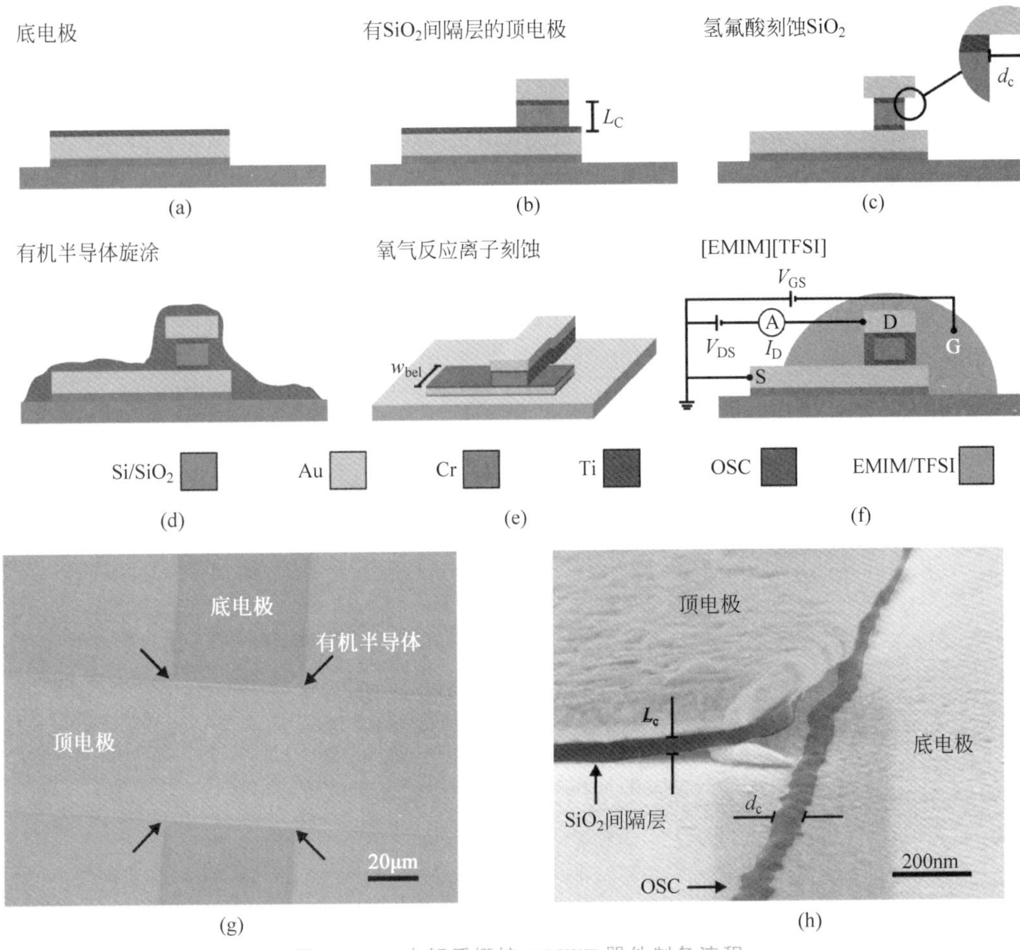


图 8.5.5 电解质栅控 VOFET 器件制备流程

(a) 用电子束光刻技术制备底部电极；(b) 顶部电极；(c) 氢氟酸蚀刻；(d) 旋涂有机半导体溶液；(e) 反应离子刻蚀；(f) 滴涂电解质获得成品晶体管；(g) 无电解质栅极的 VOFET 的偏振显微镜图；(h) VOFET 的彩色扫描电镜图

## 8.6 VFET 的相关应用

自 2004 年 Ma 和 Yang 报道了第一个 VOFET 以来，VOFET 领域的发展表明了其在有机电子和光电子领域的巨大潜力。接下来，将简要介绍目前报道的 VOFET 在垂直有机发光晶体管、柔性电子和逻辑电路、有机存储器件和人工神经突触等方面的应用。

### 8.6.1 垂直有机发光晶体管

与液晶显示器(LCD)相比，有机发光半导体显示器(OLED)具有功耗低、像素亮度高、可视角度广和对比度高等优点。但是阻止 OLED 更广泛商业化的主要技术挑战仍然是有源矩阵(AM)背板中的驱动晶体管。OFET 因其均匀性、低成本和多种沉积方式受到广泛研究。在典型的平面 FET 结构中，低迁移率沟道层需要很大的源漏电压来驱动必要的电流。在一个全有机 AMOLED 的演示中，驱动晶体管消耗的功率比 OLED 消耗的功率还要多。而通过增加驱动晶体管的沟道宽度来提供更大的电流以缓解这种情况也是不可行的；

这样做将减少 OLED 可用像素面积的比例，需要通过电致发光发射器件更高的电流密度来维持显示亮度，从而减少了 OLED 的寿命。或者通过缩短沟道长度，使源极和漏极彼此靠近来提高迁移率，但是这样会增加昂贵的高分辨率图案化的生产成本。

高开态电流密度已经使 VOFET 成为驱动显示器 OLED 像素的理想候选者。同时由于源极的性质，更密切的集成也是可能的。一个可以透过直流电场的薄源极在可见波长范围内提供了透明性，由 Ben-Sasson 等提出的结构化金属电极可以调控透明度在 60%～90%，片状电阻在 20～2000Ω/sq 范围内。对于碳纳米管源极也可以进行类似的优化，结合透明的栅极电极和栅介质层，VOFET 可以集成到 OLED 中构成垂直发光晶体管。像素驱动晶体管不需要额外的显示区域，可以增加像素填充因子。此外，VOFET 栅介质层可用作 2T1C 有源矩阵 OLED(AMOLED)像素中的存储电容。因此，将驱动晶体管、存储电容和 OLED 结合在一个器件中，可以大大简化显示设计。

如图 8.6.1 所示，Mccarthy 等展示了一种基于碳纳米管的垂直场效应晶体管(CN-VFET)，该器件因其结构固有的短沟道长度，不需要高分辨率图案化加工，并且能提供足以在低工作电压下驱动 OLED 像素的开态电流。同时他们将 OLED 集成到 CN-VFET 结构

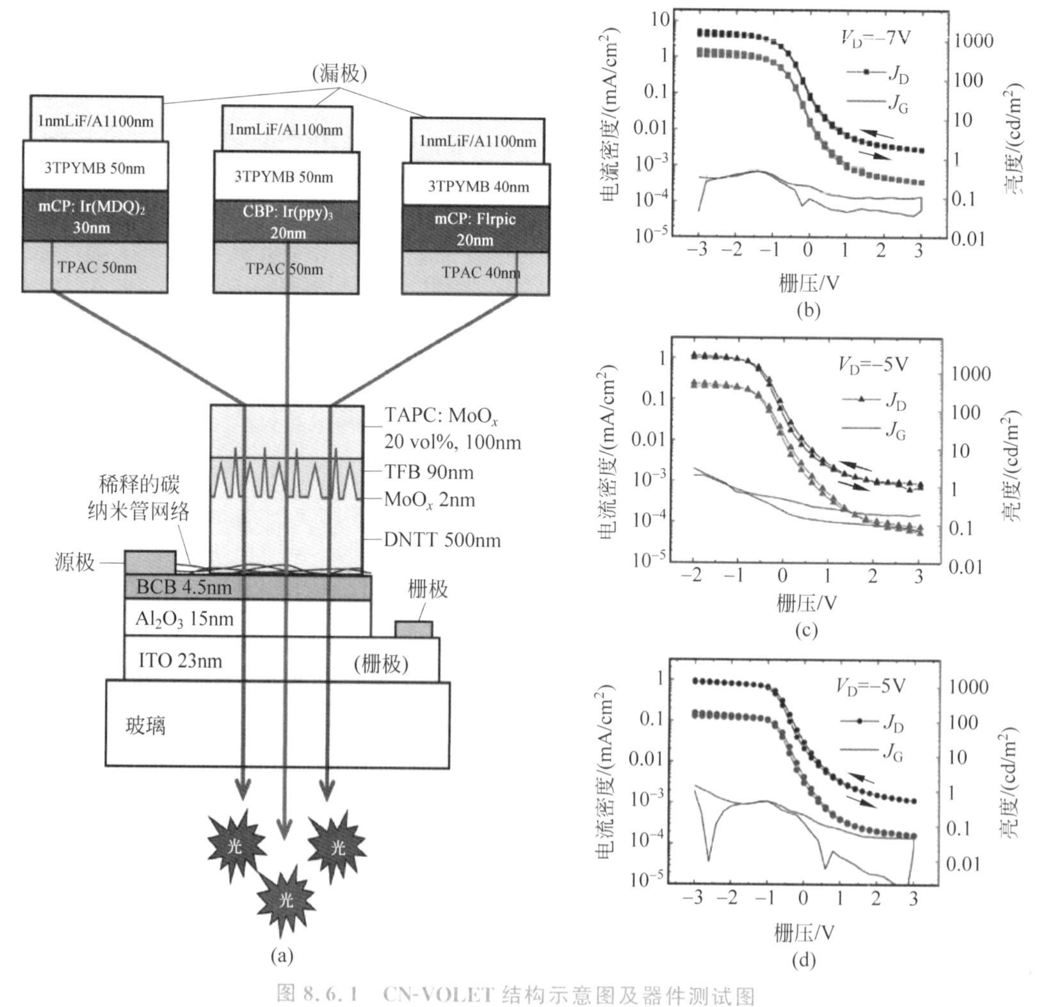


图 8.6.1 CN-VOLET 结构示意图及器件测试图

这些器件由红色、绿色、蓝色的有机发光二极管组成，它们由相同的底部 CN-VOFET 驱动

获得了基于碳纳米管的垂直有机发光晶体管(CN-VOLET)，这意味着该器件不仅作为晶体管运行，而且还发光。不同颜色的 CN-VOLET 充分利用了集成驱动晶体管的低功耗(±3V 的栅压范围内工作良好)以及纳米管源电极的高透过率(在整个可见光谱范围内大于 98%)，从而获得了在整个孔径范围内发光的发光晶体管。在 500cd/m$^2$ 的显示亮度下，驱动晶体管的功耗分别只占红、绿、蓝像素总功耗的 19%、6%和 15%。

Gobbi 等则提出了另一种新的 VOLET 架构，其中发光层由 p 型和 n 型有机半导体组成，如图 8.6.2 所示。其中 pn 异质结发光二极管具有低驱动电压和高效率的优点，因为单重态和三重态激子都用于辐射。光发射可以发生在 p 型和 n 型有机半导体的界面上，并且可以通过施加栅压来调节电子注入，从而可以通过栅压将光发射从关态切换到开态。

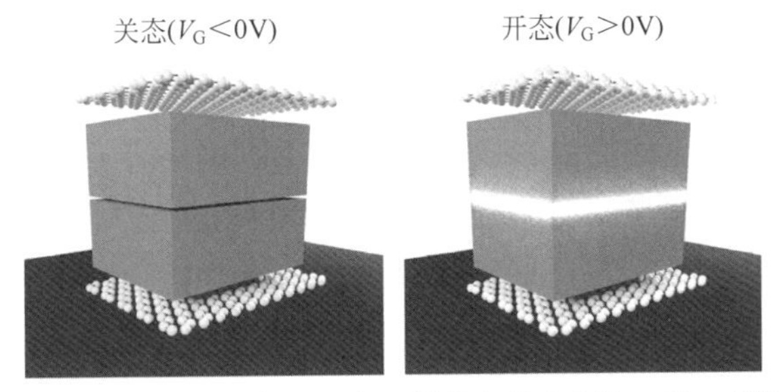


图 8.6.2　VOLET 结构包括嵌入两个石墨烯电极之间的 n 型、p 型有机半导体

量子点由于具有可调带隙和较小的激子结合能等优点，成为热门的光活性材料。Yu 等展示了一种红外-可见上转换发光光电晶体管(LEPT)。图 8.6.3 中的 LEPT 是一个具有

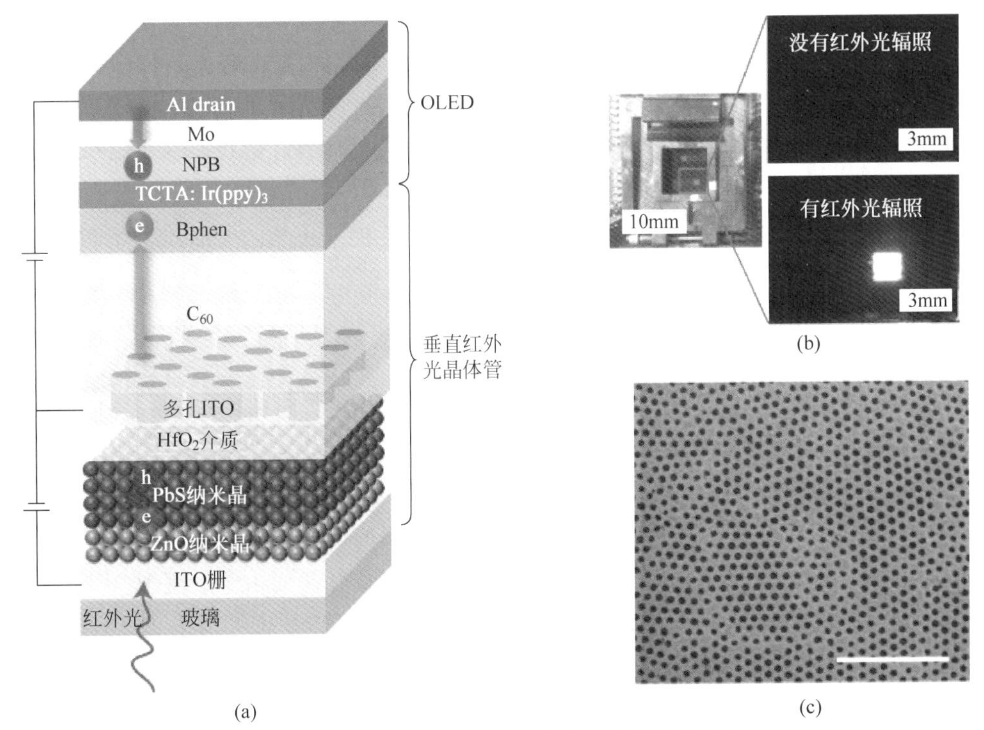


图 8.6.3　红外-可见上转换发光光电晶体管器件

(a) 由 OLED 和垂直光电晶体管组成的 LEPT 器件结构图；(b) 在室内光线下夹在测量箱中的样品照片；(c) 多孔 ITO 膜(45nm 厚度)，比例尺 10μm

红外光激活栅极的三端垂直光电晶体管，并集成了OLED，通过OLED的电流受到入射光和栅极电压的共同调制。量子点(PbS)作为红外光激活栅夹在氧化铟锡(ITO)栅极电极和$HfO_2$栅介质层之间。在工作过程中，红外光子透过ITO栅电极撞击PbS层产生光载流子，并在$C_{60}$与多孔ITO源电极和$HfO_2$栅介质层接触的区域形成强的场效应，调控从ITO源电极通过$C_{60}$沟道层向OLED的电子注入，从而产生器件发光。最终器件的外量子效率(EQE)高达$1\times10^5\%$，探测率为$1.2\times10^{13}$Jones。

## 8.6.2 柔性电子与逻辑电路

柔韧性是未来柔性、可穿戴或可植入器件的一个重要特征。以前实现高度柔性化的方法主要依赖于使用超薄沟道材料来减少应力或使用本征可柔性化的材料，如有机聚合物。而在VFET结构中，典型的非柔性或脆性材料也可以用作高性能柔性电子器件的沟道材料。如图8.6.4(a)所示，当刚性半导体层被机械弯曲或拉伸时，沟道的任何小的面内裂纹/滑移都会严重降低传统平面OFET器件中的横向电荷输运。因此在弯曲条件下，平面OFET的性能可能会显著下降。相比之下，在VFET结构中(图8.6.4(b))垂直电流输运基本不受刚性薄膜中平面内裂纹的影响。例如，铟镓锌氧化物(IGZO)VFET比平面FET具有更好的柔性化，并且经过1000个弯曲周期后电流基本没有变化。同样地，在PET薄膜上制备的基于$WS_2$的VFET在弯曲条件下也展示了具有稳定的电学特性。如图8.6.5(a)和(b)所示，Shih等报道的柔性有机/石墨烯VOFET，即使在弯曲半径小于1mm的情况下，其在薄聚酰亚胺薄膜上的性能仍然保持不变。此外，如图8.6.5(c)所示，VOFET在柔性基板上的大面积电子产品和驱动OLED显示器方面显示出巨大的潜力。基于IGZO-石墨烯异质结构的VFET被集成到聚对苯二甲酸乙二酯(PET)衬底上，如图8.6.5(d)所示，该器件在不断减小的弯曲半径下(图8.6.5(e))和多次弯曲循环后(图8.6.5(g))依旧表现出优异的机械稳定性。所有这些都得益于VFET内部特有的垂直方向流动的电流，垂直电流对因器件弯曲或拉伸而产生的裂纹具有更好的包容性，如图8.6.5(f)所示。

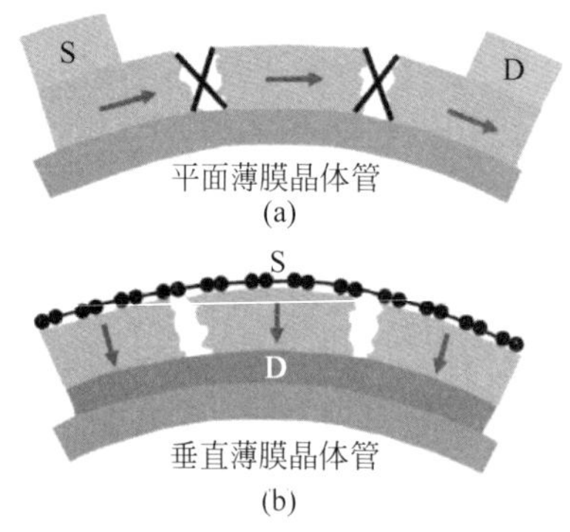


图8.6.4 弯曲条件下平面FET和VFET器件截面图

(a) 传统平面OFET结构示意图，其中沟道裂纹可能导致整体器件失效；(b) VFET结构示意图，垂直电流传输在很大程度上不受脆性薄膜中的面内裂纹的影响

逻辑电路是现代电子学的重要组成部分，如逆变器、AND、NAND和倍频器。Hlaing等报道了一种基于p型和n型沟道的VOFET的低电压有机互补电路。由于VOFET的工作电压低，这种互补电路可以在$V_{DD}=2V$的小电压下工作。然而由于p型VOFET的性能较差(开关比仅为5)，则所获得的单增益仍然很低。为了提高基于并五苯的VOFET的开关比，Kim等以掺杂石墨烯为源电极，构建了基于掺杂石墨烯的VOFET。通过集成p型并五苯VOFET和n型PTCDI-C8有机半导体的VOFET制造的互补逆变器，展示了在0.5V、1.0V和1.5V电源电压下将低输入信号$V_{in}$逆变为高输出信号$V_{out}$的能力，反之亦然。He等则报道了通过整合两个VOFET实现其他逻辑门，例如与门和或门。基于

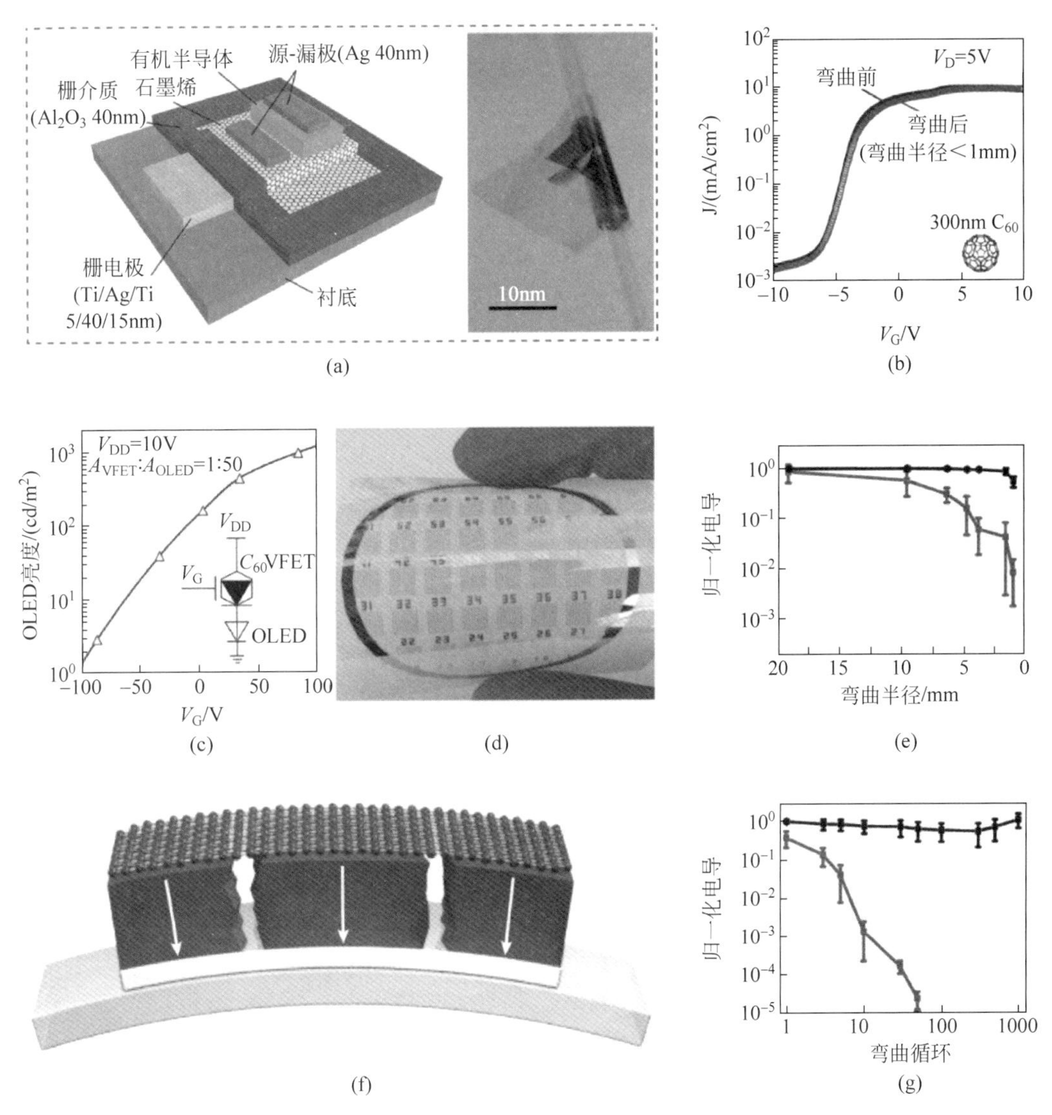


图 8.6.5　基于石墨烯电极的 VOFET 和基于 IGZO-石墨烯异质结构的 VFET 示意图及相关测试

(a) 基于石墨烯电极的 VOFET 的示意图(左)和柔性衬底上 VOFET 阵列(右)；(b) $C_{60}$ VOFET 器件弯曲前后的转移曲线(弯曲半径小于 1mm)；(c) 由 $C_{60}$ VFET 驱动的磷光 OLED(对比度约为 1000)；(d) 在塑料衬底上的 IGZO-石墨烯 VOFET 阵列；(e) 平面 FET 和 VOFET 在不同弯曲半径下的归一化电导；(f) VOFET 弯曲示意图；(g) 平面 FET 和 VOFET(上部曲线)在不同弯曲次数后的归一化电导

C8-BTBT 有机半导体层的 VOFET 在 2V 的小工作电压下展示了约 $10^6$ 的高开关比。逻辑门的成功实现，表明 VOFET 作为集成逻辑电路的基础元件具有潜在的应用价值。

### 8.6.3　有机存储器件

有机非易失性存储器在现代电子中有许多应用，例如识别标记和传感器信号监测。单一的传统 OFET 器件自身并不具有存储功能。这意味着一旦撤除工作电压，沟道中累积的电荷将很快耗尽，晶体管会返回其初始状态。存储器件的基本要求是需要两种不同的物理状态来表示二进制代码 0 和 1。大多数 OFET 存储器件是在半导体沟道和栅极之间插入一层电荷俘获层(浮栅)的 OFET 器件,从而利用浮栅层对电荷束缚的能力而实现电荷存储。基于传统平面 OFET 的存储器存在电流密度小、操作速度慢(与迁移率低和较长的沟道长度有关)以及工作电压大等问题;而 VOFET 的高电流密度、低工作电压和超短沟道等优点,为获得高性能的有机存储元件提供了一个完美的平台。

图 8.6.6(a)展示了一种基于 VOFET 的典型有机存储晶体管,器件包括金漏极、TFB 有机半导体沟道层、碳纳米管源电极、BCB 驻极体以及 $SiO_2$ 栅介质层。如图 8.6.6(b)所示,该 VOFET 存储器显示了 157V 的存储窗口,但较差的保留特性限制了其应用,如图 8.6.6(c)所示。She 等构建了另一个基于双极性半导体材料(DPP-DTT)的垂直有机存储晶体管,PVN 聚合物驻极体作为电荷存储层,如图 8.6.6(d)～(f)所示,该器件表现出快

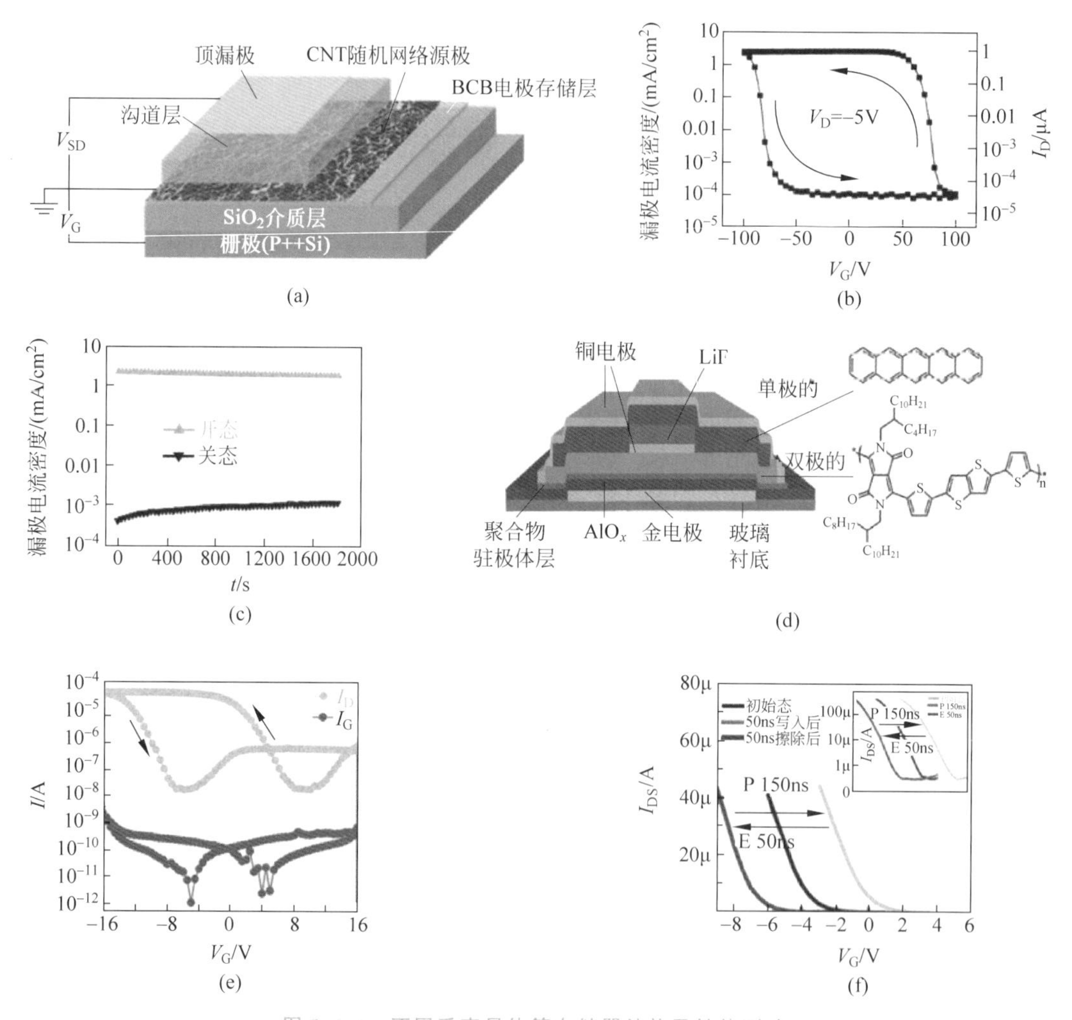


图 8.6.6　不同垂直晶体管存储器结构及性能测试

(a) 基于 CN-VFET 的存储器件结构示意图,其中电荷储存层(BCB)嵌入碳纳米管源电极和栅介质层($SiO_2$)之间;(b) 基于 CN-VFET 的存储器件的转移特性曲线;(c) 基于 CN-VFET 的存储器件的保持特性曲线;(d) 垂直晶体管存储器结构示意图;(e) 基于双极性半导体材料的垂直晶体管存储器的转移曲线,底部曲线表示漏电流;(f) 经过 50ns 擦除和 150ns 写入后器件的转移曲线

速的存储操作(150ns 写入和 50ns 擦除)。然而该器件的存储保持性能也不理想,这可以通过增加聚合物驻极体的厚度或使用更好的驻极体材料来进一步改善。

此外,Hu 等则开发了一种新型的基于 VOFET 的浮栅有机存储器(VFGOTM),如图 8.6.7 所示,其表现出优异的存储性能,具有优异的保持性能、极高的电流密度($2.5mA/cm^2$)和大的存储窗口(68.5V)和开关比($10^4$)。此外,由于独特的垂直结构,载流子传输较少受到重复机械弯曲过程中形成的裂纹的影响,VFGOTM 还表现出优异的机械柔性。

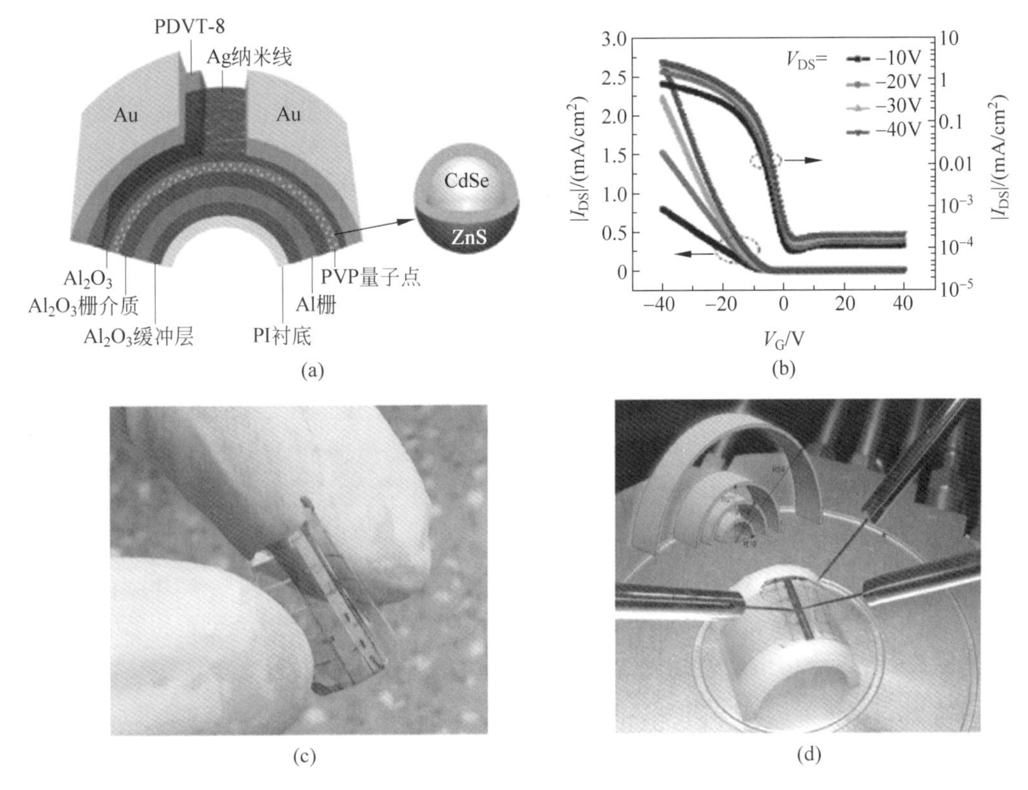


图 8.6.7 基于 VOFET 的浮栅有机存储器结构及性能测试

(a) 柔性 VFGOTM 器件结构示意图;(b) VFGOTM 器件转移特性曲线;(c) PI 衬底上的柔性 VFGOTM 器件;(d) 贴在刚性圆柱体上的弯曲的 VFGOTM 器件

Yu 等还报道了基于铁电 $Hf_{0.5}Zr_{0.5}O_2$ 薄膜的非易失性 VOFET,其组成包括:Al 漏极、$C_{60}$ 半导体层、多孔 ITO/多孔 TiN 源电极、铁电 $Hf_{0.5}Zr_{0.5}O_2$/TiN 栅电极、ITO 栅电极和柔性衬底。该存储器可以在低电压下工作,同时由外推法推测其存储保持时间长达 10 年,器件可以保持在 8mm 以下的弯曲半径和多达 1000 个弯曲循环,显示出 VOFET 在柔性器件中的巨大应用前景。

## 8.6.4 人工神经突触应用

OFET 存储器受到广泛关注的原因,除了可实现存储数据,另一项重要应用就是模拟人类大脑系统的结构和记忆功能,用于开发神经形态计算。Mead 等在 20 世纪 80 年代提出了“神经形态”(neuromorphic)一词,并在1995年提出了基于单个MOSFET的突触的概念。在过去的几十年中,神经元电路大多基于CMOS芯片来实现,然而硅基神经元单元通常需要几个MOS晶体管集合形成。得益于OFET存储器件的高密度、高开/关电流比和多级数据存储等优点,OFET存储器件有望在单个器件级别上模拟生物突触功能,具有广阔的发展前景。

生物学上的神经突触是指连接两个神经元的纳米间隙,当动作电势到达时,前神经元受刺激后,释放神经递质经过突触后传输到后神经元,从而实现信号的传输。神经突触既可以充当计算单元,又可以充当存储器件,能够并行处理大量信息,而每个突触动作仅消耗飞焦级的能量。在基于OFET存储器的突触器件当中,一般将栅电极用作突触的输入端,而将源/漏电极以及有机半导体沟道视为突触的输出端。通过在栅电极上施加电压脉冲来模拟生物突触的行为,这个动作行为相当于在突触前膜施加突触尖峰。而沟道电流或电荷载流子可被看作神经递质。沟道电导(W)称为突触权重,突触权重变化称为突触可塑性。通常,突触可塑性可分为短期可塑性(STP)和长期可塑性(LTP)。短期可塑性对应于刺激后突触强度的短暂改变,持续数十毫秒至几分钟,可用于神经信号的信息传输、编码和过滤;而长期可塑性则是突触强度的持续改变,可持续数小时至数年,更多地实现了永久的变化,因此是神经电路系统中记忆和学习行为的基础。基于OFET存储器的突触器件在栅极进行“写入”操作,而对器件沟道的信息进行“读取”,从而使基于OFET存储器的突触器件可以同时执行信号传输和学习功能。基于OFET存储器的突触器件还可以引入其他各种非电刺激(例如光、压力、热等),这有助于实现具有更复杂功能的神经突触,满足更多更复杂的生物应用,包括感觉神经系统和无监督的突触学习等。

如图8.6.8所示,Gao等报道了一种异质结VOFET光电存储器,它采用p/n型半导体异质结作为半导体层,不附加任何电荷俘获层,并研究了掺杂对存储器性能的影响。n型半导体掺杂到p型半导体中后,p/n型半导体形成异质界面,促进了激子的分离。在低掺杂浓度下,器件表现出优异的非易失性存储功能,随着n型半导体浓度的增加,分散的n型半导体形成连续的n型网络,该器件可以从非易失性存储器转变为人工突触,并实现人工突触功能,包括突触后电流(PSC)、短期记忆(STM)和长期记忆(LTM)。

如图8.6.9所示,Wang等首次研制了可拉伸垂直有机场效应晶体管(s-VOFET),器件具有低工作电压(−0.5V)、高电流密度(5.19mA/cm$^2$)和良好的拉伸稳定性。拉伸应变增强了半导体薄膜中π-π堆积的平躺(face-on)取向排列,为垂直电荷输运提供了更有效的途径。因此,随着应变增加到20%,开态电流增加了68.5%,亚阈值振幅减小了25.2%。同时,模拟结果表明,拉伸应变可以增强栅极电场对载流子的调控性,从而增强电荷的输运和积累。另外,通过耦合摩擦电纳米发生器(TENG)和突触晶体管形成了一个新的摩擦电,实现了环境感知和人机界面之间的直接交互。为此,利用TENG和可拉伸垂直突触晶体管构建了一个可拉伸的自供电人工触觉通路,成功实现了触觉无线通信和感觉皮肤触觉交互。VOFET为在可拉伸电子器件中实现人工神经功能提供了一个新的平台。

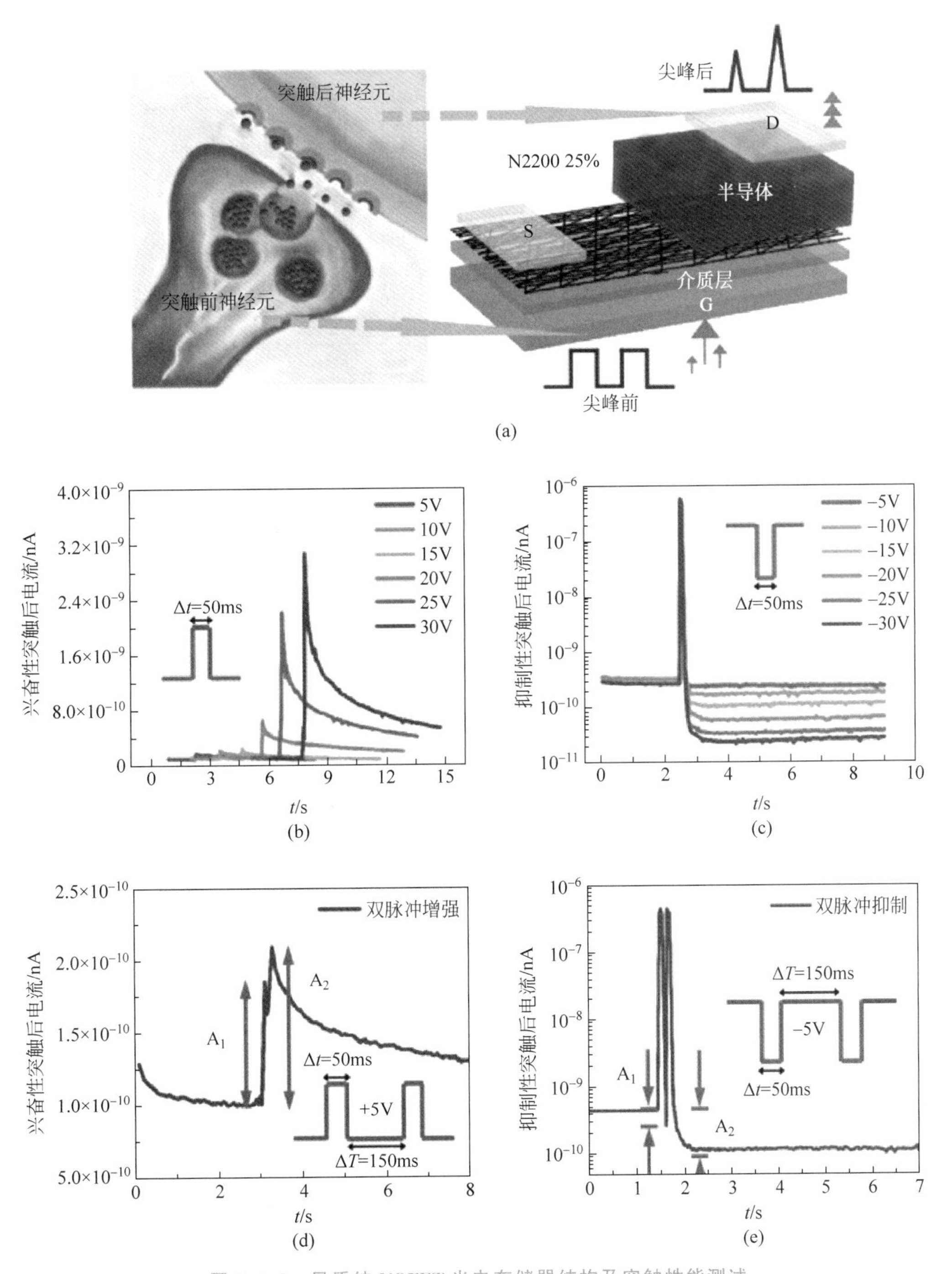


图 8.6.8 异质结 VOFET 光电存储器结构及突触性能测试

(a) 生物突触和电刺激突触存储器件示意图；(b) N2200 掺杂浓度为 25%时，器件在不同振幅电压脉冲下的 EPSC；(c) 不同振幅下的 IPSC；(d) 双脉冲增强；(e) 双脉冲抑制；(f) 不同宽度电压脉冲下的 EPSC；(g)、(h) 30 个脉冲触发的电增强和电抑制

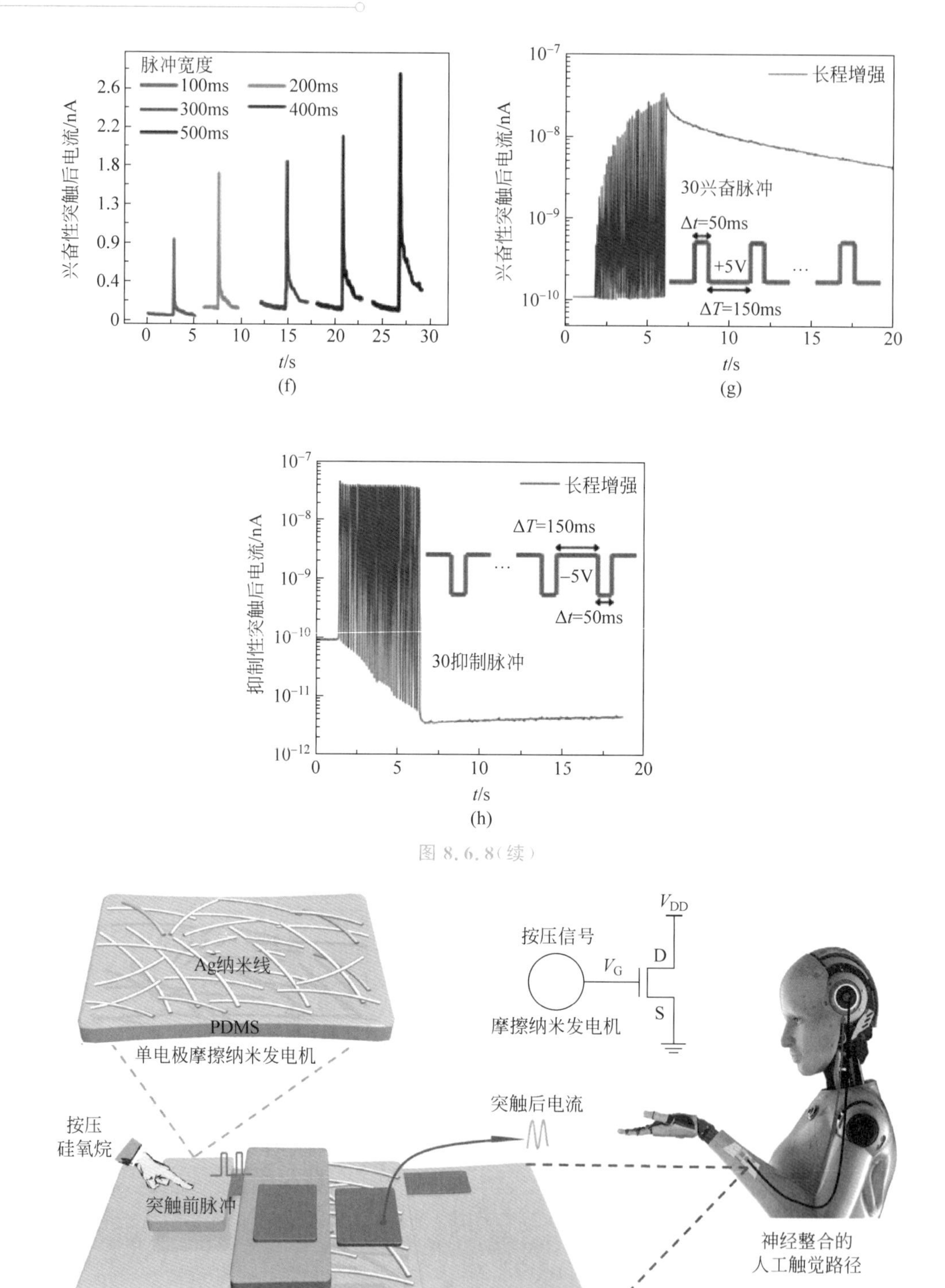


图 8.6.9 基于可拉伸垂直突出晶体管的自供电人工触觉通路及性能测试

(a) 集成了机械感受器和突触的自供电整合触觉通路的示意图；(b) 中等强度的单个触发峰触发 120ms 后的 EPSC；(c) 在经历 500 个周期(30%应变)后，不同释放时间(峰宽)触发峰触发的 EPSC；(d) 可拉伸垂直突触的触觉单触发 EPSC 振幅与国际莫尔斯电码"SOS"；(e) 未拉伸状态下的不同时间中等强度单点触发的 EPSC；(f) 未拉伸状态下，由不同数量的中等强度的触摸尖峰触发 120ms 后的 EPSC

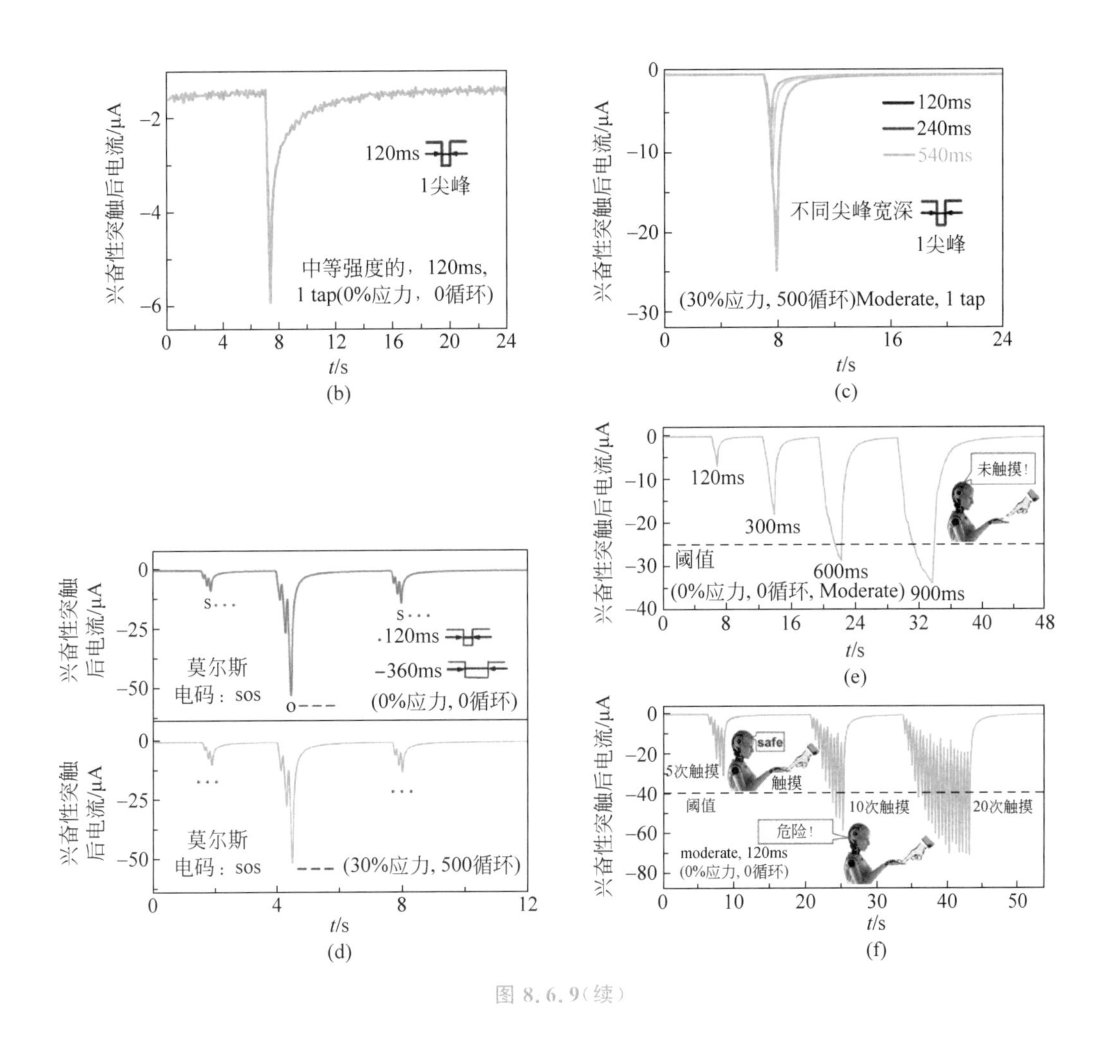


图 8.6.9(续)

## 课后习题

8.1 垂直晶体管和平面晶体管的区别是什么？

答：传统平面结构 FET 包括栅极、源漏极、绝缘层和半导体层，其中源漏极水平排列。源漏电流方向垂直于栅极电场，传统平面 FET 的沟道相对较长(通常为微米量级)。而垂直 FET 器件中，源极、半导体层和漏极垂直地堆叠，半导体层薄膜的厚度即沟道长度(通常为纳米量级)，电流方向与栅极电场平行，与衬底垂直。

8.2 垂直晶体管的优势具体在哪里？

答：垂直 OFET 可以实现低工作电压、高电流密度和工作频率。同时得益于薄的半导体层和垂直方向的电荷传输路径，垂直 FET 器件在反复弯曲循环下，沟道层中形成的裂纹或错位对电荷传输性能的影响很小，因此垂直 FET 在柔性器件中的应用前景广阔。

8.3 垂直晶体管和传统平面晶体管到底哪个更具有优势？平面晶体管会不会完全被垂直晶体管所代替？

答：目前传统平面晶体管的制备工艺与相关应用已成熟，具有长期的技术优势。垂直晶体管在不断发展，相应的技术壁垒也在不断被克服，基于垂直晶体管的相关应用也在不断报道并付诸实际应用，垂直晶体管因其特有的优势会逐渐发展成熟。因此未来传统平面晶体管和垂直晶体管极大可能会共拥市场，长期共存。

## 参考文献


[1] TSUMURA A, KOEZUKA H, ANDO T. Macromolecular electronic device: Field-effect transistor with a polythiophene thin film[J]. Applied Physics Letters, 1986, 49(18): 1210-1212.

[2] HOFMOCKEL R, ZSCHIESCHANG U, KRAFT U, et al. High-mobility organic thin-film transistors based on a small-molecule semiconductor deposited in vacuum and by solution shearing[J]. Organic Electronics, 2013, 14(12): 3213-3221.

[3] ANTE F, KALBLEIN D, ZAKI T, et al. Contact resistance and megahertz operation of aggressively scaled organic transistors[J]. Small, 2012, 8(1): 73-79.

[4] KITAMURA M, ARAKAWA Y. High current-gain cutoff frequencies above 10MHz in n-channel C-60 and p-channel pentacene thin-film transistors[J]. Japanese Journal of Applied Physics, 2011, 50(1): 01BC01.

[5] LIU J, QIN Z, GAO H, et al. Vertical organic field-effect transistors[J]. Advanced Functional Materials, 2019, 29(17): 1808453.

[6] KLAUK H. Will we see gigahertz organic transistors[J]. Advanced Electronic Materials, 2018, 4(10): 1700474.

[7] MA L P, YANG Y. Unique architecture and concept for high-performance organic transistors[J]. Applied Physics Letters, 2004, 85(21): 5084-5086.

[8] XU Z, LI S H, MA L, et al. Vertical organic light emitting transistor[J]. Applied Physics Letters, 2007, 91(9): 092911.

[9] LI S H, XU Z, MA L P, et al. Achieving ambipolar vertical organic transistors via nanoscale interface modification[J]. Applied Physics Letters, 2007, 91(8): 083507.

[10] LI S H, XU Z, YANG G W, et al. Solution-processed poly(3-hexylthiophene) vertical organic transistor[J]. Applied Physics Letters, 2008, 93(21): 426.

[11] BEN-SASSON A J, AVNON E, PLOSHNIK E, et al. Patterned electrode vertical field effect transistor fabricated using block copolymer nanotemplates[J]. Applied Physics Letters, 2009, 95(21): 302.

[12] BEN-SASSON A J, TESSLER N. Patterned electrode vertical field effect transistor: Theory and experiment[J]. Journal of Applied Physics, 2011, 110(4): 044501.

[13] BEN-SASSON A J, TESSLER N. Unraveling the physics of vertical organic field effect transistors through nanoscale engineering of a self-assembled transparent electrode[J]. Nano Letters, 2012, 12(9): 4729-4733.

[14] BEN-SASSON A J, CHEN Z H, FACCHETTI A, et al. Solution-processed ambipolar vertical organic field effect transistor[J]. Applied Physics Letters, 2012, 100(26): 138.

[15] BEN-SASSON A J, ANKONINA G, GREENMAN M, et al. Low-temperature molecular vapor deposition of ultrathin metal oxide dielectric for low-voltage vertical organic field effect transistors[J]. ACS Applied Materials & Interfaces, 2013, 5(7): 2462-2468.

[16] BEN-SASSON A J, AZULAI D, GILON H, et al. Self-assembled metallic nanowire-based vertical organic field-effect transistor[J]. ACS Applied Materials & Interfaces, 2015, 7(4): 2149-2152.

[17] LIU B, MCCARTHY M A, RINZLER A G. Non-volatile organic memory elements based on carbon-nanotube-enabled vertical field-effect transistors[J]. Advanced Functional Materials, 2010, 20(20): 3440-3445.

[18] MCCARTHY M A, LIU B, RINZLER A G. High current, low voltage carbon nanotube enabled vertical organic field effect transistors[J]. Nano Letters, 2010, 10(9): 3467-3472.

[19] MCCARTHY M A, LIU B, DONOGHUE E P, et al. Low-voltage, low-power, organic light-emitting transistors for active matrix displays[J]. Science, 2011, 332(6029): 570-573.

[20] LEMAITRE M G, DONOGHUE E P, MCCARTHY M A, et al. Improved transfer of graphene for gated Schottky-junction, vertical, organic, field-effect transistors[J]. ACS Nano, 2012, 6(10): 9095-9102.

[21] HLAING H, KIM C H, CARTA F, et al. Low-voltage organic electronics based on a gate-tunable injection barrier in vertical graphene-organic semiconductor heterostructures[J]. Nano Letters, 2015, 15(1): 69-74.

[22] PARUI S, RIBEIRO M, ATXABAL A, et al. Graphene as an electrode for solution-processed electron-transporting organic transistors[J]. Nanoscale, 2017, 9(29): 10178-10185.

[23] AISSOU K, KOGELSCHATZ M, BARON T, et al. Self-assembled block polymer templates as high resolution lithographic masks[J]. Surface Science, 2007, 601(13): 2611-2614.

[24] GREENMAN M, BEN-SASSON A J, CHEN Z H, et al. Fast switching characteristics in vertical organic field effect transistors[J]. Applied Physics Letters, 2013, 103(7): 073502.

[25] WU Z C, CHEN Z H, DU X, et al. Transparent, conductive carbon nanotube films[J]. Science, 2004, 305(5688): 1273-1276.

[26] OJEDA-ARISTIZABAL C, BAO W, FUHRER M S. Thin-film barristor: A gate-tunable vertical graphene-pentacene device[J]. Physical Review B, 2013, 88(3): 035435.

[27] LI E L, GAO C S, YU R J, et al. MXene based saturation organic vertical photoelectric transistors with low subthreshold swing[J]. Nature Communications, 2022, 13(1): 2898.

[28] LIU B, MCCARTHY M A, YOON Y, et al. Carbon-nanotube-enabled vertical field effect and light-emitting transistors[J]. Advanced Materials, 2008, 20(19): 3605-3609.

[29] ZAUMSEIL J, SIRRINGHAUS H. Electron and ambipolar transport in organic field-effect transistors[J]. Chemical Reviews, 2007, 107(4): 1296-1323.

[30] WANG B H, HUANG W, CHI L F, et al. High-κ gate dielectrics for emerging flexible and stretchable electronics[J]. Chemical Reviews, 2018, 118(11): 5690-5754.

[31] LING H F, LIU S H, ZHENG Z J, et al. Organic flexible electronics[J]. Small Methods, 2018, 2(10): 1800070.

[32] HAN S T, PENG H Y, SUN Q J, et al. An overview of the development of flexible sensors[J]. Advanced Materials, 2017, 29(33): 1700375.

[33] JASTROMBEK D, NAWAZ A, KOEHLER M, et al. Modification of the charge transport properties of the copper phthalocyanine/poly(vinyl alcohol) interface using cationic or anionic surfactant for field-effect transistor performance enhancement[J]. Journal of Physics D-Applied Physics, 2015, 48(33): 335104.

[34] YAGI I, HIRAI N, MIYAMOTO Y, et al. A flexible full-color AMOLED display driven by OTFTs[J]. Journal of the Society for Information Display, 2008, 16(1): 15-20.

[35] XU J, WANG S H, WANG G J N, et al. Highly stretchable polymer semiconductor films through the nanoconfinement effect[J]. Science, 2017, 355(6320): 59-64.

[36] MUN J, KANG J H O, ZHENG Y, et al. Conjugated carbon cyclic nanorings as additives for intrinsically stretchable semiconducting polymers[J]. Advanced Materials, 2019, 31(42): 1903912.

[37] LIU K,BANG O Y,GUO X J,et al. Advances in flexible organic field-effect transistors and their applications for flexible electronics[J]. NPJ Flexible Electronics,2022,6(1): 1.

[38] RAO Y L,CHORTOS A,PFATTNER R,et al. Stretchable self-healing polymeric dielectrics cross-linked through metal-ligand coordination[J]. Journal of the American Chemical Society, 2016, 138(18): 6020-6027.

[39] BENVENHO A R V,MACHADO W S,CRUZ-CRUZ I,et al. Study of poly(3-hexylthiophene)/cross-linked poly(vinyl alcohol) as semiconductor/insulator for application in low voltage organic field effect transistors[J]. Journal of Applied Physics,2013,113(21): 214509.

[40] WANG S H,XU J,WANG W C,et al. Skin electronics from scalable fabrication of an intrinsically stretchable transistor array[J]. Nature,2018,555(7694): 83-88.

[41] FORTUNATO E,CORREIA N,BARQUINHA P,et al. High-performance flexible hybrid field-effect transistors based on cellulose fiber paper[J]. IEEE Electron Device Letters, 2008, 29(9): 988-990.

[42] QIAN C,SUN J,YANG J L,et al. Flexible organic field-effect transistors on biodegradable cellulose paper with efficient reusable ion gel dielectrics[J]. RSC Advances,2015,5(19): 14567-14574.

[43] KO J,NGUYEN L T H,SURENDRAN A,et al. Human hair keratin for biocompatible flexible and transient electronic devices[J]. ACS Applied Materials & Interfaces,2017,9(49): 43004-43012.

[44] LANG U,NAUJOKS N,DUAL J. Mechanical characterization of PEDOT: PSS thin films[J]. Synthetic Metals,2009,159(5-6): 473-479.

[45] GUO C F,REN Z F. Flexible transparent conductors based on metal nanowire networks[J]. Materials Today,2015,18(3): 143-154.

[46] KANG M,KHIM D,PARK W T,et al. Synergistic high charge-storage capacity for multi-level flexible organic flash memory[J]. Scientific Reports,2015,5(1): 12299.

[47] KIM J Y,JANG K S. Facile fabrication of stretchable electrodes by sedimentation of Ag nanoparticles in PDMS matrix[J]. Journal of Nanomaterials,2018,2018: 4580921.

[48] PARK J H,HWANG G T,KIM S,et al. Flash-induced self-limited plasmonic welding of silver nanowire network for transparent flexible energy harvester[J]. Advanced Materials, 2017, 29(5): 1603473.

[49] LEE P,LEE J,LEE H,et al. Highly stretchable and highly conductive metal electrode by very long metal nanowire percolation network[J]. Advanced Materials,2012,24(25): 3326-3332.

[50] KVITSCHAL A,CRUZ-CRUZ I,HUMMELGEN I A. Copper phthalocyanine based vertical organic field effect transistor with naturally patterned tin intermediate grid electrode[J]. Organic Electronics, 2015,27: 155-159.

[51] GUNTHER A A,SAWATZKI M,FORMANEK P,et al. Contact doping for vertical organic field-effect transistors[J]. Advanced Functional Materials,2016,26(5): 768-775.

[52] YANG H,LIU Y,WU X,et al. High-performance all-inorganic perovskite-quantum-dot-based flexible organic phototransistor memory with architecture design[J]. Advanced Electronic Materials, 2019,5(12): 1900864.

[53] NAWAZ A,KUMAR A,HUMMELGEN I A. Ultra-high mobility in defect-free poly(3-hexylthiophene-2,5-diyl) field-effect transistors through supra-molecular alignment[J]. Organic Electronics,2017,51: 94-102.

[54] NAWAZ A,MERUVIA M S,TARANGE D L,et al. High mobility organic field-effect transistors based on defect-free regioregular poly(3-hexylthiophene-2,5-diyl)[J]. Organic Electronics,2016,38: 89-96.

[55] WANG X M,LI E L,LIU Y Q,et al. Stretchable vertical organic transistors and their applications in

neurologically systems[J]. Nano Energy,2021,90: 106497.

[56] GREENMAN M,SHELEG G,KEUM C M,et al. Reaching saturation in patterned source vertical organic field effect transistors[J]. Journal of Applied Physics,2017,121(20): 204503.

[57] CHEN Q Z,YAN Y J,WU X M,et al. High-performance quantum-dot light-emitting transistors based on vertical organic thin-film transistors[J]. ACS Applied Materials & Interfaces,2019, 11(39): 35888-35895.

[58] DOGAN T,VERBEEK R,KRONEMEIJER A,et al. Short-channel vertical organic field-effect transistors with high on/off ratios[J]. Advanced Electronic Materials,2019,5(5): 1900041.

[59] FANG Y,WU X M,LAN S Q,et al. Inkjet-printed vertical organic field-effect transistor arrays and their image sensors[J]. ACS Applied Materials & Interfaces,2018,10(36): 30587-30595.

[60] SANTATO C,CICOIRA F,MARTEL R. Organic photonics spotlight on organic transistors[J]. Nature Photonics,2011,5(7): 392-393.

[61] LUSSEM B,GUNTHER A,FISCHER A,et al. Vertical organic transistors[J]. Journal of Physics-Condensed Matter,2015,27(44): 443003.

[62] GOBBI M,ORGIU E,SAMORI P. When 2D materials meet molecules: Opportunities and challenges of hybrid organic/inorganic van der Waals heterostructures[J]. Advanced Materials,2018, 30(18): 1706103.

[63] CHEN D C,XIE G Z,CAI X Y,et al. Fluorescent organic planar pn heterojunction light-emitting diodes with simplified structure,extremely low driving voltage,and high efficiency[J]. Advanced Materials,2016,28(2): 239-244.

[64] YU H,KIM D,LEE J,et al. High-gain infrared-to-visible upconversion light-emitting phototransistors[J]. Nature Photonics,2016,10(2): 129-134.

[65] LIU Y,ZHOU H L,CHENG R,et al. Highly flexible electronics from scalable vertical thin film transistors[J]. Nano Letters,2014,14(3): 1413-1418.

[66] SHIH C J,PFATTNER R,CHIU Y C,et al. Partially-screened field effect and selective carrier injection at organic semiconductor/graphene heterointerface[J]. Nano Letters,2015,15(11): 7587-7595.

[67] LIU Y,WEISS N O,DUAN X D,et al. Van der Waals heterostructures and devices[J]. Nature Reviews Materials,2016,1(9): 1-17.

[68] DONG H L,FU X L,LIU J,et al. 25th anniversary article: Key points for high-mobility organic field-effect transistors[J]. Advanced Materials,2013,25(43): 6158-6182.

[69] LUAN X N,LIU J,PEI Q B,et al. Electrolyte gated polymer light-emitting transistor[J]. Advanced Materials Technologies,2016,1(8): 1600103.

[70] NAKAMURA K,HATA T,YOSHIZAWA A,et al. Metal-insulator-semiconductor-type organic light-emitting transistor on plastic substrate[J]. Applied Physics Letters,2006,89(10): 103525.

[71] UNO M,DOI I,TAKIMIYA K,et al. Three-dimensional organic field-effect transistors with high output current and high on-off ratio[J]. Applied Physics Letters,2009,94(10): 81.

[72] KIM J S,KIM B J,CHOI Y J,et al. An organic vertical field-effect transistor with underside-doped graphene electrodes[J]. Advanced Materials,2016,28(24): 4803-4810.

[73] HE D W,ZHANG Y A,WU Q S,et al. Two-dimensional quasi-freestanding molecular crystals for high-performance organic field-effect transistors[J]. Nature Communications,2014,5(1): 5162.

[74] CHIU Y C,SUN H S,LEE W Y,et al. Oligosaccharide carbohydrate dielectrics toward high-performance non-volatile transistor memory devices[J]. Advanced Materials,2015,27(40): 6257-6264.

[75] PARK Y S,LEE J S. Design of an efficient charge-trapping layer with a built-in tunnel barrier for

reliable organic-transistor memory[J]. Advanced Materials,2015,27(4): 706-711.

[76] SHE X J,GUSTAFSSON D,SIRRINGHAUS H. A vertical organic transistor architecture for fast nonvolatile memory[J]. Advanced Materials,2017,29(8): 1604769.

[77] HU D B,WANG X M,CHEN H P,et al. High performance flexible nonvolatile memory based on vertical organic thin film transistor[J]. Advanced Functional Materials,2017,27(41): 1703541.

[78] BURR G W, SHELBY R M, SEBASTIAN A, et al. Neuromorphic computing using non-volatile memory[J]. Advances in Physics: X,2017,2(1): 89-124.

[79] SNIDER G, AMERSON R, CARTER D, et al. From synapses to circuitry: Using memristive memory to explore the electronic brain[J]. Computer,2011,44(2): 21-28.

[80] DIORIO C,HASLER P,MINCH A,et al. A single-transistor silicon synapse[J]. IEEE Transactions on Electron Devices,1996,43(11): 1972-1980.

[81] AKOPYAN F,SAWADA J,CASSIDY A,et al. Truenorth: Design and tool flow of a 65 mW 1 million neuron programmable neurosynaptic chip[J]. IEEE Transactions on Computer-aided Design of Integrated Circuits and Systems,2015,34(10): 1537-1557.

[82] DAVIES M,SRINIVASA N,LIN T H,et al. Loihi: A neuromorphic manycore processor with on-chip learning[J]. IEEE Micro,2018,38(1): 82-99.

[83] INDIVERI G, LINARES-BARRANCO B, HAMILTON T J, et al. Neuromorphic silicon neuron circuits[J]. Frontiers in Neuroscience,2011,5: 73.

[84] SPRUSTON N. Pyramidal neurons: dendritic structure and synaptic integration[J]. Nature Reviews Neuroscience,2008,9(3): 206-221.

[85] ABBOTT L,REGEHR W G. Synaptic computation[J]. Nature,2004,431(7010): 796-803.

[86] HAN H,YU H,WEI H,et al. Recent progress in three-terminal artificial synapses: from device to system[J]. Small,2019,15(32): 1900695.

[87] LV Z,CHEN M,QIAN F,et al. Mimicking neuroplasticity in a hybrid biopolymer transistor by dual modes modulation[J]. Advanced Functional Materials,2019,29(31): 1902374.

[88] GAO C S, YANG H H, LI E L, et al. Heterostructured vertical organic transistor for high-performance optoelectronic memory and artificial synapse[J]. ACS Photonics, 2021, 8(10): 3094-3103.

# 第9章

# 高$\kappa$栅介质与存储器件集成

## 9.1 存储器件的分类

微电子技术是随着集成电路发展起来的一门新的技术，是在以集成电路为核心的各种半导体器件基础上建立的高新电子技术。微电子技术对信息时代具有巨大的影响，深刻地改变着人们的生活方式，甚至影响着国家的经济命脉和世界的政治格局。半导体存储器是集成电路中重要的信息处理器件，它的发展也遵循着摩尔定律。依据读写功能进行分类，存储器可以分为只读存储器(read only memory，ROM)和随机读写存储器(read access memory，RAM)。而按照数据的保持时间可分为易失性和非易失性存储器。非易失性存储器在我们日常生活中必不可少，广泛地应用于电子设备中，比如计算机、手机、数码相机、U盘等。其特点是，当设备断电后，存储的信息依然会被保存，不会因为断电而消失。其中包括ROM，其形式从早期的掩模ROM逐渐演变为可编程ROM(PROM)、可擦除可编程ROM(EPROM)、电可擦除可编程ROM(EEPROM)，以及20世纪90年代后迅速发展并广泛应用的快闪存储器(闪存)。近些年，随着新技术的发展，一些新型的非易失性存储器包括磁存储器(MRAM)、相变存储器(PCM)、阻变存储器(ReRAM)以及铁电存储器(FeRAM)开始出现。ROM虽然具有非易失性的优点，但其读写速度都比较慢，所以ROM一般用于外部设备存储器或者某些固化程序存储。而易失性存储器是在断电后不能保存数据的存储器，通常指RAM，它们具有读写速度快、存储容量大等优点。根据数据保存是否需要刷新，RAM又可以分为静态RAM(SRAM)和动态RAM(DRAM)。SRAM是一种只要不断电数据就可以一直保持的RAM，它利用RS锁存器反馈自保存数据的原理，将数据锁存在晶体管中。一般情况下，每个存储单元需要6个晶体管实现。而DRAM是靠电容存储电荷来实现“0”和“1”二位信息的存储的，它的存储单元一般由一个晶体管和一个电容构成。电容中的存储电荷会由于泄漏电流而逐渐丢失，所以DRAM必须定时刷新，以补充电容中的电荷。图9.1.1所示为存储器件按照数据易失性进行的分类。本章主要对应用到高$\kappa$材料的各种存储器的工作原理进行介绍。

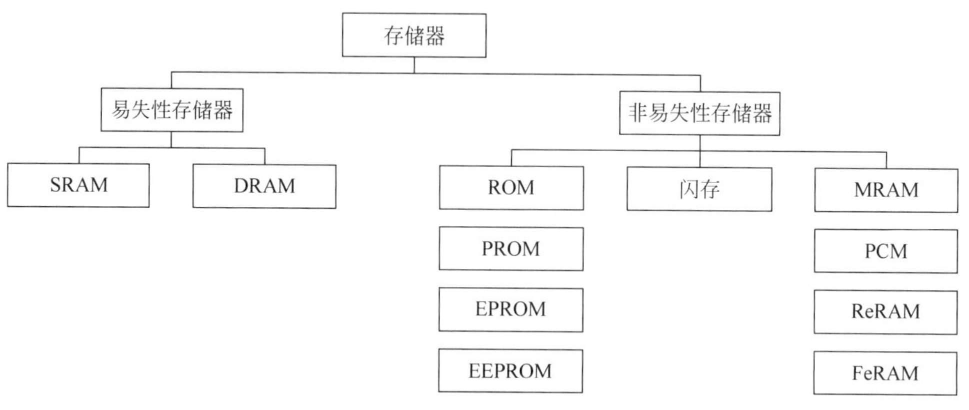


图 9.1.1 存储器件分类

## 9.2 浮栅型存储器

浮栅型存储器又名闪存(flash),是一种电子非易失性计算机存储媒介,可以采用电进行编程和擦除。与传统的硬盘驱动器相比,使用闪存技术的设备具有抗机械冲击、高耐久性和耐压耐温特性。同时闪存还提供快速的数据访问,这在处理大量数据时至关重要。闪存主要分为 NOR 闪存和 NAND 闪存,分别以 NOR 和 NAND 逻辑门命名。两者使用相同的单元设计,都由浮栅型 MOSFET 组成。它们的区别在于电路设计,取决于位线(BL)或者字线(WL)的状态被拉高或者拉低。在 NAND 闪存中,BL 和 WL 之间的关系类似于 NAND 门。而在 NOR 闪存中,它像一个 NOR 门。图 9.2.1 为 NOR 闪存阵列与 NAND 闪存阵列

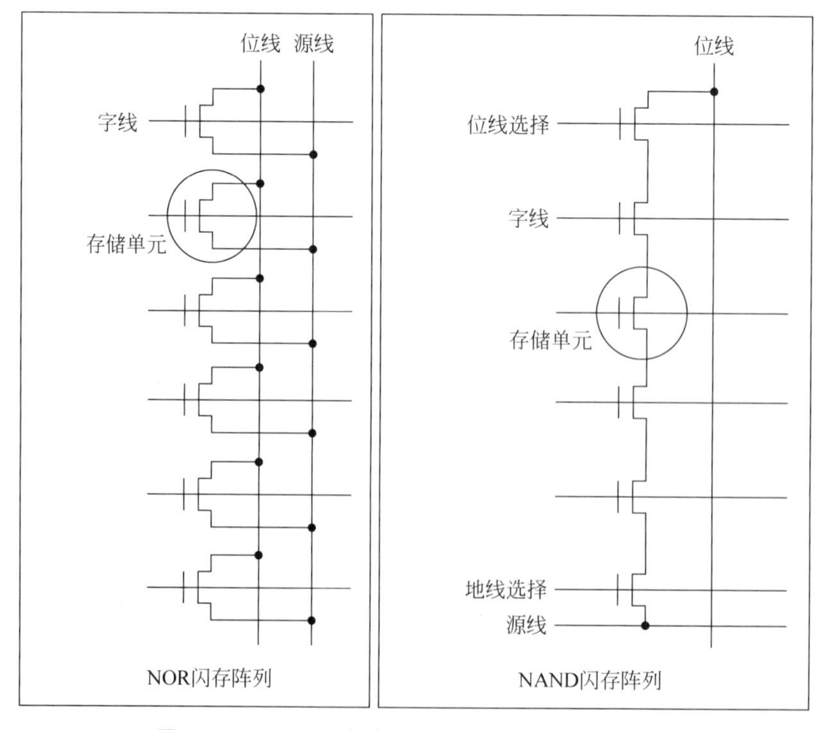


图 9.2.1 NOR 闪存阵列与 NAND 闪存阵列的对比

的对比。NAND 闪存可以实现高密度存储，但其访问数据的速度较慢；而 NOR 闪存的存储密度低，但其随机访问速度快。表 9.2.1 对比了两种类型闪存的主要特点。目前，NAND 应用广泛，可用于存储卡、USB 闪存驱动和固态硬盘驱动器，常见于我们的智能手机、电视、计算机等设备。而对于需要较低容量、快速随机读取访问和较高数据可靠性的应用，如代码执行，NOR 闪存是一个很好的选择，可应用在物联网和人工智能技术。

表 9.2.1　NOR 闪存与 NAND 闪存的基本特点对比

| 特　　点 | NOR 闪存 | NAND 闪存 |
|---|---|---|
| 易失性 | 非易失 | 非易失 |
| 单元尺寸 | 大 | 小 |
| 成本/bit | 高 | 低 |
| 单颗容量 | 8～256MB | 256MB～2GB |
| 随机读取速度 | 快(约 120ns) | 慢(约 30μs) |
| 写入速度 | 慢 | 快 |
| 擦除速度 | 慢(约 520ms) | 快(约 3.5ms) |
| 待机电流 | 低 | 高 |
| 工作电流 | 高 | 低 |
| 坏块处理 | 非必要 | 必要 |
| 耐受性 | $10^4$～$10^5$ | $10^5$～$10^6$ |
| 数据保持性 | 好(20 年) | 好(10 年) |
| 适用领域 | 代码存储 | 数据存储 |

### 9.2.1　浮栅型存储器的历史发展

浮栅型存储器的发明可以追溯到 1967 年，由贝尔实验室的 Kahng 和 Sze 共同发明。早期的浮栅型存储器采用多晶硅作为浮栅，由于多晶硅具有晶界和导电性，其俘获的电子可以在多晶硅中均匀分布且横向流动。但是随着器件尺寸的不断缩小，采用多晶硅作为浮栅的器件面临一系列问题。首先，随着技术节点的不断推进，$SiO_2$ 隧穿层厚度随着器件尺寸缩小而等比例减小，当 $SiO_2$ 隧穿层厚度减薄至 7nm 时，浮栅存储器件的数据保持性严重下降。这主要是由于量子隧穿效应，以及制备的 $SiO_2$ 隧穿层不可避免地存在缺陷，从而浮栅中存储的电荷以缺陷为逃逸路径泄漏到沟道中。并且一旦 $SiO_2$ 隧穿层形成一条泄漏通道，就会导致多晶硅浮栅中自由流动的电子通过这条泄漏通道而大量流失。其次，多晶硅浮栅存储器的编程电压很难降低。最重要的是，多晶硅浮栅的电荷存储密度不高，当器件的尺寸缩小后，多晶硅浮栅上存储的电荷数量急剧减少。当工艺节点到达 20nm 以下时，浮栅上能够存储的电子数量只有大约几十个。此时浮栅上存储的电子数量的微小变化将对器件的阈值电压产生较大的影响，不利于器件的可靠性和保持特性。为了解决隧穿氧化层厚度按比例缩小与器件保持性之间的矛盾，以及储存电荷数量降低的问题，研究者提出采用电荷俘获型存储器，其结构为 SONOS(Poly-Si/$SiO_2$/$Si_3N_4$/$SiO_2$/Si，各层依次分别为控制栅/阻挡层/俘获层/隧穿层/沟道层)。首先,采用 $Si_3N_4$ 替代多晶硅(Poly-Si)作为电荷俘获层,可以提高存储器的保持性能。$Si_3N_4$ 中存在的缺陷态可以作为俘获电子的位点,由于缺陷态之间彼此隔离,所以 $Si_3N_4$ 中俘获的电子不能够流动。从而即使 $Si_3N_4$ 俘获层周围的绝缘氧化层存在泄漏通道时,只会引起少量俘获层中的电子流失,可以极大地改善数据的保持特性。另外,采用 $Si_3N_4$ 替代多晶硅,降低了器件电荷保持性对隧穿氧化层厚度的依赖。在保持器件保持性的同时,可以通过进一步减薄隧穿层厚度以获得更高效率的编程和擦除效率。此外,SONOS 工艺与 CMOS 工艺兼容,有利于器件集成和成本降低。但是,随着工艺技术节点的不断演进,SONOS 在更小的器件尺寸下也遇到了瓶颈。由于存储器件要求电荷俘获层要有足够多的缺陷来俘获电荷,但是 $Si_3N_4$ 材料缺陷密度不是很高,所以不利于器件尺寸的进一步缩小和器件功耗的降低。另外,由于 $Si_3N_4$ 俘获层的缺陷并不是均匀分布,所以俘获的电荷较为分散,导致对栅电场的屏蔽能力减弱。为了解决 $Si_3N_4$ 电荷俘获层存在的问题,研究者提出采用金属纳米晶作为电荷俘获层。金属纳米晶具有较大的电荷存储密度,在隧穿层和阻挡层之间呈二维分布且彼此隔离。通过优化纳米晶沉积工艺,可以沉积出尺寸大小均一且分布均匀的纳米晶,使纳米晶电荷俘获层具有很强的栅电场屏蔽能力。金属纳米晶与隧穿层具有较高的势垒,有利于电荷的保持特性,同时有利于隧穿层厚度的降低,实现在隧穿层上电荷的直接隧穿,提高编程效率,但其擦除效率仍有待进一步提升。除了采用纳米晶作为俘获层,还有很多关于金属氧化物半导体和高介电常数材料作为电荷俘获层的研究。其中,高 $\kappa$ 材料作为 CMOS 栅介质已被广泛研究,其已经成功地运用于集成电路产业。目前,高 $\kappa$ 材料不仅被研究用作浮栅存储器的俘获层,而且可以用作阻挡层与隧穿层。当用作阻挡层时,可以有效地降低擦写电压,提高擦写速度。而作为隧穿层时,高 $\kappa$ 材料可以解决器件保持性和擦写之间的矛盾,在维持同等的等效氧化层厚度的情况下,高 $\kappa$ 隧穿层可以有效提高器件的保持能力。高 $\kappa$ 材料电荷俘获层可以使器件具备更高的擦写效率和更低的擦写电压。通过对高 $\kappa$ 俘获层进行元素掺杂,可以提高俘获层中的缺陷密度,引入深能级缺陷态,调节俘获层与相邻隧穿层和阻挡层之间的势垒高度,这样就可以提高器件的存储窗口和电荷保持性。还有研究采用高 $\kappa$ 材料设计叠层量子阱结构及纳米岛结构,实现器件高擦写效率和优异的保持性。表 9.2.2 为已报道的不同电荷俘获层的对比。从表中可以看出,高 $\kappa$ 电荷俘获层材料不仅有优异的存储性能,而且在多级存储上表现出巨大的潜力;高 $\kappa$ 材料制备工艺与传统 CMOS 工艺相兼容,这使用基于高 $\kappa$ 俘获层的存储器在非易失性存储器领域表现出巨大的竞争力。

### 9.2.2 浮栅型存储器基本原理

非易失性闪存器件的基本结构如图 9.2.2 所示,它是一个具有两个栅的场效应晶体管(FET),一个浮栅和一个控制栅极。对于理想的 MOSFET 器件,它的阈值电压($V_{th}$)是固定不变的。相比之下,非易失性存储器的浮栅具有捕获和储存电荷的能力。电荷在外加栅压作用下穿过隧穿层,进入浮栅中。由于浮栅周围有绝缘介质进行隔离,所以被捕获的电荷可以在浮栅中保留长达几年时间。当浮栅中捕获电子时,由于电场屏蔽效应,MOSFET 器件的阈值电压向正栅压方向移动,导致晶体管源端和漏端之间流过的电流减小(小的 $I_D$),此时对应的器件存储状态为“0”。当电子从浮栅中移除,电子的电场屏蔽效应消失,此时 MOSFET 器件的阈值电压向负栅压方向移动,导致晶体管源端和漏端之间的电流变大(大

表 9.2.2 高 κ 电荷俘获层与其他各种新型电荷俘获层的对比

| 年份 | 栅　叠　层 | 栅叠层沉积技术 | 编程/擦除电压和时间 | 存储窗口 | 耐受特性/循环 | 保持特性/s |
| --- | --- | --- | --- | --- | --- | --- |
| 2011 | Al/15nm-$Al_2O_3$/3nm-$DyTi_xO_y$/3nm-$SiO_2$/Si | Thermal oxide/RF-sputter/ALD | P：9V/10ms<br>E：−12V/100ms | 2.7V | $10^4$ | 36% loss@$10^8$ |
| 2014 | 100nm-$Al_2O_3$/50nm-ZnO/5nm-$Al_2O_3$ | ALD/ALD/ALD | P：20V/100ms<br>E：−20V/100ms | — | $10^4$ | — |
| 2015 | 60nm-$Al_2O_3$/30nm-$Al_2O_3$/10nm-$Al_2O_3$ | ALD/ALD/ALD | P：20V/1s<br>E：−1V+light/10s | 11.5V | $10^5$ | 34.7% charge loss @$10^8$ |
| 2015 | 50nm-$SiO_2$/40nm-$SmTiO_3$/8nm-$SiO_2$ | RF sputter/RF sputter/RF sputter | P：15V/100ms<br>E：−15V/100ms | $SmTiO_3$：2.7V | $10^4$ | $Sm_2O_3$：>20% loss<br>$SmTiO_3$：<15% loss@$10^5$ |
| 2016 | 50nm-$SiO_2$/50nm-$ErTi_xO_y$/6nm-$SiO_2$ | RF sputter/RF sputter/RF sputter | P：20V/100ms<br>E：−20V/100ms | 3.9V | $10^5$ | 10% loss @$10^5$ |
| 2016 | 50nm-$Al_2O_3$/30nm-IGZO/10nm-$Al_2O_3$ | ALD/RF-sputter/ALD | Double Sweep：±20V，Pulse width：1μs | 6.22V | $10^4$ | — |
| 2017 | 31nm-$Al_2O_3$/Ni 纳米晶/8nm-$Al_2O_3$ | ALD/ALD/ALD | P：17V/5ms<br>E：−20V+300ML/100s | Program：3.2V<br>Erase：9.11V | — | 48% charge loss @$10^8$ |
| 2017 | Al/10nm-$Al_2O_3$/$ZrO_2$ 纳米岛/4nm-$Al_2O_3$/Si | ALD/ALD/ALD | P：5V/1s<br>E：−5V/1s | 4.5V | $10^5$ | 18.8% loss@$10^8$ |
| 2018 | 35nm-$Al_2O_3$/3nm-TiAlO/5nm-$Al_2O_3$ | ALD/RF sputter/ALD | P：16V/100ms | 5.74V | — | 13% charge loss @$10^8$ |

的 $I_D$)，对应器件的存储状态“1”。图 9.2.3 为浮栅型存储器在编程和擦除状态下，浮栅储存的电荷状态以及所对应的转移特性曲线。下面详细地介绍浮栅型存储器的工作原理。

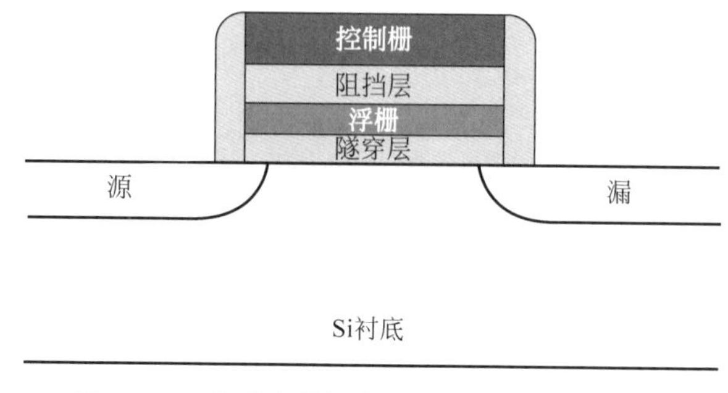


图 9.2.2 非易失性闪存器件的基本结构示意图

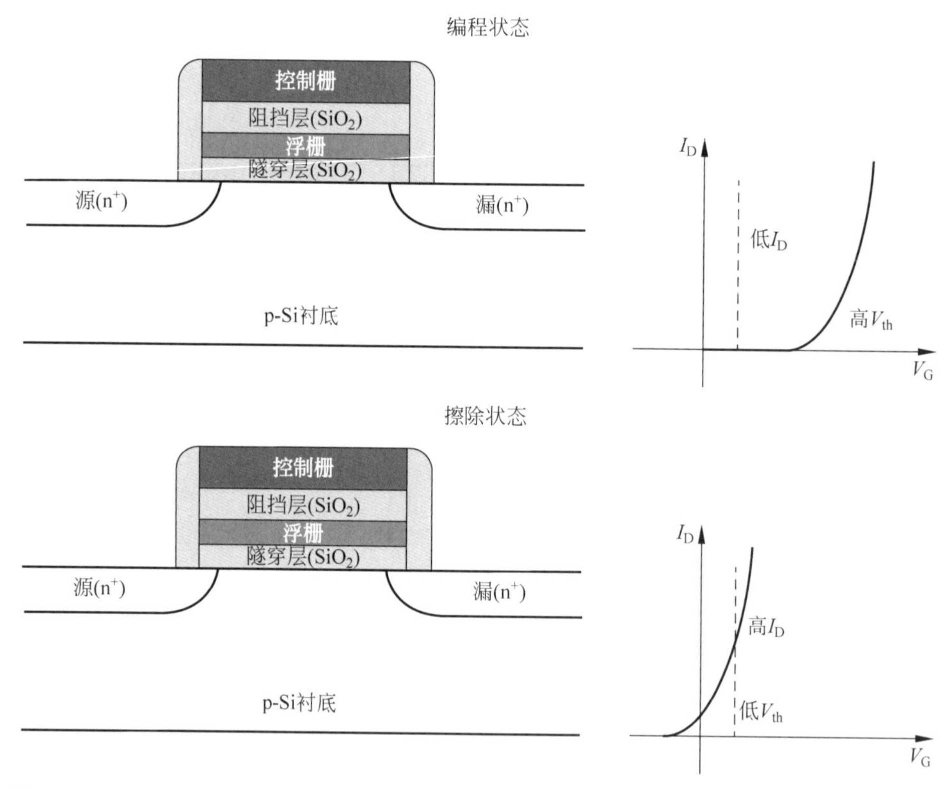


图 9.2.3 浮栅型存储器在编程和擦除状态下，浮栅中的电荷状态以及所对应的转移特性曲线

当浮栅型存储器进行编程时，电荷(电子)在电场的作用下进入浮栅。图 9.2.4(a)为器件在编程状态下所施加的电压以及电子的运动情况。当控制栅上施加电压(10V)，使 Si 沟道反型，器件处于导通状态。而源端施加的电压使电子由源端向漏端加速漂移。此时沟道中的电子具有很高的动能，称作热电子。这些热电子可以采用“幸运电子”模型进行描述。在此模型中，电子在沟道中的漂移过程没有发生碰撞，所以称为幸运电子。这些幸运电子在电场下加速，进而获得足够的、可以越过 $Si\text{-}SiO_2$ 之间能垒的动能。在进入漏端被排出前，这些电子在控制栅施加的电场下，越过了 $Si\text{-}SiO_2$ 之间的能垒，进入浮栅。图 9.2.4(b)为编

程状态(热电子)下的能带示意图。由于浮栅中的电子对控制栅极电场的屏蔽作用,浮栅存储器晶体管处于关闭状态,流经沟道的电流很小。此时读出的小电流 $I_D$ 即可作为信息"0"。

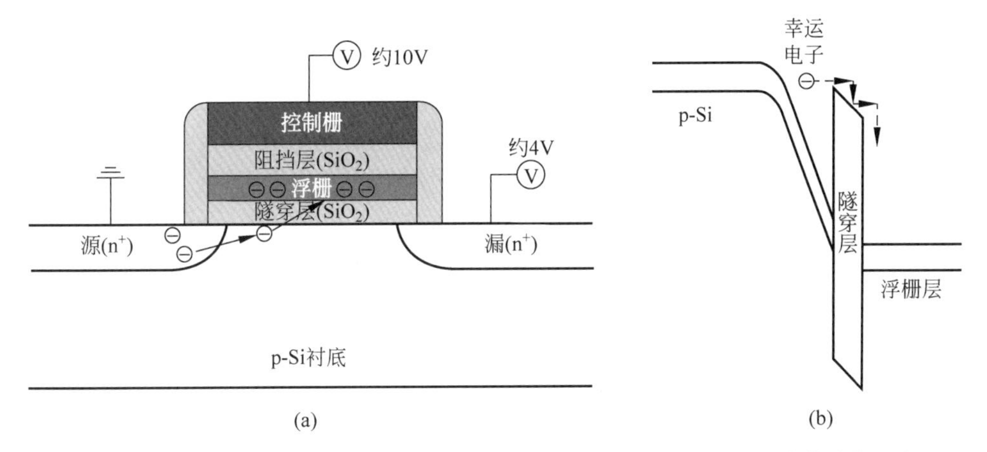


图 9.2.4 浮栅型存储器在编程状态下的施加偏压状态(a),及编程状态下的能带结构示意图(b)

综上所述,通过在控制栅极施加与编程时相反的电压,可将浮栅中储存的电荷移除,其电子移除的方式是通过 F-N 隧穿方式实现的。器件在擦除时的电压偏置情况如图 9.2.5(a)所示,控制栅与沟道之间施加的电场强度在 8～10MV/cm。图 9.2.5(b)为擦除状态下的能带结构示意图,电子在电场作用下通过 F-N 隧穿方式穿过隧穿层,进入沟道。需要注意的是,F-N 隧穿一般发生在隧穿层较厚的情况,隧穿层的能带在外加电场下发生弯曲,形成三角形势垒,电子通过三角形势垒穿过隧穿层。形成的三角形势垒减小了电子的隧穿势垒宽度,利于电子发生隧穿。当发生 F-N 隧穿时,其隧穿电流密度 $J_{FN}$ 可以表达为

$$J_{FN}=\frac{q^3}{8\pi h\varphi_s}E_{ox}^2\exp\left(\frac{-8\pi\sqrt{2m^*}\varphi_s^{3/2}}{3hqE_{ox}}\right) \tag{9.2.1}$$

式中,$h$ 为普朗克常量;$\varphi_s$ 为沟道层与隧穿层的势垒高度;$E_{ox}$ 为电场强度;$q$ 为电子的电

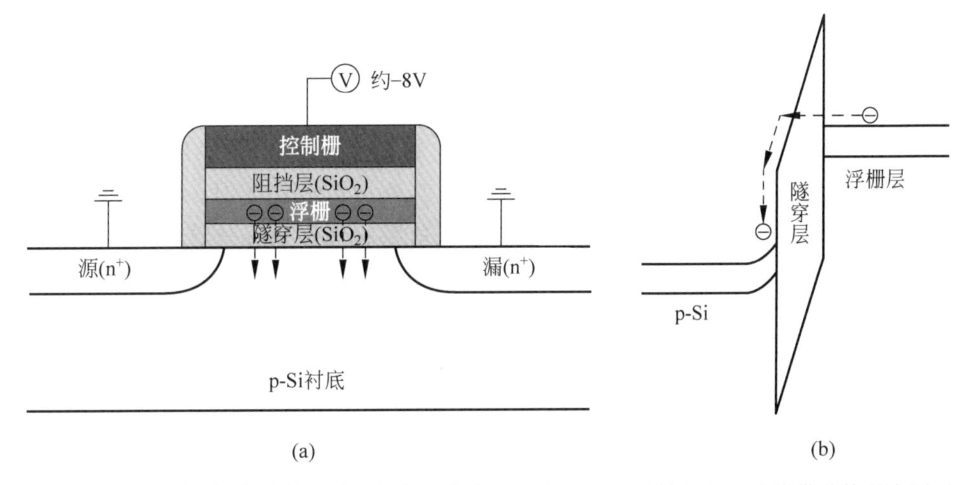


图 9.2.5 浮栅型存储器在擦除状态下的施加偏压状态(a),及擦除状态下的能带结构示意图(b)

荷量；$m^*$ 为隧穿电子的有效质量。当完成擦除操作后，电子从浮栅中移除，电子对控制栅极电场的屏蔽作用消失，导致器件的阈值电压减小，流经器件源漏电极的 $I_D$ 增大，从而实现存储状态"1"。

另外需要提及的是，热载流子注入的编程方式需要在控制栅极和漏极同时施加较大的电压，因而其功耗较大。并且，热载流子注入的编程方式具有破坏性，会导致浮栅型存储器件的寿命和可靠性变差。因此，目前的浮栅存储器很少采用热载流子注入的编程方式，而是更多采用 F-N 隧穿的方式进行编程。为了表征浮栅型存储器的存储能力，引入了存储窗口的概念。存储窗口即浮栅中注入的电荷量引起阈值电压的改变量 $\Delta V_t$：

$$\Delta V_t = \frac{Q_t}{C_{ox}} \tag{9.2.2}$$

式中，$Q_t$ 为注入浮栅中的电荷面密度；$C_{ox}$ 为栅介质层的电容密度。

## 9.2.3 高κ材料在浮栅型存储器中的应用

### 1. 高κ材料隧穿层

为了增加浮栅型存储器的编程速度、降低工作电压，采取的主要措施是不断减薄隧穿氧化层的厚度。然而，这种减薄氧化层厚度的方法会使器件的保持特性严重退化。为了满足数据保持特性的要求，则隧穿氧化层的厚度不能按照等比例缩小进行减薄，这导致器件的编程、擦除电压无法降低。为了解决 $SiO_2$ 隧穿层厚度减薄而带来的数据保持力下降问题，人们采用含有高κ材料的多层介质堆栈来代替 $SiO_2$ 隧穿层，这种方法也称作能带工程(bandgap engineering)。与传统的 $SiO_2$ 隧穿层相比，高κ材料的引入可以实现较低电子势垒高度和较大物理厚度，在编程效率和数据保留之间提供了更好的折中。目前采用高κ的多层隧穿堆栈主要包括两种类型。

**1）三层对称隧穿势垒**

通过选择合适的介质材料，设计具有对称势垒结构的三层堆栈隧穿层，利用它们对电场的不同敏感性，可以提高器件的编程效率，改善器件的保持特性。图 9.2.6 为高κ-$SiO_2$-高κ(HOH)堆栈隧穿层结构以及 $SiO_2$ 隧穿层在正偏压下的能带示意图。采用这种隧穿堆栈结构可以提高存储器的工作速度，并且可以实现更小的读数据干扰和更好的数据保持特性。隧穿电流结果显示，相较于 $SiO_2$ 隧穿层，HOH 堆栈结构隧穿层在低场下具有更小的隧穿电流，而在高电场下具有更大的隧穿电流。当栅极偏压较低时，边缘导带下降减小，抑制隧穿电流，意味着更小的读扰动和有利于电荷保持。当栅极偏压较高时，边缘导带下降更快，隧穿电流更大，意味着更快的编程速度。提高编程速度和数据保存是这种多层堆栈隧穿层结构的两个优势。此外，该结构的另一个优点是更有可能应用于高密度存储器。但这种结构面临的问题是 Si 衬底与高κ层之间的界面质量问题。采用多层堆栈结构的隧穿层的势垒高度 $\Phi_{HOH}$ 与单独 $SiO_2$ 隧穿层的势垒高度具有以下关系：

$$\Phi_{HOH} = \Phi_{ox} - \frac{\frac{\varepsilon_{SiO_2}}{\varepsilon_{高\kappa}} t_{高\kappa}}{2\frac{\varepsilon_{SiO_2}}{\varepsilon_{高\kappa}} t_{高\kappa} + t_O} V_{tun} \tag{9.2.3}$$

式中，$V_{tun}$ 为穿过隧穿层的外加偏压；$t_{高\kappa}$ 和 $t_{O}$ 分别为高 $\kappa$ 和 $SiO_2$ 层的厚度。

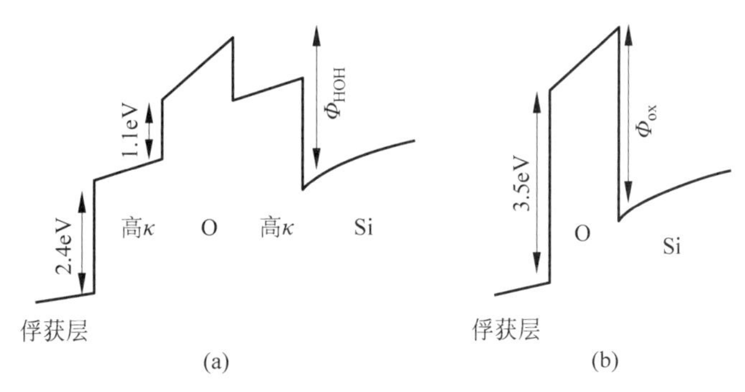


图 9.2.6　正偏压下高 κ-$SiO_2$-高 κ(a)和 $SiO_2$(b)隧穿层的能带图

而采用 $SiO_2$-高 $\kappa$-$SiO_2$(OHO)的堆栈隧穿层结构可以避免 Si 界面问题。如图 9.2.7 所示，当对控制栅施加电压时，由于介质层介电常数不同，各介质层分担不同的电压降，与单独的 $SiO_2$ 隧穿层相比，隧穿层的势垒宽度降低，电荷只需要通过窄的 $SiO_2$ 介质的能垒，从而得到大的隧穿电流，提高器件的操作速度。特别是在擦除状态下，更有利于提高空穴注入效率，提高器件的擦除速度。而在无外加电压下，多层堆栈隧穿层结构的厚度保证了器件的保持特性。

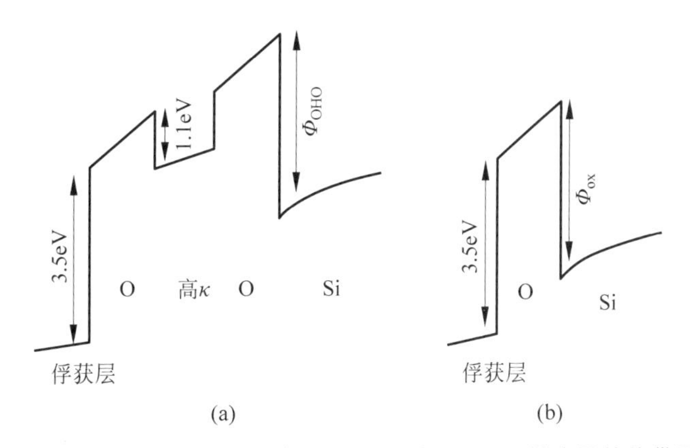


图 9.2.7　正偏压下 $SiO_2$-高 κ-$SiO_2$(a)和 $SiO_2$(b)隧穿层的能带图

**2）非对称双层隧穿层**

采用高 $\kappa$ 材料与 $SiO_2$ 结合的双层隧穿层可以同时降低器件的操作电压和提高编程速度。如图 9.2.8 所示为 $SiO_2$/高 $\kappa$ 双层隧穿层在不同外加偏压情况下的能带图。当施加较小的偏压 $V_d$ 时，电子需要隧穿过 $SiO_2$/高 $\kappa$ 双层隧穿层，此时隧穿电流较小。而当施加较大的栅极偏压 $V_{tr}$ 时，电子只需隧穿过较薄的 $SiO_2$ 隧穿层，此时对应的隧穿电流较大，这种情况下可以提高器件的编程速度。与单独 $SiO_2$ 隧穿层相比，在相同的等效氧化层厚度的情况下，双隧穿层具有更大的物理厚度，因而更有利于电荷的保持。同时高 $\kappa$ 材料不与 Si 衬底直接接触，$SiO_2$ 保持与衬底良好的界面特性。图 9.2.9 为 $SiO_2/ZrO_2$ 双层隧穿层与具有相同电学厚度(4nm)的 $SiO_2$ 隧穿层的隧穿电流曲线。

采用含有高 $\kappa$ 的多层介质堆栈来替代 $SiO_2$ 隧穿层，可以有效改善编程效率与保持特性

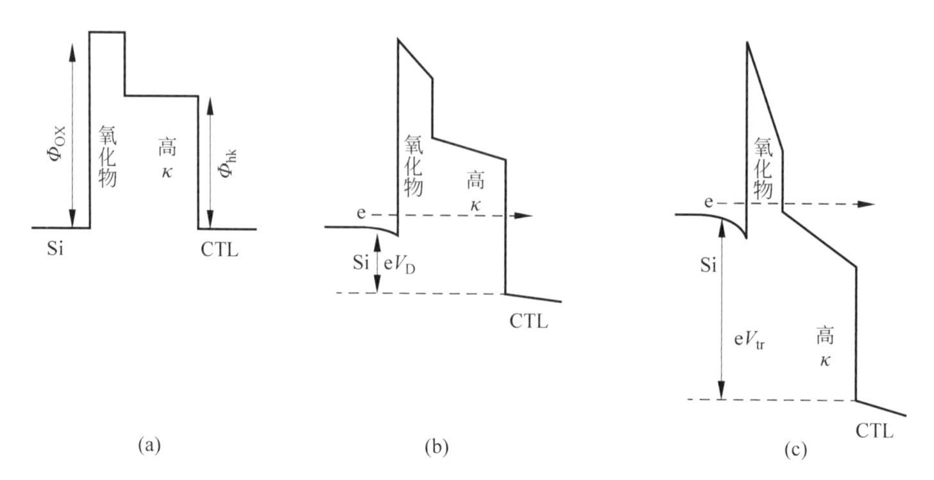


图 9.2.8 平带情况下(a)、较小的外加电压 $V_D$ 下(b)以及较大的外加电压 $V_{tr}$ 下(c)对应的 $SiO_2$/高κ双层隧穿层能带图

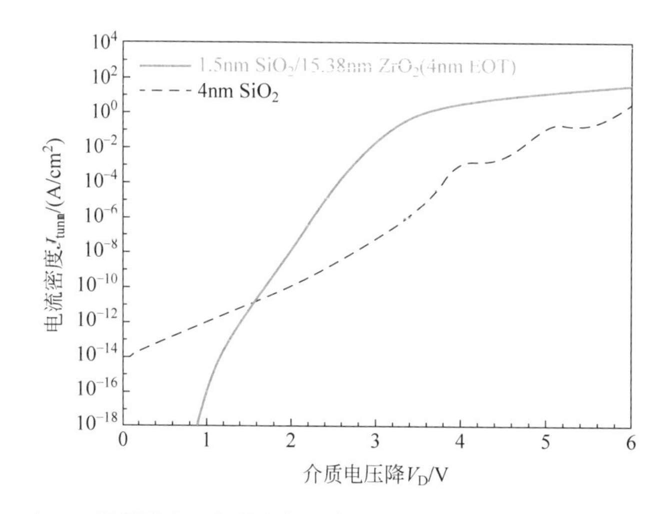


图 9.2.9 $SiO_2/ZrO_2$ 双层隧穿层与具有相同电学厚度(4nm)的 $SiO_2$ 隧穿层的隧穿电流曲线

之间的矛盾关系。由于高κ材料在保持相同等效氧化层厚度的情况下，在物理厚度上比 $SiO_2$ 厚得多，其漏电流比 $SiO_2$ 小几个数量级，从而获得了优异的数据保持特性。另外，高κ材料的能带小，与 Si 衬底的势垒高度较低，并且可对电场分布进行调制，当器件在编程状态下工作时，可以提供比 $SiO_2$ 更大的隧穿电流。所以通过高κ材料能带结构与 $SiO_2$ 和电荷存储层的合理匹配，制备工艺优异，介质薄膜质量提升，堆栈各层介质的界面优化等措施，可以大幅改善浮栅存储器的存储性能。

### 2. 高κ材料电荷俘获层

电荷陷阱型存储层作为多晶硅浮栅的替代者，其对电荷的存储能力直接影响了存储器的存储窗口、操作速度、器件的耐久性以及数据保持特性。理想的电荷陷阱层介质应该具有以下特质：相对于隧穿层和阻挡层有较小的禁带宽度、深陷阱能级和高缺陷密度；小的禁带宽度以及深陷阱能级，有利于减小电荷泄漏，提高器件的保持特性；高陷阱密度则有利于获得更大的存储窗口，可用于多级存储。采用高 κ 作为电荷缺陷型存储层，能够在保持相同的等效氧化层厚度的情况下增大其物理厚度，从而使存储层具有更多的陷阱、更高的陷阱效率，以及更快的编程速度。在选择高 κ 材料作为电荷存储层时，应考虑存储窗口大小、操作速度快慢，以及器件稳定性等多方面因素。需要对各介质材料不断进行研究和优化，其主要考虑因素有：①合适的能带结构，能与隧穿层、阻挡层相匹配，既满足保持状态下电荷的不易泄漏，又满足编程/擦除操作下电子/空穴的高效率注入；②高 κ 介质中陷阱的空间与能级分布要恰当，要求材料具有较多的深能级体陷阱，较少的界面浅陷阱，这样有利于提高器件数据保持力和耐受特性；③高 κ 介质既要具有较大的陷阱密度，同时也要具有好的电学和热动力学稳定性，以提高器件整体的可靠性。

在众多备选的高 κ 材料中，$HfO_2$ 具有较大的陷阱密度，但是大部分陷阱能级属于浅能级，因此 $HfO_2$ 作为电荷俘获层具有较大的存储窗口，但数据保持特性较差。另一种高 κ 电荷俘获层是 $Al_2O_3$，该材料具有较深的陷阱能级，但其陷阱密度较小，所以 $Al_2O_3$ 作为电荷俘获层时具有较好的数据保持特性，但其存储窗口较小。结合以上两种材料的优缺点，可以猜想，多元氧化物 HfAlO 高 κ 材料可能获得较大的存储窗口与较好的数据保持特性。

图 9.2.10(a)为电荷俘获型存储器的结构示意图，其中间电荷存储层可以采用多种电荷陷阱型材料。对于 $Si_3N_4$、$Al_2O_3$ 和 HfAlO(10% $Al_2O_3$)三种电荷俘获层，它们储存电荷的能力是不同的。HfAlO 电荷俘获层具有与 $Si_3N_4$ 电荷俘获层相近的电荷存储能力，而 $Al_2O_3$ 作为电荷俘获层时其电荷存储能力相对较弱(图 9.2.10(b))。在编程和擦除能力方

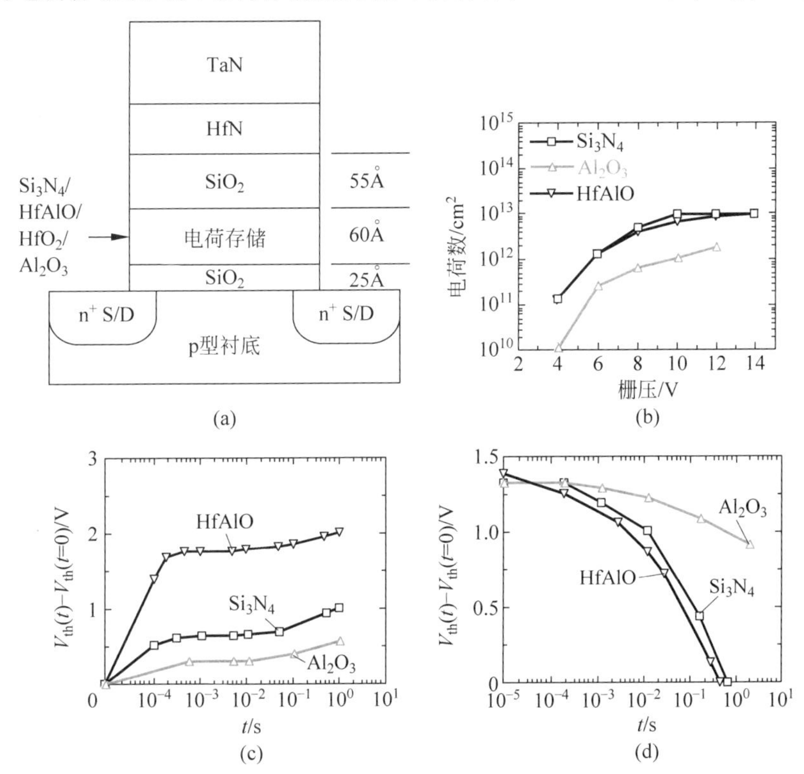


图 9.2.10 电荷俘获型存储器结构、存储能力及相关特性测试

(a)电荷缺陷型晶体管存储器结构示意图；(b)以 $Si_3N_4$、$Al_2O_3$ 和 HfAlO 作为电荷俘获层时的电荷存储能力对比；以 $Si_3N_4$、$Al_2O_3$ 和 HfAlO 作为电荷俘获层的晶体管存储器在 $V_G-V_{th}=6V$ 时(c)的编程特性(c)和擦除特性(d)

面，HfAlO 作为电荷俘获层的器件具有最快编程和擦除速度，而 $Al_2O_3$ 具有最慢的编程和擦除速度，如图 9.2.10(c)和(d)所示。HfAlO 作为电荷俘获层时编程和擦除效率的改善，一方面得益于 HfAlO 薄膜较大的介电常数所引起的电场分布改变，另一方面得益于 HfAlO 电荷俘获层相对于硅沟道较为合适的价带和导带偏移，如图 9.2.11(a)所示。当器件进行编程操作时，电子通过 F-N 隧穿的方式进入俘获层中，此时 HfAlO 电荷俘获层存储器的电子隧穿距离(电子从 Si 沟道中隧穿到存储介质导带的距离)最短(图 9.2.11(b))，所以 HfAlO 电荷俘获层存储器具有最快的编程速度。当器件进行擦除时，电子和空穴均参与其中。当存储层中存储的电荷在负偏压下隧穿回硅沟道中时，则硅沟道的空穴隧穿进入存储层会导致过度擦除的现象。对于 $Si_3N_4$ 存储层，其相对于 Si 的价带偏移最小(2eV)，因此在较小的负偏压下就可能会发生空穴隧穿和俘获。而对于 HfAlO 电荷俘获层，其相对于 Si 的价带偏移量为 3.3eV，因此其发生空穴隧穿的概率小于 $Si_3N_4$ 的。

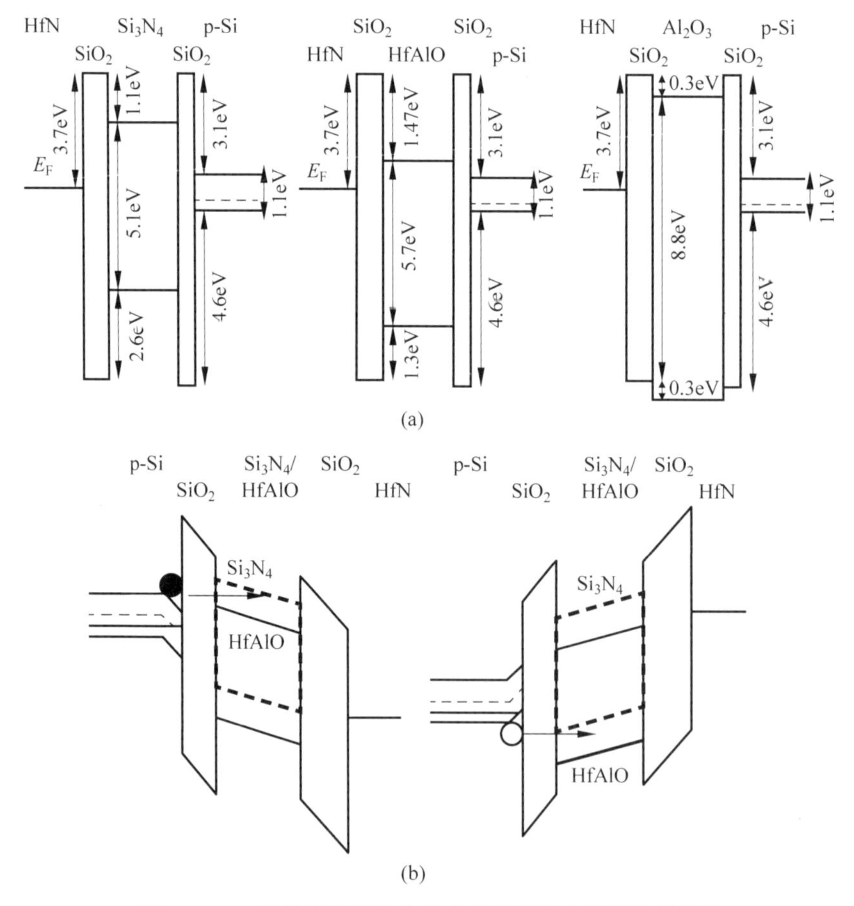


图 9.2.11 不同栅介质作为电荷俘获层的存储器能带结构

(a) 理想条件下以 $Si_3N_4$、$Al_2O_3$ 和 HfAlO 作为电荷俘获层时的存储器件能带结构示意图；(b) 以 HfAlO (实线)或者 $Si_3N_4$(虚线)作为电荷俘获层的存储器在编程和擦除时的能带结构示意图

### 3. 高κ材料作为阻挡层

在 SONOS 浮栅存储器中，阻挡层氧化物是 $SiO_2$，电荷存储层是 $Si_3N_4$。由于 $SiO_2$ 的

介电常数(3.9)小于 $Si_3N_4$(7.5),所以阻挡层中的电场将大约是氮化物电荷俘获层中的2倍。对于等比例缩小的SONOS器件,氮化物电荷存储层和氧化物阻挡层具有差不多的厚度,从而在编程、擦除操作时,大部分施加的电压将降落在阻挡层上。如果将 $SiO_2$ 阻挡层替换为高 $\kappa$ 时,将可以改变编程、擦除操作时的电场分布。采用高 $\kappa$ 材料取代 $SiO_2$ 作为阻挡层,可以增加控制栅与电荷存储层的耦合,使大部分施加的电场降落在隧穿层上,从而可以减小编程和擦除操作电压。另外,由于高 $\kappa$ 阻挡层所承受的电场比 $SiO_2$ 阻挡层要小得多,所以高 $\kappa$ 作为阻挡层时能够有效抑制寄生载流子的注入。

筛选高 $\kappa$ 作为阻挡层时需要考虑以下因素:①高 $\kappa$ 介质要具有很少的体缺陷,降低存储层电荷通过缺陷辅助隧穿进入栅电极的概率;②高 $\kappa$ 介质要与电荷俘获层具有合适的导带、价带偏移,保证足够的电子、空穴势垒;③高 $\kappa$ 介质需要搭配具有高功函数的栅电极材料,以获得控制栅电极与阻挡层之间具有足够的势垒高度,防止擦除时栅极电子跨过势垒进入阻挡层,形成栅极背隧穿,造成擦除饱和。

### 9.2.4 浮栅型存储器的保持与耐受特性

浮栅型存储器的数据保持特性,定义为在切断外界电源时保持电荷时间长短的能力。例如,对于编程后的浮栅型存储器,由于电荷俘获层俘获的电子,在栅叠层结构自建电场以及隧穿层自身存在的缺陷的作用下,会随着时间的推移而缓慢地流失,导致器件阈值电压逐渐偏移,引起数据错误。数据的保持特性主要与隧穿层的厚度、隧穿层自身存在的缺陷和器件的结构有关。浮栅型存储器件的耐久性,定义为器件在经过反复编程和擦除操作的承受能力。器件在反复编程和擦除操作过程中,器件的隧穿层、俘获层以及阻挡层反复承受外界电场,可能导致新的缺陷产生,进而引起各层的质量衰退现象。最终表现为随着反复编程和擦除次数的增加,器件的编程和擦除效率逐渐减低,直至失效。目前业界对器件耐久性的衡量标准是:器件是否可以经受 $10^5$ 次的反复编程和擦除操作。

## 9.3 动态随机存储器

动态随机存储器(DRAM)的基本结构由一个晶体管和一个电容组成,这个概念于1966年由在IBM公司工作的Robert Dennard博士提出,并于1968年获授权专利。1970年,英特尔公司发布了第一个具有1kb容量基于pMOS的DRAM。1972年,DRAM打败了磁存储器,成为世界上最畅销的半导体存储器。目前,DRAM芯片由于具有高速运行、集成密度大、可靠性好等优点,被广泛应用于电子器件中。

### 9.3.1 动态随机存储器基本原理

如图9.3.1(a)所示,DRAM芯片可以分为三个主要部分,分别是单元存储阵列、核心电路部分和外围电路部分。在现代DRAM芯片中,存储阵列区是由存储单元阵列组成的,它是信息储存的主体,占据了整个芯片面积的50%~55%。核心区域由行列解码器、字线(WL)驱动器(SWD)、位线(BL)感测放大器(BLSA),以及在BLSA和SWD的交叉区域形成的连接区(CJT)构成,它为BLSA和I/O的数据传输产生或传递控制信号(图9.3.1(b))。核心区域主要负责管理读和写、解码和数据恢复,通常占用芯片面积的25%~30%。外围电路由控制逻辑、I/O 接口和直流电路组成，约占据芯片面积的 20%。图 9.3.1(c)所示为存储单元的基本构成。其中的晶体管称为选择晶体管，其栅极连接到 WL 上。漏端通过位线接触点(BLC)与 BL 相连，另一端(源端)通过存储单元接触点(SNC)与电容相连。选择晶体管充当开关，电容可以将需要存储的数据存储为正电荷或负电荷。存储的信息可以通过 BL 感知电容上的存储电荷来进行数据读取。当选择晶体管打开时，电容中存储的电荷就会流入 BL 上，导致 BL 上电势的变化。然后通过探测 BL 上电势的变化就可知道电容中存储的电荷信息，其中 BL 上电势的变化可表示为

$$\Delta V_{\mathrm{BL}}=\frac{V_{\mathrm{cell}}-V_{\mathrm{BLP}}}{\left(1+\frac{C_{\mathrm{BL}}}{C_{\mathrm{s}}}\right)} \tag{9.3.1}$$

式中，$V_{\mathrm{cell}}$ 是存储节点电势；$V_{\mathrm{BLP}}$ 为预充状态时 BL 上的电势；$C_{\mathrm{BL}}$ 与 $C_{\mathrm{s}}$ 分别为 BL 和电容器的电容。一般情况下，$C_{\mathrm{BL}}$ 的电容值比 $C_{\mathrm{s}}$ 要大得多(通常为 10 倍以上)，因此 BL 上的电压变化 $\Delta V_{\mathrm{BL}}$ 非常小，外围电路很难直接通过 BL 来读取电容的存储信息。另外需要注意的是，当对一个存储单元进行读取操作后，存储电容器存储的电荷会发生变化，即读取过程是破坏性的。因此，为了能够再一次读出储存的正确数据，需要在读取操作后对存储单元进行数据恢复操作。同时，由于该存储结构自身的特点，即使对存储单元不进行读写操作，电容器中存储的电荷也会慢慢地流失，因此需要对存储单元进行定时的数据刷新(重新写入数据)，以保证数据的正确存储。针对以上问题，DRAM 在设计上引入了差分感应放大电路，如图 9.3.2 所示。该电路主要由感应放大电路和电压均衡电路两个部分组成，主要功能是将存储电容存储的信息转换为逻辑“1”或者“0”所对应的电压，并且呈现到 BL 上。同时，可以通过 BL 对存储电容进行数据重新写入和定时刷新。

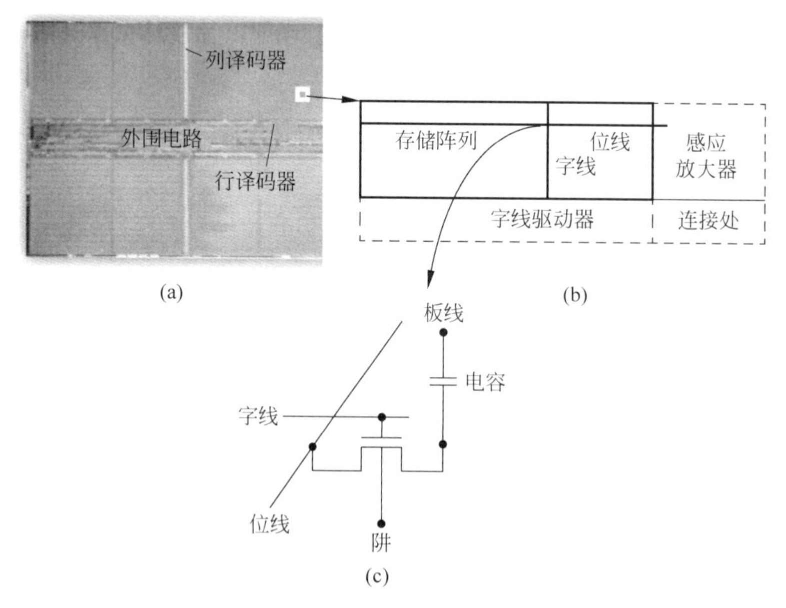


图 9.3.1 DRAM 芯片、存储器阵列及 IT-IC 电路示意图

(a) DRAM 芯片照片，包含存储阵列区域、行和列译码器和外围电路区域；(b) 存储器阵列(MAT)示意图，BL 和 WL 分别连接到感应放大器(SA)和字线驱动器(SWD)；(c) IT-IC 电路示意图，选择晶体管的栅极连接 WL，源端和漏端分别连接 BL 和电容器

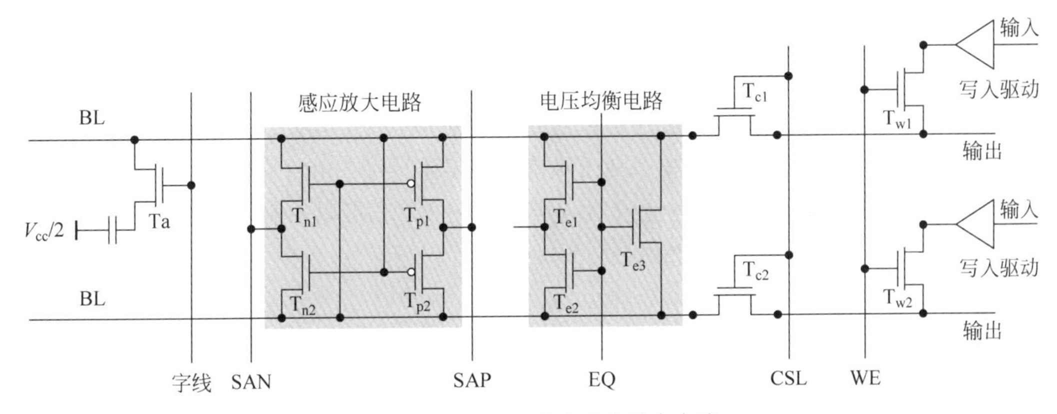


图 9.3.2 DRAM 差分感应放大电路

下面详细介绍 DRAM 的读取和写入过程。

读取操作包含预充、接入、感应和恢复四个阶段。

预充：即通过电压均衡电路将 BL 和另一条参考的/BL 的电势拉平。通过 EQ 信号控制晶体管 $T_{e1}$、$T_{e2}$ 和 $T_{e3}$ 的开关状态，将 BL 和/BL 线上的电势稳定在参考电势 $V_{ref}$ 上，$V_{ref}=1/2V_{cc}$。

接入：通过控制 WL 信号使晶体管 Ta 导通，此时电容中存储的电荷会流向 BL，继而将 BL 上的电势拉升到 $V_{ref+}$。

感应：由于 BL 上的电势被拉升到 $V_{ref+}$，此时感应电路中晶体管 $T_{n2}$ 会比 $T_{n1}$ 更具有导通性，$T_{p1}$ 比 $T_{p2}$ 更具有导通性。此时感应放大器 NMOS 控制信号 SAN 会被设定为逻辑“0”的电压，感应放大器 PMOS 控制信号 SAP 则会被设定为逻辑“1”的电压，即 $V_{cc}$。此时/BL 上的电压会更快被 SAN 拉到逻辑“0”电压，BL 上的电压也会更快被 SAP 拉到逻辑“1”电压。接着 $T_{p1}$ 和 $T_{n2}$ 进入完全开启状态，$T_{p2}$ 和 $T_{n1}$ 完全进入关闭状态。最后 BL 和/BL 的电势都进入稳定状态，正确呈现了存储电容所存储的信息。

恢复：在完成感应阶段操作后，BL 处于稳定的逻辑“1”电压 $V_{cc}$，此时 BL 会对存储电容进行充电，经过特定时间后，存储电容的电荷就可以恢复到读取操作前的状态。

最后通过 CSL 信号控制晶体管 $T_{c1}$ 和 $T_{c2}$，外部电路就可以从 BL 上读取到存储的信息。图 9.3.3 为整个读取操作过程的时序图，其中 $V_{cc}$ 为逻辑“1”所对应的电势，Gnd 为逻辑“0”。

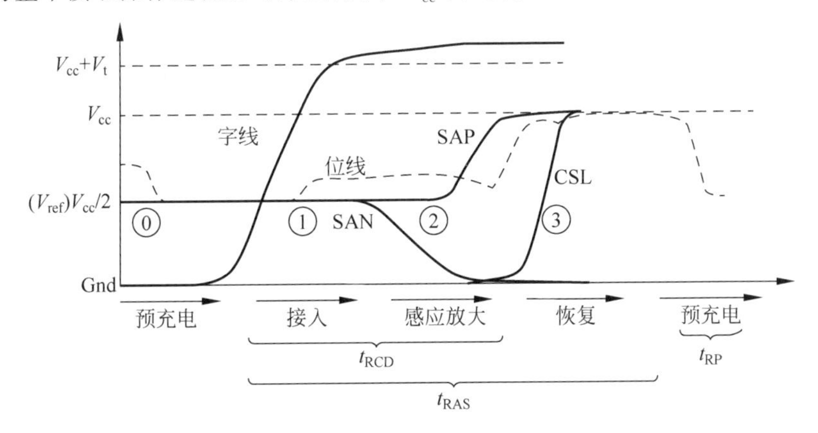


图 9.3.3 DRAM 读取操作过程时序图

DRAM的写入操作的前期流程和读取操作一样,依次执行预充、接入、感应和恢复操作。差异在于在恢复阶段后还会执行写入恢复操作。

在写入恢复阶段,通过写入控制WE信号控制晶体管 $T_{w1}$ 和 $T_{w2}$ 导通,此时BL会被输入端input拉到逻辑"0"电势,/BL则会被参考输入信号/input拉到逻辑"1"电势。经过特定的时间后,当存储电容器的电荷被放电到"0"状态时,就可以控制WL,将存储电容器的选择晶体管关闭,写入"0"的操作完成。

### 9.3.2 DRAM存储器的电容单元

DRAM中的电容是存储信息的重要单元,它的特性直接影响到读取信号电压、读出速度、数据保持时间以及抗软错误容限。随着技术节点的不断演进,DRAM存储密度的不断提升,电容单元的尺寸也不断微缩。在传统的DRAM技术中,单元设计架构基于 $8F^2$ 几何结构,其中 $F$ 是给定技术节点的最小特征尺寸。如图9.3.4(a)所示,两个存储单元共享一根位线(bit line,BL),晶体管共享同一个BL接触。在WL方向上,最小单元的尺寸为 $2F$,BL方向上为 $4F$,即单个存储单元的面积为 $8F^2$($F$ 为特征尺寸)。图9.3.4(b)为 $8F^2$ 存储单元架构的示意图。当技术节点进入80~90nm后,存储单元的设计结构由 $8F^2$ 进入 $6F^2$,目前 $4F^2$ 的设计几何结构也处于研究开发中。这种存储单元设计结构的演进大大提升了DRAM的存储密度,但存储单元电容 $C_s$ 随技术节点演进而急剧减小,这成为DRAM面临的主要挑战之一。

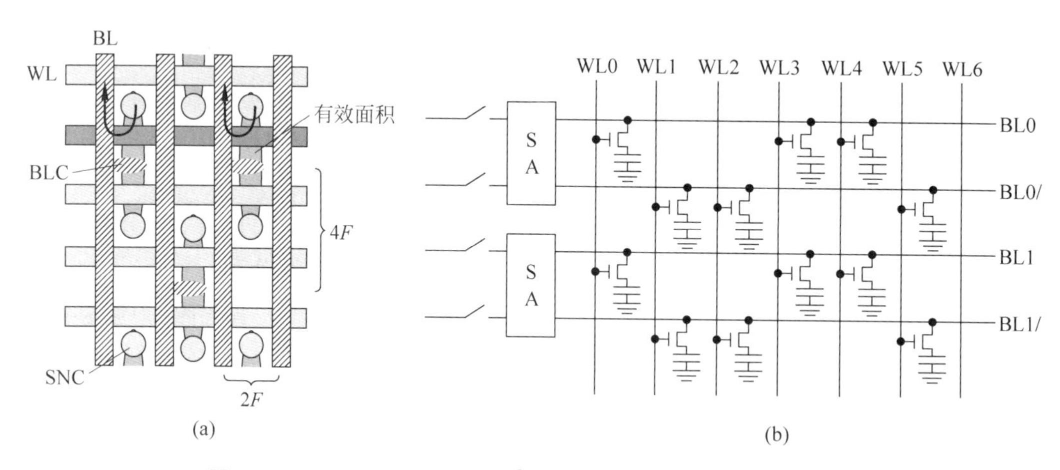


图9.3.4 DRAM存储单元 $8F^2$ 的设计架构(a)和电路示意图(b)

为了增加存储单元电容,可从电容的结构以及电介质材料两方面进行考虑。目前,电容结构已从二维结构转向了三维结构,沟槽式电容(trench capacitor)以及堆叠式电容(stacked capacitor)相继出现。沟槽式电容是通过硅刻蚀工艺深入硅下面,实现二维到三维的拓展,增大了有效电容面积。而堆叠式电容是在硅表面向上制造而形成堆叠结构,从而增大电容有效面积。目前,堆叠式电容成为业内主流技术,电容结构也从冠状结构(crown structure)演变为柱状结构(pillar structure)。但这种从结构上进行电容密度提升的方法受限于刻蚀工艺和电容器的堆叠高度,一般在1.3~2μm,如果超过这个高度就会产生制造问题,所以从结构上提升电容密度受到限制。另一种方法则是降低电容介质材料的厚度或者增加电容介质材料的介电常数。早期电容采用的是 Si/ONO/Si 结构，其中 ONO 是 $SiO_2/Si_3N_4/SiO_2$ 叠层介质，单纯依靠介质厚度来提高电容受到漏电流的限制，所以在亚 100nm 的设计规则下采用高介电常数的介质材料成为不可避免的选择。高介电常数介质材料可以在较厚的物理厚度下维持与 ONO 介质材料相同的电容密度，从而有效抑制隧穿电流。韩国三星公司在 90nm DRAM 技术节点引入新型电容介质材料 AlO/HfO，等效氧化层厚度达到 25Å。2006 年，韩国海力士公司首次提出了基于 ZrO/AlO/ZrO 的电容介质叠层，等效氧化层厚度可以降低至 6.3Å，满足 45nm DRAM 的需求。目前，产业界依旧采用基于 ZrO 的电容介质材料。为了满足未来 DRAM 电容尺寸的进一步收缩，一些具有更高介电常数的材料如金红石结构 $TiO_2$($\kappa=100\sim140$)和 $SrTiO_3$($\kappa=150\sim200$)被广泛研究应用于 DRAM 电容，它们可将等效氧化层厚度进一步缩小至(3～5Å)。然而，尽管等效氧化层厚度如此有前景，但与这些材料相关的主要限制之一是它们与 TiN 电极的不相容性，晶格不匹配导致结晶不足以及低 κ 界面层的形成。此外，由于其相当低的带隙，当用 TiN 电极制造时，这种电容器表现出更高的漏电流。因此，为了满足 DRAM 漏电流的要求，这些研究大多基于利用新型电极如 Ru、Ir 等。不幸的是，这种贵金属在集成时存在工艺兼容性以及价格昂贵的问题。$SrTiO_3$ 等材料的另一个关键问题是，它们不能做得足够薄(物理厚小于 10nm)来实现复杂的三维结构。而且，它们的 κ 值也随着物理厚度的减小而显著降低。另外，也有研究基于 HfZrO 的反铁电新型高介电常数材料，这种材料与当前电容介电材料相同，利用多晶界介电增强效应，可获得约 4.8Å 的等效氧化层厚度。

在追求更高介电常数的同时，还需要考虑材料的带隙。带隙过小的材料会产生较大的漏电流，引起存储电荷流失。然而高介电常数与带隙之间存在折中关系，具有较大介电常数的材料其带隙值一般偏小，图 9.3.5 为各种高介电常数材料的带隙与介电常数之间的关系图。另外，电容电极材料的选择对电容的漏电特性具有很大的影响。事实上，具有高功函数且与高介电常数材料之间具有良好界面的电极材料可以实现更好的介电性能。图 9.3.6 列举了对未来 DRAM 电容的要求以及实现策略。

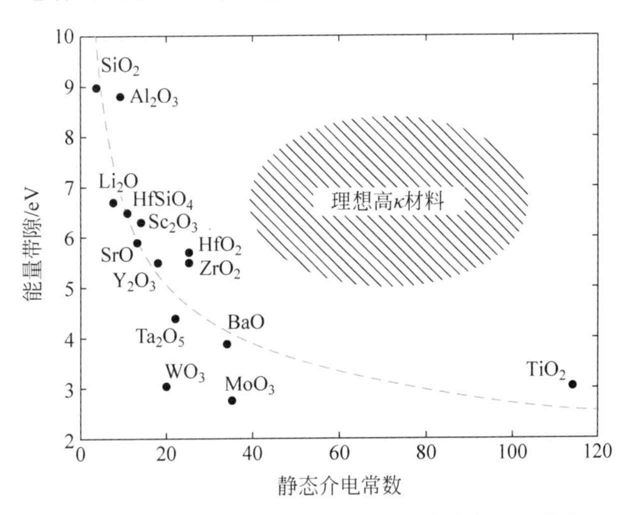


图 9.3.5　高介电常数材料的带隙与介电常数之间的关系

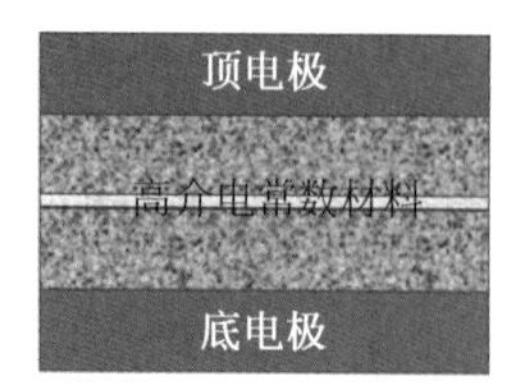


要求

- 可在三维结构上均匀沉积(厚度＜10nm)
- 工艺温度小于650℃
- EOT ~8Å→5Å→3.5Å
  技术节点(50nm) (35nm) (25nm)
- 漏电流~$10^{-8}$A/cm$^2$(1V)

策略

- 原子层沉积
- 高介电常数材料结晶温度小于650℃或者非晶材料
- 优化界面层对EOT的影响
- 金属电极工程
- 优化高介电常数材料及叠层结构设计

图 9.3.6 DRAM MIM 电容结构示意图及未来 DRAM 电容的要求和策略

## 9.4 铁电存储器

铁电材料具有两个稳定的极化状态，并且在外电场下，两个极化状态之间可以实现切换，因此可以用来存储信息。铁电存储器可以分为铁电随机存储器(FeRAM)、铁电晶体管存储器(FeFET)以及铁电隧穿结存储器(FTJ)。这些铁电存储器都具有非易失性，并且具有较快的读写速度，是一种非常有希望实现应用的新型存储器。

### 9.4.1 铁电材料基本特性及历史发展

当一种材料具有两种不同的、稳定的极化状态时，它就是铁电性的，这种极化状态可以在没有电场的情况下保持，也可以通过施加电场在两种极化状态之间切换。对于大多数已知的铁电体，铁电性的产生是温度的函数。它是一种结构相变，本质上可以是位移相变，也可以是有序-无序相变，然而在有序-无序跃迁中，原子从随机占据的晶格位置重新排列到每种原子类型的特定位置。铁电体的有序参数是由晶体结构中离子的原子排列引起的自发极化。这既取决于离子的位置(传统铁电体)，也取决于多个价电子的电荷顺序(电子铁电体)。极化滞回曲线的出现对铁电性至关重要。但并非所有具有极化滞回的材料都是铁电材料。移动电荷缺陷和 pn 结也可以产生极化滞回曲线。对于理想铁电体，$P$-$E$ 滞回线是对称的。由此可以定义剩余偏振态和强制场。这个矫顽场必须低于材料的击穿场，以实现极化翻转。图 9.4.1 为铁电材料的极化滞回曲线，其中 $P_r$ 为剩余极化强度，$E_c$ 为矫顽电场。传统的铁电材料是基于钙钛矿结构，有 $Pb(Zr,Ti)O_3$ (PZT)、$BaTiO_3$ (BTO)和 $SrBi_2Ta_2O_9$ (SBT)等。但由于其物理厚度、CMOS 工艺兼容性等原因，限制了其在存储器方面的应用。2011 年，研究者在进行高 $\kappa$ 材料研究时，在 Si 掺杂的 $HfO_2$ 高 $\kappa$ 薄膜中观察到了异常的 $C$-$V$ 曲线，进而发现了铁电特性，这一发现再次促进了铁电存储器的研究。表 9.4.1 对比了钙钛矿结构铁电材料与 $HfO_2$ 基铁电材料。

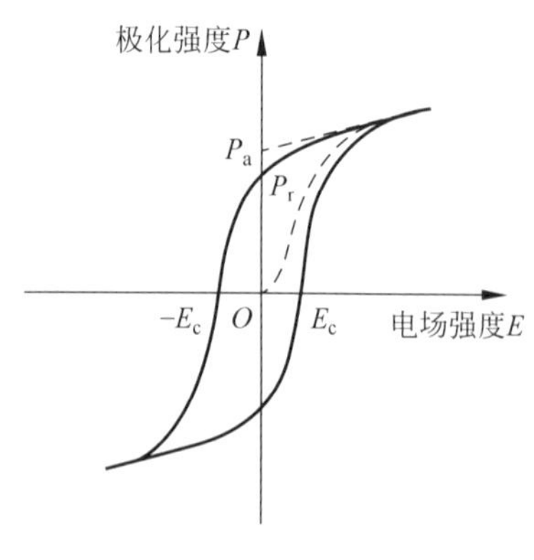


图 9.4.1 铁电材料极化滞回曲线

表 9.4.1　$HfO_2$ 基铁电材料与两种常见的传统钙钛矿结构铁电材料的性能对比

| | $SrBi_2Ta_2O_9$（SBT） | $Pb(Zr_xTi_{1-x})O_3$（PZT） | $HfO_2$ 基铁电材料 |
|---|---|---|---|
| 薄膜厚度 | ＞25nm | ＞70nm | 1～30nm |
| 退火温度 | ＞750℃ | ＞600℃ | 300～1000℃ |
| 剩余极化强度（$P_r$） | ＜10μC/cm² | 20～40μC/cm² | 1～40μC/cm² |
| 矫顽电场（$E_c$） | 10～100kV/cm | 约 50kV/cm | 1～2MV/cm |
| 击穿电场（$E_{BD}$） | 约 2MV/cm | 0.5～2MV/cm | 4～8MV/cm |
| $E_c/E_{BD}$ | 0.5%～5% | 2.5%～10% | 12.5%～50% |
| 相对介电常数 | 150～250 | 约 1300 | 约 30 |
| 是否可用原子层沉积工艺 | 否 | 否 | 是 |
| CMOS 工艺兼容性 | Bi 和 $O_2$ 扩散 | Pb 和 $O_2$ 扩散 | 稳定 |
| BEOL 兼容性 | 受 $H_2$ 影响 | 受 $H_2$ 影响 | 稳定 |

一般认为，$HfO_2$ 的铁电性来源于 $Pca2_1$ 空间群结构的非中心对称的正交相，图 9.4.2 为 $HfO_2$ 基薄膜不同的晶体结构及对应下的极化电荷-电场曲线。可以看出，正交相(orthorhombic)的晶体结构属于非中心对称结构，对应的极化电荷-电场曲线出现很大的滞回。这种 $HfO_2$ 基薄膜中的铁电相的影响因素包括应力、掺杂、氧空位，以及表面能、界面能。适当浓度下的元素掺杂可以稳定 $HfO_2$ 薄膜中的铁电相，这是由于不同离子半径的元素掺杂可以显著改变金属-氧键的能量，进而改变 $HfO_2$ 中各个相的相对稳定性。通过对掺杂浓度、退火条件的调控，各种元素掺杂的以及纯的 $HfO_2$ 薄膜都能表现出铁电特性，但获得的剩余极化强度不尽相同。它们的剩余极化强度在 5～35μC/cm²，矫顽电场大部分分布在 1～2.0MV/cm。另外，Si、Y、Al、Gd、Sr 和 La 元素掺杂的 $HfO_2$ 铁电薄膜都表现出较小的掺杂浓度(小于 10%)，并且它们的掺杂浓度范围较窄。而 Zr 元素掺杂的 $HfO_2$(HZO)铁电薄膜表现出很大的掺杂浓度范围，在 20%～70%的掺杂浓度范围内均可产生铁电性，并且在掺杂浓度为 50%时，薄膜表现出最优的 $P_r$。另外，Zr 掺杂 $HfO_2$ 铁电薄膜的退火温度普遍低于其他元素掺杂的铁电薄膜，一般在 500℃甚至更低。因此 HZO 铁电薄膜更加容易在器件中进行集成。

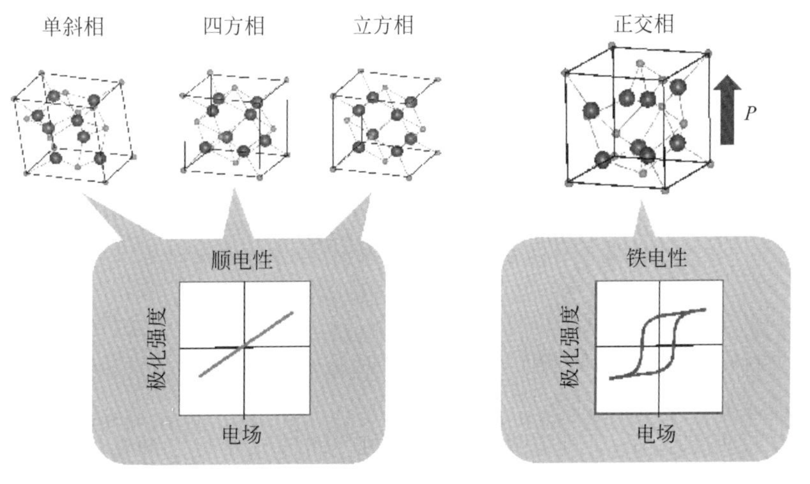


图 9.4.2　$HfO_2$ 基薄膜的各种晶体结构及对应下的极化电荷-电场曲线

### 9.4.2 铁电存储器分类

铁电存储器件的灵感来自于铁电氧化物薄膜的显著极化迟滞行为，产生了出色的开关和存储特性。自 $HfO_2$ 基铁电材料被发现后，铁电存储器引发了人们强烈的研究兴趣。这主要得益于 $HfO_2$ 基铁电材料优异的性能，比如铁电性可扩展至 10nm 以下的 $HfO_2$ 基薄膜，可实现 10ns 的写入时间，以及超低的写入能量(10fJ)等。这种优异的铁电材料可以用于多种类型的铁电存储器，包括基于铁电电容的铁电随机存储器(FeRAM)、基于隧道结的铁电隧穿结(FTJ)以及基于晶体管结构的铁电存储器(FeFET)。下面我们对三种类型的铁电存储器进行一一介绍，并分析每种铁电存储器存在的优缺点。

#### 1. 基于 1T1C 结构的 FeRAM

最早的关于 1T1C 结构的 FeRAM 的研究可追溯至 20 世纪 80 年代末，研究人员通过将由铁电薄膜组成的电容器连接到寻址场效应晶体管上，从而构建了一种新型铁电存储器。自问世以来，FeRAM 作为一种非易失性存储器器件已得到显著改进并商业化，目前已应用于 IC 卡、智能电表、无线电频率标识以及通信设备等多种应用中。FeRAM 的基本结构与动态随机存储器(DRAM)类似，由一个晶体管和一个电容器构成，即 1T1C 结构，FeRAM 结构及电路示意图如图 9.4.3 所示。但与 DRAM 不同的是，FeRAM 的电容是由金属-铁电材料-金属(MFM)组成，因此可以实现数据的非易失性存储。一般情况下，MFM 电容器可以实现在后端工艺中制造，并集成在底层的选择晶体管的漏端。WL 为字线，连接存储单元的晶体管栅极，用于选择需要进行操作的存储单元。PL 为板线，用于对铁电电容施加读写脉冲。BL 为位线，用于存储单元信号输出。

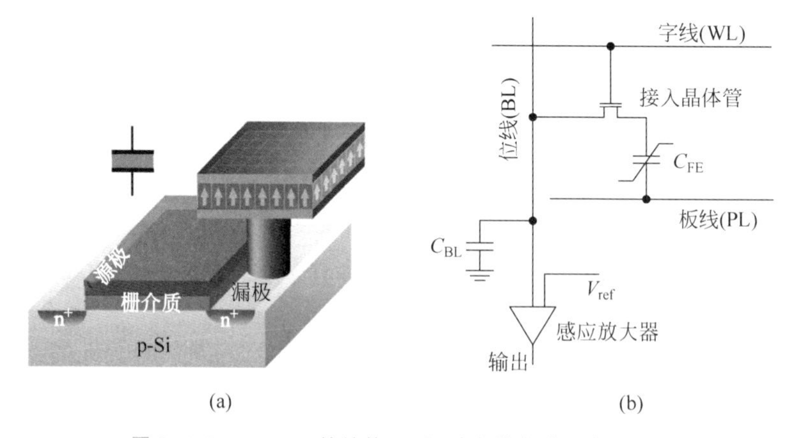


图 9.4.3 FeRAM 的结构(a)和对应的电路示意图(b)

当进行 FeRAM 的写入或者读取操作时，WL 线上施加脉冲，以允许访问存储信息的铁电电容。当进行写入操作时，PL 和 WL 线上同时施加脉冲，PL 上的脉冲可以使铁电极化饱和。具体操作如下：

首先，WL 上施加电压，打开需要进行操作的存储单元所对应的选择晶体管；然后，在 PL 上施加正的或者负的电压脉冲，同时 BL 上的电压为 0，实现对 MFM 电容器极化状态的改变，从而实现“0”或者“1”的写入。

FeRAM 的数据读取则是通过将 BL 线上的电压与参考电容上的电压进行比较来判断存储信息。在进行存储状态读取时，WL 和 PL 同时施加脉冲，PL 上的电压脉冲会驱使铁电电容极化到饱和状态。与 DRAM 类似，该读取操作是破坏性的，因为在该读取脉冲下，铁电电容总是会偏转到相同的极化状态，如图 9.4.4(a)所示。因此，读取程序还包含了一个再次写入的操作，以使存储单元回复到初始的存储状态。再次写入操作的脉冲选择取决于破坏性读取操作过程中产生的瞬时电流对 BL 电容的充电情况。采用一个正的写入脉冲诱导处于 $-P_r$ 状态的铁电电容。在 WL 和 PL 同时施加电压后，铁电电容器和 BL 之间发生电荷共享。BL 线上电压取决于铁电电容的极化状态。当存储的信息为“1”或者“0”时，读取操作时导致 BL 上的电压分别为 $V_{-P_r}$ 和 $V_{P_r}$，公式见图 9.4.4(b)。从公式可以看出，FeRAM 的两种状态之间的差异主要取决于 $2P_r$，因此提高铁电材料的剩余极化强度对于增大 FeRAM 的存储窗口十分有必要。

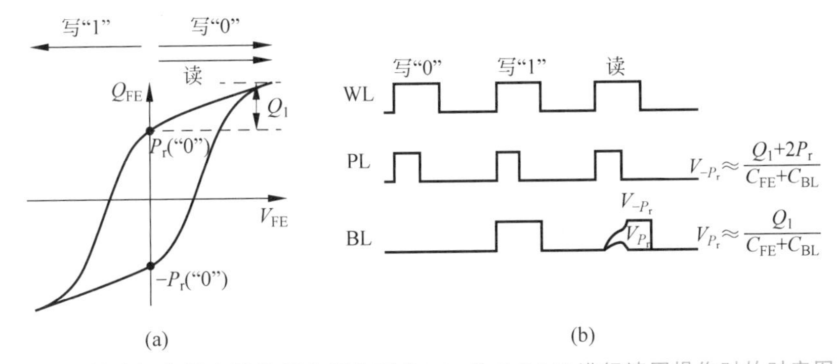


图 9.4.4 铁电极化强度随外部电场的变化(a)，及 FeRAM 进行读写操作时的时序图(b)

根据 FeRAM 的工作原理可知，破坏性的读取操作是其最大的缺点。由于读取过程中存储的信息被破坏，所以需要在读取操作后进行数据恢复。因此对铁电材料极化翻转的耐受性提出了挑战。一般要求 FeRAM 的耐受性要在 $10^{14}$ 个周期以上。另外，与 DRAM 类似，这种基于电荷的感知的 FeRAM 也面临着尺寸缩放的挑战，当铁电电容器件按比例缩放时，可用于感知的可用电荷会减少。因此，需要寻求提高电荷密度的工程技术，如三维电容器结构。

2. FTJ

铁电隧穿结的基本理论概念由 Esaki 等于 1971 年提出。但是，由于它的实现需要非常薄的高质量的铁电薄膜，而当时的薄膜制备技术还没有能力制备出作为隧穿势垒层的铁电薄膜，所以 FTJ 的研究进展比较缓慢。自从 $HfO_2$ 基铁电薄膜发现以后，FTJ 的研究得到了更多的关注。FTJ 是一种两端的、基于阻值变化的非易失性存储器。FTJ 的主体存储单元由两个金属电极（M1 和 M2）和夹在中间的超薄铁电薄膜构成，其结构示意图如图 9.4.5 所示。

在外部电场作用下，内部的铁电材料发生极化翻转，从而调制了两侧势垒的高度，进一步影响了电子隧穿过势垒的概率，最后显著改变了通过铁电层的隧道电流大小。因此通过检测隧穿电流的大小，可以判断铁电材料的极化方向。也就是说二进制信息“0”和“1”可以作为极化方向存储在 FTJ 中，同时信息“0”和“1”还可以作为隧穿电流读出。另外，由于

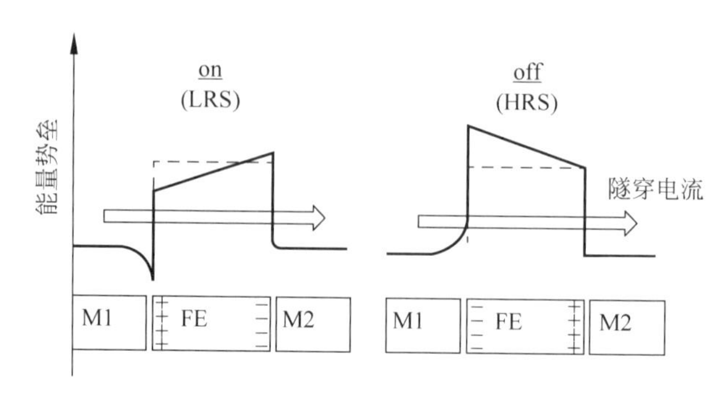


图 9.4.5 铁电隧穿结结构(底部)和工作原理(上部)示意图

通过在铁电层施加电压导致极化翻转,从而调制隧穿势垒高度和隧穿电阻

FTJ 利用隧穿电流进行信息读取,而不是铁电的极化翻转电流,所以 FTJ 可以实现非破坏性读取存储的信息。

极化反转引起的隧穿电流的变化通常称为隧穿电阻(TER)效应。该效应一般可由界面处的静电势分布解释。如图 9.4.6(a)所示,由于 M1 和 M2 金属电极具有不同的电荷屏蔽能力,当铁电材料极化指向一侧时,FTJ 的两个金属基板具有不同的电荷分布。两金属基板上的电荷不对称分布就会导致 FTJ 不对称的电势分布。图 9.4.6(b)所示为铁电层极化的翻转导致电势的变化。因此,由于两种金属的屏蔽长度不同,使得静电势剖面不对称,铁电势垒极化方向的切换必然导致结电阻的变化。

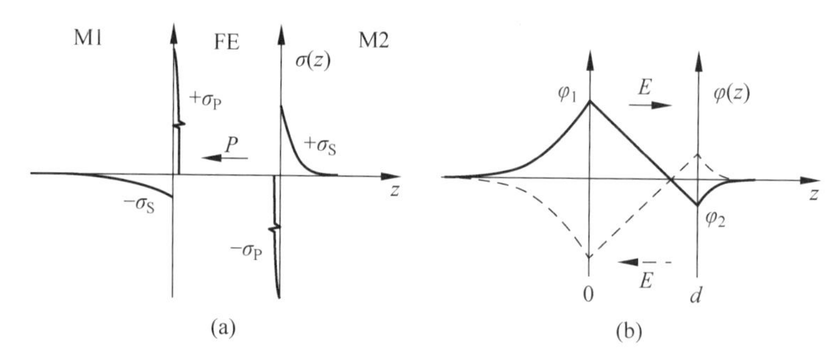


图 9.4.6 电荷分布(a)和各自的静电势剖面(实线)(b)

假设金属 M1 和金属 M2 电极具有不同的屏蔽长度(分别为 $\delta_1$ 和 $\delta_2$),导致了电势分布的不对称性;(b)中的虚线表示铁电体中极化 $P$ 被切换时的电势,导致退极化场 $E$ 的反转

对于 FTJ 存储器,去极化场的存在对存储性能至关重要,因为当两种极化状态下的退极化场均为"0"时,也就意味着两种状态下的隧穿势垒相同,则两种状态下的阻值比为 1,不能存储信息。所以,有研究将去极化场有意地引入 FTJ 中来获得大的电阻比值,例如通过一个夹层或半导体电极,使两种极化状态的场不同。但是当去极化场很高时,数据的保持特性就会变差。因此,对于 FTJ 来说,足够大的矫顽电场是必要的。目前,FTJ 存储器设计的挑战是同时获得大的开态隧穿电流和大的开/关电阻比。例如,为了有 1μA 的开电流用于传感,对于 100nm×100nm 大小的 FTJ,电流密度必须大于 $10^4$ A/cm$^2$。随着 FTJ 器件尺寸缩小,对电流的要求将更高。基于 $HfO_2$ 基铁电的 FTJ 存储器未能达到这一设计目标,这仍然是一个有待解决的挑战。

### 3. FeFET

FeFET 存储器于 1963 年由 Moll 和 Tarui 提出，他们把硫酸三甘肽（TGS）铁电晶体夹在金底电极和 CdS 薄膜晶体管之间，从而实现对半导体电导的控制。当时测量的开/关电阻比为 40。随后，许多由铁电晶体和半导体薄膜 FET 构成的存储器件被提出。然而这种半导体薄膜铁电存储器的存储性能不理想，而且基于半导体薄膜的器件不能小型化。1974 年，Wu 采用射频磁控溅射在 Si 上沉积了 $Bi_4Ti_3O_{12}$ 铁电薄膜，并基于 Si 平面工艺制备了铁电晶体管存储器。随后，Sugibuchi 等在 Si 沟道与 $Bi_4Ti_3O_{12}$ 铁电薄膜之间引入了 $SiO_2$ 层，制备了金属/铁电/绝缘体/半导体（MFIS）结构的铁电晶体管存储器，$SiO_2$ 的引入降低了铁电层中的电荷注入，改善了界面性质，提高了铁电极化对沟道开关的控制能力。但铁电薄膜制备工艺涉及高温，会破坏 $SiO_2$/Si 界面，降低记忆态的稳定性和长期保留性。从那以后，通过改善铁电/氧化物/Si 界面的性能来优化 MFIS FET 的存储特性成为研究的重点。然而，基于钙钛矿结构铁电薄膜的 Si 基铁电晶体管存储器面临着 CMOS 工艺不兼容、保持特性差、器件尺寸难以收缩等问题，所以很难商业应用。2011 年，研究者在掺杂的 $HfO_2$ 薄膜发现了铁电性，这一发现有望解决或减轻钙钛矿结构铁电晶体管存储器的上述问题，再次推动了 FeFET 存储器的研究。

FeFET 是利用铁电材料的铁电极化电荷对晶体管的沟道施加电场，从而调节沟道的电导率的大小，通过沟道的导通和关闭来实现数据“0”和“1”的存储。图 9.4.7 为 FeFET 存储器的工作原理示意图。以 n 沟道 FeFET 为例，当施加的栅极电压（$V_G$）为正，且大于铁电材料的正矫顽电压时，铁电极化向下。此时正极化电荷吸引沟道中的少数载流子聚集在沟道与绝缘层界面处，使沟道处于导通状态，从而产生较小的阈值电压（Low-$V_T$）和较大的漏电流（High-$I_D$），定义此时的沟道电阻状态为二进制信息“1”。相反，当 $V_G$ 小于 0，且小于铁电材料的负矫顽电压时，铁电极化方向朝上，沟道中的少数载流子被排斥，使沟道处于关闭状态，从而产生较大的阈值电压（High-$V_T$）和较小的漏电流（Low-$I_D$），定义此时的沟道电阻状态为二进制信息“0”。不同于浮栅型存储器，FeFET 的转移曲线回扫呈现逆时针滞回，其阈值电压的漂移量称为 FeFET 的存储窗口（MW），其大小与铁电薄膜的厚度以及矫顽电场 $E_C$ 相关，可以表示为

$$MW = 2 \cdot \alpha \cdot E_C \cdot T_F \tag{9.4.1}$$

式中，$T_F$ 是铁电薄膜的厚度，$\alpha$ 是一个与铁电薄膜的极化强度和介电常数相关的参数。

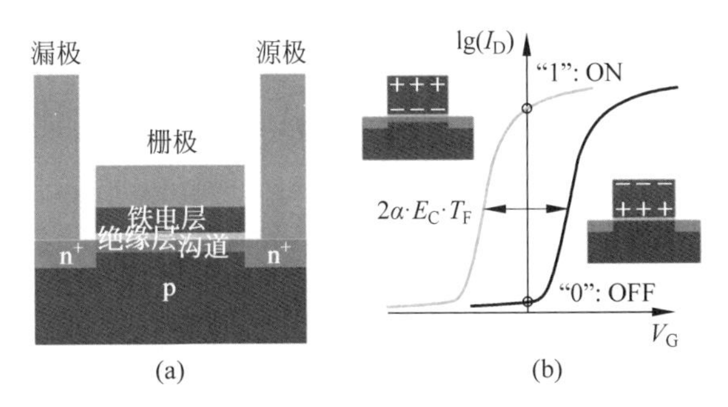


图 9.4.7 FeFET 的结构示意图(a)及不同极化状态下的转移曲线(b)

FeFET 存储器除了读写速度快，非易失的特点，还具有非破坏性读取和可收缩的特点。特别是 $HfO_2$ 基的铁电晶体管存储器，兼容于 CMOS 工艺，可以实现高密度存储器集成。

## 课后习题

9.1 请简述浮栅型存储器在编程时的工作原理，以及有哪几种电荷隧穿方式，并画出对应的能带简图。

答：当栅极施加电场时，沟道中的电子会以热电子注入或者 F-N 隧穿的方式穿过隧穿层进入浮栅。当浮栅捕获电子后，由于电子的屏蔽效应，晶体管的阈值电压向正栅极电压方向移动，此时晶体管就表现出一个较大的阈值电压和较小的源漏电流（同栅极和漏端电压情况下）。

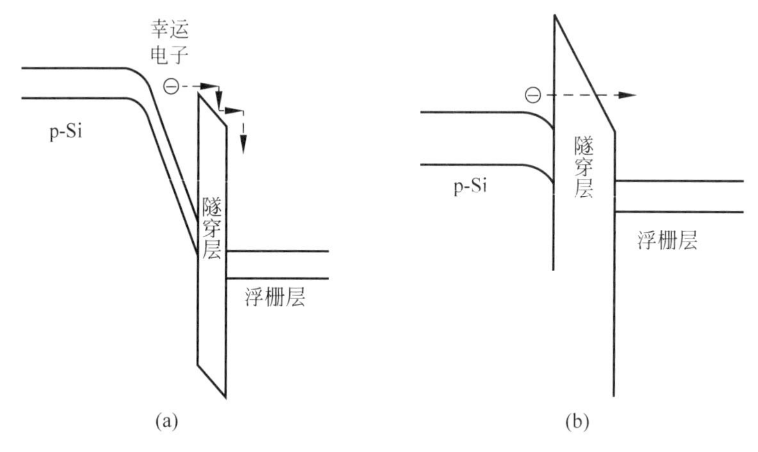


课后习题 9.1 图

(a) 热电子注入编程方式能带简图；(b) F-N 隧穿编程方式能带简图

9.2 请分析讨论高 κ 材料作为电荷俘获层时的优势。

答：高 κ 材料通过元素掺杂、工艺调控等当时可以获得较高的缺陷密度，而且可以调控缺陷能级位置，提高器件的保持特性。另外，高 κ 材料具有较大的介电常数，在作为电荷缺陷型存储层时能够在保持相同的等效氧化层厚度的情况下增大其物理厚度，从而使存储层具有更多的陷阱，使器件具有更高的陷阱效率以及更快的编程速度。

9.3 请分析讨论提高 DRAM 感应放大信号 ΔVBL 的方法？

答：(1) 减小 CBL；(2) 增大 $C_s$。

9.4 请分析铁电材料的剩余极化强度 $P_r$ 和矫顽电场 $E_C$ 对各种铁电存储器的影响？

答：对于 FeRAM，需要较大的 $P_r$ 和较小的 $E_C$，大的 $P_r$ 有利于存储窗口增大和存储单元尺寸微缩；$E_C$ 则会影响 FeRAM 的耐受性，当 $E_C$ 过大时，$E_C$ 接近材料本身的击穿电场，则 FeRAM 电容容易发生击穿。对于 FTJ，需要加大的 $P_r$ 以及较大的 $E_C$，较大的 $P_r$ 有利于实现大的势垒高度调控，实现大的开关隧穿电流比，而较大的 $E_C$ 则有利于器件的保持特性。对于 FeFET，适当的 $P_r$ 和较大的 $E_C$，较大的 $E_C$ 有利于存储窗口增大。

## 参考文献

[1] KAHNG D,SZE S M. A floating gate and its application to memory devices[J]. The Bell System Technical Journal,1967,46(6): 1288-1295.

[2] WHITE M H,ADAMS D A,BU J. On the go with SONOS[J]. IEEE Circuits and Devices Magazine, 2000,16(4): 22-31.

[3] LIU X J,ZHU L,LI X F,et al. Growth of high-density Ir nanocrystals by atomic layer deposition for nonvolatile nanocrystal memory applications growth of high-density Ir nanocrystals by atomic layer deposition for nonvolatile nanocrystal memory applications [J]. Journal of Vacuum Science & Technology B,2014,32(4): 042201.

[4] QIAN S B,SHAO Y,LIU W J,et al. Erasing-modes dependent performance of a-IGZO TFT memory with atomic-layer-deposited Ni nanocrystal charge storage layer[J]. IEEE Transactions on Electron Devices,2017,64(7): 3023-3027.

[5] YUN D J,KANG H B,YOON S M. Process optimization and device characterization of nonvolatile charge trap memory transistors using In-Ga-ZnO thin films as both charge trap and active channel layers[J]. IEEE Transactions on Electron Devices,2016,63(8): 3128-3134.

[6] BAK J Y,RYU M K,PARK S H K,et al. Nonvolatile charge-trap memory transistors with top-gate structure using In-Ga-Zn-O active channel and ZnO charge-trap layer[J]. IEEE Electron Device Letters,2014,35(3): 357-359.

[7] LI Y,PEI Y L,HU R Q,et al. Charge trapping memory characteristics of amorphous-indium-gallium-zinc-oxide thin-film transistors with defect-engineered alumina dielectric[J]. IEEE Transactions on Electron Devices,2015,62(4): 1184-1188.

[8] PAN T M,CHEN C H,HU Y H,et al. Comparison of structural and electrical properties of $Er_2O_3$ and $ErTi_xO_y$ charge-trapping layers for InGaZnO thin-film transistor nonvolatile memory devices[J]. IEEE Electron Device Letters,2016,37(2): 2015-2017.

[9] ZHANG W,LIANG R,LIU L,et al. Demonstration of α-InGaZnO TFT nonvolatile memory using TiAlO charge trapping layer[J]. IEEE Transactions on Nanotechnology,2018,17(6): 1089-1093.

[10] HER J L,CHEN F H,CHEN C H,et al. Electrical characteristics of gallium-indium-zinc oxide thin-film transistor non-volatile memory with $Sm_2O_3$ and $SmTiO_3$ charge trapping layers[J]. RSC Advances,2015,5(12): 8566-8570.

[11] RIBEIRO S,CRISTINA G,REGO M,et al. Metal-oxide-high-κ-oxide-silicon memory device using a Ti-doped $Dy_2O_3$ charge trapping layer and $Al_2O_3$ blocking layer[J]. IEEE Transactions on Electron Devices,2011,58(11): 3847-3851.

[12] EL-ATAB N,ULUSOY T G,GHOBADI A,et al. Cubic-phase zirconia nano-island growth using atomic layer deposition and application in low-power charge-trapping nonvolatile-memory devices[J]. Nanotechnology,2017,28(44): 445201.

[13] LEE J J,WANG X,BAI W,et al. Theoretical and experimental investigation of Si nanocrystal memory device with $HfO_2$ high-κ tunneling dielectric[J]. IEEE Transactions on Electron Devices, 2003,50(10): 2067-2072.

[14] GOVOREANU B,BLOMME P,VAN HOUDT J,et al. Enhanced tunneling current effect for nonvolatile memory applications[J]. Japanese Journal of Applied Physics,Part 1: Regular Papers and Short Notes and Review Papers,2003,42(4 B): 2020-2024.

[15] TAN Y N,CHIM W K,CHOI W K,et al. High-κ HfAlO charge trapping layer in SONOS-type

nonvolatile memory device for high speed operation[C]. IEDM Technical Digest. IEEE International Electron Devices Meeting,2004: 889-890.

[16] SPESSOT A,OH H. 1T-1C dynamic random access memory status,challenges,and prospects[J]. IEEE Transactions on Electron Devices,2020,67(4): 1382-1393.

[17] SCOTT J F. High-dielectric constant thin films for dynamic random access memories (DRAM)[J]. Annual Review of Materials Science,1998,28(1): 79-100.

[18] JEON W. Recent advances in the understanding of high-κ dielectric materials deposited by atomic layer deposition for dynamic random-access memory capacitor applications[J]. Journal of Materials Research,2020,35(7): 775-794.

[19] PARK Y K,CHO C H,LEE K H,et al. Highly manufacturable 90nm DRAM technology[C]. Technical Digest - International Electron Devices Meeting,2002: 819-822.

[20] KIL D S,SONG H S,LEE K J,et al. Development of new TiN/$ZrO_2$/$Al_2O_3$/$ZrO_2$/TiN capacitors extendable to 45nm generation DRAMs replacing $HfO_2$ based dielectrics[C]. Symposium on VLSI Technology,Digest of Technical Papers,2006: 38-39.

[21] FRÖHLICH K,HUDEC B,HUŠEKOVÁ K,et al. Low equivalent oxide thickness $TiO_2$ based capacitors for DRAM application[J]. ECS Transactions,2011,41(2): 73.

[22] POPOVICI M,BELMONTE A,OH H,et al. HIgh-performance (EOT<0.4nm,Jg~$10^{-7}$ A/$cm^2$) ALD-deposited Ru/$SrTiO_3$ stack for next generations DRAM pillar capacitor[C]. 2018 IEEE International Electron Devices Meeting (IEDM)IEDM Tech,2018: 51-54.

[23] DAS D,BUYANTOGTOKH B,GADDAM V,et al. Sub 5Å-EOT $Hf_xZr_{1-x}O_2$ for next-generation DRAM capacitors using morphotropic phase boundary and high-pressure (200atm) annealing with rapid cooling process[J]. IEEE Transactions on Electron Devices,2022,69(1): 103-108.

[24] YIM K,YONG Y,LEE J,et al. Novel high-κ dielectrics for next-generation electronic devices screened by automated ab initio calculations[J]. NPG Asia Materials,2015,7(6): 1-6.

[25] KITTL J A,OPSOMER K,POPOVICI M,et al. High-κ dielectrics for future generation memory devices (Invited Paper)[J]. Microelectronic Engineering,2009,86(7-9): 1789-1795.

[26] MÜLLER J,POLAKOWSKI P,MUELLER S,et al. Ferroelectric hafnium oxide based materials and devices: Assessment of current status and future prospects[J]. ECS Journal of Solid State Science and Technology,2015,4(5): N30-N35.

[27] SHIMIZU T. Ferroelectricity in $HfO_2$ and related ferroelectrics[J]. Journal of the Ceramic Society of Japan,2018,126(9): 667-674.

[28] KINNEY W I,SHEPHERD W,MILLER W,et al. Non-volatile memory cell based on ferroelectric storage capacitors.[C]. IEEE International Electron Devices Meeting,1987: 850-851.

[29] OKUYAMA M,NODA M. Improvement of memory retention in metal-ferroelectric-insulator-semiconductor (MFIS) structures[J]. Ferroelectric Thim Films: Basic Properties and Device Physics for Memory Applications,2005: 219-241.

[30] TSYMBAL E Y,GRUVERMAN A. Beyond the barrier[J]. Nature Materials,2013,12(7): 602-604.

[31] MIKOLAJICK T,SCHROEDER U,SLESAZECK S. The past,the present,and the future of ferroelectric memories[J]. IEEE Transactions on Electron Devices,2020,67(4): 1434-1443.

[32] KOBAYSHI M,TAGAWA Y,MO F E I,et al. Ferroelectric $HfO_2$ tunnel junction memory with high TER and multi-level operation featuring metal replacement process[J]. IEEE Journal of the Electron Devices Society,2018,7: 134-139.

[33] ZHURAVLEV M Y,SABIRIANOV R F,JASWAL S S,et al. Giant electroresistance in ferroelectric tunnel junctions[J]. Physical Review Letters,2005,94(24): 246802.

[34] MOLL J L,TARUI Y. A new solid state memory resistor[J]. IEEE Transactions on Electron

Devices,1963,10(5): 338.

[35] CRAWFORD J C,ENGLISH F L. Ceramic ferroelectric field effect studies[J]. IEEE Transactions on Electron Devices,1969,16(6): 525-532.

[36] MCCUSKER J H,PERLMAN S S. Improved ferroelectric field-effect devices[J]. IEEE transactions on Electron Devices,1968,15(3): 182-183.

[37] WU S Y. A new ferroelectric memory device,metal-ferroelectric-semiconductor transistor[J]. IEEE Transactions on Electron Devices,1974,21(8): 499-504.

[38] SUGIBUCHI K,KUROGI Y,ENDO N. Ferroelectric field-effect memory device using $Bi_4Ti_3O_{12}$ film[J]. Journal of Applied Physics,1975,46(7): 2877-2881.

[39] MILLER S L,MCWHORTER P J. Physics of the ferroelectric nonvolatile memory field effect transistor[J]. Journal of Applied Physics,1992,72(12): 5999-6010.

# 第10章

# 高$\kappa$栅介质与神经形态器件集成

## 10.1 神经形态计算概述

在过去几十年中,数字计算机的计算能力得到了极大的提升,这主要依赖于CMOS晶体管尺寸的微缩。考虑到晶体管尺寸微缩速度的放缓与即将到来的物理极限,仅仅依赖晶体管尺寸的微缩已经无法满足我们对计算机性能提高的要求。数字计算机基于布尔(Boolean)逻辑与冯·诺依曼(von Neumann)架构,数据在处理器与存储器之间来回交换,这大大限制了计算机的速度与能效,也就是通常说的冯·诺依曼瓶颈。大数据时代指数级增长的数据量使得冯·诺依曼计算机的能效弊端进一步凸显,大数据时代需要更加新颖和高能效的计算范式。

人脑是一个高度并行、事件驱动、非线性以及高容错的复杂计算系统,只有约20W的超低功耗。与数字计算机相比,人脑在速度与精度上虽然处于下风(比如数字计算机在进行2个10位数的乘法时比人类快得多),但是人脑在复杂场景中识别感兴趣物体与自然语言处理等认知任务上的表现比计算机好得多,这主要得益于人脑的组织方式。人脑的基本信息处理单元是突触与神经元,而数字计算机的信息处理单元为硅逻辑门。虽然单个神经元的事件处理速度(毫秒量级)比硅逻辑门(纳秒量级)要慢得多,但人脑以高度互连的并行结构进行信息处理,以弥补神经元较慢的处理速度。人脑是由约$10^{11}$个神经元以及约$10^{15}$个连接它们的突触构成的复杂神经网络。20世纪80年代,Carver Andress Mead提出了神经形态工程(neuromorphic engineering)的概念,其旨在创建模拟生物神经系统的计算硬件,实现高能效计算。受人脑计算方式的启发,神经形态计算吸引了越来越多的研究兴趣。与数字计算机程序计算的方式不同,神经形态计算进行信息处理的方式是:首先通过人工神经网络进行学习,这个体系结构按照一定规则学习输入对应的输出,训练后的神经网络根据特定应用能够执行特定任务。神经网络的这种学习能力类似于生物大脑学习适应环境的能力。目前来说,实现神经形态计算的主要途径有三种。①在软件层面上模拟人脑,但这种方法功耗很大。例如,谷歌公司展示的“猫脸识别”需要1000台机器(16000个CPU),功耗高达100kW·h。这种方法还是基于冯·诺依曼数字计算机,其智能来自于软件编程,而与底层硬件无关,低能效以及存储墙的问题依然存在。②利用CMOS技术实现硬件神经网络。

然而这种技术需要大量的晶体管来模拟单个神经元或突触。例如，IBM公司的TrueNorth芯片集成了54亿个晶体管，以全新设计的架构模拟100万个神经元和2.56亿个非可塑料突触。可塑性突触的模拟需要更多的晶体管。③通过新概念电子/离子元器件实现人工神经元或突触，进而自下而上地通过集成工艺实现硬件人工神经网络，其对于实现超低功耗类脑计算具有十分重要的意义。

近年来，忆阻器等新型存储器在神经形态器件及系统的应用方面吸引了越来越多的研究兴趣。以 $HfO_x$ 为代表的高κ介质层，由于其优异的性能以及与现有半导体工艺兼容的优势，在神经形态器件应用方面展示了良好的前景。接下来，我们将首先介绍神经形态计算的神经生物学基础，接着介绍高κ介电突触器件。

## 10.2 神经生物学简介

人脑进行信息处理的基本单元是突触与神经元。为了能更好地模拟人脑信息处理的功能，实现神经形态计算，让我们先来看一下神经元与突触是如何进行信息处理的。

### 10.2.1 神经元及突触结构

突触与神经元是神经系统进行信息传递及处理的基本单元。图10.2.1(a)为生物神经元结构示意图。神经元通常包含树突(dendrite)、细胞体(soma)、轴突(axon)以及突触前端(pre-synaptic terminal)。与其他生物细胞一样，细胞体是神经元细胞的代谢中心，里面包含细胞核。细胞体通常产生两种突起：树突以及轴突。树突像树枝一样向外延伸，是神经元接收来自上一级神经元信息的主要结构。轴突一般延伸一段距离，并且将信息传递给下一级神经元。当神经元接收到的信号强度使得自身的膜电势达到阈值时，神经元会在轴突起始处附近产生一个电脉冲信号(振幅大概为100mV，宽度为1～10ms)，也称为动作电势，此脉冲信号沿着轴突传递给下一级神经元。对于强度未达到神经元阈值的信号，神经元的膜电势会逐渐衰减至静息电势。神经元这种阈值特性使得神经元计算具有超强的抗噪声能

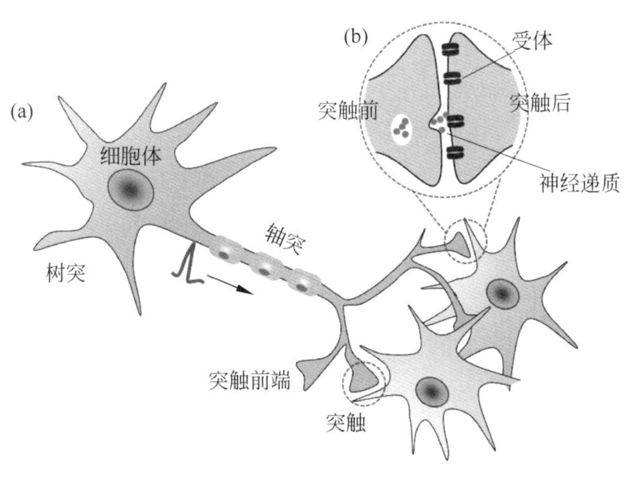


图10.2.1 生物神经元结构(a)和生物突触结构(b)示意图

力。动作电势是神经元接受、传递以及处理信息的信号载体。神经元轴突在其末端经过多次分支与其他神经元通过突触相连。传递信号的前级神经元称为突触前神经元，接收信号的后级神经元称为突触后神经元。突触前神经元传递信号的区域为轴突末端多次分支膨大之后形成的特殊区域，称为突触前端。

突触前神经元与突触后神经元之间存在一个非常窄的间隙，称为突触间隙。突触可分为电突触与化学突触。对于电突触而言，突触间隙非常窄，大约 3nm，允许信号从一个神经元直接传递给另一个神经元，并且信号传递可以是双向的。在哺乳动物中，绝大部分的突触为化学突触，其突触间隙为 20～40nm。在本章中没有特别声明的情况下，突触特指化学突触。图 10.2.1(b)为突触结构示意图。当突触前端有动作电势到来时，会使得突触前膜对钙离子的通透性增加，使得钙离子内流，刺激突触前端释放神经递质到突触间隙中，接着神经递质通过扩散到达突触后端，与突触后膜上的受体相结合。神经递质与突触后膜受体的结合会令突触后膜上的离子通道打开，使离子内流。如果打开的是使正离子(如钠离子)内流的通道，那么内流的正离子会使得突触后膜去极化，这有利于突触后膜电势达到产生动作电势的阈值，这种效应是兴奋性的，其引起的突触后膜电势/电流称为兴奋性突触后电势/电流(excitatory post-synaptic potential/current，EPSP/EPSC)。如果打开的是使负离子(如氯离子)内流的通道，内流的负离子会使得突触后膜超极化，使得突触后膜电势远离达到产生动作电势的阈值，这种效应是抑制性的，其引起的突触后膜电势/电流称为抑制性突触后电势/电流(inhibitory post-synaptic potential/current，IPSP/IPSC)。

### 10.2.2 神经元信息整合功能

每个神经元可以通过突触与其他上千个神经元相连。突触后神经元能够整合来自其他神经元的信号，然后根据阈值特性产生简单的输出形式——动作电势，完成神经元计算功能。EPSP 的整合是突触后神经元信息整合的最简单形式，分为空间整合(spatial integration)和时间整合(temporal integration)。如图 10.2.2(a)所示，空间整合是对树突上不同突触同时产生的 EPSP 的整合。图 10.2.2(b)展示了 EPSP 的时间整合，指的是对同一个突触上产

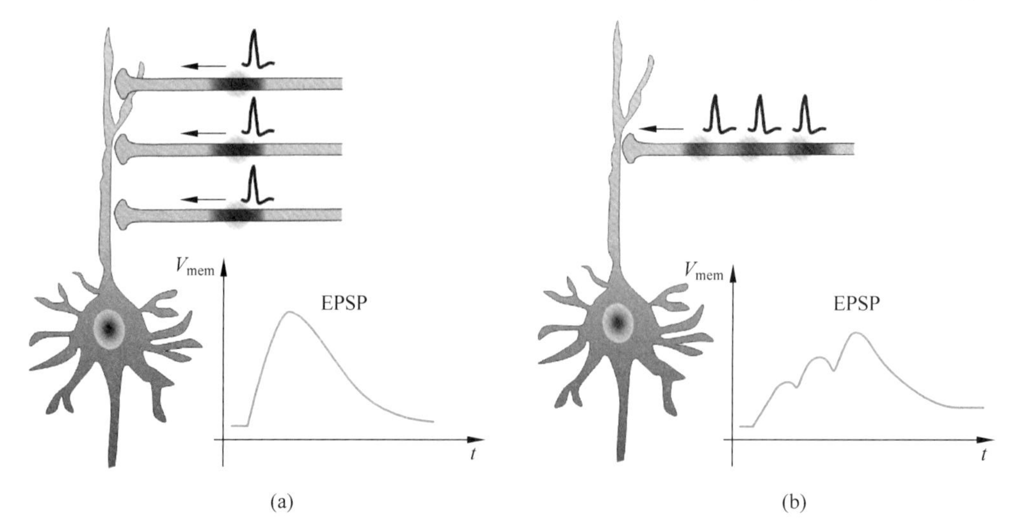


图 10.2.2 神经元空间信息整合(a)和神经元时间信息整合(b)

生的时间上距离较近的 EPSP 的整合。神经元树突具有非常丰富的形貌信息，神经元的信息整合还取决于树突的特性，如突触在树突上的位置等。

### 10.2.3 突触可塑性

突触是连结两个神经元之间的结构，并且其连结强度（突触权重）会随着神经活动而改变，即突触表现出可塑性。突触可塑性能够改变突触前神经元脉冲信号对突触后神经元信息整合的贡献，并且突触可塑性被认为是神经系统具有学习与记忆能力的基础。突触可塑性根据其持续时间的长短又可以分为短时程可塑性与长时程可塑性。对于突触短时程可塑性，突触权重改变一般持续时间较短，在毫秒到秒时间尺度范围内。在此时间尺度范围内发生的突触信号传输效率的增强与降低，分别为突触的短时程增强塑性与短时程抑制塑性。对于突触长时程可塑性，突触权重改变一般持续较长的时间。突触传输效率的长时间增强与抑制分别为突触长时程增强塑性和突触长时程抑制塑性。

在生物突触中，突触权重（synaptic weight）的更新依赖于突触两端神经元的神经活动。主要可以分为两种类型：脉冲时间依赖可塑性（spike-timing dependent plasticity，STDP）与脉冲频率依赖可塑性（spike rate dependent plasticity，SRDP）。脉冲时间依赖可塑性是一种突触学习法则，描述的是突触根据突触前脉冲与突触后脉冲之间的时间间隔来改变突触权重的行为。目前已经发现不同类型的 STDP 形式，以其中一种为例（图 10.2.3(a)），当突触前脉冲在时间上领先突触后脉冲时，经历一系列的突触前与突触后脉冲之后，突触的连接强度将会增强，突触权重增大；当突触前脉冲在时间上落后突触后脉冲时，突触的连接强度将会变弱，突触权重减小，并且突触前脉冲与突触后脉冲之间的时间间隔越短，造成的突触权重的改变越明显。脉冲频率依赖可塑性描述的是突触权重改变随突触前脉冲频率的关系。当突触前脉冲频率较小时，经历一系列的突触前脉冲之后，会引起突触权重的降低，即突触长时程抑制；而当突触前脉冲频率较大时，突触前脉冲序列会引起突触权重的增强，即突触长时程增强（图 10.2.3(b)）。

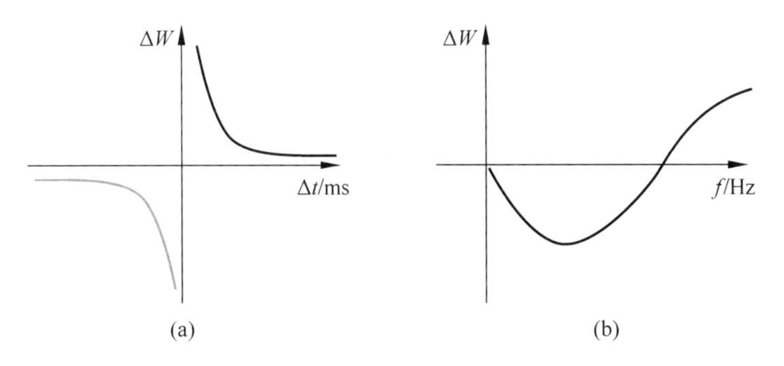


图 10.2.3 STDP、SRDP 及突触权重变化随脉冲时间及脉冲频率变化图

(a) 中心对称 STDP，突触权重变化（$\Delta W$）随突触前脉冲与突触后脉冲之间时间间隔（$\Delta t$）的变化关系；
(b) SRDP，突触权重变化随突触前脉冲频率变化示意图

## 10.3 高 κ 介电突触器件

### 10.3.1 阻变存储器与忆阻器简介

20 世纪 60 年代，Hickmott 观察到阻变（resistive switching）现象。阻变是指介电材料的电阻在强外部电场的作用下发生变化的物理现象。阻变不同于电介质的击穿，后者会导致电阻的永久性降低，以至于无法恢复到初始状态；而阻变过程是可逆的，可以重复多次。根据阻变原理制备的阻变存储器由于其简单的两端结构、可三维堆叠、低功耗等优点引起了广泛的研究兴趣。1971 年，Leon Chua 提出了忆阻器（memristor）的概念，即记忆电阻（memory resistor）的简称。电路中有三种基本的无源器件：电阻（resistor）、电感（inductor）以及电容（capacitor）。这三种无源器件被四个基本的电学变量定义：电流 $i$、电压 $v$、电荷 $q$ 以及磁通量 $\varphi$。如图 10.3.1 所示，这四个基本的电学参量两两之间共有六种组合方式，其中五个已经有定义：电阻 $R$、电容 $C$、电感 $L$、电流 $i$ 以及电压 $v$。但是电荷与磁通量之间的关系尚未被定义，Chua 教授将其定义为忆阻器，即 $d\varphi = M dq$，这里 $M$ 为忆阻器的值。又 $d\varphi = v(t)dt$，$dq = i(t)dt$，经过变换得 $v(t) = M(q(t))i(t)$。可见忆阻器具有与电阻相同的量纲，数值上等于加在其两端的电压与电流的比值，并且忆阻器的值随着流经忆阻器电荷的多少而改变，表现出记忆效果。

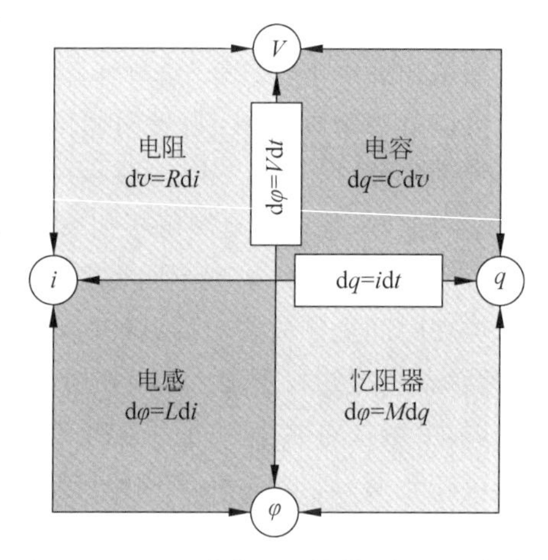


图 10.3.1 四种电子元器件（电阻 $R$、电容 $C$、电感 $L$ 和忆阻器 $M$）与四个电学基本量（电流 $i$、电荷 $q$、电压 $v$ 和磁通量 $\varphi$）之间的定义关系

2008 年，来自惠普实验室的 D. B. Strukov 等报道了 $Pt/TiO_x/Pt$ 三明治结构的忆阻器，建立了微纳器件阻变现象与忆阻器理论之间的联系，并且预测其在需要突触器件的学习网络中可能有重要的应用前景，掀起了忆阻器在神经形态电子学中的研究热潮。

阻变存储器依靠器件可编程的电阻进行信息存储，一般包含两个电极以及中间的阻变层。按工作原理主要可分为三类：导电桥阻变存储器、氧空位细丝阻变存储器以及界面型阻变存储器。器件从高阻态转变为低阻态的过程为置位（set）过程，从低阻态转变为高阻态的过程为复位（reset）过程。如图 10.3.2(a)所示，导电桥阻变存储器的电极对中包含一个活性电极（如 Ag 与 Cu），阻变层可以是金属氧化物、非晶硅与固态电解质等。在置位过程中，来自活性电极的金属阳离子在电场作用下迁移形成横跨电极的导电桥，器件从高电阻态转变为低电阻态。在复位过程中，极性相反的电场会使得导电桥断裂，器件从低阻态转变为高阻态。与导电桥阻变存储器工作原理相似，氧空位细丝阻变存储器依靠氧空位导电通路进行器件电阻值调控（图 10.3.2(b)）。氧空位细丝阻变存储器的阻变层一般为简单金属氧化物，如 $TiO_x$、$HfO_x$、$AlO_x$、$WO_x$ 与 $TaO_x$ 等。在置位过程中，电场引起器件的软击穿，并且产生氧空位的导电通路，器件从高阻态切换到低阻态。在复位过程中，氧空位导电通路断裂，器件切换到高阻态。如图 10.3.2(c)所示，不同于导电细丝阻变存储器，界面型阻变存储器基于金属电极与阻变层界面处氧离子迁移引起的隧道势垒调制效应。一般界面型阻变存储器会有一层额外的绝缘层作为负载电阻，防止器件热损坏。在置位过程中，氧离子移动到金属电极与阻变层界面处，降低电子从金属电极到阻变层的势垒高度，器件从高阻态转变为低阻态；在复位过程中，氧离子重新回到阻变层中，增加界面处的势垒，器件从低阻态转变为高阻态。

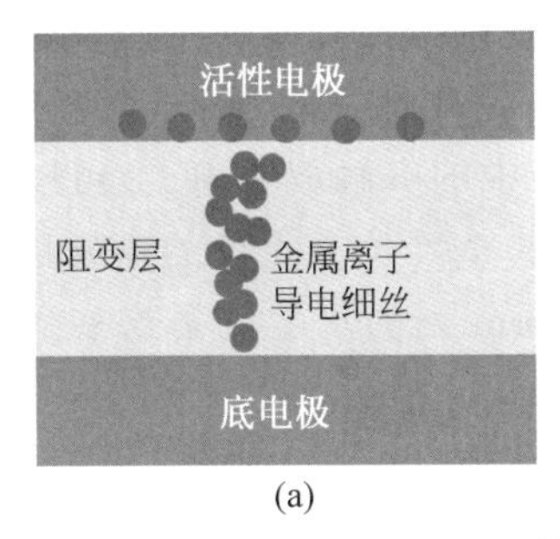

(a)

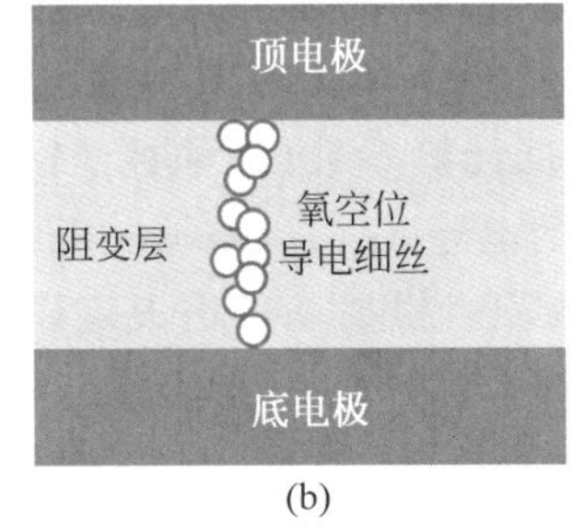

(b)

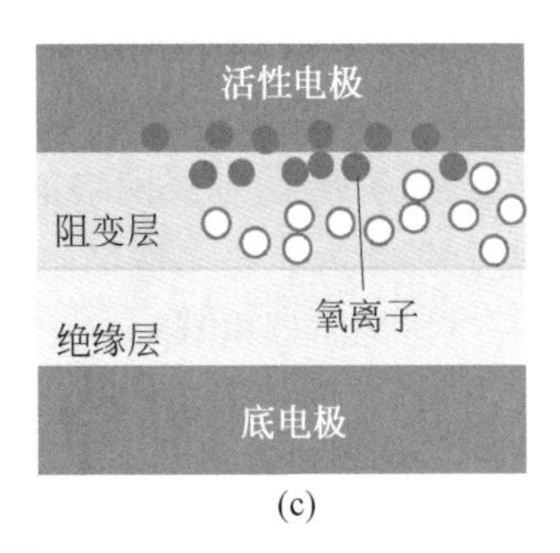

(c)

图 10.3.2 阻变存储器的工作原理

(a) 基于金属导电丝的导电桥阻变存储器；(b) 基于氧空位细丝的阻变存储器；(c) 界面型阻变存储器

根据电压-电流特性，阻变现象又可以进一步分为单极性(unipolar)与双极性(bipolar)阻变。如图 10.3.3(a)所示，在单极性阻变现象中，阻变方向仅取决于施加的电压而不取决于极性。我们可以看到，无论是在正电压区域还是在负电压区域，都可以实现器件的置位与复位过程。当器件从关态到开态的过程中，需要限制电流(compliance current，CC)以防止器件烧坏，更为可行的方案是在器件上串联限流电阻。当然在复位过程中，不需要限流。因此，仅具有一种极性的外部电刺激脉冲就可以满足器件操作需求，这种阻变现象是"单极的"。如图 10.3.3(b)所示，与单极性阻变相比，双极性阻变取决于外部电刺激的极性。可以通过施加负偏压将器件从开态切换到关态，实现器件的复位过程。相反，需要正偏置才能将器件从关态切换到开态，实现器件的置位过程。一般情况下，原始器件需要大于置位电压的形成电压来触发后续的阻变现象。原始器件在形成之前一般电阻较大(吉欧级别甚至更高)。

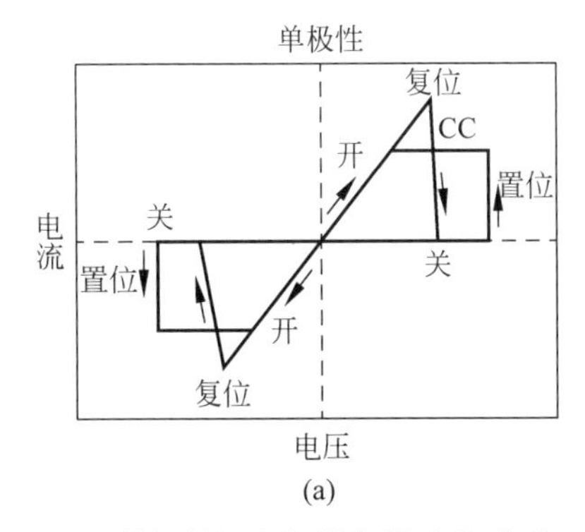

(a)

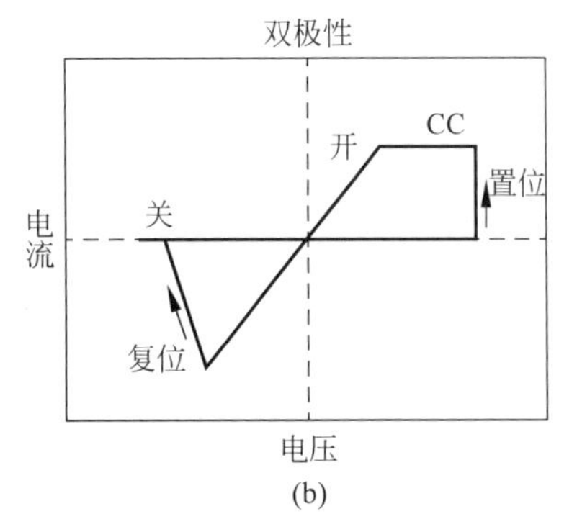

(b)

图 10.3.3 单极性阻变机制电压-电流曲线(a)与双极性阻变机制电压-电流曲线(b)示意图

尽管神经网络有多种不同类型的深度学习架构，如多层感知机(multilayer perceptron)和卷积神经网络(convolutional neural network)等，但这些架构都是分层处理数据的。

图 10.3.4(a)为多层感知机神经网络结构示意图,多层感知机一般包含一个输入层(input layer)、一个输出层(output layer)以及一个或者多个隐含层(hidden layer)。这些层的每一个节点称为神经元,层与层之间的神经元依靠突触互相连接,称为突触连接层。神经网络的学习基于对这些突触权重的更新。每一层对上一层的输出做线性或非线性变换。在神经元层对突触连接层信号的加权和进行非线性变换;在突触连接层进行上层神经元输出矢量与突触权重矩阵的乘积运算。这其中最耗能和耗时的运算是突触连接层进行的矢量矩阵乘积运算。忆阻器随外部刺激改变其电导($G$)的能力类似于突触随神经活动改变突触权重的行为。因此,忆阻器可以用作突触器件。将忆阻器集成为交叉阵列(crossbar)结构时,如图 10.3.4(b)所示,神经网络的中间计算参数(例如神经网络中的突触权重 $W_{ij}$)可以在训练过程中存储为非易失性忆阻器的电导($G_{ij}$)。根据欧姆定律,每个交叉点处的电流是输入电压($V_i$)与忆阻器电导($G_{ij}$)的乘积。根据基尔霍夫定律,每一列的总电流是这一列上流经所有器件电流的总和 $\left(I_j=\sum_i V_i G_{ij}\right)$。矢量矩阵乘法可以直接根据物理定律实现,这是人工神经网络中最主要的计算任务,但对于传统的冯·诺依曼计算机而言,需要在存储器和运算器之间来回搬运数据,非常耗能耗时。因此,忆阻器交叉阵列结构可以极大地加速神经网络计算。

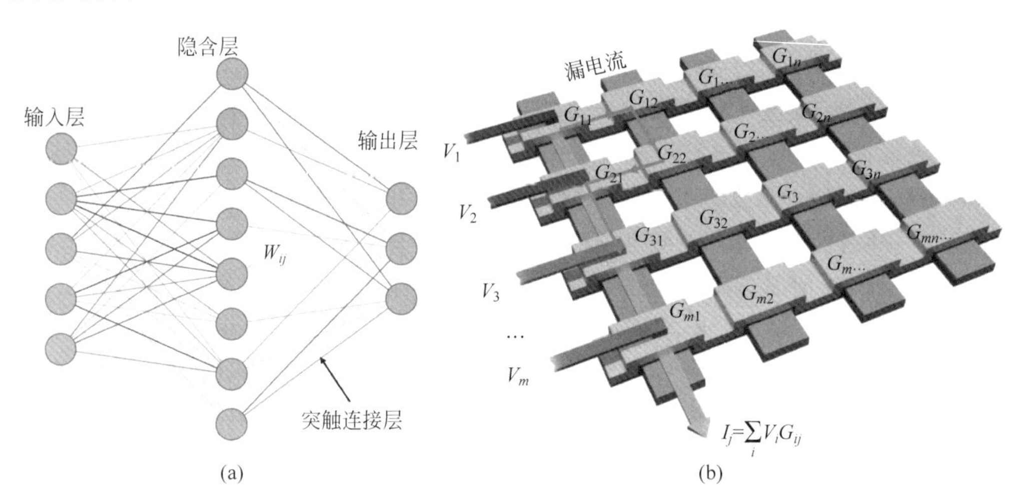


图 10.3.4 多层感知机神经网络结构示意图(a),及忆阻器交叉阵列实现矢量矩阵乘法示意图(b)

## 10.3.2 基于高κ介质的两端突触器件

有多种材料表现出阻变特性,如 $NiO_x$、$TiO_x$、$HfO_x$、$TaO_x$、$AlO_x$ 以及 $SiO_x$ 等。合适的阻变氧化层应具有良好的 CMOS 工艺兼容特性、均一性以及热稳定性等。以 $HfO_x$ 为代表的高κ介质材料已经被广泛应用于 MOSFET 的栅介质层。富含缺陷的 $HfO_x$ 能够提供良好的阻变特性,是一种理想的阻变材料。在基于 $HfO_x$ 的阻变存储器中,一般采用 TiN 作为电极材料。TiN 用作氧清除剂以耗尽 $HfO_x$ 薄膜中的氧原子,并用作储氧层。由于速度快(小于 10ns)、功耗低(1pJ/bit)、耐久性高($10^9$ 循环)以及出色的器件尺寸缩放能力(10nm),基于 $HfO_x$/TiN 的阻变存储器吸引了越来越多的研究兴趣。

双脉冲易化(paired-pulse facilitation,PPF)是一种典型的突触短时程可塑性,在与时间相关的信息处理中发挥着重要作用。双脉冲易化描述的是当有连续两个突触前脉冲到来时(时间间隔几十毫秒量级),第二个突触前脉冲导致的突触后响应会显著大于第一个突触前脉冲诱导的突触后响应,并且这种易化作用会随着两个脉冲之间的时间增大而减小。双脉冲易化率(第二个突触前脉冲诱导的突触后响应($A_2$)与第一个突触前脉冲诱导的突触后响应($A_1$)的比值减去1)即 PPF ratio$=A_2/A_1-1$ 随着脉冲之间间隔增大而逐渐减小到0,并且双脉冲易化率与两个脉冲之间的时间间隔($\Delta t$)的关系可以由双指数衰减函数拟合:

$$\text{PPF ratio}=C_1\exp\left(-\frac{\Delta t}{\tau_1}\right)+C_2\exp(-\Delta t/\tau_2)-1 \tag{10.3.1}$$

式中,$C_1$ 与 $C_2$ 分别是快相和慢相的易化幅度;$\tau_1$ 与 $\tau_2$ 分别是快相和慢相的特征弛豫时间。

将 $HfO_x$ 基忆阻器的一端作为突触前端,另一端作为突触后端,在突触前端施加连续两个电脉冲,可以实现双脉冲易化特性的模拟。如图10.3.5(a)所示,当向 $HfO_x$ 基忆阻器施加两个具有固定强度与宽度的连续脉冲时,第二个脉冲激发的突触后电流明显大于第一个脉冲激发的突触后电流,类似于生物突触的双脉冲易化行为。图10.3.5(b)为 $HfO_x$ 基忆阻器实现的双脉冲易化率随脉冲之间时间间隔的变化关系。可见,双脉冲易化率随着脉冲之间时间间隔的增大而逐渐减小,直至没有易化效应。

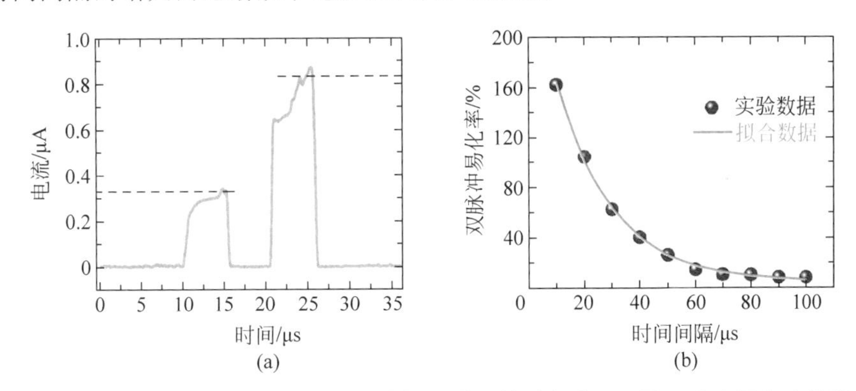


图10.3.5 连续两个突触前脉冲触发的忆阻器突触后电流(a),及双脉冲易化率随脉冲之间时间间隔的变化关系(b),曲线为式(10.3.1)的拟合曲线

基于 $HfO_x$/TiN 的阻变存储器具有非常大的阻变存储窗口,因此能够作为神经形态计算中的多位突触器件。图10.3.6(a)为 $HfO_x$/TiN 阻变存储器形成之后典型的电压-电流曲线。可以看到,器件的最大开态与关态电导比约为一个数量级。在进行突触功能模拟时,一般将忆阻器的一端作为突触前端,另一端作为突触后端,器件电导作为突触权重。图10.3.6(b)为器件电导随刺激脉冲个数的增强与抑制的变化趋势。因此,可以用来实现突触权重增强与抑制的模拟。

如图10.3.7(a)所示,为实现突触学习法则 STDP,需要分别在 $HfO_x$/TiN 人工突触器件两端施加突触前和突触后脉冲信号。突触前脉冲与突触后脉冲信号之间的时间间隔为 $\Delta t$,当突触前脉冲领先突触后脉冲时 $\Delta t$ 为正,当突触后脉冲在时间上领先突触前脉冲时 $\Delta t$ 为负。图10.3.7(b)展示了随突触前与突触后脉冲间隔变化的突触电导($G$)与初始器件电导($G_0$)之间的比值。可以看到,当突触前脉冲在时间上领先突触后脉冲时,经历一系列突触前与突触后脉冲之后,器件电导增强,实现突触权重增强的模拟;当突触前脉冲在时间上

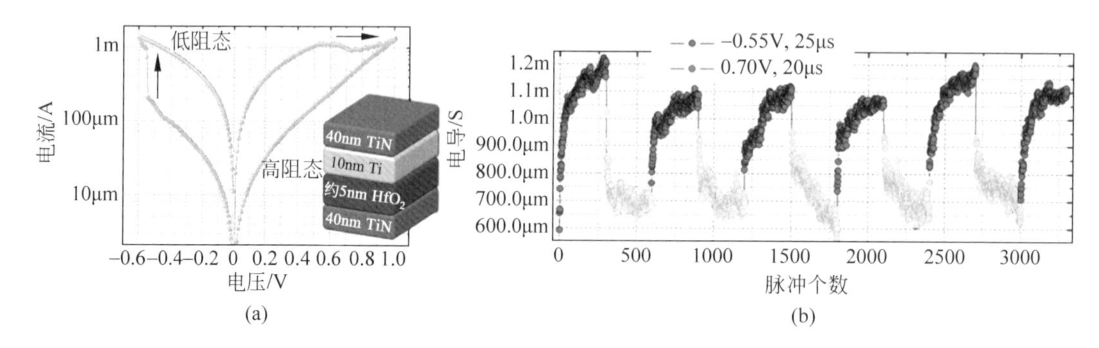


图 10.3.6 $HfO_x$/TiN 阻变存储器的器件特性测试图

(a) $HfO_x$/TiN 阻变存储器典型的电压-电流曲线，插图为 TiN-Ti/$HfO_x$/TiN 器件结构示意图；(b) 器件电导随脉冲个数(pulse number)变化的增强与抑制循环

落后突触后脉冲时，经历一系列突触前与突触后脉冲之后，器件电导减弱，实现突触权重减弱的模拟。并且增强与减弱的比率随着突触前脉冲与突触后脉冲之间的时间间隔增大而减弱。因此，$HfO_x$/TiN 人工突触器件能够定性地再现生物突触 STDP 学习法则。

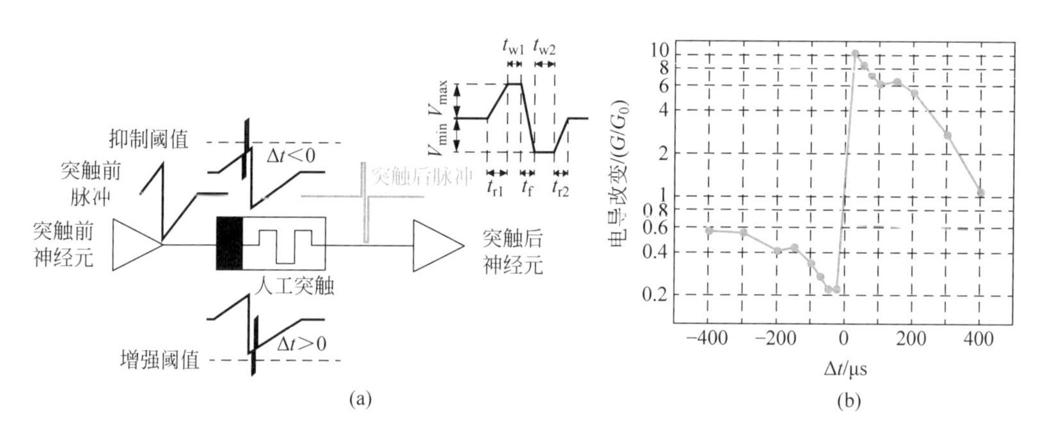


图 10.3.7 进行 STDP 功能模拟时，$HfO_x$/TiN 人工突触上施加的脉冲示意图(a)，及 STDP 突触学习规则在 $HfO_x$/TiN 人工突触上的实现(b)

在人工神经网络训练的过程中需要不断地调整突触权重，以最小化损失函数提高神经网络准确率。因此，需要突触器件有很好的耐久性(endurance)，也就是器件能够尽可能多经历开关过程而不失效。如图 10.3.8(a)所示，基于 $HfO_x$ 的阻变存储器可以经历高达 $10^9$ 次开关过程而不失效，因此此类器件展示出良好的应用前景。神经网络训练完成以后，在推理的过程中，需要神经网络的参数保持稳定，因此需要突触器件有很好的电导保持特性。如图 10.3.8(b)所示，基于 $HfO_x$ 的阻变存储器预期的存储寿命高达 10 年，能够保证应用需求。

阻变存储器具有简单的两端结构，可将其集成为交叉阵列结构，甚至三维堆叠结构，这有利于其实现非常高的集成度。然而，如图 10.3.8(b)所示，当集成为交叉阵列结构时，由于缺乏选通端口，会产生流经未选通器件单元的潜行路径漏电流(sneak path current)，这将会降低读取以及器件编程的准确性，限制交叉阵列的规模。目前实现大型忆阻器交叉阵列

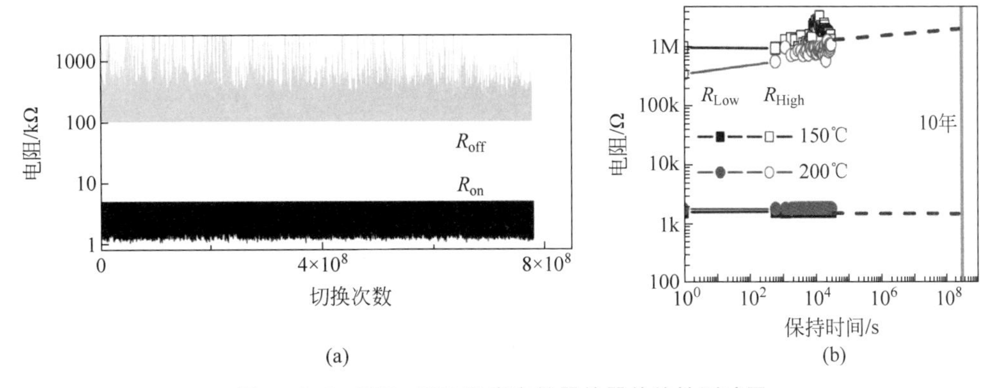


图 10.3.8 $HfO_x$/TiN 阻变存储器的器件特性测试图

(a) $HfO_x$/TiN 阻变存储器开态电阻($R_{on}$)与关态电阻($R_{off}$)的重复切换，器件切换 $10^9$ 次而不会电失效；(b) $HfO_x$/TiN 在 150℃和 200℃下的保持特性，根据结果预测其存储寿命大于 10 年

最实用的方法是将忆阻器与 CMOS 晶体管集成，构成一个晶体管与一个忆阻器的 1T1R 的结构，如图 10.3.9(a)所示。在 1T1R 阵列中，晶体管的漏极与忆阻器相连。在忆阻器电导编程(训练)期间，晶体管部分开启能够精确控制流经忆阻器的电流，实现精确的权重更新。并且该晶体管减轻了阵列编程和读取期间的潜行路径电流与半选择问题。半选择问题是指部分被选择的忆阻器(与目标忆阻器同一行或同一列的忆阻器)，由于其上的非零电压降而被部分编程。但是，1T1R 阵列中的晶体管会降低器件密度并限制电路 3D 集成。在计算(推理)时，1T1R 阵列中的所有晶体管都处于导通状态，以尽量减少沟道电阻对交叉阵列操作的影响。

潜行路径电流问题的另一个常见解决方案是在每个单元中串联一个两端选择器(selector，即 1S1R 架构，图 10.3.9(c))。在 1S1R 结构中，忆阻器与选择器可以相互堆叠。因此，这种方案会比 1T1R 结构占用更小的空间，可以实现更高的集成密度。在 1S1R 阵列中，选择器具有高度非线性的 $I$-$V$ 特性(图 10.3.10(b))。当忆阻器与选择器串联时，组合器件具有高度非线性的 $I$-$V$ 特性，在一半读取电压时的读取电流比全读取电压时的忆阻器电流低得多(图 10.3.10(c))。在“半偏置”读取方案中，其中选中单元的顶部电极偏置为全读取电压($V_r$)，底部电极接地，而所有其他导线偏置为半读取电压。潜行路径电流将限制阵列的大小，更高的非线性度允许在其他条件相同的情况下操作更大的无源交叉阵列。在 $I$-$V$ 关系中，非线性度为 $10^5$ 的情况下，假设读出裕量为 10%，可以实现具有超过 $10^{10}$ 个器件单元的交叉阵列。

通过将 CMOS 晶体管与 TiN/$TaO_x$/$HfO_x$/TiN 忆阻器堆叠形成 1T1R 的结构，实现了全硬件神经网络。如图 10.3.11 所示，基于 1T1R 交叉阵列的硬件神经网络系统集成了八个包含 2048 1T1R 单元的阵列以提高并行计算效率。构建了基于五层忆阻器的卷积神经网络来执行 MNIST 手写数字图像识别，并实现了超过 96%的精确度。此基于忆阻器的硬件卷积神经网络系统的能量效率比最先进的图形处理单元高出两个数量级以上，并且可以扩展到更大的网络。这有望为深度神经网络以及边缘计算提供可行的基于忆阻器的非冯·诺依曼硬件解决方案。

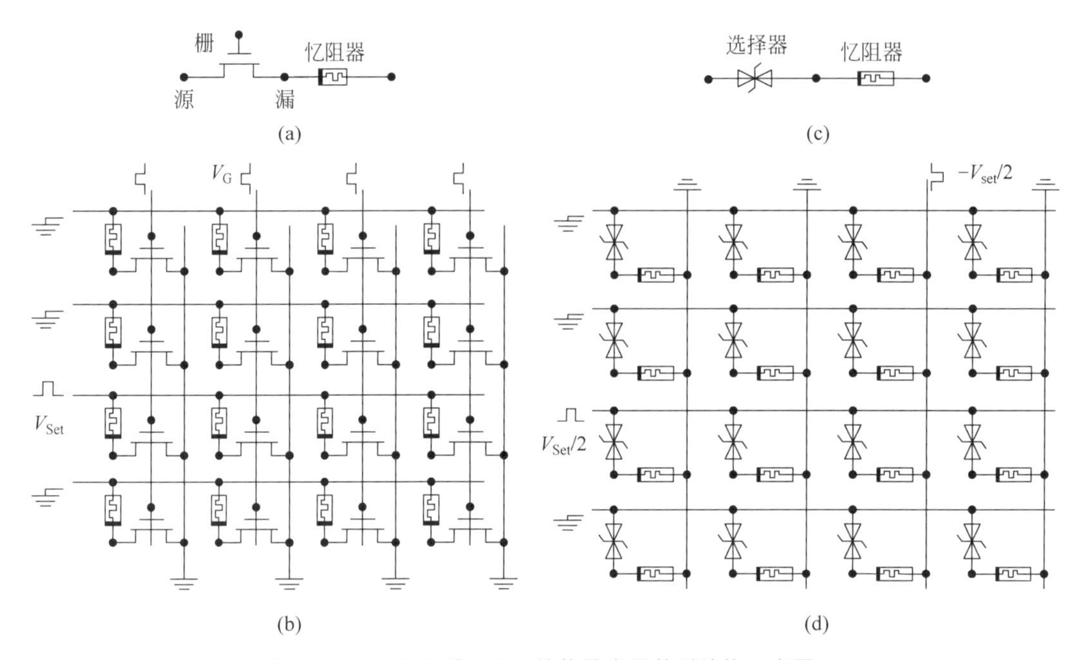


图 10.3.9 1T1R 和 1S1R 结构及交叉整列结构示意图

(a) 1T1R 结构示意图,忆阻器串接在晶体管漏极作为一个单元;(b) 1T1R 交叉阵列结构示意图;(c) 1S1R 结构示意图,选择器与忆阻器串联作为一个单元;(d) 1S1R 交叉阵列示意图

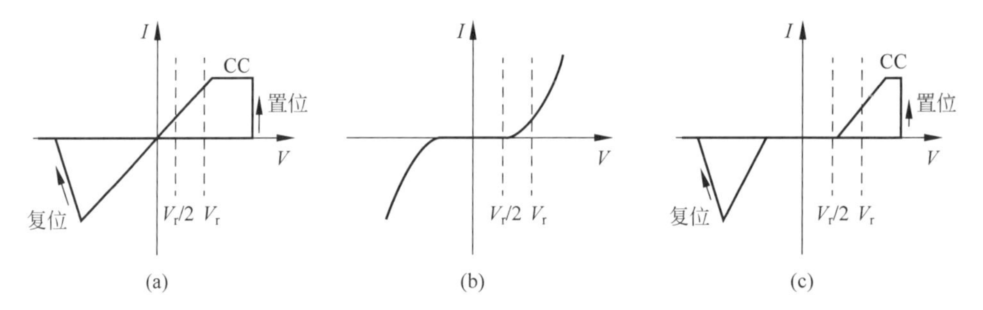


图 10.3.10 单一及集成后的双极性忆阻器和双向选择器的 *I-V* 特性曲线

(a) 双极性忆阻器 *I-V* 曲线示意图;(b) 双向选择器 *I-V* 曲线示意图;(c) 将双极性忆阻器与选择器相连之后的 *I-V* 特性曲线示意图

图 10.3.11 基于 1T1R 交叉阵列结构的集成 PCB 系统

### 10.3.3 基于高κ介质的三端晶体管突触器件

自2011年在Si掺杂$HfO_x$薄膜中发现铁电性以来，铪基铁电场效应晶体管(ferroelectric field electric transistor，FeFET)在存储器领域受到了极大的关注。随后，引入了多种元素作为掺杂剂形成掺杂$HfO_x$铁电材料，如$HfZrO_x$(HZO)、$HfAlO_x$(HAO)和$HfLaO_x$(HLO)。在这些掺杂$HfO_x$铁电材料中，HZO由于其优异的铁电特性而受到特别的关注。从铁电薄膜制备工艺上讲，通过原子层沉积与退火工艺很容易获得稳定均匀的HZO铁电薄膜。并且形成HZO铁电薄膜所需的退火温度可低至400℃。掺杂$HfO_x$薄膜具有出色的铁电性能以及与超大规模CMOS工艺的高度兼容性，是一种非常有应用前途的栅极氧化物材料。

鉴于掺杂$HfO_x$铁电晶体管优异的存储性能，其在人工突触器件方面的应用引起了广泛的研究兴趣。图10.3.12(a)为HZO铁电薄膜晶体管结构示意图。为了研究金属-铁电膜-半导体结构的铁电特性，在TiN底部电极施加电压(Al顶部电极接地)进行极化-电压(polarization-voltage，*P*-*V*)测试(图10.3.12(b))。极化电压迟滞曲线表明，正剩余极化(positive remnant polarization，$+P_r$)为$5.3\mu C/cm^2$，负剩余极化(negative remnant polarization，$-P_r$)为$-5.9\mu C/cm^2$。电容-电压(capacitance-voltage，*C*-*V*)曲线揭示了金属-铁电膜-半导体结构的电压-电荷响应(图10.3.12(c))。HZO薄膜的*C*-*V*曲线呈蝴蝶

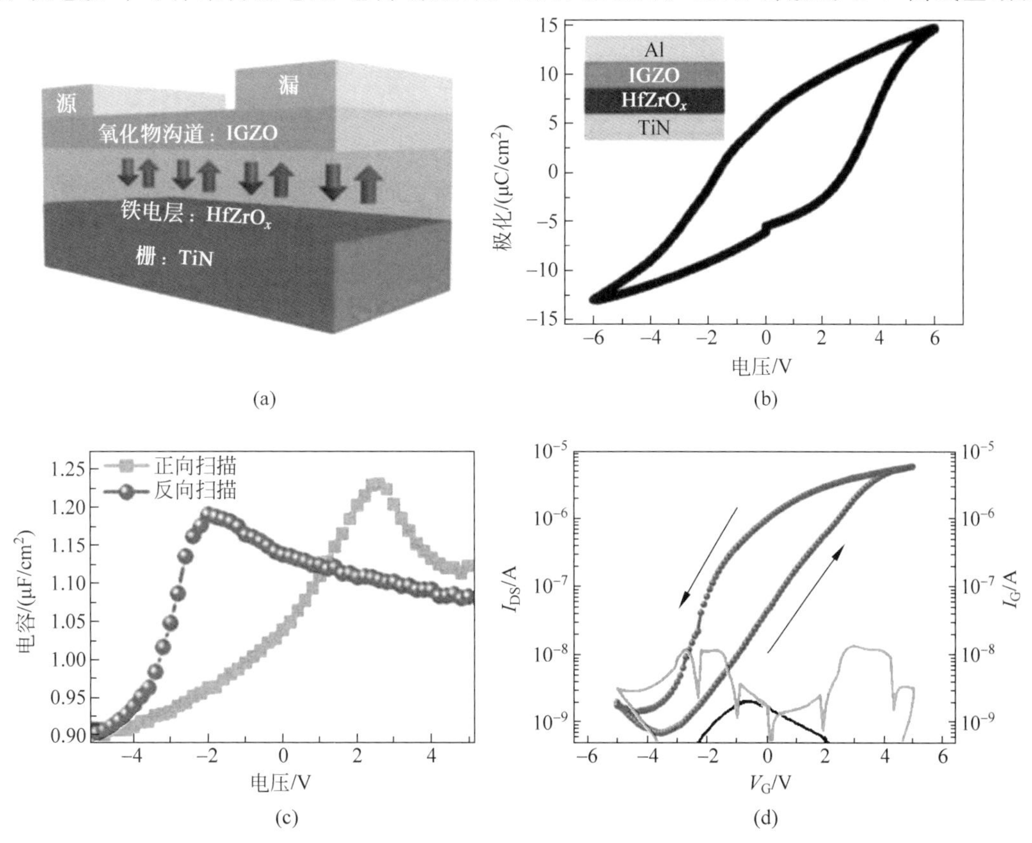


图10.3.12 HZO铁电薄膜晶体管示意图及器件特性测试曲线

(a) HZO铁电薄膜晶体管结构示意图；(b) HZO极化-电压迟滞回线(插图：Al/IGZO/$HfZrO_x$/TiN测试结构示意图)；(c) HZO铁电膜电容-电压特性(测试结构：Al/IGZO/$HfZrO_x$/TiN)；(d) HZO铁电薄膜晶体管的转移曲线

形，表明了 HZO 的铁电特性。TiN 底电极加负偏压时电容减小，加正偏压时电容增加。这些结果表明，电子在铁电层与 IGZO 半导体层之间的界面处积累或耗尽，这取决于 HZO 铁电层的极化方向。图 10.3.12(d)为 HZO 铁电薄膜晶体管转移特性曲线。转移特性曲线表现出典型的逆时针回滞，这是由 HZO 薄膜铁电极化切换引起的。

将铁电晶体管栅极作为突触前端，沟道电导作为突触权重，可以实现突触功能的仿真。HZO 铁电晶体管表现出良好的突触权重增强与抑制特性，例如 64 级电导状态(5bit)、良好的线性度(突触权重增强过程中的线性度 $A_p=-0.8028$，突触权重抑制过程中的线性度 $A_d=-0.6979$)，沟道最大电导与最小电导(突触权重最大值与最小值)之比($G_{max}/G_{min}$)大于 10(图 10.3.13(a))。为了表征器件在突触权重增强与抑制过程中的线性度，沟道电导($G$)随脉冲个数($P$)的变化关系可由下式描述：

$$G_p=B(1-e^{-\frac{P}{A_p}})+G_{min} \tag{10.3.2}$$

$$G_d=-B(1-e^{-\frac{P-P_{max}}{A_d}})+G_{max} \tag{10.3.3}$$

$$B=(G_{max}-G_{min})/(1-e^{-P_{max}/A_{p,d}}) \tag{10.3.4}$$

式中，$G_p$ 和 $G_d$ 分别为突触权重增强与抑制过程中的电导；$P_{max}$ 为总脉冲个数；$A_p$ 和 $A_d$ 分别为在突触权重增强与抑制过程中表征突触权重更新的非线性行为的参数。更高的线性度能够提高神经网络训练的准确度。

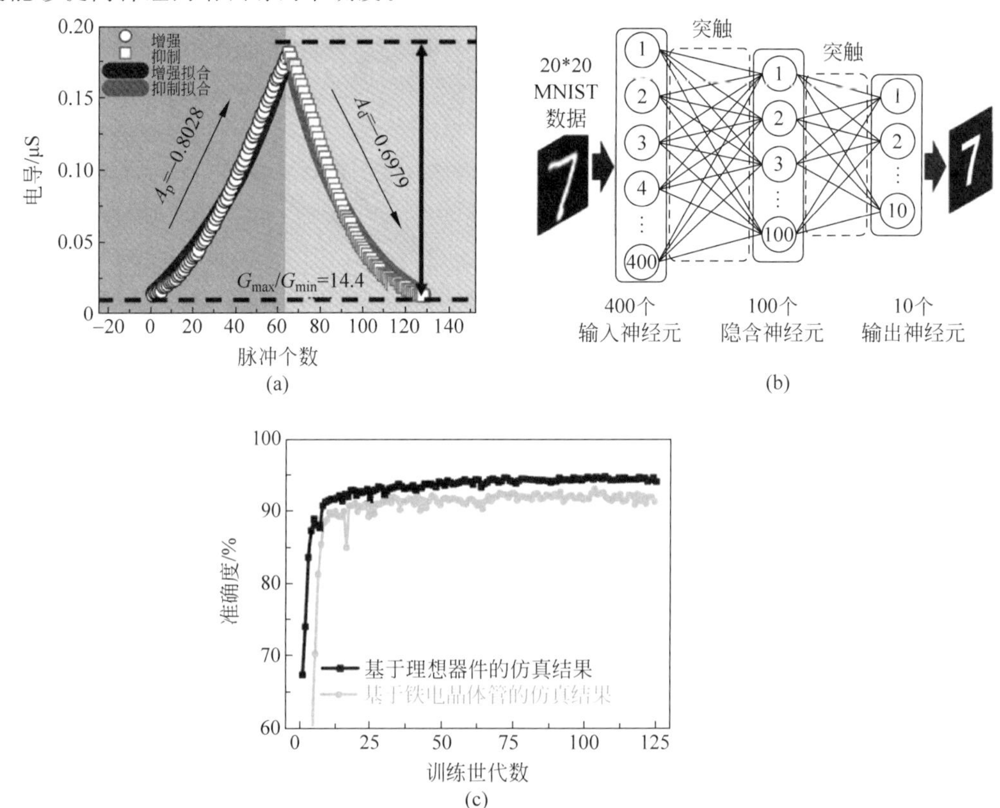


图 10.3.13 基于 HZO 铁电薄膜晶体管的多层感知机人工神经网络特性分析

(a) 基于 HZO 铁电薄膜晶体管的突触权重增强和抑制特性；(b) 多层感知机人工神经网络示意图；(c) 与理想神经形态器件相比，基于铁电薄膜晶体管的多层感知机人工神经网络的仿真手写数字识别精度

将铁电晶体管存储器集成为交叉阵列结构，可以作为人工神经网络突触连接层，加速神经网络训练与推理过程。基于器件参数，进行人工神经网络仿真以在 MNIST 手写数字数据集上执行监督学习能力。如图 10.3.13(b)所示，构建了具有 400 个输入神经元、100 个隐含神经元以及 10 个输出神经元的多层感知机神经网络，以进行手写数字分类。铁电晶体管被用作突触连接层以执行矢量矩阵运算。在仿真中，基于铁电晶体管的神经网络在经过 125 个训练世代(epoch)后达到了 91.1%的准确率，与理想突触器件神经网络 94.1%的识别准确率相当(图 10.3.13(c))。这主要归功于该铁电晶体管的多电导存储状态(5bit)以及良好的突触权重更新线性度。

## 10.4　高 κ 介电神经元器件

### 10.4.1　神经元模型简介

在神经网络中除了突触器件，神经元器件是另一种主要的计算单元。神经元膜电势整合来自突触前神经元的脉冲信号，当膜电势高于神经元阈值时发射脉冲，之后神经元膜电势置于静息电势，进入不应期(refractory period，几毫秒，这段时间神经元不再响应外界刺激)；对于未达到阈值的膜电势，逐渐衰减至静息电势。1952 年，Hodgkin 与 Huxley 描述了神经元动作电势如何触发及其如何传播的数学模型。Hodgkin-Huxley(HH)神经元模型将神经元的每一个组分等效为一个电子元器件(图 10.4.1(a))。半透性细胞膜将细胞内与细胞外液体隔开，起到电容器($C_m$)的作用。如果将输入电流 $I_t$ 注入细胞，则可能会在电容器上积累更多的电荷。由于离子可以通过细胞膜进行主动运输，则细胞内的离子浓度与细胞外液中的离子浓度可能不同，由离子浓度差异产生的能斯特电势(Nernst potential)以电压源表示。流过脂质双层细胞膜的电流 $I_t$ 可分为给电容充电的电流 $I_C$ 以及通过特定离子通道的电流 $I_i$。

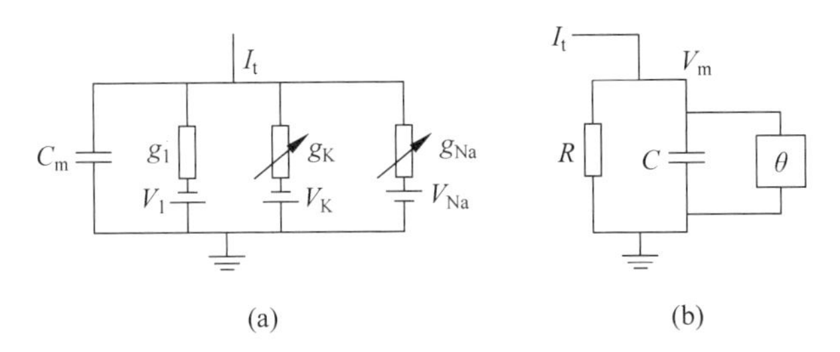


图 10.4.1　Hodgkin-Huxley 神经元模型示意图(a)，及 LIF 神经元模型示意图(b)

充电电流 $I_C$ 为

$$I_C = C_m \frac{dV_m}{dt} \tag{10.4.1}$$

式中，$V_m$ 为神经元细胞膜电势。通过特定离子通道的电流是该离子通道电导与该离子通道驱动电势的乘积：

$$I_i = g_i(V_m - V_i) \tag{10.4.2}$$

式中，$V_i$ 是特定通道的反转电势(能斯特电势)。细胞内的钠离子($Na^+$)浓度低于细胞外液中的钠离子浓度，其反转电势为正值；而细胞内的钾离子($K^+$)浓度高于细胞外液中的钾离子浓度，其反转电势为负值。总电流为

$$I_t = I_C + \sum_i I_i \tag{10.4.3}$$

HH模型描述了三种不同的通道，分别为$Na^+$、$K^+$以及泄漏通道。所有通道都可以通过它们的等效电导来表征。泄漏通道由电压无关的电导$g_l$描述；其他离子通道的电导与电压及时间相关。如果钠离子与钾离子通道都打开，它们的最大电导分别为$g_{Na}$和$g_K$。通常情况下，某些通道会被关闭。通道打开的概率由变量$m$、$n$和$h$描述。$m$和$h$的联合作用控制着$Na^+$通道。$K^+$通道由$n$控制。这三个通道的电流分量为

$$\sum_i I_i = g_{Na} m^3 h (V_m - V_{Na}) + g_K n^4 (V_m - V_K) + g_l (V_m - V_l) \tag{10.4.4}$$

式中，$V_{Na}$与$V_K$分别为$Na^+$与$K^+$的反转电势；$V_l$为泄放通道电流为0时的反转电势。反转电势与通道电导是经验参数。通过膜的总电流如下：

$$I_t = C_m \frac{dV_m}{dt} + g_{Na} m^3 h (V_m - V_{Na}) + g_K n^4 (V_m - V_K) + g_l (V_m - V_l) \tag{10.4.5}$$

其中，

$$\frac{dm}{dt} = \alpha_m (V_m)(1-m) - \beta_m (V_m) m \tag{10.4.6}$$

$$\frac{dn}{dt} = \alpha_n (V_m)(1-n) - \beta_n (V_m) n \tag{10.4.7}$$

$$\frac{dh}{dt} = \alpha_h (V_m)(1-h) - \beta_h (V_m) h \tag{10.4.8}$$

这里，$\alpha_i$与$\beta_i$分别为第$i$个离子通道的速率常数，取决于电压而不是时间。

HH神经元模型可以高度准确地再现神经元电生理特性，但由于其本身的复杂性，HH模型难以分析及实现。出于这个原因，简单的尖峰神经元模型在神经编码及神经网络动力学的研究中非常受欢迎。泄放-积分-发射(leaky-integrate-fire，LIF)是生物神经元最主要的特征。LIF神经元模型是脉冲神经元模型最著名的例子。如图10.4.1(b)所示，LIF模型的基本电路由一个电容器$C$与电阻$R$并联组成。驱动电流$I_t$可分为两个分量，$I_t = I_R + I_C$。第一个分量是流过线性电阻$R$的电流$I_R$。根据欧姆定律可知$I_R = u/R$，其中$u$是电阻两端的电压。第二个电流分量$I_C$为电容器$C$充电。根据电容的定义$C = dq/du$(其中$q$是电容器两端电荷)，给电容充电的电流$I_C = dq/dt = C du/dt$。因此，

$$I(t) = \frac{u(t)}{R} + C \frac{du}{dt} \tag{10.4.9}$$

等式两边同时乘$R$，并且引入泄漏积分器的时间常数$\tau_m = RC$。因此，

$$\tau_m \frac{du}{dt} = -u(t) + RI(t) \tag{10.4.10}$$

式中，我们将$u$称为膜电势；$\tau_m$定义为神经元的膜时间常数。

每当膜电势$u$增大至神经元阈值$\theta$，神经元就会产生一个脉冲，并将电容两端的电荷泄放掉。神经元发射脉冲信号的时刻$t^{(f)}$定义为

$$t^{(f)}: u(t^{(f)}) = \theta \quad 并且 \quad \frac{d(u(t))}{dt} \mid t = t^{(f)} > 0 \tag{10.4.11}$$

### 10.4.2　基于高κ介质的神经元器件

神经形态计算旨在模拟人脑认知行为，通过硬件神经网络最终实现人类水平的智能。脉冲神经网络(spiking neural network，SNN)由于其低功耗而成为一种非常有前途的解决方案。要直接在硬件上实现脉冲神经网路，必须先实现两个基本模块：人工神经元与人工突触。传统的基于CMOS电路的人工神经元和突触包含复杂的外围电路，能效和集成密度较低。近年来随着忆阻器的出现，人工突触的研究取得了长足的进步。相比之下，人工神经元器件研究仍处于早期阶段。在基于非易失性器件的神经元中，通常需要比较器来设置阈值，并且还需要额外的电路在神经元的复位过程中将器件重置到初始状态，这在芯片面积、能源消耗以及成本方面是非常昂贵的。相比之下，基于阈值转变忆阻器(threshold switching memristor，TSM)的神经元的外围电路较为简单。阈值转变器件的易失性电压开关特性可以很容易地模拟神经元的阈值驱动放电行为及复位过程。

如图10.4.2(a)所示，由于$HfAlO_x$阈值转变忆阻器采用了Pt/Ag/TiN/$HfAlO_x$/TiN/Ag/Pt的对称结构，因此可以观察到双向的阈值转变行为。如图10.4.2(a)所示，在低电压时，阈值转变忆阻器处于高阻状态，阻值大小在100GΩ量级，当阈值转变忆阻器两端电压逐渐增大并大于其阈值电压($V_{th}$)时，器件突然切换至低阻状态；在阈值转变忆阻器两端电压逐渐减小至保持电压($V_{hold}$)时，器件从低阻态切换至高阻态。图10.4.2(b)展示了基于$HfAlO_x$阈值转变忆阻器的神经元电路。主要包含一个充电电阻$R_S$、充电电容$C_M$、阈

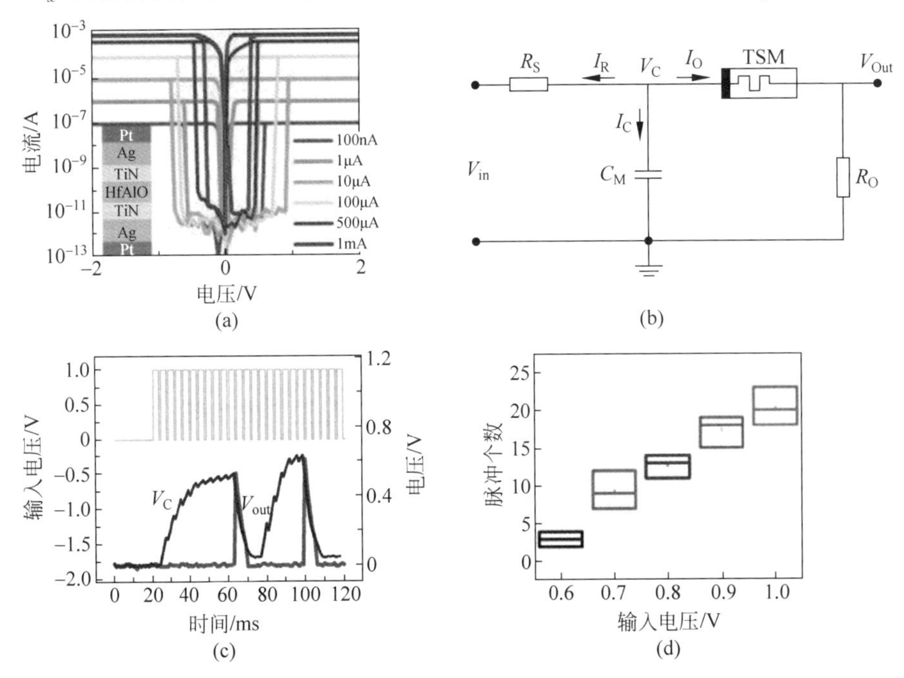


图10.4.2　(a)对称结构$HfAlO_x$阈值转变器件的双向阈值转变特性，插图为器件Pt/Ag/TiN/$HfAlO_x$/TiN/Ag/P对称结构示意图；(b)基于$HfAlO_x$阈值转变忆阻器LIF神经元电路示意图；(c)在一系列输入电压脉冲下，阈值转变忆阻器器件两端的电压以及输出电阻$R_O$两端电压；(d)神经元脉冲发放频率随输入电压的变化关系

值转变忆阻器(TSM)以及输出电阻 $R_O$。输入电阻 $R_S$ 与电容 $C_M$ 组成充电回路,电容 $C_M$,阈值转变忆阻器与输出电阻 $R_O$ 组成放电回路。电容 $C_M$ 两端电压为 $V_C$,流经电容顶端的电流包括流经充电电阻 $R_S$ 的电流 $I_R$,流经放电回路的电流 $I_O$ 以及给电容 $C_M$ 充电的电流 $I_C$。根据基尔霍夫电流定律:

$$I_R + I_C + I_O = 0 \tag{10.4.12}$$

又

$$I_R = (V_C - V_{in})/R_S \tag{10.4.13}$$

$$I_O = V_C/(R_{TSM} + R_O) \tag{10.4.14}$$

$$I_C = dq/dt = C dV_C/dt \tag{10.4.15}$$

式中,$R_{TSM}$ 为阈值转变忆阻器的电阻。则

$$C dV_C/dt = -V_C/(R_{TSM} + R_O) - (V_C - V_{in})/R_S \tag{10.4.16}$$

经过变换:

$$dV_C = \{-V_C/[C(R_{TSM} + R_O)] + (V_{in} - V_C)/(CR_S)\} dt \tag{10.4.17}$$

开始时,阈值转变忆阻器处于关态(电阻为 $R_{off}$),$dV_C$ 为正值,输入电压($V_{in}$)通过输入电阻 $R_S$ 对电容 $C_M$ 充电,使得电容两端的电压逐渐升高,充电过程中由于输出电阻的阻值比阈值转变忆阻器高阻态电阻小得多,则输出电压在电容充电时几乎为零电势。当阈值转变忆阻器两端的电压大于阈值转变忆阻器的阈值电压时,阈值转变忆阻器从高阻状态转变为低阻状态(电阻为 $R_{on}$),根据式(10.4.17),$dV_C$ 为负值,电容通过阈值转变忆阻器以及输出电阻的回路进行放电;当阈值转变忆阻器两端的电压小于其保持电压时,器件切换至高阻态,器件继续充电,输出电压输出一个电压脉冲(图 10.4.2(c))。

在此神经元模型中,输入电阻 $R_S$ 与电容 $C_M$ 组成充电回路,阈值转变忆阻器与输出电阻 $R_O$ 组成放电回路。如果输入电压为恒电压,这就要求在整个充电过程中,输入电压 $V_{in}$ 给电容充电的速度必须大于电容两端电压通过阈值转变忆阻器与输出电阻的放电速度,即

$$(V_{in} - V_{th})/R_S > V_{th}/(R_{off} + R_O) \tag{10.4.18}$$

$$R_S < (R_{off} + R_O)\left(\frac{V_{in}}{V_{th}} - 1\right) \tag{10.4.19}$$

在整个放电过程中,输入电压 $V_{in}$ 给电容充电的速度必须小于电容两端电压通过阈值转变忆阻器与输出电阻的放电速度,即

$$V_{hold}/(R_{on} + R_O) > (V_{in} - V_{hold})/R_S \tag{10.4.20}$$

$$R_S > \left(\frac{V_{in}}{V_{hold}} - 1\right)(R_{on} + R_O) \tag{10.4.21}$$

此神经元模型从行为上模拟了神经元的 LIF 功能。并且其发射脉冲的速度与输入脉冲的占空比以及电压相关。输入脉冲的电压与占空比越大,电容器的充电速度也就越快,相应地,此人工神经元的脉冲发射频率也就越高(如图 10.4.2(d)所示,输入电压越大,神经元脉冲输出频率越高)。充电回路的时间常数为 $\tau_C = R_S C$,放电回路的时间常数为 $\tau_D = (R_{on} + R_O)C$。如果 $\tau_C \gg \tau_D$,则神经元的放电频率主要由充电时间决定,其脉冲发放频率正比于充电电阻 $R_S$。

## 课后习题

10.1 简述为什么需要神经形态计算。

答：现有的数字计算机基于布尔逻辑以及冯·诺依曼架构，数据在处理器与存储器之间来回交换，这大大降低了计算机的速度与能效。仅仅依赖CMOS晶体管尺寸微缩带来的计算机性能的提高逐渐无法满足我们对计算机性能提高的要求。人脑具有非常高的计算能效，在自然语言处理等任务时比计算机表现的好得多。受人脑启发，神经形态计算吸引了越来越多的关注。特别地，通过神经形态器件直接实现人工突触及神经元，进而自下而上通过集成工艺实现硬件人工神经网络，对于实现超低功耗类脑计算具有十分重要的意义。

10.2 简述生物神经元的功能。

答：神经元是信息处理的基本单元，具有接收、处理与发送脉冲信息的功能。主要包括细胞体、树突、细胞核、轴突以及突触前端。细胞体是神经元的代谢中心。树突可以接收来自前一级神经元的脉冲信息，神经元能够整合接收的脉冲信号，使得自身的膜电位发生改变，当神经元膜电位大于神经元的阈值时，神经元将发射一个电脉冲，也称为动作电位，沿着轴突传递给下一级神经元。神经元轴突末端经过多次分支膨大之后形成传递信号的特殊区域，称为突触前端。

10.3 简述生物突触的功能。

答：生物突触连接突触前神经元与突触后神经元，其主要作用为传递信息。突触连接两个神经元的连接强度即突触权重会随着神经活动而改变，突触表现出可塑性。突触可塑性能够改变突触前脉冲信号对突触后神经元信息整合的贡献，并且突触可塑性被认为是神经系统具有学习与记忆能力的基础。

10.4 简要描述阻变存储器的工作原理。

答：阻变存储器依靠可编程的电阻进行信息存储，一般包含两个电极以及中间的阻变层。可大致分为三类：导电桥阻变存储器、氧空位细丝阻变存储器以及界面形阻变存储器。导电桥阻变存储器的电极中包含一个活性电极如Ag与Cu，在置位过程中，来自活性电极的金属阳离子在电场作用下迁移形成横跨电极的导电桥，器件从高电阻态转变为低电阻态。在复位过程中，极性相反的电场会使得导电桥断裂，器件从低阻态转变为高阻态。与导电桥阻变存储器工作原理相似，氧空位细丝阻变存储器依靠氧空位导电通路进行器件电阻值调控。在置位过程中，电场引起器件的软击穿，并且产生氧空位的导电通路，器件从高阻态切换到低阻态。在复位过程中，氧空位导电通路断裂，器件切换到高阻态。不同于导电细丝阻变存储器，界面型阻变存储器基于金属电极与阻变层界面处氧离子迁移引起的隧道势垒调制效应。在置位过程中，氧离子移动到金属电极与阻变层界面处降低电子从金属电极到阻变层的势垒高度，器件从高阻态转变为低阻态；在复位过程中，氧离子重新回到阻变层中，增加界面处的势垒，器件从低阻态转变为高阻态。

10.5 简述忆阻器交叉阵列进行人工神经网络加速的原理，以及存在的电流潜行路径的漏电流问题。

答：当将忆阻器集成为交叉阵列结构时，根据欧姆定律，每个交叉点处的电流是输入电压($V_i$)与忆阻器电导($G_{ij}$)的乘积。根据基尔霍夫定律,每一列的总电流是这一列上流经所有器件电流的总和$\left(I_j=\sum_i V_i G_{ij}\right)$。矢量矩阵乘法可以直接根据物理定律实现,这是人工神经网络中最主要的计算任务,但对于传统的冯·诺依曼计算机而言,需要在存储器和运算器之间来回搬运数据,非常耗能耗时。忆阻器交叉阵列结构可以极大地加速神经网络计算。并且神经网络的中间训练参数可以直接存储在忆阻器中,避免在存储器和处理器之间来回搬运数据。当集成为交叉阵列结构时,由于缺乏选通端口,会产生流经未选通器件单元的漏电流,这将会降低读取以及器件编程的准确性,限制交叉阵列的规模。

10.6 忆阻器交叉阵列中电流潜行路径问题的可能解决方案有哪些?

答:目前实现大型忆阻器交叉阵列最实用的方法是将忆阻器与 CMOS 晶体管集成,构成一个晶体管与一个忆阻器的 1T1R 的结构。在忆阻器电导编程(训练)期间,晶体管部分开启能够精确控制流经忆阻器的电流,实现精确的权重更新。在计算(推理)时,1T1R 阵列中的所有晶体管都处于导通状态,以尽量减少沟道电阻对交叉阵列操作的影响。潜行路径电流问题的另一个常见解决方案是在每个单元中串联一个两端选择器(Selector,1S1R 架构)。在 1S1R 结构中,忆阻器和选择器可以相互堆叠,因此,这种方案会比 1T1R 结构占用更小的空间,可以实现更高的集成密度。在 1S1R 阵列中,选择器具有高度非线性的 $I$-$V$ 特性。当忆阻器与选择器串联时,组合器件具有高度非线性的 $I$-$V$ 特性,在一半读取电压时的读取电流比单独的忆阻器低得多。

10.7 简述 HH 神经元模型,并画出电路图。

答:HH 模型将生物神经元的每一个组分等效为一个电子元器件。如课后习题 10.7 图所示,细胞膜等效为电容器 $C_m$。如果将电流 $I_t$ 注入细胞,会在电容器上积累更多的电荷。细胞内的离子浓度与细胞外的离子浓度可能不同,由离子浓度差异产生的能斯特电势以电池表示。流过脂质双层细胞膜的电流 $I_t$ 可分为给电容充电的电流 $I_c$ 以及通过特定离子通道的电流 $I_i$。

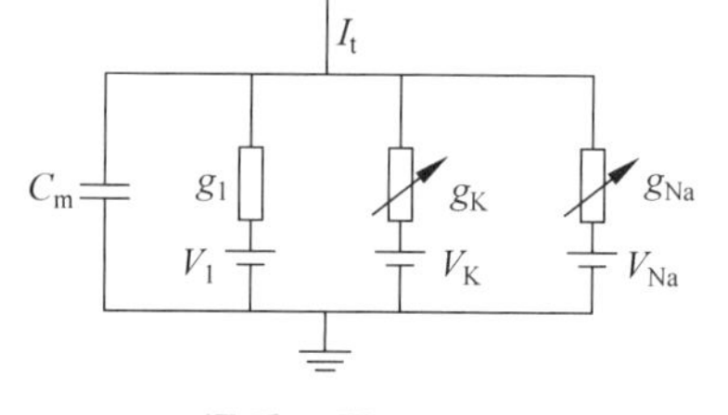

课后习题 10.7 图

充电电流 $I_c=C_m dV_m/dt$

总电流为

$$I_t=I_c+\sum_i I_i$$

通过特定离子通道的电流是该离子通道电导与该离子通道驱动电位的乘积:$I_i=g_i(V_m-V_i)$,其中 $V_i$ 是特定通道的反转电位。HH 模型描述了三种不同的通道,分别为 $Na^+$、$K^+$ 以及泄放通道。

$$I_t=C_m\frac{dV_m}{dt}+g_{Na}(V_m-V_{Na})+g_K(V_m-V_K)+g_l(V_m-V_l)$$

$g_{Na}$ 与 $g_K$ 分别为钠离子与钾离子通道的电导。$g_l$ 为泄漏通道的电导,其值与电压无关。离子通道的电导与电压及时间相关。

10.8 简述 LIF 神经元模型,并画出电路图。

答:如课后习题 10.8 图所示,LIF 模型由一个电容器 $C$ 和电阻 $R$ 并联组成。驱动电流 $I_t$ 可分为两个分量,$I_t=I_R+I_C$。第一个分量是流过线性电阻 $R$ 的电流 $I_R$。根据欧姆定

律可知 $I_R=u/R$，其中 $u$ 是电阻两端的电压。第二个电流分量 $I_C$ 为电容器 $C$ 充电。根据电容的定义 $C=\mathrm{d}q/\mathrm{d}u$，电容充电电流 $I_C=\mathrm{d}q/\mathrm{d}t=C\mathrm{d}u/\mathrm{d}t$。因此：

$$I(t)=\frac{u(t)}{R}+C\frac{\mathrm{d}u}{\mathrm{d}t}$$

等式两边同时乘 $R$，并且引入泄漏积分器的时间常数 $\tau_m=RC$。因此

$$\tau_m\frac{\mathrm{d}u}{\mathrm{d}t}=-u(t)+RI(t)$$

我们将 $u$ 称为膜电位，$\tau_m$ 定义为神经元的膜时间常数。

每当膜电位 $u$ 增大至神经元阈值 $\theta$，神经元就会产生一个脉冲，并将电容两端的电荷泄放掉。

10.9 如课后习题 10.9 图 1 所示为基于阈值转变忆阻器（TSM）的神经元模型，请描述电容器 $C_M$ 两端的电压与输入电压随时间变化的关系。并简要画出当输入电压为恒定直流电压时，电容器两端电压 $V_C$ 以及输出电压 $V_{out}$ 随时间的变化曲线。

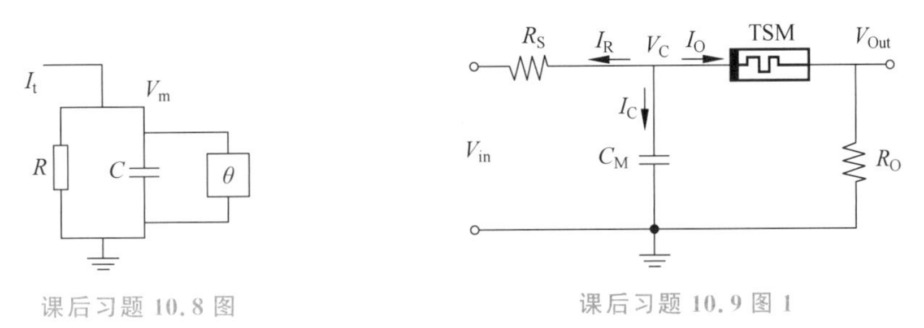


课后习题 10.8 图　　　　课后习题 10.9 图 1

答：电容 $C_M$ 两端电压为 $V_C$，流经电容顶端的电流可以包括流经充电电阻 $R_S$ 的电流 $I_S$，流经放电回路的电流 $I_O$ 以及给电容 $C_M$ 充电的电流 $I_C$。根据基尔霍夫电流定律：

$$I_R+I_C+I_O=0$$

又

$$I_R=(V_C-V_{in})/R_S$$

$$I_O=V_C/(R_{TSM}+R_O)$$

$$I_C=\mathrm{d}q/\mathrm{d}t=C\mathrm{d}V_C/\mathrm{d}t$$

式中，$R_{TSM}$ 为阈值转变忆阻器的电阻。则：

$$C\mathrm{d}V_C/\mathrm{d}t=-V_C/(R_{TSM}+R_O)-(V_C-V_{in})/R_S$$

经过变换：

$$\mathrm{d}V_C=\{-V_C/[C(R_{TSM}+R_O)]+(V_{in}-V_C)/(CR_S)\}\mathrm{d}t$$

开始时，阈值转变忆阻器处于关态（电阻为 $R_{off}$），$\mathrm{d}V_C$ 为正值，输入电压（$V_{in}$）通过输入电阻 $R_S$ 对电容 $C_M$ 充电，使得电容两端的电压逐渐升高，充电过程中由于输出电阻的阻值比阈值转变忆阻器高阻态电阻小得多，因此输出电压在电容充电时几乎为零电位。当阈值转变忆阻器两端的电压大于阈值转变忆阻器的阈值电压时，阈值转变忆阻器从高阻状态转变为低阻状态（电阻为 $R_{on}$），$\mathrm{d}V_C$ 为负值，电容通过阈值转变忆阻器以及输出电阻的回路进行放电，当阈值转变忆阻器两端的电压小于其保持电压时，器件切换到高阻态，器件继续充电，输出电压输出一个电压脉冲。

当输入为直流电压时，电容器两端电压 $V_C$，输出电压 $V_{out}$ 随时间的变化曲线如下图（以 $V_{in}=1V$，$R_S=1M\Omega$，$C_M=50nF$，$R_O=10k\Omega$，$R_{on}=1k\Omega$，$R_{off}=100G\Omega$ 为例）：

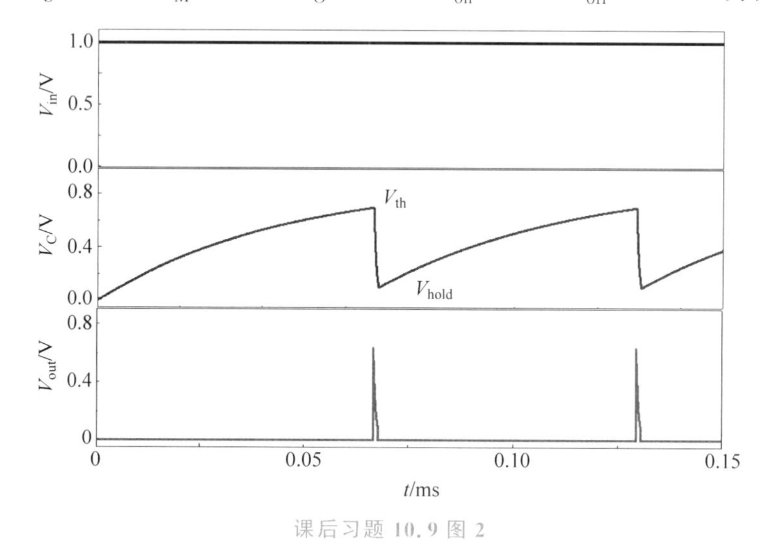


课后习题 10.9 图 2

## 参考文献


[1] FURBER S. To build a brain[J]. IEEE Spectrum，2012，49(8)：44-49.

[2] DRACHMAN D A. Do we have brain to spare[J]. Neurology，2005，64(12)：2004-2005.

[3] MEAD C. Analog VLSI implementation of neural systems[M]. Amsterdam：Kluwer Academic Publishers，1989.

[4] LE Q V. Building high-level features using large scale unsupervised learning[C]. Vancouver，BC，Canada：IEEE International Conference on Acoustics，Speech and Signal Processing(ICASSP)，2013.

[5] MEROLLA P A，ARTHUR J V，ALVAREZ-ICAZA R，et al. A million spiking-neuron integrated circuit with a scalable communication network and interface[J]. Science，2014，345(6197)：668-673.

[6] CHAKRABORTY I，JAISWAL A，SAHA A K，et al. Pathways to efficient neuromorphic computing with non-volatile memory technologies[J]. Appl. Phys. Rev.，2020，7(2)：021308.

[7] ZIDAN M A，STRACHAN J P，LU W D. The future of electronics based on memristive systems[J]. Nat. Electron.，2018，1(1)：22-29.

[8] ZHU J，ZHANG T，YANG Y，et al. A comprehensive review on emerging artificial neuromorphic devices[J]. Appl. Phys. Rev.，2020，7(1)：011312.

[9] STRUKOV D B，SNIDER G S，STEWART D R，et al. The missing memristor found[J]. Nature，2008，453(7191)：80-83.

[10] YAO P，WU H，GAO B，et al. Fully hardware-implemented memristor convolutional neural network [J]. Nature，2020，577(7792)：641-646.

[11] IELMINI D，WONG H S P. In-memory computing with resistive switching devices[J]. Nat. Electron.，2018，1(6)：333-343.

[12] HE Y，ZHU L，ZHU Y，et al. Recent progress on emerging transistor-based neuromorphic devices [J]. Adv. Intell. Syst.，2021，3(7)：2000210.

[13] COVI E，BRIVIO S，SERB A，et al. $HfO_2$-based memristors for neuromorphic applications[C]. Montreal，QC，Canada：IEEE International Symposium on Circuits and Systems (ISCAS)，2016.

[14] GOVOREANU B, KAR G S, CHEN Y Y, et al. 10×10nm$^2$ Hf/$HfO_x$ crossbar resistive RAM with excellent performance, reliability and low-energy operation[C]. San Franciso: IEEE International Electron Device Meeting(IEDM), 2011.

[15] KANDEL E R, SCHWARTZ J H, JESSELL T M, et al. Principles of neural science[M]. New York, USA: McGraw-Hill, 2000.

[16] BEAR M F, CONNORS B W, PARADISO M A. Neuroscience: exploring the brain[M]. Philadelphia, USA: Lippincott Williams and Wilkins, 2007.

[17] BLISS T V P, COLLINGRIDGE G L. A synaptic model of memory: long-term potentiation in the hippocampus[J]. Nature, 1993, 361(6407): 31-39.

[18] ZUCKER R S, REGEHR W G. Short-term synaptic plasticity[J]. Annu. Rev. Physiol., 2002, 64: 355-405.

[19] KULLMANN D M, LAMSA K P. Long-term synaptic plasticity in hippocampal interneurons[J]. Nat. Rev. Neurosci., 2007, 8(9): 687-699.

[20] MARKRAM H, GERSTNER W, SJÖSTRÖMP J. A history of spike-timing-dependent plasticity[J]. Front. Synaptic Neurosci., 2011, 3: 4.

[21] RACHMUTH G, SHOUVAL H Z, BEAR M F, et al. A biophysically-based neuromorphic model of spike rate-and timing-dependent plasticity[J]. Proc. Natl. Acad. Sci., 2011, 108(49): E1266-E1274.

[22] HICKMOTT T W. Low-frequency negative resistance in thin anodic oxide films[J]. J. Appl. Phys., 1962, 33(9): 2669-2682.

[23] CHUA L O. Memristor-the missing circuit element[J]. IEEE Transactions on Circuit Theory, 1971, CT-18(5): 507-519.

[24] WAN Q, SHARBATI M T, ERICKSON J R, et al. Emerging artificial synaptic devices for neuromorphic computing[J]. Adv. Mater. Technol., 2019, 4(4): 1900037.

[25] WONG H S P, LEE H Y, YU S, et al. Metal-oxide RRAM[J]. Proc.IEEE, 2012, 100(6): 1951-1970.

[26] NANDAKUMAR S R, KULKARNI S R, BABU A V, et al. Building brain-inspired computing systems: Examining the role of nanoscale devices[J]. IEEE Nanotechnol. M., 2018, 12(3): 19-35.

[27] XIA Q, YANG J J. Memristive crossbar arrays for brain-inspired computing[J]. Nat. Mater., 2019, 18(4): 309-323.

[28] KHAN R, ILYAS N, SHAMIM M Z M, et al. Oxide-based resistive switching-based devices: fabrication, influence parameters and applications[J]. J. Mater. Chem. C, 2021, 9(44): 15755-15788.

[29] HONG X, LOY D J, DANANJAYA P A, et al. Oxide-based RRAM materials for neuromorphic computing[J]. J. Mater. Sci., 2018, 53(12): 8720-8746.

[30] LEE H Y, CHEN Y S, CHEN P S, et al. Low-power and nanosecond switching in robust hafnium oxide resistive memory with a thin Ti cap[J]. IEEE Electron Device Lett., 2010, 31(1): 44-46.

[31] KUMAR S, WANG Z, HUANG X, et al. Oxygen migration during resistance switching and failure of hafnium oxide memristors[J]. Appl. Phys. Lett., 2017, 110(10): 103503.

[32] ISMAIL M, CHAND U, MAHATA C, et al. Demonstration of synaptic and resistive switching characteristics in W/$TiO_2$/$HfO_2$/TaN memristor crossbar array for bioinspired neuromorphic computing[J]. J. Mater. Sci. Technol., 2022, 96: 94-102.

[33] LEE H Y, CHEN P S, WU T Y, et al. Low power and high speed bipolar switching with a thin reactive Ti buffer layer in robust $HfO_2$ based RRAM[C]. San Francisco, CA, USA: IEEE International Electron Devices Meeting(IEDM), 2008.

[34] BÖSCKE T S, MÜLLER J, BRÄUHAUS D, et al. Ferroelectricity in hafnium oxide thin films[J]. Appl. Phys. Lett., 2011, 99(10): 102903.

[35] MIKOLAJICK T, MÜLLER S, SCHENK T, et al. Doped hafnium oxide-an enabler for ferroelectric

field effect transistors[C]. Montecatini Terme, Italy.6th Forum on New Materials, 2014.

[36] PARK M H, LEE Y H, MIKOLAJICK T, et al. Review and perspective on ferroelectric $HfO_2$-based thin films for memory applications[J]. MRS Commun., 2018, 8(3): 795-808.

[37] KIM S J, MOHAN J, LEE J, et al. Effect of film thickness on the ferroelectric and dielectric properties of low-temperature (400℃) $Hf_{0.5}Zr_{0.5}O_2$ films[J]. Appl. Phys. Lett., 2018, 112(17): 172902.

[38] OH S, KIM T, KWAK M, et al. $HfZrO_x$-based ferroelectric synapse device with 32 levels of conductance states for neuromorphic applications[J]. IEEE Electron Device Lett., 2017, 38(6): 732-735.

[39] JERRY M, DUTTA S, KAZEMI A, et al. A ferroelectric field effect transistor based synaptic weight cell[J]. J. Phys. D: Appl. Phys., 2018, 51(43): 434001.

[40] HALTER M, BEGON-LOURS L, BRAGAGLIA V, et al. Back-end, CMOS-compatible ferroelectric field-effect transistor for synaptic weights[J]. ACS Appl. Mater. Interfaces, 2020, 12(15): 17725-17732.

[41] KIM M K, LEE J S. Ferroelectric analog synaptic transistors[J]. Nano Lett., 2019, 19(3): 2044-2050.

[42] CHEN P Y, PENG X, YU S. NeuroSim: A circuit-level macro model for benchmarking neuro-inspired architectures in online learning[J]. IEEE Trans. Comput.-Aided Design Integr. Circuits Sys., 2018, 37(12): 3067-3080.

[43] HODGKIN A L, HUXLEY A F. A quantitative description of membrane current and its application to conduction and excitation in nerve[J]. J. Physiol., 1952, 117(4): 500-544.

[44] GERSTNER W, KISTLER W M. Spiking neuron models single neurons, populations, plasticity[M]. Cambridge, England: Cambridge University Press, 2002.

[45] MAASS W. Networks of spiking neurons: The third generation of neural network models[J]. Neural Networks, 1997, 10(9): 1659-1671.

[46] INDIVERI G, CHICCA E, DOUGLAS R. A VLSI array of low-power spiking neurons and bistable synapses with spike-timing dependent plasticity[J]. IEEE Trans. Neural Netw., 2006, 17(1): 211-221.

[47] LU Y F, LI Y, LI H, et al. Low-power artificial neurons based on Ag/TiN/HfAlOx/Pt threshold switching memristor for neuromorphic computing[J]. IEEE Electron Device Lett., 2020, 41(8): 1245-1248.

[48] ZHANG X, WANG W, LIU Q, et al. An artificial neuron based on a threshold switching memristor[J]. IEEE Electron Device Lett., 2018, 39(2): 308-311.